大学数学の入門⑩

常微分方程式

坂井秀隆——[著]

Ordinary Differential Equation
(Introductory Texts for Undergraduate Mathema
Hidetaka SAKAI
University of Tokyo Press, 2015
ISBN978-4-13-062960-7

はじめに

この本は，大学の教養課程向けの常微分方程式の入門書である．予備知識として，大学初年度で学習するであろう微分積分と線型代数を仮定している．

微分積分と線型代数の本を読み終わってみると，突然視界が開けて，そこに大きな世界が広がっていることに驚くだろう．数学に限っても，伝統ある函数論の世界や，魅惑的な多様体の理論がある．現代数学の基礎である集合や位相の言葉を押さえておくのもいい．これらは，もうすぐにでも手の届くところにある．常微分方程式は，その中でも特に，広大な世界へとつながる道筋を多く提供する場となっている．

常微分方程式論は多くの応用分野を持ち，豊富な題材を備えた学問領域であるのだが，一方において，教養課程において必ず学習しておくべき内容とされているものはそれほど多くない．解の存在と一意性定理，定数係数線型方程式の解法のふたつと，さらに付け加えるならば，簡単な求積法による解法と不動点の安定性に関する議論が挙げられるだろうか？　これらについては，この本では，それぞれ 1.1 節，2.2 節と，2.1 節，3.2.1 項で扱うことになる．

必修的な内容に特化して，丁寧に記述した入門書はたくさん見つけられると思う．数ある常微分方程式の入門書でも，主流と思われるのは，これらの必修的な内容を中心とし，さらに，著者の専門に近い分野から話題を選んでくるスタイルだろう．しかし，この本が目指しているのは，著者に依って大きく異なっているこのプラス・アルファの部分もひと通り含めた教科書である．

教養課程で扱える範囲で，なるべく多くの話題を含めるようにしたので，半年間の授業では，この本で扱われるすべての内容を講義することは不可能である．上述の必修的な内容を終えると，ほとんど時間は残っていないだろう．多くの内容を無理矢理のように詰め込んだわけをふたつほど挙げると，まず，全体の地図を見てもらいたかったということ，さらに，常微分方程式論におけるいくつかの動機の部分を説明するのにこれくらいの題材を必要としたということである．

この本では，常微分方程式論で扱う初等的な内容を，網羅的かつ簡潔にまとめることを，ひとつの目標に置いた．内容的には標準的なものしか扱っておらず，それぞれの話題については既刊の書籍に述べられたものを寄せ集めただけであるが，まとめ方については少し工夫してみた．全体を，その問題意識によって 3 分し，第 1 章を基礎理論，第 2 章を解法理論，第 3 章を定性理論とした．これは，どのようなことを分かりたいのかということに即した章立てだが，詳しくは各章の最初の部分を読んでいただきたい．

記述の順番は，必ずしも，難易度の順になっていない．おそらく，この本の 2A 章にある求積法の部分が最も初等的で，多くの本がそこから学習が始まるようになっていると思う．初学の方には，そこから読んでもらうのがいいかもしれない．数学の本は普通，最初から順に読んでいかなければ途中で分からなくなってしまうようにできているので，飛ばし読みは非常に危険なのであるが，この本はその点で非常に例外的である．つまり，一歩一歩論理を積み上げていくようには書かれておらず，前の章を読んでないと理解できないということは比較的少ないと思う．必要とされる用語や記号は，本論の前にまとめてあるので，必要なときは参照してほしい．

常微分方程式は，一度学習すればすべて理解できてしまって，もう戻ってこなくてもよいという分野ではないように思う．むしろ，何かで必要になって，何度も戻ってくる場所であろう．そうして戻ってきたときに，必要な箇所にすぐに到達できるようにということを念頭に，題材の配置はなされている．工学，物理学など，数学以外の学問を目指す方にも，ハンドブックのように利用してもらえるとうれしい．

微分積分と線型代数の知識を仮定すると述べたが，環論，体論などの代数学，多様体，函数解析などの言葉は予備知識として仮定していない．函数論の知識だけは，冪級数解の収束を示すところや，特殊函数の話で必要であり，題材の広がりを優先するため，利用した部分がある．この部分は，目次や見出しに † の印を付けた．必要な知識は，用語・記号のところにまとめてあるので，函数論を未修の方にも，この記述を認めれば，読むことができるだろう．この † の部分を飛ばしてもらってもかまわない．この部分を動機にして，平行して函数論の学習に進んでもらえればなおいい．

数学を専攻する学生の中には，なぜそのようなことを考えるのかという動機の部分で納得することができずに，先に進めないという方も多いように感じる．とりあえず進んでみると，だんだんと分かってくるということもあるのだが，どうにも気持ち悪くてだめだという方には，常微分方程式をまず勉強するのがお薦めかもしれない．常微分方程式は，抽象化一歩手前の学である．これは，一般論として大事ではないというような意味ではない．むしろ，抽象化された現代数学における動機の部分は，この中にすでに，ほとんど含まれているように感じるのである．

Poincaré は常微分方程式の定性理論から出発して，それを理解するために，位相幾何における多くの概念を発明した．同じようにして，われわれも，常微分方程式から始めてみよう．

庵原謙治さん，津田照久さんをはじめ，同僚，研究者仲間から多くの助言をいただいた．東京大学出版会の丹内利香さんには，大変お世話になった．謹んでお礼を申し上げる．また，本書の執筆には，巻末に挙げた教科書などを参考とさせていただいた．さらに，筆者の語ることのできる数学においては，学生時代から現在に至るまで神保道夫先生と岡本和夫先生から教わったことの占める部分がとても大きい．この場を借りて，感謝の意を表したい．

目次

はじめに …… iii

用語・記号 …… x

諸例 …… 1

第1章　基礎理論〜方程式と解 …… 22
現象と法則 …… 22
1A. 初期値問題の解の構成 …… 27
1.1　局所解の構成 …… 27
1.1.1　冪級数を使った解法 † …… 27
1.1.2　Picard の逐次近似法 …… 33
1.1.3　Cauchy の折れ線と Peano の定理 …… 37
1.2　特異点における局所解 † …… 42
1.3　解函数の存在域 …… 52
1.4　初期値と助変数に関する解の連続性と微分可能性 …… 62
1B. 境界値問題 …… 68
1.5　Sturm-Liouville の境界値問題 …… 68
1.5.1　積分方程式への書き換え …… 73
1.5.2　対称核積分方程式 …… 81

第2章　解法理論〜解けるということ …… 92
解けるということの意味を確定する …… 93
2A. 求積法 …… 97
2.1　求積の技法 …… 97
2.1.1　高階の方程式をより低階の方程式に帰着させる方法 …… 98

2.1.2 1階線型方程式の解法 …… 106
2.1.3 非正規形微分方程式 …… 108
2.2 定数係数線型方程式の解法 …… 113
2.2.1 線型方程式の解空間の構造 …… 113
2.2.2 同次線型方程式の解法 …… 117
2.2.3 非同次線型方程式の解法 …… 125
2.2.4 求積可能な変数係数線型方程式 …… 130
2B. 変数係数線型方程式を満たす特殊函数† …… 140
知っている函数を増やす（楕円函数と超幾何函数） …… 140
2.3 超幾何函数と超幾何微分方程式 …… 147
2.3.1 Trinity: 冪級数/微分方程式/積分表示 …… 147
2.3.2 超幾何函数の大域的な挙動 …… 152
2.4 Fuchs 型微分方程式 …… 161
2.4.1 Fuchs 型方程式と特異点における局所解 …… 161
2.4.2 固有値型と剛性指数 …… 174
2.4.3 Euler 変換 …… 179
2.5 不確定特異点を持つ線型方程式 …… 184
2.5.1 超幾何微分方程式の退化 …… 184
2.5.2 漸近展開 …… 188
2.5.3 Stokes 現象 …… 198
2C. 解析力学の技法 …… 202
2.6 解法のレシピ …… 205
2.6.1 正準変換 …… 211
2.6.2 Liouville 可積分 …… 217
2.7 保存量を見つける方法 …… 221
2.7.1 対称性と可積分性 …… 222
2.7.2 1階偏微分方程式と常微分方程式 …… 225
2.8 可積分系 …… 237
2.8.1 自由度2の自然 Hamilton 系 …… 237
2.8.2 線型方程式の両立条件で書かれる系 …… 244

第 3 章　定性理論〜運動の先を見つめて …… 257
永遠の後で …… 258
3.1　力学系 …… 260
3.2　不動点と周期軌道と安定性 …… 267
3.2.1　不動点 …… 267
3.2.2　周期軌道 …… 275
3.3　摂動 …… 287
3.3.1　分岐 …… 291
3.3.2　可積分系の摂動 …… 297
相図を描く …… 314

計算の結果 …… 324

演習の補足 …… 327

参考書 …… 329

索引 …… 332

人名表 …… 336

例一覧

例 1（単振動/減衰振動/強制振動） 1
例 2（ロジスティック方程式） 5
例 3（Lotka-Volterra 方程式） 6
例 4（惑星の楕円運動） 9
例 5（水素原子模型） 15
例 6（Lipschitz 連続でない例） 36
例 7（解が一意でない例） 37
例 8（動く特異点） 53
例 9（多価函数） 57
例 10（惑星の楕円運動，続） 60
例 11（双 2 次式による Hamilton 系） 146
例 12（楕円曲線の周期と超幾何函数） 151
例 13（非整数条件を満たさないときの超幾何方程式の局所解） 169
例 14（誤差函数の漸近展開） 193
例 15（最速降下線） 210
例 16（Poincaré 変換） 220
例 17（3 次元中心力場の運動の回転対称性と角運動量） 224
例 18（Poincaré 写像） 263
例 19（テント写像） 265
例 20（渦心点と，渦心点でない不動点） 273
例 21（van der Pol の方程式） 279
例 22（Mathieu の方程式） 282
例 23（共軛な力学系） 291
例 24（単振り子） 296
例 25（平面円周制限 3 体問題） 304

用語・記号

この本で用いられる微分方程式に関係する用語をまず最初にまとめておこう.

1. 微分方程式

- ひとつ, あるいは複数の未知函数（従属変数）についての等式を**函数方程式**と呼ぶ.
- 函数方程式のうち, 未知函数およびその導函数の間の関係式によって与えられるものを**微分方程式**と呼ぶ. 未知函数とその積分の間の関係式によって与えられるものを**積分方程式**と呼ぶ.
- ひとつの独立変数に関する導函数のみを含む微分方程式を**常微分方程式**（ordinary differential equation 略して ODE）と呼び, 複数の独立変数に関する偏導函数を含む方程式を**偏微分方程式**（partial differential equation 略して PDE）と呼ぶ.

函数方程式の例を見てみよう[1]. 以下の例はすべて, 未知函数 x に関する函数方程式である.

（ア） $x(t+1) = tx(t)$, （イ） $t^2\dfrac{d^2x}{dt^2} + t\dfrac{dx}{dt} + (t^2-\nu^2)x = 0$,

（ウ） $\dfrac{\partial^2 x}{\partial {t_1}^2} + \dfrac{\partial^2 x}{\partial {t_2}^2} + \dfrac{\partial^2 x}{\partial {t_3}^2} = 0$, （エ） $\displaystyle\int_a^t \frac{x(\zeta)}{(t-\zeta)^{1-\alpha}}d\zeta = u(t)$.

このうち, （イ）は常微分方程式, （ウ）は偏微分方程式, （エ）は積分方程式である. ただし, （エ）の u は既知の函数とする.

常微分方程式は適当な函数 F を用いて

$$F\left(t, x, \frac{dx}{dt}, \dots, \frac{d^n x}{dt^n}\right) = 0 \tag{1}$$

のように書ける. ここで, 独立変数 t はひとつの変数だが, 未知函数 x はヴェクト

1) （ア）はガンマ函数の満たす線型差分方程式, （イ）は Bessel の方程式, （ウ）は Laplace 方程式, （エ）は Abel の積分方程式.

ル値であってもよい $(x = (x_1, \ldots, x_m))$．また複数の方程式 $F = (F_1, \ldots, F_l)$ を考えることもある．

- ひとつの方程式のみを考えるとき，その方程式を**単独方程式**，複数の方程式をまとめて考える場合，**方程式系** (system of equations) あるいは**連立方程式**と呼ぶ．
- 微分方程式に含まれる未知函数の導函数の最高階数を，方程式の**階数** (order) と呼ぶ．階数が n のとき，その方程式を n 階方程式と呼ぶ．

導函数 (derivative) については，ここでは dx/dt のような記号を用いているが，独立変数が明らかで記す必要のない場合，$x', x'', \ldots, x^{(n)}$ や $\dot{x}, \ddot{x}, \ldots$ のような記号を用いたり，$D = d/dt$ とおいて，$Dx, D^2x, \ldots$ と書いたりもする．

- 方程式 (1) は，F が未知函数およびその導函数について有理式であるとき，**代数的微分方程式**と呼ばれる．ただし，代数的微分方程式と呼んだとき，独立変数については，この本では，有理式であることは要請せず，独立変数について解析的であるとする．
- 代数的微分方程式の場合，F の分母を払って未知函数とその導函数に関する多項式としてもよい．多項式の未知函数 x に関する**次数** (degree) に関しては，すべての階数の導函数も含めて次数を数える．また，未知函数が複数ある場合は，それぞれについて次数を数えたり，適当な**重み** (weight) をつけて次数を足し合わせたものを考えたりする[2)]．独立変数 t についても多項式になった場合，t についての次数も考えられるが，この場合，k 階の導函数 d^kx/dt^k は t について $-k$ 次として，これも含めて次数を数える[3)] [4)]．ある次数について，各項が同じ次数の項からなるとき，**同次方程式** (homogeneous equation) と呼ぶ．
- 方程式 (1) が，最高階の導函数 d^nx/dt^n について解かれた形で書けるとき，そのような形

---

2) 例えば，x_1 に重み 1，x_2 に重み 3 をつけて次数を数えた場合，$x_1 \frac{d^2x_1}{dt^2} \left(\frac{dx_2}{dt}\right)^2$ は 8 次式である．

3) 独立変数 t についても重みをつけて数えることがある．x に重み 2，t に重み 1 をつけて数えると，$x \left(\frac{dx}{dt}\right)^2 \frac{d^2x}{dt^2}$ は 4 次式である．

4) このように次数をつけるのは，尺度 (scale) に関する対称性を考慮するためである．つまり，単位を変更して x のところに λx (λ は定数) を代入すると k 階導函数 $\frac{d^kx}{dt^k}$ は $\lambda \frac{d^kx}{dt^k}$ になる．また t に μt を代入すると，$\mu^{-k} \frac{d^kx}{dt^k}$ となる．

$$\frac{d^n x}{dt^n} = f\left(t, x, \frac{dx}{dt}, \dots, \frac{d^{n-1}x}{dt^{n-1}}\right) \tag{2}$$

で書かれた方程式を**正規形** (normal form) と呼ぶ.

正規形 n 階方程式は，未知函数を

$$x_0 = x, \quad x_1 = \frac{dx}{dt}, \quad x_2 = \frac{d^2x}{dt^2}, \ \dots, \ x_{n-1} = \frac{d^{n-1}x}{dt^{n-1}} \tag{3}$$

と置き直すことで，次の正規形 n 連立 1 階方程式に書き換えられる：

$$\frac{d}{dt}\begin{pmatrix} x_0 \\ x_1 \\ \vdots \\ x_{n-2} \\ x_{n-1} \end{pmatrix} = \begin{pmatrix} x_1 \\ x_2 \\ \vdots \\ x_{n-1} \\ f(t, x_0, \dots, x_{n-1}) \end{pmatrix}. \tag{4}$$

特に，代数的正規形方程式は代数的正規形連立 1 階方程式に書き換えられる（逆は一般には言えない）.

- 方程式 (1) において，函数 F が未知函数とその導函数のみの函数である場合，方程式は独立変数 t について陽に依存しないという．このとき方程式は**自励的**（あるいは自律的）(autonomous) [5] であるという．自励的でない場合，**非自励的**（非自律的）(non-autonomous) という．
- 方程式が，未知函数とその導函数について 1 次式であるとき，方程式は**線型** (linear) であるといい，そうでないとき，**非線型** (nonlinear) であるという．

2. 初期値問題と境界値問題

単独 n 階常微分方程式 $F(t, x, dx/dt, \dots, d^n x/dt^n) = 0$，あるいは n 連立 1 階方程式 $G(t, y, dy/dt) = 0$, $G = (G_1, \dots, G_n)$, $y = (y_1, \dots, y_n)$ を考える．

- 方程式 $F = 0$ に対して，定数 $t_0, \xi_0, \dots, \xi_{n-1}$ を与えて，函数 x で，$F = 0$ という関係式とともに，

$$x(t_0) = \xi_0, \quad \frac{dx}{dt}(t_0) = \xi_1, \quad \dots, \quad \frac{d^{n-1}x}{dt^{n-1}}(t_0) = \xi_{n-1} \tag{5}$$

5) 線型方程式の場合，未知函数およびその導関数に関する 1 次の項の係数が定数であることを定数係数と呼ぶことが多い．その場合，0 次の項が独立変数の函数であることもあるが，これは自励的ではない．

を満たすものを探す問題を**初期値問題** (initial value problem) といい，この条件 (5) を**初期条件** (initial condition) という．

方程式 $G = 0$ に対しては，定数 $t_0, \eta_1, \ldots, \eta_n$ を与えて，次のような条件を考える：

$$y_1(t_0) = \eta_1, \quad \ldots, \quad y_n(t_0) = \eta_n. \tag{6}$$

初期値問題は，適当な条件の下で解の存在と一意性定理が言える．しかし，それを満たさない特別なものも構成できる．これは 1.1 節で詳しく扱われる．

微分方程式を満たす函数は一般には複数存在し，函数を特定するためには，他に何らかの条件を課すことになる．初期条件はこのような条件の 1 種であるが，函数を決めるのには別の形の条件もあり得る．

- 微分方程式の付加条件で，未知函数の定義域の境界点における，未知函数あるいはその導函数の値を与える形の条件を，**境界条件** (boundary condition) と呼び，微分方程式と境界条件を満たす函数を求める問題を**境界値問題** (boundary value problem) と呼ぶ．

例えば，$F(t, x, dx/dt, d^2x/dt^2) = 0$ に対して，定数 a, b, ξ_1, ξ_2 を与えて，条件 $x(a) = \xi_1$, $x(b) = \xi_2$ を課す場合などがそうである[6]．

境界値問題については，一般的な形での解の存在や，一意性などが言えない．つまり，問題によっては，解が存在しなかったり，解がひとつに定まらなかったりする．境界値問題については 1B 章で扱う．

3. 微分方程式の解

- 微分方程式 $F(t, x, dx/dt, \ldots, d^nx/dt^n) = 0$ に対して，n 階微分可能函数 $x = x(t)$ で関係式 $F = 0$ を満たすものを，微分方程式 $F = 0$ の**解** (solution) と呼ぶ．
- 微分方程式 $F = 0$ に対して，パラメタ付けられた函数の族 $x = x(t, C)$ で，パラメタ C をどのような定数に固定しても解となり，かつ任意の初期値問題の解を含んでいるとき，この $x(t, C)$ を**一般解** (general solution) と呼ぶ．
- 函数の族でなく，ひとつの函数で解であるものを，一般解に対して，**特殊解**（あるいは略して特解）(particular solution) と呼ぶ．

6) このような条件は Dirichlet 型条件と呼ばれる．$dx/dt(a) = \xi_1$, $dx/dt(b) = \xi_2$ のように導函数の値を指定した条件は Neumann 型条件と呼ばれる．

- 非正規形方程式などで，初期値問題の一意性が成り立たないような場合，一般解の形でパラメタ付けられた函数族に含まれないものが解になることがある．このような解を**特異解** (singular solution) と呼ぶ．

特異解の具体例は 1A 章の例 7（37 ページ），2A 章の d'Alembert の方程式や Clairaut の方程式（109 ページ）で現れる．

4. ヴェクトル場

次のような自励的微分方程式系を考える：

$$\frac{d}{dt}x = f(x), \quad x \in \mathbb{R}^m. \tag{7}$$

右辺は，$f = (f_1, \ldots, f_m)$ というヴェクトル値函数である．このように，空間の各点にヴェクトルを与える対応を，**ヴェクトル場** (vector field) と呼ぶ．

空間の変数変換 $y = \psi(x)$ を考えると，方程式 (7) は

$$\frac{d}{dt}y_i = \sum_{k=1}^{m} \frac{\partial y_i}{\partial x_k}\frac{dx_k}{dt} = \sum_{k=1}^{m} f_k \frac{\partial y_i}{\partial x_k}, \quad i = 1, \ldots, m$$

と書き換えられる．このような変数変換も込めて考えたいときには，ヴェクトル場と線型微分作用素 $f_1\partial/\partial x_1 + \cdots + f_m\partial/\partial x_m$ を同一視することが多い．

5. 軌道

ここからの **5** から **8** では，自励的微分方程式系

$$\frac{d}{dt}x = f(x) \tag{8}$$

を考え，初期条件 $x(t_0) = \xi$ を満たす解を $x(t) = \varphi(t; t_0, \xi)$ と書くことにする．φ は $-\infty < t < \infty$ で定義されていると仮定する[7]．

- 初期条件 $x(0) = \xi$ を満たす解の**軌道** (orbit, trajectory) を

$$O(\xi) = \{\varphi(t; 0, \xi) \; ; \; t \in \mathbb{R}\} \tag{9}$$

で定義する．

- $O^+(\xi) = \{\varphi(t; 0, \xi) \; ; \; 0 \le t < \infty\}$, $O^-(\xi) = \{\varphi(t; 0, \xi) \; ; \; -\infty < t \le 0\}$ と置き，それぞれ ξ から出発する**正の半軌道**，**負の半軌道**と呼ぶ．

7) この仮定は非常に強い仮定になっている．

点 ξ を決めたとき，軌道 $O(\xi)$ は次の 2 通りの場合かそれ以外の場合の全部で 3 つの場合に分類される．

- 定数解 $x(t) \equiv \xi$ が存在するとき，点 ξ を**不動点**（あるいは固定点，平衡点）(fixed point, stationary point, equilibrium point) と呼ぶ[8]．
- ある $T > 0$ に対して $\varphi(t_0 + T; t_0, \xi) = \xi$ となるような点 ξ を**周期点** (periodic point) と呼ぶ．これを満たす最小の T が存在するとき[9]，これを最小周期あるいは単に周期と呼ぶ．不動点でない周期点 ξ の軌道 $\Gamma = O(\xi)$ を**周期軌道** (periodic orbit) と呼ぶ．これは閉軌道になる．

点 ξ が不動点であれば $O(\xi) = \{\xi\}$ であり，また Γ が周期軌道のとき，$\xi \in \Gamma$ に対して，$O(\xi) = \Gamma$ である．

点 ξ が不動点でも周期軌道上の点でもなければ，$O(\xi)$ は，連続函数 $t \mapsto \varphi(t; t_0, \xi)$ による $\mathbb{R}$ の 1 対 1 の像となる．

6. 安定性と漸近安定性

点 ξ を不動点とする．安定性，漸近安定性の定義を与えよう．

- ξ が正に（resp. 負に）**安定** (stable) であるとは[10]，ξ の任意の近傍 U に対して ξ の近傍 V がとれて，$x \in V$ ならば $O^+(x) \subset U$ (resp. $O^-(x) \subset U$) とできることをいう．
- ξ が正に (resp. 負に) 安定であり，かつ，ξ の近傍 V がとれて，$x \in V$ ならば $\lim_{t \to \infty} \varphi(t; 0, x) = \xi$ (resp. $\lim_{t \to -\infty} \varphi(t; 0, x) = \xi$) とできるとき，$\xi$ は正に（resp. 負に）**漸近安定** (asymptotically stable) であるという．また，このとき ξ は**沈点**あるいは吸込点 (sink)（resp. **源点**あるいは湧点 (source)）と呼ばれる．

正に安定，漸近安定であることを単に安定，漸近安定と呼ぶことも多い．正に安定でないとき，正に不安定，あるいは単に不安定と呼ぶ．正にも負にも安定なとき，両側に安定であるという．

次に，不動点ではないような一般の解についても，安定性を定義したい．解 $\varphi(t; 0, \xi)$ は，$t \in \mathbb{R}$ で定義されているとしよう．

---

8) 特異点と呼ばれることもあるが，この本では特異点という用語を別の意味に使う．文脈による場合があるが，解析的な範疇で議論されている場合は，解の特異点とは，解函数が解析的でない点．

9) 周期点でありながら，最小の T が存在しないときは，ξ は不動点になってしまう．

10) resp. は respectively の略で，それぞれ，という意味．例えば，A (resp. B) は C (resp. D) とあったら，A は C であり，B は D であるという意味．

- $\varphi(t;0,\xi)$ が（正に）**安定**であるとは，任意の正の数 ε に対して正の数 δ がとれて，$\|\eta-\xi\|<\delta$ ならば，任意の $t\in[0,\infty)$ に対して $\|\varphi(t;0,\eta)-\varphi(t;0,\xi)\|<\varepsilon$ とできることをいう．
- $\varphi(t;0,\xi)$ が（正に）**漸近安定**であるとは，（正に）安定でありかつ，正の数 δ がとれて $\|\eta-\xi\|<\delta$ ならば，$\lim_{t\to\infty}\|\varphi(t;0,\eta)-\varphi(t;0,\xi)\|=0$ とできることをいう．

負に安定である，負に漸近安定である，両側に安定である，両側に漸近安定であるなどの用語も同様に定義される．正に安定でないとき，正に不安定と呼ぶ．負の場合や，両側の場合も同様．

7. 極限集合

- ξ を通る軌道の ω **極限集合** (ω limit set) を次で定義する：

$$\omega(\xi)=\bigcap_{0\le s<\infty}\overline{\{\varphi(t;0,\xi)\ ;\ s\le t<\infty\}}. \tag{10}$$

- ξ を通る軌道の α **極限集合** (α limit set) を次で定義する：

$$\alpha(\xi)=\bigcap_{-\infty<s\le 0}\overline{\{\varphi(t;0,\xi)\ ;\ -\infty<t\le s\}}. \tag{11}$$

ここで，$\overline{\quad}$ は集合の閉包を表す．この ω 極限集合，α 極限集合という用語は Birkhoff によるものである[11]．意味を考えると，正の極限集合，負の極限集合のようにいうべきかもしれないが，この本でも慣例に従うことにする．

点 ξ が不動点であれば $\omega(\xi)=\alpha(\xi)=\{\xi\}$，$\Gamma$ が周期軌道のとき $\xi\in\Gamma$ に対して $\omega(\xi)=\alpha(\xi)=\Gamma$ である．

8. 安定集合と不安定集合

点 ξ を不動点とする．

- $W^s(\xi)=\{\eta\,;\ \lim_{t\to\infty}\varphi(t;0,\eta)=\xi\}$, $W^u(\xi)=\{\eta\,;\ \lim_{t\to-\infty}\varphi(t;0,\eta)=\xi\}$ をそれぞれ ξ の**安定集合** (stable set), **不安定集合** (unstable set) と呼ぶ.

不安定集合は，これまでの用語でいうと負の安定集合と呼んだほうが一貫性がありそうだが，慣例に従う．

11)　ギリシャ文字のアルファベットの最初が α, 最後が ω である．

9. 線型代数の用語と記号

ここでは，体 K は，実数体 $\mathbb{R}$，または複素数体 $\mathbb{C}$ のみを考える．

- 体 K の元を成分に持つ n 行 m 列の行列全体の集合を $M_{n,m}(K)$ と書く．特に n 次正方行列全体を $M_n(K)$ と書く．また，可逆な n 次正方行列の全体を $GL_n(K)$ と書く．
- **単位行列**を，記号 1_n で表す．また，**零行列**は，n 行 m 列の行列であれば，記号 $O_{n,m}$ で表し，n 次正方行列のときには O_n とも書く．O あるいは 0 と省略して書くこともある．零ヴェクトルは 0 で表す．
- 行列 A に対し，その**転置行列** (transposed matrix) を ${}^tA$ と書く．
- 行列 A のトレース（trace, 跡)，および行列式 (determinant) をそれぞれ $\mathrm{tr}A$, $\det A$ と書く．

次に，線型空間のノルムについても見ておく．

- 体 K 上の線型空間 V の**ノルム** $\|\cdot\|$ とは，V から $\mathbb{R}_{\geq 0}$ への写像で，次を満たすものである：

$$\|x\| = 0 \Leftrightarrow x = 0, \quad \|\alpha x\| = |\alpha|\|x\|, \quad \|x + y\| \leq \|x\| + \|y\|,$$
$$x, y \in V, \quad \alpha \in K.$$

数線型空間 $K^n \ni {}^t(x_1, x_2, \ldots, x_n)$ には，いろいろなノルムの入れ方があるが[12)]，この本では通常のユークリッドノルムを選ぶ：

$$\|x\| = \sqrt{|x_1|^2 + |x_2|^2 + \cdots + |x_n|^2}. \tag{12}$$

また，行列の空間についても各成分の絶対値の 2 乗和のルートで，ユークリッドノルムをとれる：

$$\|A\| = \sqrt{\sum_{i,j} |a_{i,j}|^2}. \tag{13}$$

特に n 次正方行列 A, B に対して

$$\|A + B\| \leq \|A\| + \|B\|, \quad \|AB\| \leq \|A\|\|B\| \tag{14}$$

が成り立つ．

12) 例えば，$\|x\| = \max\{|x_1|, |x_2|, \ldots, |x_n|\}$ などと置いてもノルムになる．

固有値と Jordan 標準形についても確認しておこう．

- n 次正方行列 A に対して，複素数 λ と 0 でないヴェクトル v が，$Av = \lambda v$ を満たすとき，λ を A の**固有値** (eigenvalue)，v を**固有ヴェクトル** (eigenvector) と呼ぶ．

複素数 λ が行列 A の固有値であることと，$x = \lambda$ が A の固有多項式 (characteristic polynomial) $\Phi_A(x) = \det(x1_n - A)$ の根であることは同値である．よって，A が実行列であっても，一般には複素数の範囲まで拡げないと，固有値を求めることはできない．

- 任意の行列 $A \in M_n(\mathbb{C})$ は，適当な行列 $P \in GL(n, \mathbb{C})$ による相似変換によって **Jordan 標準形** (Jordan's canonical form) にできる：

$$P^{-1}AP = \begin{pmatrix} J_{m_1}(\lambda_1) & & & O \\ & J_{m_2}(\lambda_2) & & \\ & & \ddots & \\ O & & & J_{m_l}(\lambda_l) \end{pmatrix}. \tag{15}$$

ただし，$J_m(\lambda) = \lambda 1_m + N_m$ であり，N_m は**冪零部分** (nilpotent part) と呼ばれ

$$N_m = \begin{pmatrix} 0 & 1 & & & O \\ & 0 & 1 & & \\ & & 0 & \ddots & \\ & & & \ddots & 1 \\ O & & & & 0 \end{pmatrix} \tag{16}$$

と書ける．$N_1 = (0) = O_1$ である．複素数 $\lambda_1, \ldots, \lambda_l$ は行列 A の固有値である．$J_m(\lambda)$ を Jordan ブロックと呼ぶ．

行列を書くスペースを小さくするため，以後，式 (15) を

$$P^{-1}AP = J_{m_1}(\lambda_1) \oplus \cdots \oplus J_{m_l}(\lambda_l)$$

のように書くことにする．

実行列を，実数の世界の中で，標準形に変換することを考えよう．

- 実行列 $A \in M_n(\mathbb{R})$ は実可逆行列 $P \in GL_n(\mathbb{R})$ による相似変換によって**実 Jordan 標準形**

$$P^{-1}AP = J_{r_1}(\alpha_1) \oplus \cdots \oplus J_{r_l}(\alpha_l) \oplus K_{s_1}(\beta_1, \gamma_1) \oplus \cdots \oplus K_{s_k}(\beta_k, \gamma_k) \quad (17)$$

とできる．ただし，$K_s(\beta, \gamma) = K^{\oplus s} + {N_{2s}}^2$ とし

$$K = \begin{pmatrix} \beta & \gamma \\ -\gamma & \beta \end{pmatrix}$$

と置いた．ここで $\alpha_1, \ldots, \alpha_l$ は A の実固有値で，$\beta_1 \pm \sqrt{-1}\gamma_1, \ldots, \beta_k \pm \sqrt{-1}\gamma_k$ は複素固有値．

10. 多変数函数の微分

- 多変数ヴェクトル値函数 $f = {}^t(f_1, \ldots, f_m)$ の各成分が変数 $x = {}^t(x_1, \ldots, x_m)$ に関して偏微分可能なとき，行列

$$\begin{pmatrix} \partial f_1/\partial x_1 & \partial f_1/\partial x_2 & \cdots & \partial f_1/\partial x_m \\ \partial f_2/\partial x_1 & \partial f_2/\partial x_2 & \cdots & \partial f_2/\partial x_m \\ \vdots & & \ddots & \vdots \\ \partial f_m/\partial x_1 & \partial f_m/\partial x_2 & \cdots & \partial f_m/\partial x_m \end{pmatrix}$$

を **Jacobi 行列**と呼ぶ[13)]．これを $\partial f/\partial x$ あるいは Df と略記することもある．

- Jacobi 行列の行列式を **Jacobian** と呼び，$\det \frac{\partial(f_1, \ldots, f_m)}{\partial(x_1, \ldots, x_m)}$ と書く．
- f を $\mathbb{R}^{m+l}$ の原点の近傍 U から $\mathbb{R}^m$ への C^p 級写像 ($p = 1, 2, \ldots, \infty, \omega$) とし，$f(0) = 0$, $\det \frac{\partial(f_1, \ldots, f_m)}{\partial(x_1, \ldots, x_m)}(0) \neq 0$ を満たすとする．ただし，独立変数を ${}^t(x, t) = {}^t(x_1, \ldots, x_m, t_1, \ldots, t_l)$ で表す．このとき，$0 \in W \times V \subset U$ を満たす $\mathbb{R}^m$, $\mathbb{R}^l$ の適当な開集合 W, V に対し，C^p 級函数 $\varphi : V \to W$ がただひとつ存在して，$\varphi(0) = 0$ および

$${}^t(x, t) \in W \times V \text{ に対して } f(x, t) = 0 \quad \Leftrightarrow \quad x = \varphi(t) \qquad (18)$$

を満たす．この定理を**陰函数定理**と呼ぶ[14)]．

11. 解析函数に関する用語 [†]

以下の内容は，微分積分の初歩と函数論の一部を含んでいる．

- 級数 $\displaystyle\sum_{j=0}^{\infty} a_j(t-c)^j$ を $t = c$ を中心とした**冪級数** (power series) と呼ぶ．

---

13) この行列の転置を Jacobi 行列とする流儀もあるが，この本では上の行列とする．
14) この本では C^ω 級，つまり，解析函数の場合を主に用いる．

- 冪級数に対して $R>0$ あるいは $R=0,\infty$ が定まり，$|t-c|<R$ において級数は絶対収束，$|t-c|>R$ において級数は発散となるようにできる．R を冪級数の**収束半径** (radius of convergence) と呼ぶ．
- 関数 f に対してある $r>0$ があって $|t-c|<r$ を満たす t に関して $f(t)=\sum_{j=0}^{\infty} a_j(t-c)^j$ と表されるとき，f は $t=c$ で**解析的** (analytic) であるという．領域 D の任意の点 $c\in D$ において f が解析的なとき，f は D で解析的であるという．

これは多変数にも拡張できて，解析函数を次のように定義できる．ただし，α は**多重指数**で $\alpha=(\alpha_1,\ldots,\alpha_m)$ とし，$z^\alpha={z_1}^{\alpha_1}{z_2}^{\alpha_2}\cdots{z_m}^{\alpha_m}$ のように書く．

- 函数 f に対しある $r_i>0, i=1,\ldots,m$ があって $|z_i-c_i|<r_i$ を満たす z に関して $f(z)=\sum_{\alpha\in(\mathbb{Z}_{\geq 0})^m} a_\alpha(z-c)^\alpha$ と表されるとき，f は $z=c$ で**解析的**であるという．領域 D の任意の点 $c\in D$ において f が解析的なとき，f は D で解析的であるという．

解析函数は，係数が実数で，元の問題が定義域を実数の領域としていても，定義域を複素領域まで拡げて考えたほうが，うまく計算できることが多い．複素領域の解析函数について成り立つ便利な定理をふたつ挙げておこう．

- 函数 f は単連結[15]な領域 $D\subset\mathbb{C}$ で一価解析的で，C は D 内の，区分的に C^1 級な[16]単純閉曲線とする．このとき

$$\int_C f(t)dt=0 \tag{19}$$

  である．これを **Cauchy の積分定理**と呼ぶ．
- 上と同様の仮定のもと，$c\in D$ を C に囲まれる点とすると

$$f(c)=\int_C \frac{f(t)}{t-c}\frac{dt}{2\pi\sqrt{-1}} \tag{20}$$

  が成り立つ．これを **Cauchy の積分公式**と呼ぶ．

これらの定理は，多変数にも拡張できる．特に後者は以下のようになる．

- 領域 $D=D_1\times\cdots\times D_m\subset\mathbb{C}^m$ で f は一価解析的，D_k は単連結，

15)　領域 D が単連結 (simply connected) であるというのは，D 内の任意の閉曲線が，D 内で連続的に 1 点に縮められることをいう．例えば，$D=\{x^2+y^2<1\}\setminus\{(0,0)\}$ とすると，D 内の原点を回る閉曲線は原点が引っかかってしまって 1 点に連続的に縮めることができないので，単連結ではない．

16)　この仮定は弱められるが，この本では必要としない．

C_k は D_k 内の区分的に C^1 級な単純閉曲線とする．このとき

$$f(c) = \left(\frac{1}{2\pi\sqrt{-1}}\right)^m \int_{C_1} \cdots \int_{C_m} \frac{f(z)dz_1dz_2\cdots dz_m}{(z_1-c_1)(z_2-c_2)\cdots(z_m-c_m)} \tag{21}$$

が成り立つ．ただし c_k は C_k に囲まれる複素数．

11（続）．解析接続 †

さらに，解析函数の解析接続も定義しておこう．

- 領域 $D_1 \subset D_2 \subset \mathbb{C}$ に対して，D_1 上の解析函数 f_1 と D_2 上の解析函数 f_2 があって，D_1 上で $f_1 = f_2|_{D_1}$ となるとき，f_2 は f_1 の D_2 への**解析接続** (analytic continuation) であるという．ただし，$f_2|_{D_1}$ は f_2 の D_1 への制限を表す．
- 領域 $D \subset \mathbb{C}$ 上の解析函数 f_1, f_2 に対して，点 $a \in D$ に収束する点列 $\{t_j\}_{j=1}^{\infty}$ 上で $f_1(t_j) = f_2(t_j)$ が成り立つなら，D 上のすべての点で $f_1(t) = f_2(t)$ が成り立つ（一致の定理）．
- 冪級数 $f = \displaystyle\sum_{j=0}^{\infty} a_j(t-c)^j$ の収束半径を $R > 0$ とし，$\tilde{c}$ を $|\tilde{c}-c| < R$ となるようにとる．$\tilde{c}$ を中心とした冪級数

$$g = \sum_{j=0}^{\infty} \tilde{a}_j(t-\tilde{c})^j, \quad \tilde{a}_j = \frac{f^{(j)}(\tilde{c})}{j!} = \sum_{l=j}^{\infty} \binom{l}{j} (\tilde{c}-c)^{l-j} a_l \tag{22}$$

を f の**直接接続**と呼ぶ．両者が収束する領域では $f(t) = g(t)$ である．このとき g の収束半径 $\tilde{R}$ は $\tilde{R} \geq R - |\tilde{c}-c|$ を満たすが，真の不等号が成り立つときには，f が収束せず g が収束する領域が存在する．このときはふたつの収束域の和集合まで f を解析接続できる．

- 2 点 c, $\tilde{c}$ を結ぶ連続曲線 $\gamma : [0,1] \ni \tau \mapsto \gamma(\tau) \in \mathbb{C}$ および始点 $c = \gamma(0)$ での冪級数 f が与えられているとする．このとき $\tau \in [0,1]$ に対して $\gamma(\tau)$ を中心とする冪級数 f_τ が存在して $(f_0 = f)$，次を満たすとき f は γ に沿って解析接続可能という：

  任意の $\tau \in [0,1]$ に対して $\delta > 0$ が存在して，$|\sigma - \tau| < \delta$ を満たす $\sigma \in [0,1]$ に対して，f_σ は f_τ の直接接続である．

  このとき，f_1 を f の**曲線 γ に沿った解析接続**と呼ぶ．

- 領域 $D \subset \mathbb{C}$ に対して，$a \in D$ とする．今，a を中心とする冪級数

$f(t)$ が a を始点とする D 内の任意の連続曲線に沿って解析接続可能であるとする．a を始点，$b \in D$ を終点とする D 内の連続曲線 γ_0, γ_1 が D 内で γ_0 から γ_1 に連続的に変形可能であるとき[17)]，このふたつの道に沿った f の b への解析接続は一致する（一価性の定理）．

17)　このとき，γ_0 と γ_1 はホモトープであるという．56 ページ参照．

諸例

常微分方程式論において，具体例が重要なことは言を俟たない．ここで挙げる例は，本論の動機付けを与えるという意味では本論に先んじて読まれるべきものであり，本論に述べられる理論の応用を与えているという意味では本論に続いて読まれるべきものである．

ここでは，本論中で述べられることが先取りで使われている．本論の前にここを読む際には，分からないことがあっても，あまり気にせず読んでほしい．本論を読んだ後に，もう一度見る際には，学んだことを確認しながら読むようにしてほしい．

例 1（**単振動/減衰振動/強制振動**）

単振動あるいは**調和振動** (harmonic oscillation)

一端を固定したバネのもう一端に重りをつけ，引っ張ってから離す．バネの自然長を原点にとる．重りが受けるバネの張力は，バネの伸びの長さに比例し，伸びと逆向きに働く（**Hooke の法則**）．

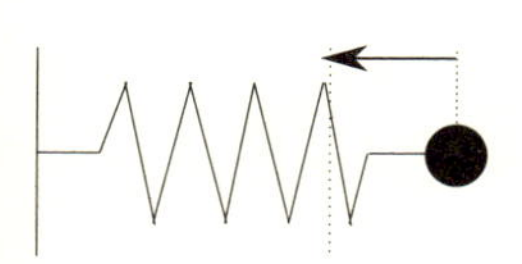

図 1　バネの振動

このとき，運動方程式 $md^2x/dt^2 = -kx$ が得られる．ここで，$m > 0$ は重りの重さ，$k > 0$ はバネ定数で，ともに時間や位置に依らない．

尺度 (scale) 変換で，$\tau = \omega t$ と置くと，$d^2/dt^2 = \omega^2 d^2/d\tau^2$ だから，$\omega^2 = k/m$ とすると，方程式は

$$\boxed{\frac{d^2x}{d\tau^2} = -x} \tag{1}$$

に帰着された．これは，**定数係数線型方程式**の典型的な例なので，詳しく見てみよう[1]．定数係数線型方程式の一般論は，2.2 節で詳しく扱う．

1)　同次線型であることから，$\hat{x}$, $\check{x}$ が解であるとき，$x = \alpha\hat{x} + \beta\check{x}$, α, β: 定数，も解であることが分かる．また，自励的であることから，$x(\tau)$ が解であれば $x(\tau + C)$ も解であることが分かり，初期時刻として $\tau = 0$ をとっても一般性を失わないことも言える．

解を求めたいのだが，ここでは冪級数の形で解を作る．2 階単独方程式のまま考察してもよいのだが，1 階連立方程式系に書き直してみよう．$y_1 = x$, $y_2 = dx/d\tau$ と置くと，連立方程式

$$\frac{d}{d\tau}\begin{pmatrix} y_1 \\ y_2 \end{pmatrix} = \begin{pmatrix} 0 & 1 \\ -1 & 0 \end{pmatrix}\begin{pmatrix} y_1 \\ y_2 \end{pmatrix} \tag{2}$$

が満たされる．$J = \begin{pmatrix} 0 & 1 \\ -1 & 0 \end{pmatrix}$ としておく．

まず，$z = C\exp\lambda t$（C は定数）としたとき，$dz/dt = \lambda z$ となることの類似で，行列の指数函数から解が作れることを直接確認してみよう．$e^{J\tau} = 1_2+\tau J+(\tau^2/2!)J^2+(\tau^3/3!)J^3+\cdots$ と定義して，$y = e^{J\tau}c$, $c = {}^t(C_1, C_2)$ と置くと，形式的な計算で

$$\begin{aligned}\frac{d}{d\tau}y =& \frac{d}{d\tau}\left(c+\tau Jc+\frac{\tau^2}{2!}J^2c+\frac{\tau^3}{3!}J^3c+\cdots\right)\\ =& 0+Jc+\tau J^2c+\frac{\tau^2}{2!}J^3c+\cdots = Jy\end{aligned}$$

が得られ，よって，方程式を満たすことが分かる．

次に $e^{J\tau}$ を計算してみよう．行列 J の冪を計算してみると $J^2 = -1_2$, $J^3 = -J$, $J^4 = 1_2, \ldots$ が分かる．これから

$$\begin{aligned}e^{J\tau} =& \left(1-\frac{\tau^2}{2!}+\frac{\tau^4}{4!}-\frac{\tau^6}{6!}+\cdots\right)1_2+\left(\tau-\frac{\tau^3}{3!}+\frac{\tau^5}{5!}-\frac{\tau^7}{7!}+\cdots\right)J\\ =& (\cos\tau)\,1_2+(\sin\tau)\,J = \begin{pmatrix} \cos\tau & \sin\tau \\ -\sin\tau & \cos\tau \end{pmatrix}\end{aligned}$$

と求まり，解は $\boxed{x(\tau) = y_1 = C_1\cos\tau + C_2\sin\tau}$ となる[2)]．特に，最初の設定を，初速度 0 で離したのだと思うと，$C_2 = 0$ で，C_1 は自然長から引っ張った長さとなる．

ところで，解があらかじめ $\cos\tau$ や $\sin\tau$ で書けるものとして予想できてしまったのなら，ここでやったような導出は省いてしまっても，方程式に代入してみるだけで解であることは確かめられる．また，得られた解以外に別の

2) $C = \sqrt{{C_1}^2+{C_2}^2}$, $\cos\delta = C_1/C$, $\sin\delta = C_2/C$ と置くと，$x = C\cos(\tau-\delta)$ の形に書くこともできる．

解があるのではないかということが気になるが，これについては，適当な条件を満たす方程式の初期値問題の解は一意的であることが一般論から分かる．解がひとつに決まるなどの基礎的理論は 1.1 節で詳しく扱う．特にこの場合も，時刻 $\tau = 0$ における位置 C_1, 速度 C_2 を与えると解がひとつに決まることが分かるので，ここで求めたもの以外の解は存在しない．

解の形からいくつか分かることがある：

（ア）解はすべての $\tau \in \mathbb{R}$ で定義されている，

（イ）すべての解は周期的な解である．

減衰振動 (damped oscillation)

次に，速度に比例する抵抗 $-\alpha dx/dt$ を単振動の式に加えてみよう．方程式は $md^2x/dt^2 = -\alpha dx/dt - kx$ となる．$\omega^2 = k/m$, $2\gamma = \alpha/m$ と置くと，方程式は

$$\boxed{\frac{d^2x}{dt^2} + 2\gamma\frac{dx}{dt} + \omega^2 x = 0} \tag{3}$$

と書ける．助変数（パラメータ）で場合分けした，3 種類の解を見てみよう．解になることは代入すれば確認することができるが，一般的な導出に関しては 2.2 節を参照してもらいたい．

(1) $\gamma < \omega$（抵抗が小さいとき），$\boxed{x = Ce^{-\gamma t}\cos\left(\sqrt{\omega^2 - \gamma^2}t + \delta\right)}$,

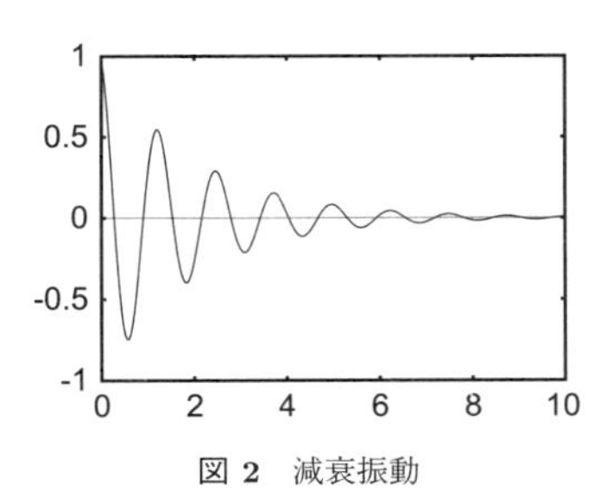

図 2　減衰振動

(2) $\gamma = \omega$, $\boxed{x = (C_1 + C_2 t)e^{-\gamma t}}$,

(3) $\gamma > \omega$（抵抗が大きいとき：過減衰），

$$\boxed{x = C_1 e^{-\left(\gamma - \sqrt{\gamma^2 - \omega^2}\right)t} + C_2 e^{-\left(\gamma + \sqrt{\gamma^2 - \omega^2}\right)t}} \ .$$

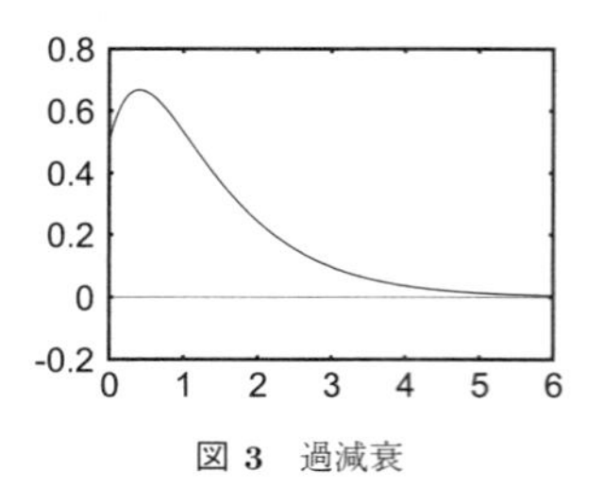

図 3　過減衰

強制振動 (forced oscillation)

外力があるとき単振動の式は

$$\boxed{\frac{d^2x}{dt^2}+\omega^2x=u(t)} \tag{4}$$

の形に書き換えられる．u が一般の場合の計算は 2.2 節で見ることにして，今は $u=u_0\sin\Omega t$ のときを見よう．特殊解として $x=a\sin\Omega t$ の形を仮定して代入してみると，$-a\Omega^2+\omega^2a=u_0$ であれば解となることが分かり，一般解として $\boxed{x=C\cos(\omega t+\delta)+\dfrac{u_0}{\omega^2-\Omega^2}\sin\Omega t}$ が得られる．

外力の振動数 Ω が，系の固有振動数 ω に近いときに，振動が最も大きくなる．このような現象を**共振**（あるいは**共鳴**）(resonance) と呼ぶ．

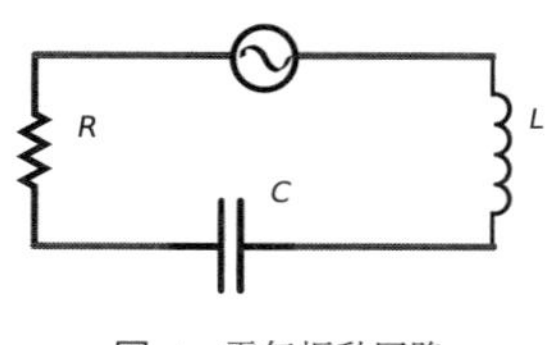

図 4　電気振動回路

この，例 1 で扱ったような定数係数の線型方程式はバネの運動以外にもいろいろと現れる．例えば電流の値 j を未知函数として，図 4 のような電気回路を考える．

このとき **Kirchhoff の法則**から，R を抵抗，C を静電容量，L をインダクタンス，$E(t)=E_0\sin\Omega t$ を起電力としたとき，方程式

$$L\frac{d^2j}{dt^2}+R\frac{dj}{dt}+\frac{1}{C}j=\frac{dE}{dt} \tag{5}$$

が成り立つ．これはやはり定数係数の線型方程式として，同様の計算で解が求められる．

例 2（ロジスティック方程式）

人口，あるいはその他の生物の個体数について考える．個体数の増加速度が，個体数自体に比例すると仮定すれば，微分方程式 $dx/dt = kx$ が成り立ち，個体数は $x = Ce^{kt}$ のような函数で表される．

18 世紀，Malthus はこのように人口は急激に増えるが，それを支える食糧は等差数列的にしか増えず，人類は深刻な危機に見舞われると主張した．18 世紀当時は人口も食糧も無限に増えるということに疑いはなかったようだ．Malthus の主張は増加の率に関するものだった．

実際に個体数が増えすぎてしまうと環境の悪化などがあって増加を抑える要因が生じるとしよう．簡単に考えて，変化率 k が x が増えると $k = \alpha(1-\beta x)$ のように減少すると思うと，$dx/dt = \alpha(1-\beta x)x$ が成り立つ．x, t の尺度を取り替えて

$$\boxed{\frac{dx}{dt} = x(1-x)} \tag{6}$$

という方程式を考えよう．この方程式は**ロジスティック方程式** (logistic equation) と呼ばれる，1 階非線型方程式である[3]．

この方程式の解は，初等函数で書き表すことができる．方程式を $\frac{1}{x(1-x)}\frac{dx}{dt} = 1$ と書き直して，両辺の t に関する原始函数を求めると，これは定数差を除いて一致するので

$$\log x - \log(1-x) = t + \widetilde{C}$$

という式が得られる．式を変形して $x/(1-x) = Ce^t$ $(C = e^{\widetilde{C}})$ と書ける．ただし $\widetilde{C}$ や C は任意の定数．これを x について解くと

$$x = \frac{Ce^t}{1+Ce^t} \tag{7}$$

と書ける．特に $t = 0$ で初期条件を $x(0) = a$ と置くと，$a/(1-a) = C$ となり，次のように書ける：

$$\boxed{x = \frac{ae^t}{1-a+ae^t}}. \tag{8}$$

---

3)　一般に $dx/dt = a(t)x^2 + b(t)x + c(t)$ の形の方程式を Riccati 方程式と呼ぶ．ロジスティック方程式は Riccati 方程式の 1 種である．Riccati 方程式は一般には求積可能ではないが，ロジスティック方程式はここで見るように求積可能な特別な場合になっている．107 ページ，b. を参照．

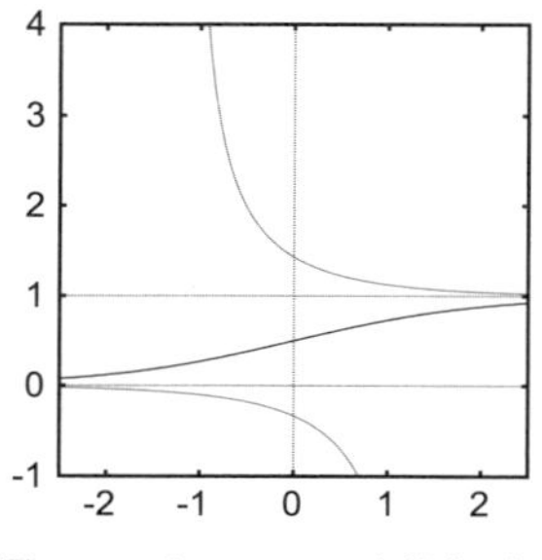

図 5　ロジスティック方程式の解

特徴的な解を見てみると，$x \equiv 0$, $x \equiv 1$ という解があることが分かる．これらは，初期値をそれぞれ，$a = 0$, $a = 1$ としたときの解になるが，これらが解になることは方程式を眺めているだけでも見つかるかもしれない．これらは定数解であり，x の空間においては**不動点**（平衡点ともいう）と見なせる．

解の形からいくつか分かることがある．

（ア）一般には，解は実数全体まで定義域を拡げることができない[4)]，

（イ）$a > 0$ のとき，$t > 0$ において，解は条件 $x > 0$ を保つ（正の領域にとどまる），

（ウ）$a > 0$ のとき，$t \to \infty$ の極限ですべての解は解 $x \equiv 1$ に漸近する，

（エ）a が 0 と異なっていれば，いかに 0 に近くても，$t \to \infty$ の極限で，$x \equiv 0$ という解の近傍にとどまっていることはない．

解の有限時間での “爆発” があり得ることから（ア）のようなことが起こる．例えば，$a > 1$ のとき，分母が 0 になる点，つまり $1 - a + ae^t = 0$ を満たす t が存在して $(t = \log((1-a)/a))$，その時刻より前にはさかのぼれない．この点は特異点と呼ばれるが，その位置は初期値に依存していて，微分方程式だけからは決定されない．このような特異点は**動く特異点** (movable singular point) と呼ばれる．

（ウ），（エ）で述べられた事柄は，解 $x \equiv 1$ は安定な解で，解 $x \equiv 0$ は不安定な解であるということである．この性質は，時間の向きを逆にすると入れ替わることに注意しよう．

例 3（**Lotka-Volterra 方程式**）

1 階 2 連立非線型方程式である **Lotka-Volterra 方程式**

4)　最初の問題設定では，$0 < a < 1$ で考えるのが自然で，その場合には，定義域を実数全体で考えられる．

$$\boxed{\frac{dx}{dt} = \alpha(1-\beta y)x, \quad \frac{dy}{dt} = -\gamma(1-\delta x)y} \tag{9}$$

を考えよう．この方程式は Lotka によってはじめて提案された．Volterra は，アドリア海の漁獲高の周期的変化を説明するため，この方程式を考えた．

定数 $\alpha, \beta, \gamma, \delta$ はいずれも正であり，x が被食者，y が捕食者の数である．x, y, t に関する尺度変換によって，$\alpha, \beta, \gamma, \delta$ はひとつを除いて 1 とすることができる．以下簡単のために，すべてを 1 としよう．

右辺をまとめてヴェクトルと考えて

$$f(x,y) = \begin{pmatrix} (1-y)x \\ -(1-x)y \end{pmatrix}$$

と置く．これは xy 平面の各点に対してヴェクトルを対応させる．このようなヴェクトル値函数を**ヴェクトル場** (vector field) という（xiv ページ参照）．このヴェクトル場の絵を見てみよう（図 6）．

$x, y > 0$ というような状態からの時間発展を考えるのであるが，x あるいは y が負になってしまうような不合理は起こらないことを見ておきたい．

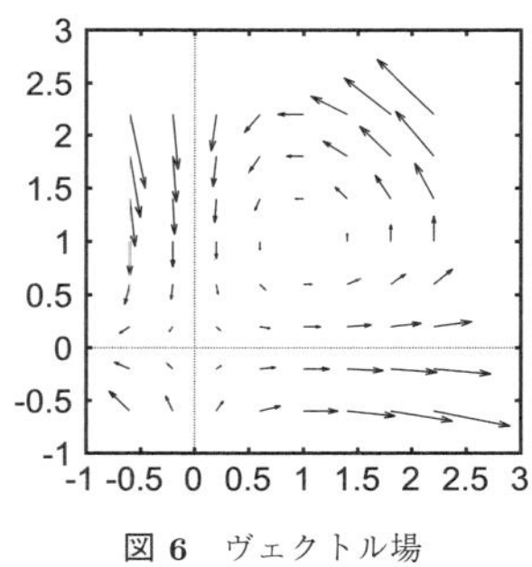

図 6　ヴェクトル場

これは $(x, y) = (0, 0)$ が不動点であること，$(x, y) = (0, Ce^{-t})$, $(x, y) = (Ce^{t}, 0)$ が解であることと，解の一意性（初期値問題の解はひとつしかないこと，1.1 節参照）から示すことができる．

$\because$　領域 $D = \{x > 0, y > 0\}$ は $(x, y) = (0, 0)$, x 軸の正の部分，y 軸の正の部分によって囲まれているので，領域 D から出たり，あるいは外側から D に入ってきたりするにはこれらの点を通らなくてはならない．しかし，$(x, y) = (0, 0)$ や x 軸，y 軸上の点を通る解は求まっていて，D に侵入したりはしないから，このようなことは起こらない．□

領域 $D = \{x > 0, y > 0\}$ は D 内の任意の点を通る軌道が D に含まれるという性質を持つ．つまり，軌道は D に閉じ込められるわけである．このようなとき，D は**不変集合**であるという．点 $\{(x,y)=(0,0)\}$ や x 軸，y 軸，あるいは x 軸の正の部分，y 軸の正の部分などもそれぞれ不変集合である．

さて，漁獲高が周期的に変化することは，ヴェクトル場の絵から読み取ることができるのだろうか？　この絵を見ると不動点 $(x,y)=(1,1)$ の周りをグルグル回って周期的になりそうな気もするが，この絵だけからは他の可能性を排除できない気がする．例えば，渦上に軌道を描いて $(x,y)=(1,1)$ に収束するような場合や，あるいは逆に渦上に不動点から離れていってしまうような場合である．

また，周期的な解があってそれに近づくにしても，どれくらいたくさんの周期的な解が存在するかということも気になる．

ヴェクトル場の絵に関しては方程式からすぐに描けるが，それをつないで解軌道を描くことは意外と難しい．今の場合，実際のところは，D 内の任意の軌道が周期軌道になる．これは，函数 $\Phi(x,y)=xe^{-x}ye^{-y}$ が保存量になることから分かる．保存量とは，微分方程式の解を代入したときに，時間に依らない定数となるような，x と y の函数のことである．保存量となることは

$$
\begin{aligned}
\frac{d\Phi}{dt} =& \frac{\partial\Phi}{\partial x}\frac{dx}{dt} + \frac{\partial\Phi}{\partial y}\frac{dy}{dt} \\
=& \{(1-x)(1-y)xy - (1-y)(1-x)xy\}e^{-x}e^{-y} = 0
\end{aligned}
$$

で示される．軌道は Φ の等位曲線（等高線）$\Phi(x,y)=C$ で表される．

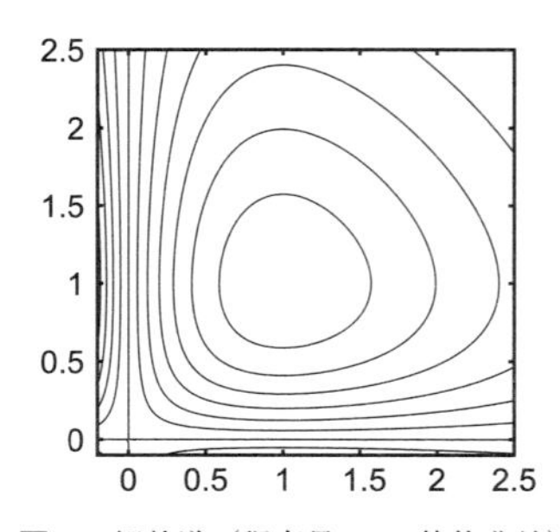

図 7　解軌道（保存量 Φ の等位曲線）

例 4（惑星の楕円運動）

惑星の運行を予測したい．ふたつの惑星の間の引力は，太陽が惑星に比べて非常に大きいことから，惑星と太陽の間の引力に比べて無視できると考え，太陽と問題とされる惑星のふたつからなる系を考える．この場合の系の運動を考える問題を **2 体問題** (two-body problem) と呼ぶ．2 体問題は Newton の万有引力の法則から次の微分方程式を解くことに帰着される：

$$\boxed{m_1\frac{d^2y}{dt^2} = -km_1m_2\frac{y-z}{\|y-z\|^3}, \quad m_2\frac{d^2z}{dt^2} = -km_1m_2\frac{z-y}{\|z-y\|^3}}. \tag{10}$$

ただし，$y = {}^t(y_1, y_2, y_3)$, $z = {}^t(z_1, z_2, z_3)$ はそれぞれ惑星と太陽の位置，m_1, m_2 は質量，k は重力定数である．

ただちに $x_G = \frac{1}{m_1+m_2}(m_1y + m_2z)$ に対し，$d^2x_G/dt^2 = 0$ であることが分かる．x_G は重心であり，$\alpha, \beta \in \mathbb{R}^3$ がとれて $x_G = \alpha t + \beta$ と書ける．

6 個の任意定数[5)]が導入されて，2 階 6 連立方程式系が 2 階 3 連立方程式系に帰着されたと思うことができる．つまり $x = y - x_G = m_2(y - z)/(m_1+m_2)$ と置くと，y, z は x_G, x から計算でき，x は方程式 $m_1d^2x/dt^2 = -km_1{m_2}^3x/((m_1+m_2)^2\|x\|^3)$ を満たす．$K = k{m_2}^3/(m_1+m_2)^2$ と置くと，結局次に帰着された：

$$\frac{d^2x}{dt^2} = -K\frac{x}{\|x\|^3}. \tag{11}$$

Hamilton 系と保存量

少し天下り式だが，$q = x$, $p = dx/dt$, $H = \frac{\|p\|^2}{2} - \frac{K}{\|q\|}$ と置くと，方程式 (11) は方程式系

$$\frac{dq_i}{dt} = \frac{\partial H}{\partial p_i}, \quad \frac{dp_i}{dt} = -\frac{\partial H}{\partial q_i}, \quad i = 1, 2, 3 \tag{12}$$

に書き換えられる．2 階 3 連立方程式系が 1 階 6 連立系に書き換えられた．一般論は 2C 章で詳しく見る（Hamilton 系の定義は，202 ページ）．

この方程式系には保存量がいくつか知られている．これを見てみよう．まず H 自身が保存量で，これは**エネルギー**と呼ばれる量になる．次に**角運動量** $l = q \times p$ が知られている．$\times$ はヴェクトルの外積で，l はまたヴェクトルになるから，3 つの保存量を与えている．最後に **Laplace-Runge-Lenz ヴェク**

5) 重心の初速度と初期位置．

トルと呼ばれる $A = p \times l - Kq/\|q\|$ という保存量がある．

∵（保存量になること）

- $$\frac{dH}{dt} = \sum_{j=1}^{3}\left(\frac{\partial H}{\partial q_j}\frac{dq_j}{dt} + \frac{\partial H}{\partial p_j}\frac{dp_j}{dt}\right) = \sum_{j=1}^{3}\left(\frac{\partial H}{\partial q_j}\frac{\partial H}{\partial p_j} - \frac{\partial H}{\partial p_j}\frac{\partial H}{\partial q_j}\right) = 0,$$
- $$\frac{dl}{dt} = \frac{dq}{dt} \times p + q \times \frac{dp}{dt} = p \times p - K\frac{q}{\|q\|^3} \times q = 0,$$
- $$\begin{aligned}\frac{dA}{dt} &= \frac{dp}{dt} \times l - K\frac{d}{dt}\frac{q}{\|q\|} \\ &= -K\frac{q}{\|q\|^3} \times (q \times p) - K\left(\frac{1}{\|q\|}\frac{dq}{dt} - \frac{1}{\|q\|^2}\frac{d\|q\|}{dt}q\right) \\ &= -\frac{K}{\|q\|^3}\left((q \cdot p)q - \|q\|^2 p\right) - \frac{K}{\|q\|}p + \frac{K}{\|q\|^3}(q \cdot p)q = 0.\end{aligned}$$ □

7 つの函数が保存量として見つかったが，実はこれらの間には 2 つの関係式があって，独立な保存量は 5 つである．関係式は ① $A \cdot l = 0$, ② $\|A\|^2 = K^2 + 2H\|l\|^2$ と表される．

∵ ① $A = p \times l - Kq/\|q\|$ で $p \times l$ は l と直交していて，q も l と直交しているので，$A \cdot l = 0$.

② $A = p \times (q \times p) - Kq/\|q\| = (p \cdot p)q - (p \cdot q)p - Kq/\|q\|$ で，$\|A\|^2$ は $K^2 + \|p\|^4\|q\|^2 - 2K\|p\|^2\|q\| - (p \cdot q)^2\|p\|^2 - 2K(p \cdot q)^2/\|q\|$ と書けるが，$2H\|l\|^2 = (\|p\|^2 - 2K/\|q\|)\|q \times p\|^2$ と比べると関係式が出る（$\|q \times p\|^2 = \|q\|^2\|p\|^2 - (q \cdot p)^2$ を使う）． □

6 次元の空間 $(q_1, q_2, q_3, p_1, p_2, p_3)$ で 5 つの関係式が得られるので，軌道は 1 次元に制限される．

平面上の運動への簡約

角運動量の保存から，方程式系を平面上の運動に書き直すことができる．これを見てみよう．保存則 $(q_2p_3 - q_3p_2, q_3p_1 - q_1p_3, q_1p_2 - q_2p_1) = (L_1, L_2, L_3)$, $l \in \mathbb{R}^3$ は次と同値である：

$$L_1q_1 + L_2q_2 + L_3q_3 = 0, \quad L_1p_1 + L_2p_2 + L_3p_3 = 0, \quad q_1p_2 - q_2p_1 = L_3. \tag{13}$$

直交変換で新しい座標 (Q, P) を $Q_3 = 0$, $P_3 = 0$ となるようにとりたい．

$(l_1, l_2, l_3) = \frac{1}{L}(L_1, L_2, L_3)$, $L = \sqrt{{L_1}^2 + {L_2}^2 + {L_3}^2}$ $({l_1}^2 + {l_2}^2 + {l_3}^2 = 1)$ と置く．

$$R = \frac{1}{\sqrt{{l_1}^2 + {l_2}^2}} \begin{pmatrix} -l_1 l_3 & -l_2 l_3 & 1 - {l_3}^2 \\ l_2 & -l_1 & 0 \\ l_1\sqrt{{l_1}^2 + {l_2}^2} & l_2\sqrt{{l_1}^2 + {l_2}^2} & l_3\sqrt{{l_1}^2 + {l_2}^2} \end{pmatrix}$$

を使って $Q = Rq$, $P = Rp$ と変換すると[6)]，保存則 (13) は

$$Q_3 = 0, \quad P_3 = 0, \quad Q_1 P_2 - Q_2 P_1 = L$$

に書き換えられる．方程式系は，1 階 4 連立の

$$H = \frac{1}{2}({P_1}^2 + {P_2}^2) - \frac{K}{\sqrt{{Q_1}^2 + {Q_2}^2}} \tag{14}$$

に関する正準方程式系 $dQ_k/dt = \partial H/\partial P_k$, $dP_k/dt = -\partial H/\partial Q_k$ になる．

保存量のうち A は

$$\begin{aligned} A =& p \times l - Kq/\|q\| \\ =& R^{-1}\begin{pmatrix} P_1 \\ P_2 \\ 0 \end{pmatrix} \times R^{-1}\begin{pmatrix} 0 \\ 0 \\ L \end{pmatrix} - \frac{K}{\sqrt{{Q_1}^2 + {Q_2}^2}} R^{-1}\begin{pmatrix} Q_1 \\ Q_2 \\ 0 \end{pmatrix} \end{aligned}$$

で RA の第 3 成分は 0 であるが，第 1 成分，第 2 成分は

$$\begin{aligned} (RA)_1 =& ({P_1}^2 + {P_2}^2)Q_1 - (Q_1 P_1 + Q_2 P_2)P_1 - \frac{KQ_1}{\sqrt{{Q_1}^2 + {Q_2}^2}}, \\ (RA)_2 =& ({P_1}^2 + {P_2}^2)Q_2 - (Q_1 P_1 + Q_2 P_2)P_2 - \frac{KQ_2}{\sqrt{{Q_1}^2 + {Q_2}^2}} \end{aligned}$$

となる．このふたつは $\|A\|^2 = K^2 + 2HL$ から独立ではない[7)]．

保存量は H, L, $(RA)_1$ の 3 つが残っている．

楕円軌道と面積速度一定

Hamiltonian が (14) で与えられたときの 1 階 4 連立方程式系を解こう．方程式の回転対称性から極座標で書き直すとよいことが分かる．$Q_1 = r\cos\theta$,

6) この行列 R は ${}^t(l_1, l_2, l_3)$, ${}^t(0, 1, 0)$, ${}^t(0, 0, 1)$ から始めて，Gram-Schmidt の直交化法で求めた正規直交基底を並び替えたもの．

7) $\|A\|$ は関係式から Ke となる．ここで，e は離心率（次の楕円軌道と面積速度一定のところを見よ）．

$Q_2 = r\sin\theta$ と置くとき，運動量座標のほうは $P_1 = (\cos\theta)p_r - \left(\frac{\sin\theta}{r}\right)p_\theta$, $P_2 = (\sin\theta)p_r + \left(\frac{\cos\theta}{r}\right)p_\theta$ とすれば

$$\frac{dr}{dt} = \frac{\partial H}{\partial p_r}, \quad \frac{d\theta}{dt} = \frac{\partial H}{\partial p_\theta}, \quad \frac{dp_r}{dt} = -\frac{\partial H}{\partial r}, \quad \frac{dp_\theta}{dt} = -\frac{\partial H}{\partial \theta}$$

と方程式の形は変わらない（213 ページの点変換の説明を見よ）.

このように置くと H は

$$H = \frac{1}{2}\left({p_r}^2 + \frac{{p_\theta}^2}{r^2}\right) - \frac{K}{r} \tag{15}$$

と書かれ，これは変数 θ を陽に含まない．よって p_θ は定数であるが，これは $p_\theta = -(r\sin\theta)P_1 + (r\cos\theta)P_2 = -Q_2P_1 + Q_1P_2 = L$ であった.

残りの 3 つの方程式は

$$\frac{dr}{dt} = p_r, \quad \boxed{\frac{d\theta}{dt} = \frac{L}{r^2}}, \quad \frac{dp_r}{dt} = \frac{L^2}{r^3} - \frac{K}{r^2} \tag{16}$$

と書ける．このうち 2 番目の式が，**面積速度一定の法則**という Kepler の 2 番目の法則になっている．太陽と惑星を結ぶ線が単位時間に掃過する面積が $\frac{1}{2}r^2\frac{d\theta}{dt}$ で，これが定数であることを表しているからである.

残りの方程式は r に関する 2 階の方程式 $d^2r/dt^2 = L^2r^{-3} - Kr^{-2}$ になる．軌道を求めるため，面積速度一定の法則を使って時刻 t を消去すると，$d/dt = (d\theta/dt)(d/d\theta) = (L/r^2)(d/d\theta)$ となるから

$$\frac{L^2}{r^4}\frac{d^2r}{d\theta^2} - 2\frac{L^2}{r^5}\left(\frac{dr}{d\theta}\right)^2 = \frac{L^2}{r^3} - \frac{K}{r^2}$$

が得られる．この方程式は $r = 1/\rho$ と変数変換すれば

$$-\frac{d^2\rho}{d\theta^2} = \rho - \frac{K}{L^2}$$

と書き換えられる．これは定数係数 2 階非同次線型方程式で，定数解 $\rho = K/L^2$ がすぐに見つかるので，一般解は $\rho = C\cos(\theta - \theta_0) + (K/L^2)$ となる．ただし，ここで C, θ_0 は積分定数であるが，保存量 H の値を E とすると，$2E = {p_r}^2 + L^2r^{-2} - 2Kr^{-1}$ から，$C = \left(\sqrt{(K^2/L^2) + 2E}\right)/L$ という関係があることが分かる．結局

$$\boxed{r = \frac{d}{1 + e\cos(\theta - \theta_0)}}, \quad d = \frac{L^2}{K}, \quad e = \sqrt{1 + \frac{2EL^2}{K^2}} \tag{17}$$

となり，これは**離心率** (eccentricity) $e = \sqrt{1 + (2EL^2/K^2)}$, **通径** (latus rectum) $d = L^2/K$ の 2 次曲線の極座標表示である．$0 \leq e < 1$ なら**楕円** (ellipse), $e = 1$ なら**放物線** (parabola), $e > 1$ なら**双曲線** (hyperbola) となる．

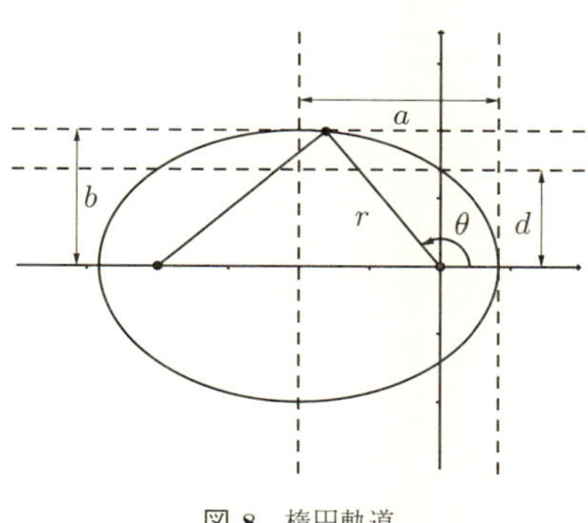

図 8　楕円軌道

時間の関数としての惑星の位置

惑星の軌道については以上で求まったわけだが，その軌道上の惑星の運動についても見てみよう．軌道上の位置については焦点を原点にした角度 θ よりも，離心近点離角 φ という角度を用いたほうがきれいに見える．

離心近点離角 φ は **Kepler の方程式**

$$\frac{2\pi}{T}t = \varphi - e\sin\varphi \tag{18}$$

を満たす．ただし，定数 T は楕円軌道の周期を表す．

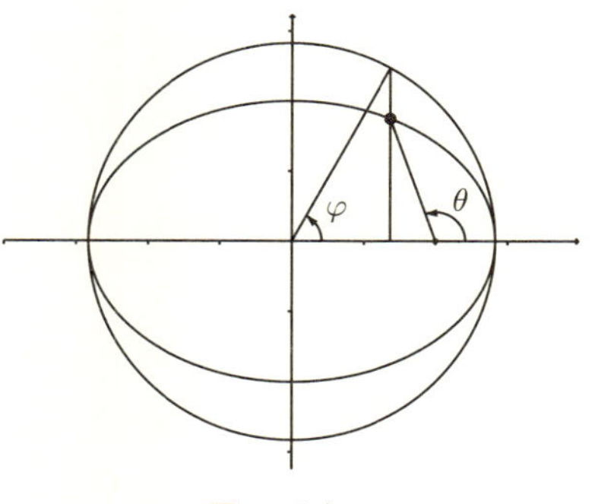

図 9　θ と φ

∵　離心近点離角 φ を θ の代わりに使うと楕円の式は $r = a(1 - e\cos\varphi)$ と表される．ただし，a は長径で，これは $r^2 = (x - c)^2 + y^2$, $c = ea$,

$x = a\cos\varphi,\ y = b\sin\varphi$ から分かる[8)].

これは微分すると $dr/d\varphi = ae\sin\varphi$ となる.

一方で, H が保存量であるという式 $2E = (dr/dt)^2 + L^2r^{-2} - 2Kr^{-1}$ があるので, これから上の式を使って r を消去すれば, φ と t の関係が分かる. 実際にやってみると, $e^2 = 1 - (b^2/a^2) = 1 + (2EL^2/K^2)$, $l = (1-e^2)a = b^2/a = L^2/K$ から, $K = -2Ea,\ L^2 = -2Eb^2$ と書けて

$$\begin{aligned}\frac{dr}{dt} =& \frac{\sqrt{2Er^2 + 2Kr - L^2}}{r} = \frac{\sqrt{-2E(-r^2 + 2ar - b^2)}}{r} \\ =& \sqrt{-2E}\frac{e\sin\varphi}{1 - e\cos\varphi}\end{aligned}$$

と書け, $dt/d\varphi = a(1 - e\cos\varphi)/\sqrt{-2E}$ で, 積分すると Kepler の方程式が得られる. ただし, $T = 2\pi\sqrt{-2E}/a$. これが周期であることは, 時刻 t が 0 から T まで動くと, φ が 0 から 2π まで動くことから分かる. □

これで, 正準方程式系は導函数を含まない関係式に書き換えられたわけであるが, Kepler の方程式を φ について解いて φ の時刻 t の函数としての表示を得たい. これは簡単な初等函数などでは表せないのであるが, Fourier 級数を用いた表示が計算できる.

離心近点離角 φ は周期函数ではないが, 導函数 $d\varphi/dt$ は周期 T を持つ周期函数となるから, これを Fourier 展開した $\dfrac{d\varphi}{dt} = \dfrac{a_0}{2} + \displaystyle\sum_{j=1}^{\infty} a_j \cos\left(\frac{2\pi jt}{T}\right)$ を計算して, その積分から φ の表示を求めよう. ここで, 係数 a_j は

$$a_j = \frac{2}{T}\int_0^T \frac{d\varphi}{dt}\cos\frac{2\pi jt}{T}dt = \frac{2}{T}\int_0^{2\pi}\cos j(\varphi - e\sin\varphi)d\varphi$$

と書ける. $j \geq 1$ では Bessel 函数の積分表示

$$J_j(s) = \frac{1}{2\pi}\int_0^{2\pi}\cos(j\varphi - s\sin\varphi)d\varphi \tag{19}$$

を用いると $a_j = (4\pi/T)J_j(je)$ となる. 積分して, 次の函数が得られる：

$$\varphi = \frac{2\pi t}{T} + \sum_{j=1}^{\infty}\frac{2}{j}J_j(je)\sin\frac{2\pi jt}{T}. \tag{20}$$

---

8) b は短径で, 通径 d を用いて, $a = d/(1-e^2)$, $b = d/\sqrt{1-e^2}$ と書ける. また, $e = \sqrt{1-(b^2/a^2)}$.

例 5（水素原子模型）

ここで現れる微分方程式は偏微分方程式であるが，変数分離形を仮定することで，問題が常微分方程式の解を求めることに帰着される．

Schrödinger 方程式

振動数ごとの光の強度の分布をスペクトル[9]という．水素原子の出す光のスペクトルには離散的な系列がある．このスペクトルは（定常）**Schrödinger 方程式**を解くことで求められる．

Schrödinger 方程式は，次の形で与えられる：

$$\boxed{H\varphi = E\varphi}. \tag{21}$$

ただし，$H = -\Delta + U, U = -k/r$ で，Δ は Laplacian と呼ばれる作用素

$$\Delta = \frac{\partial^2}{\partial x^2} + \frac{\partial^2}{\partial y^2} + \frac{\partial^2}{\partial z^2}, \tag{22}$$

$r = \sqrt{x^2 + y^2 + z^2}$, $k = -2m_e e^2/(\hbar^2)$, m_e は電子の質量，$-e$ は電子の電荷，$\hbar$ は Planck 定数，E は状態のエネルギーを表す定数である[10]．

この Schrödinger 方程式は独立変数が 3 つある偏微分方程式で，解のなす空間の次元は無限次元である．よって有限個の点での値を与えても解は決まらず，常微分方程式の場合とは異なり，いわば無限個の付加条件が必要となる．ここでは

$$\int_{\mathbb{R}^3} |\varphi|^2 dxdydz < \infty \tag{23}$$

という条件を考える．しかし，今度は条件が強すぎて，必ずしも条件を満たす複素函数解 φ が存在するとは限らない．ここで考えたい問題は，むしろ定数 E を不定にして，このような φ が存在するときの，E と φ を求める問題である．このような問題を**固有値問題**と呼ぶ．E を H の**固有値** (eigenvalue)，φ を E に属する**固有函数** (eigenfunction) と呼ぶ．$E > 0$ の場合，解はいつも存在する．ここでは，$E < 0$ としたときの固有値問題を考える[11]．

まず，Schrödinger 方程式の固有値問題を解くことを考え，次にその解を使って水素原子のスペクトルの計算を見よう．

---

9) 日本語のスペクトルは仏語の spectre から来ている．英語では spectrum.

10) $m_e = 9.109 \times 10^{-31}$ kg, $e = 1.602 \times 10^{-19}$ C, $\hbar = 1.054 \times 10^{-34}$ J·sec.

11) $E > 0$ のとき散乱状態，$E < 0$ のとき束縛状態と呼ぶ.

Schrödinger 方程式を解く

方程式のポテンシャル U は原点を中心とした回転に関して対称な形をしているので，極座標を使って方程式を書いてみよう：

$$x = r\sin\theta\cos\phi, \quad y = r\sin\theta\sin\phi, \quad z = r\cos\theta, \tag{24}$$
$$0 < r, \quad 0 \le \theta \le \pi, \quad 0 \le \phi \le 2\pi$$

と置く．$\Delta\varphi$ を極座標 (r, θ, ϕ) で書くと

$$\Delta\varphi = \frac{1}{r^2}\frac{\partial}{\partial r}\left(r^2\frac{\partial\varphi}{\partial r}\right) + \frac{1}{r^2\sin\theta}\frac{\partial}{\partial\theta}\left(\sin\theta\frac{\partial\varphi}{\partial\theta}\right) + \frac{1}{r^2\sin^2\theta}\frac{\partial^2\varphi}{\partial\phi^2} \tag{25}$$

となる[12]．さらに，変数分離型の解を仮定する．つまり $\varphi = R(r)\Theta(\theta)\Phi(\phi)$ という形の解を考える．Schrödinger 方程式 (21) に代入して

$$\begin{aligned}&\frac{1}{R}\left\{\frac{\partial}{\partial r}\left(r^2\frac{\partial R}{\partial r}\right) + r^2\left(E + \frac{k}{r}\right)R\right\}\\ &= -\frac{1}{\Theta\Phi}\left\{\frac{1}{\sin\theta}\frac{\partial}{\partial\theta}\left(\sin\theta\frac{\partial(\Theta\Phi)}{\partial\theta}\right) + \frac{1}{\sin^2\theta}\frac{\partial^2(\Theta\Phi)}{\partial\phi^2}\right\}\end{aligned} \tag{26}$$

となる．ここで，左辺は r のみの函数，右辺は θ, ϕ のみの函数であるから，両辺は定数である．この定数を λ とする．さらに右辺から

$$\frac{1}{\Theta}\left\{\sin\theta\frac{\partial}{\partial\theta}\left(\sin\theta\frac{\partial\Theta}{\partial\theta} + \lambda(\sin^2\theta)\Theta\right)\right\} = -\frac{1}{\Phi}\frac{\partial^2(\Phi)}{\partial\phi^2} \tag{27}$$

となり，この左辺は θ のみの函数，右辺は ϕ のみの函数であるから，同様に両辺は定数で，これを μ とする．ここから 3 つの常微分方程式が得られた：

$$\frac{d}{dr}\left(r^2\frac{dR}{dr}\right) + \left(Er^2 + kr - \lambda\right)R = 0, \tag{28}$$

$$\sin\theta\frac{d}{d\theta}\left(\sin\theta\frac{d\Theta}{d\theta}\right) + \left(\lambda\sin^2\theta - \mu\right)\Theta = 0, \tag{29}$$

$$\frac{d^2\Phi}{d\phi^2} + \mu\Phi = 0. \tag{30}$$

まず，3 番目の方程式を解くと，$\mu \neq 0$ のとき，2 つの線型独立な解 $e^{\pm\sqrt{-\mu}\phi}$ が得られるが，周期性 $\Phi(\phi + 2\pi) = \Phi(\phi)$ より，$\mu = m^2, m \in \mathbb{Z}$ で

$$\Phi(\phi) = e^{\sqrt{-1}m\phi}, \quad m \in \mathbb{Z} \tag{31}$$

12) この後の Laplacian の極座標表示の計算を参照（20 ページ）．

となることが分かる[13]．

残りのふたつは変数係数の線型方程式である．2 階以上の変数係数線型方程式は一般には求積可能ではない．ここでは，超幾何函数や合流超幾何函数，およびその特殊な場合にあたる多項式解などの特殊函数を使って解を表す．変数係数の線型方程式については，2B 章で詳しく見る．

まず，θ に関する方程式 (29) であるが，これは周期函数係数の線型方程式である．有理函数係数に直すために $q=\cos\theta$, $P(\cos\theta)=\Theta(\theta)$ と置くと，$\mu=m^2, \sin\theta(d\Theta/d\theta)=-(1-q^2)(dP/dq)$ を使って方程式

$$(1-q^2)\frac{d^2P}{dq^2}-2q\frac{dP}{dq}+\left(\lambda-\frac{m^2}{1-q^2}\right)P=0 \tag{32}$$

が得られる．この方程式は $\mathbb{P}^1=\mathbb{C}\cup\{\infty\}$ 上で $q=\pm 1$ および $q=\infty$ の 3 点のみを確定特異点に持つ方程式で，**Gauss の超幾何微分方程式**に帰着される．ここで $P=(1-q^2)^{|m|/2}F$ と従属変数の変換をすると，方程式は

$$(1-q^2)\frac{d^2F}{dq^2}-2(|m|+1)q\frac{dF}{dq}+(\lambda-m^2-|m|)F=0 \tag{33}$$

と書き直される．

条件 (23) を満たすためには，F がこの方程式の多項式解であることが必要であることが分かる．このことの検証は後にとっておくことにして，多項式解を求めてみよう．

多項式解は $q=0$ で解析的であることから $\lambda=l(l+1)$ となるように l をとると，解は

$$F=F\left(\begin{matrix}-l+|m|, l+|m|+1\\|m|+1\end{matrix};\frac{1-q}{2}\right) \tag{34}$$

の定数倍であることが分かる．ただし，$F\left(\begin{smallmatrix}\alpha,\beta\\\gamma\end{smallmatrix};t\right)$ は Gauss の超幾何級数で

$$F\left(\begin{matrix}\alpha,\beta\\\gamma\end{matrix};t\right)=\sum_{j=0}^{\infty}\frac{\alpha(\alpha+1)\cdots(\alpha+j-1)\beta(\beta+1)\cdots(\beta+j-1)}{\gamma(\gamma+1)\cdots(\gamma+j-1)j!}t^j \tag{35}$$

と定義される．よって上の F が多項式になるのは，l が $|m|$ 以上の整数であるときだけである[14]．このとき，$P=P_l^{|m|}=(1-q^2)^{|m|/2}F$ は **Legendre の**

13) $\mu=0$ のときは $\Phi=1,\phi$ が解になるが，後者は周期性を満たさず，前者の場合，上の解の $m=0$ としたものになっている．

14) このとき，高次の項の分子が零になる．また，これとは別に $l+|m|+1$ が 0 または負の整数のときも多項式になるが，これは l を $-l-1$ に置き換えてやると，ここで考えた多項式と一致していることが分かり，$l\geq|m|$ の場合だけ考えれば十分であることが言える．

陪函数 (associated Legendre function) と呼ばれ，$m=0$ のときの Legendre 多項式

$$P_l(q)=\frac{1}{2^l l!}\frac{d^l}{dq^l}(q^2-1)^l \tag{36}$$

を使って，$P_l^j(q)=(q^2-1)^{j/2}(d^j/dq^j)P_l(q)$ と書ける．

ここまでをまとめると，$l\geq|m|$ を満たす整数 l,m に対し $Y=\Theta(\theta)\Phi(\phi)$ は

$$Y=Y_{l,m}(\theta,\phi)=P_l^{|m|}(\cos\theta)e^{\sqrt{-1}m\phi} \tag{37}$$

と書かれる．これは**球面調和函数** (spherical harmonics) と呼ばれる．

次に，r に関する方程式 (28) に関しても，これは $r=0$ を確定特異点，$r=\infty$ を不確定特異点とする方程式で，**Kummer の合流型超幾何方程式**に帰着できるタイプの式である．実際，独立変数を $s=2\sqrt{-E}r$, 従属変数を $R=e^{-s/2}s^lF$ と取り直してやると

$$s\frac{d^2F}{ds^2}+(2l+2-s)\frac{dF}{ds}-\left(l+1-\frac{k}{2\sqrt{-E}}\right)F=0 \tag{38}$$

となり，これは合流型超幾何函数で解ける方程式である．

ここでも条件 (23) を満たすためには，F は多項式解でなくてはならない．多項式解を求めよう．特にこれは $s=0$ で解析的なので，合流型超幾何級数

$$F\left(\begin{matrix}\alpha\\ \gamma\end{matrix};s\right)=\sum_{j=0}^{\infty}\frac{\alpha(\alpha+1)\cdots(\alpha+j-1)}{\gamma(\gamma+1)\cdots(\gamma+j-1)j!}s^j \tag{39}$$

において，$\alpha=l+1-k/(2\sqrt{-E})$, $\gamma=2l+2$ としたものの定数倍となる．これが多項式になるのは，α が 0 または負の整数のときのみであり[15]，$E=-(k/(2(l+1-\alpha)))^2$ であるから，エネルギーは

$$\boxed{E=-\left(\tfrac{k}{2}\right)^2\tfrac{1}{n^2},\quad n>l\geq 0} \tag{40}$$

と書ける[16]．このときの F は定数倍して

$$L_{n+l}^{2l+1}(s)=-\frac{((n+l)!)^2}{(2l+1)!(n-l-1)!}F\left(\begin{matrix}l+1-n\\ 2l+2\end{matrix};s\right) \tag{41}$$

と置くと，これは **Laguerre の陪多項式** (associated Laguerre polynomial) と

15) このときだけ，高次の項の分子が零になる．
16) 最小固有値は $E=-(k/2)^2$．また，$n\to\infty$ とすると，$E\to 0$．

呼ばれるものとなっている．

$$L_p(s) = p!F\left(\begin{matrix}-p\\1\end{matrix};s\right) = n!\sum_{j=0}^{p}(-1)^j\binom{p}{j}\frac{s^j}{j!},\quad p\in\mathbb{Z}_{\geq 0}$$

が Laguerre の多項式であり

$$L_p^q(s) = \frac{d^q}{ds^q}L_p(s) = (-1)^q p!\sum_{j=0}^{p-q}(-1)^j\binom{p}{p-q-j}\frac{s^j}{j!},\quad p\geq q\geq 0$$

となっている．

結局，固有値 E は $-k^2/(4n^2)$ で与えられ，この固有値に属する固有函数は

$$\boxed{e^{-\sqrt{-E}r}r^l L_{n+l}^{2l+1}\left(2\sqrt{-E}r\right)P_l^{|m|}(\cos\theta)e^{\sqrt{-1}m\phi},\quad n>l\geq|m|} \tag{42}$$

となる．固有空間の次元は $\sum_{l=0}^{n-1}(2l+1)=n^2$ となる[17]．

多項式解でなくてはいけないわけ

議論の途中で，求める函数は常微分方程式の多項式解であるとしたのだが，条件 (23) から多項式であることが導かれる理由を見ておこう．

まず条件は次のように書かれる：

$$\int_{\mathbb{R}^3}|\varphi|^2dxdydz = \int_0^\infty|R(r)|^2r^2dr\int_0^\pi|\Theta(\theta)|^2\sin\theta d\theta\int_0^{2\pi}|\Phi(\phi)|^2d\phi<\infty. \tag{43}$$

よって，$\int_0^\pi|\Theta(\theta)|^2\sin\theta d\theta = \int_0^\pi|P(\cos\theta)|^2\sin\theta d\theta = \int_{-1}^1|P(q)|^2dq<\infty$ は必要である．$P(q)=(1-q^2)^{|m|/2}F(q)$ としたとき，F は超幾何微分方程式を満たすので，積分区間の端 $q=\pm1$ に特異点を持つ可能性がある．今の計算では $F\left(\begin{smallmatrix}\alpha,\beta\\\gamma\end{smallmatrix};t\right)$ の γ が整数の場合で，少し特殊なのであるが，例 13（169 ページ）で計算するような解が得られる．このうち，$q=1$ で解析的でないほうの解は，$q=1$ つまり $t=0$ を極あるいは対数特異点（$\log t=\log\frac{1-q}{2}$ の項）に持っていて，その積分は発散してしまう．解析的な解も，多項式でない場合には，解析接続を考えて $q=-1$ つまり $t=1$ において，極あるいは対数的な項が現れることが分かり[18]，多項式解の場合を除いて積分が発散してしま

17)　0 以上の整数 l に対して $l\geq|m|$ を満たす整数 m の数は $2l+1$.

18)　158 ページで見る接続行列などを参照．ただし，そこでは非整数条件を仮定していて，この場合とは合わない．本当はより特別な場合の考察が必要になる．

う．解が多項式のときは，もちろん積分は有限値をとる．

また同様に，$\int_0^\infty |R(r)|^2 r^2 dr < \infty$ も必要で，$R(r) = e^{-s/2} s^l F(s), s = 2\sqrt{-E}r$ としたとき，F は合流型超幾何方程式を満たすので，$s = 0$ に特異点を持つ可能性がある．$s = 0$ の近傍で，解析的な解と，$l \neq 0$ のとき $2l+1$ 位の極を持つ解，$l = 0$ のとき対数項を持つ解が作れるが，解析的でない解は積分が発散するので，F は解析的なほうの解になる．さらに，この解析的なほうの解を $s = \infty$ の近傍に解析接続すると，F が多項式でないときには，$F \sim e^s, s > 0, s \to \infty$ のように振る舞う項が出てくるので，積分が発散する．よって，この場合も，多項式でなくてはいけない．F が多項式の場合には，積分は有限値をとる．

水素原子のスペクトル

ここで，n を**主量子数** (principal quantum number)，l を**方位量子数** (azimiuthal quantum number)，m を**磁気量子数** (magnetic quantum number) と呼ぶ．エネルギー（固有値）は，今の場合，主量子数のみによって決まり，方位量子数や磁気量子数に依らない．

電子の状態は 3 つの量子数から決まり，各状態におけるエネルギーの差が光となって放出される．振動数 ν とエネルギー E との関係は Planck 定数 h を使って

$$\nu = \frac{E}{h} \tag{44}$$

と書けるので，主量子数 n の場合のエネルギー固有値は $E = -k^2/(4n^2)$ であることから，放出される光の振動数は

$$\nu = \frac{1}{h}\left(\frac{k}{2}\right)^2 \left(\frac{1}{\tilde{n}^2} - \frac{1}{n^2}\right), \quad n, \tilde{n} \in \mathbb{Z}_{\geq 1} \tag{45}$$

で表せる．特に，$\tilde{n} = 1$, $n = 2, 3, 4, \ldots$ のとき Lyman 系列，$\tilde{n} = 2$, $n = 3, 4, 5, \ldots$ のとき Balmer 系列と呼ばれる．

Laplacian の極座標表示

まずは 2 変数の場合を見てみよう．座標を $x = \rho\cos\phi$, $y = \rho\sin\phi$ と置くと，

$$\begin{pmatrix} \frac{\partial}{\partial\rho} \\ \frac{\partial}{\partial\phi} \end{pmatrix} = \begin{pmatrix} \cos\phi & \sin\phi \\ -\rho\sin\phi & \rho\cos\phi \end{pmatrix} \begin{pmatrix} \frac{\partial}{\partial x} \\ \frac{\partial}{\partial y} \end{pmatrix} \tag{46}$$

となって，これを逆に解くと

$$\frac{\partial}{\partial x} = \cos\phi\frac{\partial}{\partial \rho} - \frac{\sin\phi}{\rho}\frac{\partial}{\partial \phi}, \quad \frac{\partial}{\partial y} = \sin\phi\frac{\partial}{\partial \rho} + \frac{\cos\phi}{\rho}\frac{\partial}{\partial \phi} \tag{47}$$

となる．これから

$$\begin{aligned}\frac{\partial^2}{\partial x^2} = \cos^2\phi\frac{\partial^2}{\partial \rho^2} - \frac{2\cos\phi\sin\phi}{\rho}\frac{\partial^2}{\partial\rho\partial\phi} + \frac{\sin^2\phi}{\rho^2}\frac{\partial^2}{\partial\phi^2} \\ + \frac{\sin^2\phi}{\rho}\frac{\partial}{\partial\rho} + \frac{2\cos\phi\sin\phi}{\rho^2}\frac{\partial}{\partial\phi}\end{aligned} \tag{48}$$

などと計算できるので，結局 2 変数の場合は次のようになる：

$$\frac{\partial^2}{\partial x^2} + \frac{\partial^2}{\partial y^2} = \frac{\partial^2}{\partial \rho^2} + \frac{1}{\rho^2}\frac{\partial^2}{\partial\phi^2} + \frac{1}{\rho}\frac{\partial}{\partial\rho}. \tag{49}$$

ここで，$\partial^2/\partial x^2$ の計算は間違いやすい．函数 f に微分を 2 回施すつもりで，$\frac{\partial^2}{\partial x^2}f$ を計算すると理解しやすいだろう．

3 変数の場合も同様に計算できるが，計算が複雑になるので直接の計算の代わりに，2 変数の場合の計算を 2 回繰り返すようにして求めよう．まず

$$\frac{\partial^2}{\partial x^2} + \frac{\partial^2}{\partial y^2} + \frac{\partial^2}{\partial z^2} = \frac{\partial^2}{\partial \rho^2} + \frac{1}{\rho^2}\frac{\partial^2}{\partial\phi^2} + \frac{1}{\rho}\frac{\partial}{\partial\rho} + \frac{\partial^2}{\partial z^2} \tag{50}$$

である．さらに $z = r\cos\theta,\ \rho = r\sin\theta$ と置くと

$$\frac{\partial^2}{\partial z^2} + \frac{\partial^2}{\partial \rho^2} = \frac{\partial^2}{\partial r^2} + \frac{1}{r^2}\frac{\partial^2}{\partial\theta^2} + \frac{1}{r}\frac{\partial}{\partial r}, \quad \frac{\partial}{\partial\rho} = \sin\theta\frac{\partial}{\partial r} + \frac{\cos\theta}{r}\frac{\partial}{\partial\theta} \tag{51}$$

より，$\Delta = \frac{\partial^2}{\partial x^2} + \frac{\partial^2}{\partial y^2} + \frac{\partial^2}{\partial z^2}$ は次のように書ける：

$$\Delta = \frac{\partial^2}{\partial r^2} + \frac{1}{r^2}\frac{\partial^2}{\partial\theta^2} + \frac{1}{r^2\sin^2\theta}\frac{\partial^2}{\partial\phi^2} + \frac{2}{r}\frac{\partial}{\partial r} + \frac{\cos\theta}{r^2\sin\theta}\frac{\partial}{\partial\theta}. \tag{52}$$

第1章 基礎理論 ～方程式と解

現象と法則

微分方程式は，科学的思考のあらゆる場面に現れる．現象の予測，理解のためのひとつの確立された方法として，現象の観察から法則を想定し，その法則から導かれる結論を実際の現象と比べて理論の当否を判断するという思考の形式があって，そのような方法にうまく合っているからだろう．そう思うと，確固とした法則が既にあって，そこから正しい現象の姿が導かれるという漠然とした印象とは別に，現象から法則へと向かう道を確認しておきたい気がする．

われわれは，法則を微分方程式，現象をその解函数と読み換えて，このふたつの間の相互関係を，もう少し仔細に観察してみよう．

ここでは，惑星運動を例にとって，微分方程式と解の対応を，図式的に眺めてみる．例 4 で，万有引力の法則から惑星の楕円軌道を導いた (9 ページ)．しかし，歴史の順序は逆である．惑星の運行に関する Kepler の法則は既に知られていて，その後，Newton の万有引力の法則が提唱されたのである．ある時刻において，惑星はどの位置にいるのか，どの方向に見えるのか，それは Kepler の法則から計算できる．それでは，楕円軌道から Newton の法則を導く意義は何だろうか．数学を応用するという立場に立てば，やりたいことは，世界を予言するということに集約される．これは，つまり，解としての現象のほうが理解できてしまったのなら，微分方程式は必要ないのではないかという疑問につながる．

例 4 では，引力の法則から得られる微分方程式を出発点とし，その解として得られる運動の様子を調べたわけだが，歴史が示しているような順に，運動の様子が与えられたとして，微分方程式をどのように得るかという計算を考えよう．例で見た計算を順問題と思うと，これはいわば，逆問題である[1)2)]．

まず Kepler の法則から，運動の様子がどのように記述されるかを見よう．Kepler の第 1 法則は，**惑星は太陽を焦点のひとつとする楕円軌道を描く**と表される．楕円は，焦点のひとつを原点とした極座標を用いると，離心率を e, 通径を d として

$$r = \frac{d}{1 + e\cos\theta} \tag{1.1}$$

と書ける．離心率は楕円の形を決める助変数（パラメータ），通径は大きさを決める助変数（パラメータ）となる．3 次元空間で $x = d\cos\theta/(1+e\cos\theta)$, $y = d\sin\theta/(1+e\cos\theta)$, $z = 0$ と置いたものは，楕円軌道が $z = 0$ という平面上にあり，長軸が $y = z = 0$ と一致する場合になるが，一般にはこれを原点中心に回転する自由度があるので，座標は θ の関数として

$$\begin{pmatrix} x \\ y \\ z \end{pmatrix} = R(c_0, c_1, c_2) \begin{pmatrix} \frac{d\cos\theta}{1+e\cos\theta} \\ \frac{d\sin\theta}{1+e\cos\theta} \\ 0 \end{pmatrix} \tag{1.2}$$

のように書かれる．ただし，$R(c_0, c_1, c_2)$ は 3 次元空間の回転行列で，例えば

$$R(c_0, c_1, c_2) = \begin{pmatrix} \cos c_0 \cos c_1 \cos c_2 - \sin c_1 \sin c_2 & \cos c_0 \sin c_1 \cos c_2 + \cos c_1 \sin c_2 & -\sin c_0 \cos c_2 \\ -\cos c_0 \cos c_1 \sin c_2 - \sin c_1 \cos c_2 & -\cos c_0 \sin c_1 \sin c_2 + \cos c_1 \cos c_2 & \sin c_0 \sin c_2 \\ \sin c_0 \cos c_1 & \sin c_0 \sin c_1 & \cos c_0 \end{pmatrix} \tag{1.3}$$

のように書かれる．これは **Euler 角**と呼ばれる．しかし，ここでは 3 つの変数でパラメトライズされる行列とだけ思っておけばいい．

第 2 法則は，**太陽と惑星を結ぶ線分が単位時間に掃過する面積は一定**と表

1)　一般的に，運動から力を導くのが Newton の順問題，力から軌道を求めるのが Newton の逆問題と呼ばれる．ここでの微分方程式を解く問題とは逆になるので注意．

2)　万有引力から楕円軌道を導くということに関しては，Newton は厳密にはそれを行っていないという疑義が J. Bernoulli から出され，これは今日に至るまで議論の的になっている．Newton がこの問題を解いたかはともかく，プリンキピアにおける記述は，単に図形的な考察というに留まらず，円錐曲線の性質を多用した議論でできており，あらかじめ楕円軌道という解を知っていなければ成り立たない議論であるのは間違いない．あらかじめ解を想像できない場合にどうしたらよいかというのが次の時代の Euler や Lagrange による数学の目標となった．この辺りの事情は，山本義隆著，古典力学の形成，日本評論社 (1997) に詳しい．

される：

$$\frac{1}{2}r^2\frac{d\theta}{dt}=\frac{L}{2},\quad L:\ \text{定数}. \tag{1.4}$$

第1法則から軌道がどのように表されるか分かっていて，この法則で軌道上を惑星がどのように運動するかが記述される．正しくは，この微分方程式を解いて，θ を t の函数として記述すると運動が記述できるということだが，ここでは省略させてもらう．

これらふたつから Newton の万有引力の式を求めてみよう．まず，位置を時間で微分して

$$\begin{aligned}\frac{d}{dt}\begin{pmatrix}x\\y\\z\end{pmatrix}=&R(c_0,c_1,c_2)\begin{pmatrix}\frac{-d\sin\theta}{(1+e\cos\theta)^2}\\\frac{d(\cos\theta+e)}{(1+e\cos\theta)^2}\\0\end{pmatrix}\frac{d\theta}{dt}\\=&\frac{L}{d}R(c_0,c_1,c_2)\begin{pmatrix}-\sin\theta\\\cos\theta+e\\0\end{pmatrix}\end{aligned}$$

を得る．さらにもう一度微分すると

$$\frac{d^2}{dt^2}\begin{pmatrix}x\\y\\z\end{pmatrix}=\frac{L}{d}R(c_0,c_1,c_2)\begin{pmatrix}-\cos\theta\\-\sin\theta\\0\end{pmatrix}\frac{d\theta}{dt}=-\frac{L^2}{d}\frac{1}{r^3}\begin{pmatrix}x\\y\\z\end{pmatrix} \tag{1.5}$$

と計算できて，これが万有引力の法則である．

ここでやった計算を一般的な手続きとして見直してみると，助変数を含む函数の族に対して，導函数を合わせて考えることで助変数を消去するという操作を行っていることになる．

運動は e, d, c_0, c_1, c_2, L と第2法則の初期値にあたる助変数，例えば $\theta=0$ となる時刻 t_0, の全部で7つの助変数を含んでいる．2階の導函数までを考えることで，このうち $K=L^2/d$ を除く6つの助変数を消去した．ここで $K=L^2/d$ は特別な助変数で，これ以外の助変数はそれぞれの惑星でバラバラであるが，この K のみは惑星に依らず一定になる．

この主張が Kepler の第3法則で，**惑星運動の周期の2乗は楕円軌道の長径の3乗に比例する**という形で知られている．周期 T は，第2法則より，楕

円の長径 a, 短径 b で書ける楕円の面積 πab を面積速度 $L/2$ で割ったものに等しい．よって

$$T^2 = \frac{4(\pi ab)^2}{L^2} = \frac{4\pi^2 d}{L^2} a^3 \tag{1.6}$$

となるが[3]，T^2 と a^3 の比 $4\pi^2 d/L^2 = 4\pi^2/K$ が惑星に依らないことが分かり，方程式に残っている K が現れた．

方程式と解函数の対応を次のように図式化してみる：

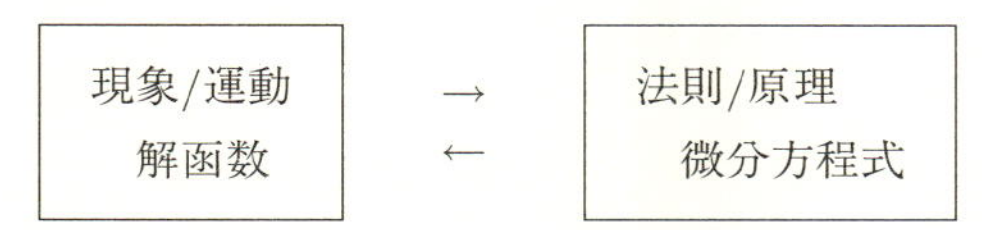

このとき，右向きの矢印は助変数の消去を表していて，左向きの矢印は初期値などの情報を付加することに対応している．右向きの矢印に対応して消去される助変数を，偶然によって決まる量だとして，それを消去するのはより本質的なものを残した抽象化であると思えるかもしれない．

科学の発展は 現象 → 法則 → 異なる現象 という形の循環によって促されてきた．このような弁証法的過程は，現在においても，新しい知見が付け加わるたびに目にされる光景である．

微分方程式を記述したことの効用は，例えば物理現象の記述の細かい精密化にも現れる．Newton 力学で 2 体問題を扱う立場からは Kepler の法則は少し違っていて，例えば慣性系で静止しているのは太陽ではなく太陽と惑星の重心であるべきだし，第 3 法則においても K の値は惑星の質量に依存して変わる．Kepler の法則は，太陽の質量が惑星の質量に比べ圧倒的に大きいことから近似的に成り立つことである．

このような修正は，太陽を惑星と同等に扱うということが重要なのであって，運動の記述の段階においても可能で，法則を導く必要はないと言えるかもしれない．しかし，運動の記述はしばしば非常に複雑で，対応する微分方程式のほうがはるかに簡単であることが多い．実際この場合も，運動を見ていると惑星と太陽が同等であるとはなかなか想像できないが，法則のほうを見ると簡単に同等に扱う形が想像できる．

以下に述べることは，経験的なもので，そうでない例などすぐに構成する

3) $b = d/\sqrt{1-e^2}$, $a = d/(1-e^2)$ より，$b = \sqrt{ad}$ となる．14 ページを見よ．

ことができるのだが，経験的には，解函数は，表示が局所的で，超越的で，複雑な振る舞いをして，追跡が難しい．微分方程式のほうは，経験的には，表示は大域的で，簡単で，しばしば代数的に書けていたりして，計算可能である．

函数が同定されている場合に，その函数の性質を調べるために，その函数が満たす微分方程式を導出するといった場面に遭遇するということは多々ある．微分方程式の理論においては，ただ方程式から解を求めることが求められているわけではなくて，解の函数と方程式とその対応を含めた構造全体の理解が求められているのだと思おう．

計算例 1.1　解函数から始めて，微分方程式を求める計算を見てみよう．
(1) ふたつの助変数 a, b を持つ函数の族 $x = 1/(at+b)$ の満たす微分方程式を求める．

$1/x = at + b$ から，左辺を 2 階微分した式が 0 となる．

$$0 = \frac{d^2}{dt^2}\frac{1}{x} = -\frac{d}{dt}\left(\frac{1}{x^2}\frac{dx}{dt}\right) = -\frac{1}{x^2}\frac{d^2x}{dt^2} + 2\frac{1}{x^3}\left(\frac{dx}{dt}\right)^2$$

となり，結局，微分方程式 $x(d^2x/dt^2) = 2(dx/dt)^2$ が得られる．

(2) Descartes の正葉線 (folium) として知られる曲線の方程式 $x^3 + y^3 - 3axy = 0$ を記述する微分方程式を求めよう．

式を x で微分して $3x^2 + 3y^2(dy/dx) - 3a(y + x(dy/dx)) = 0$ を得る．元の式と合わせて，a を消去すると，$(x^3 + y^3)(y + x(dy/dx)) = 3xy(x^2 + y^2(dy/dx))$ が得られ，整理すると

$$\frac{dy}{dx} = \frac{2x^3y - y^4}{x^4 - 2xy^3}$$

という微分方程式が求まる．

問題 1.1　導いた微分方程式を解いて，逆に元の解が構成できるか考えてみよう．

1A. 初期値問題の解の構成

微分方程式とその解との対応が大事なのであると言った．この対応をきちんと見ることが，微分方程式論の一番の基礎になる．

常微分方程式を与えたとき，解は大抵の場合，複数存在する．解と方程式の対応を考えるにあたっては，方程式と初期条件をセットで考えて，そのセットと函数が 1 対 1 であるとしたほうが，簡明な理解が得られる．よって，ここではまず，初期値問題の解の存在と一意性[4]定理を見る．

3 種類の方法で解の構成を見るが，これらの方法で得られるのは，局所的な解である．そこで，次に議論するのは定義域を拡げることについてである．その後，助変数，初期値に関する解の連続性，微分可能性を議論する．

解がひとつに定まるという定理は非常に重要で，これにより，単に方程式を満たす函数を見つけてくれば問題が解けたことになるし，与えられたふたつの函数が一致することを示すのに微分方程式が使われたりもする．

この章では，基本的には，独立変数が実数の微分方程式を扱う．従属変数（未知函数）に関しては，複素数の場合にも，実部と虚部を別の変数と考えれば，実変数の連立方程式に思える．ただし，冪級数による解の構成にあっては，複素変数に自然に拡張できて，複素変数のほうが理解しやすいことがあるので，その場合には複素変数に適宜拡張して考える．

1.1 局所解の構成

まずは初期値問題の解の存在と一意性定理を確認できればよいが，できれば具体的な解の構成法も知っておきたい．3 通りの方法で構成するが，直感的に理解しやすいのは冪級数による解の構成法だろう．まずこれから見よう．

1.1.1 冪級数を使った解法†

最も一般的に，未知函数が有限個で，それらの有限階導函数を含む連立微分方程式を考えても，この方程式系は，適当に未知函数を増やすことで 1 階

4) 一意 (unique) であるというのは，条件を満たす対象が，存在するとしたらただひとつだけであるという意味である．単独性と呼ばれることもある．

連立微分方程式系と同値になる．よって1階連立系を考えればよい．

ここでは正規形の方程式を考える．ヴェクトルによる記法を使うので，慣れていない方は気をつけてほしい．$dx/dt = f(t,x)$ のように書くが，これは

$$\frac{d}{dt}\begin{pmatrix} x_1 \\ \vdots \\ x_m \end{pmatrix} = \begin{pmatrix} f_1(t,x) \\ \vdots \\ f_m(t,x) \end{pmatrix}$$

のような意味である．常微分方程式であるから t は1変数である．

また，多重指数の記法を使う（xx ページ）．つまり，$x = {}^t(x_1, \ldots, x_m)$, $l = (l_1, \ldots, l_m)$ としたとき，x^l は ${x_1}^{l_1}{x_2}^{l_2}\cdots{x_m}^{l_m}$ の意味である．さらに $|l| = l_1 + l_2 + \cdots + l_m$ とする．

定理 1.1（**Cauchy**）　常微分方程式の初期値問題

$$\frac{dx}{dt} = f(t,x), \quad x(t_0) = \xi \tag{1.7}$$

において，f が $(t,x) = (t_0, \xi) \in K \times K^m$（$K = \mathbb{R}$ または $\mathbb{C}$）の近傍で解析的ならば，$t = t_0$ の近傍で解析的な解 x がただひとつ存在する．

注意 1.2　f が $E = \{(t,x) \in K^{m+1}\ ;\ |t - t_0| \le r,\ |x_k - \xi_k| \le \rho,\ k = 1, \ldots, m\}$ で収束冪級数で書け，$1 \le k \le m$ に対し $|f_k(t,x)| \le M$ $((t,x) \in E)$ であるとき，収束半径は少なくとも $r\left(1 - \exp\frac{-\rho}{(m+1)rM}\right)$ となる．　□

正規形の方程式が解析的であれば，解が冪級数で書けると思って代入すればよい．上の定理が正しいことを示すためには，そうやって代入した際に，冪級数の係数が一意的に決まってしまうことと，求められた級数が収束冪級数であることのふたつを示せばよい．

証明．　以下証明では，注意 1.2 の記号を使う．また，$t - t_0$ をあらためて t, $x - \xi$ をあらためて x と置いてやると，冪級数の中心を原点と考えてよい．
冪級数解の存在と一意性．右辺 f の冪級数展開を $f_k(t,x) = \sum_{j,|l| \ge 0} f_k^{(j,l)} t^j x^l$ とする．冪級数解を $x_k(t) = \sum_{j=1}^{\infty} x_k^{(j)} t^j$ と置く．$\xi = 0$ としたので，$x_k^{(0)} = 0$ で

ある．微分方程式に代入すると

$$
\begin{aligned}
(\text{左辺}) =& x_k^{(1)} + 2x_k^{(2)}t + 3x_k^{(3)}t^2 + \cdots, \\
(\text{右辺}) =& f_k^{(0,0)} + f_k^{(1,0)}t + \sum_{|l|=1} f_k^{(0,l)}(x^{(1)}t + x^{(2)}t^2 + \cdots)^l \\
&+ f_k^{(2,0)}t^2 + \sum_{|l|=1} f_k^{(1,l)}t(x^{(1)}t + x^{(2)}t^2 + \cdots)^l \\
&\quad + \sum_{|l|=2} f_k^{(0,l)}(x^{(1)}t + x^{(2)}t^2 + \cdots)^l \\
&+ f_k^{(3,0)}t^3 + \cdots
\end{aligned}
$$

となる．次数が低いほうから係数を比べると

$$
\begin{aligned}
0\text{ 次}：\quad x_k^{(1)} =& f_k^{(0,0)}, \\
1\text{ 次}：\ 2x_k^{(2)} =& f_k^{(1,0)} + \sum_{|l|=1} f_k^{(0,l)}\left(x^{(1)}\right)^l, \\
2\text{ 次}：\ 3x_k^{(3)} =& f_k^{(2,0)} + \sum_{|l|=1} f_k^{(1,l)}\left(x^{(1)}\right)^l \\
&+ \sum_{|l|=2} f_k^{(0,l)}\left(x^{(1)}\right)^l + \sum_{|l|=1} f_k^{(0,l)}\left(x^{(2)}\right)^l, \ldots
\end{aligned}
$$

などと計算できる．一般に j 次の項の係数を比べると

$$
\begin{aligned}
jx_k^{(j)} =& \sum_{*} f_k^{(J,L)} x_{k_1}^{(J_1)} x_{k_2}^{(J_2)} \cdots x_{k_{|L|}}^{(J_{|L|})} \\
=& P_j(f_k^{(J,L)}, x_s^{(J)}), \qquad \begin{array}{c} 1 \le s \le m, \quad J \le j-1, \\ J + L_1 + \cdots + L_m \le j-1 \end{array}
\end{aligned}
\tag{1.8}
$$

のように書ける[5)]．右辺 P_j は多項式で，変数 $f_k^{(J,L)}$, $x_s^{(J)}$ に関して非負係数である[6)]．右辺には $x_s^{(J)}$ は $J \le j-1$ を満たすものしか現れないので，次数の小さい順に冪級数の係数を決めていくことができ，かつ，この決め方は一意的である．

5) ここで和 $*$ は $J + J_1 + \cdots + J_{|L|} = j-1$ を満たす $(J, J_1, \ldots, J_{|L|})$ にわたり，そのような $(J, \ldots, J_{|L|})$ に対して，$L = (L_1, \ldots, L_m)$ は $L_i = \sharp\{d \in \{1, \ldots, |L|\}\ ;\ i = J_d\}$ で決まる整数の組（ここで，$\sharp\{\ \}$ は集合の元の数を表すとする）．ただし，ここでは P_j が非負係数多項式として決定されることのみが重要で具体形は証明には必要ない．

6) この事実はこの後で，収束を示すときに使う．

冪級数の収束．収束する優級数[7]を構成することで証明する．冪級数 Φ が，冪級数 ϕ の優級数であることを $\phi \ll \Phi$ と書くことにする．

証明は3つに分けて順に示す：① $F(t,x)$ が $f_k(t,x) \ll F_k(t,x)$ を満たすとき，$X_k(t) = \sum_{j=1}^{\infty} X_k^{(j)} t^j$ を初期値問題 $dX/dt = F(t,X)$, $X(0) = 0$ の形式冪級数解[8]とすると，$x_k(t) \ll X_k(t)$ となる．
② $f(t,x)$ が E で収束する冪級数解であるとき，$f_k(t,x) \ll \frac{M}{(1-\frac{t}{r})\prod_{i=1}^m (1-\frac{x_i}{\rho})}$．ただし，右辺は等比級数の積を展開したものと思う．
③ $F_k(t,X) = \dfrac{M}{(1-\frac{t}{r})\prod_{i=1}^m \left(1-\frac{X_i}{\rho}\right)}$ と置いたときの①の初期値問題の解 X は収束冪級数で，収束半径は $r\left(1-\exp\left(-\frac{\rho}{(m+1)rM}\right)\right)$ である．

①, ②から X が x の優級数であることが分かり，③でその収束が示されるので，結局元の x が収束冪級数であることが分かる．
①の証明．まず，$\left|x_k^{(1)}\right| = \left|f_k^{(0,0)}\right| \le F_k^{(0,0)} = X_k^{(1)}$ である．また，$\left|x_k^{(j)}\right| \le X_k^{(j)}$ が $J = 1,\ldots,j-1$ で成り立っているとすると

$$j\left|x_k^{(j)}\right| \le P_j\left(\left|f_k^{(J,L)}\right|, \left|x_s^{(J)}\right|\right) \le P_N(F_k^{(J,L)}, X_s^{(J)}) = jX_k^{(j)}.$$

ただし，最後の不等号には P_j が非負係数なことを使っている．帰納的に $\left|x_k^{(j)}\right| \le X_k^{(j)}$, $k = 1,\ldots,m$, $j = 1,2,\ldots$ が言えた．
②の証明．右辺の級数展開は

$$\frac{M}{(1-\frac{t}{r})\prod_{i=1}^m \left(1-\frac{x_i}{\rho}\right)} = \sum_{j,|l|\ge 0} \frac{M}{r^j \rho^{|k|}} t^j x^l \tag{1.9}$$

となるので，$\left|f_k^{(j,l)}\right| \le M/(r^j \rho^{|l|})$ を示せばよい．

$f_k(t,x)$ は，$t \le r$, $x_i \le \rho$ で収束する冪級数に表せるので，（実数で考えている場合も，定義域を複素数に拡張して）Cauchy の積分公式（xx ページ）により

$$f_k(t,x) = \oint_{|\zeta|=r} \frac{d\zeta}{2\pi\sqrt{-1}} \oint_{|\xi_1|=\rho} \frac{d\xi_1}{2\pi\sqrt{-1}} \cdots \oint_{|\xi_m|=\rho} \frac{d\xi_m}{2\pi\sqrt{-1}} \frac{f_k(\zeta,\xi)}{(\zeta-t)\prod_{i=1}^m (\xi_i - x_i)}$$

7)　冪級数 $\Phi = \sum_{j=0}^{\infty} \Phi_j t^j$ が，冪級数 $\phi = \sum_{j=0}^{\infty} \phi_j t^j$ の**優級数**であるとは，任意の係数が $|\phi_j| \le \Phi_j$ を満たすことである．収束する優級数が存在すれば，元の級数も収束する．
8)　収束しないかもしれないという意味で形式的と呼んでいる．形式冪級数解が存在して一意なことは上で示されている．

となる．被積分函数を等比級数に展開することで，係数の式

$$f_k^{(j,l)} = \oint_{|\zeta|=r} \frac{d\zeta}{2\pi\sqrt{-1}} \oint_{|\xi_1|=\rho} \frac{d\xi_1}{2\pi\sqrt{-1}} \cdots \oint_{|\xi_m|=\rho} \frac{d\xi_m}{2\pi\sqrt{-1}} \frac{f_k(\zeta,\xi)}{\zeta^{j+1}\xi_1^{l_1+1}\cdots\xi_m^{l_m+1}}$$

が得られる．よって

$$\begin{aligned}\left|f_k^{(j,l)}\right| &= \oint_{|\zeta|=r} \frac{|d\zeta|}{2\pi} \oint_{|\xi_1|=\rho} \frac{|d\xi_1|}{2\pi} \cdots \oint_{|\xi_m|=\rho} \frac{|d\xi_m|}{2\pi} \frac{|f_k(\zeta,\xi)|}{|\zeta|^{j+1}|\xi_1|^{l_1+1}\cdots|\xi_m|^{l_m+1}} \\ &\leq \frac{M}{r^j\rho^{|l|}} \end{aligned} \tag{1.10}$$

となり，求めたい評価が得られた．

③の証明．これについては，求積法によって初等函数で実際に解を求めてしまって，その解の収束を調べればよい．常微分方程式の初期値問題

$$\frac{dX_k}{dt} = \frac{M}{\left(1-\frac{t}{r}\right)\prod_{i=1}^m\left(1-\frac{X_i}{\rho}\right)}, \quad X_k(0)=0 \tag{1.11}$$

は，k に対して対称であるから

$$\frac{dY}{dt} = \frac{M}{\left(1-\frac{t}{r}\right)\left(1-\frac{Y}{\rho}\right)^m}, \quad Y(0)=0 \tag{1.12}$$

の解 Y は $X_k = Y,\ k=1,\ldots,m$ と置くことで方程式 (1.11) の解をなす．後者の初期値問題は変数分離形[9]であるのですぐに解を求められる．つまり

$$\int\left(1-\frac{Y}{\rho}\right)^m dY = \int\frac{M}{1-\frac{t}{r}}dt + C \quad (C\text{ は任意定数}).$$

積分して $-\frac{\rho}{m+1}\left(1-\frac{Y}{\rho}\right)^{m+1} = -rM\log\left(1-\frac{t}{r}\right)+C$ で，さらに条件 $X(0)=0$ より $C=-\rho/(m+1)$ と求まる．結局

$$Y = \rho\left\{1-\left(1+\frac{(m+1)rM}{\rho}\log\left(1-\frac{t}{r}\right)\right)^{\frac{1}{m+1}}\right\} \tag{1.13}$$

と書ける．このとき Y は $|t|<r$, $-1<\frac{(m+1)rM}{\rho}\log\left(1-\frac{|t|}{r}\right)<1$ で収束冪級数に書ける．よって $|t|<r\left(1-\exp\frac{-\rho}{(m+1)rM}\right)$ で収束する． □

9) 常微分方程式が $dx/dt=f(t)g(x)$ のような形で書けているとき，変数分離形と呼ばれる．このとき，$\int\frac{dx}{g(x)}=\int f(t)dt$ と解ける．97 ページを見よ．

長い証明を見てきたが，要は，正規形で右辺が初期条件を与える点の近傍で解析的であるならば，初期時刻を中心とした冪級数展開を仮定して，代入して係数を求めれば，それは一意的に求まり，解を定義するということである．

計算例 1.2 Legendre の微分方程式 $(1-t^2)(d^2x/dt^2) - 2t(dx/dt) + \nu(\nu+1)x = 0$ の解を，冪級数の方法を使って構成してみよう．

$x_1 = x, x_2 = dx/dt$ として，1階連立の方程式に書き換えると

$$\frac{d}{dt}\begin{pmatrix} x_1 \\ x_2 \end{pmatrix} = \begin{pmatrix} 0 & 1 \\ -\frac{\nu(\nu+1)}{1-t^2} & \frac{2t}{1-t^2} \end{pmatrix}\begin{pmatrix} x_1 \\ x_2 \end{pmatrix}$$

と書けるので，方程式は $t \in \mathbb{C} \setminus \{1, -1\}$ で解析的である．

ここでは $t = 0$ を中心とした冪級数を仮定して係数を決めてみよう．せっかく連立の式を求めたがこれは使わず，元の2階単独方程式で考える．解を $x = \sum_{j=0}^{\infty} c_j t^j$ と置いて代入する．

$(1-t^2)\sum j(j-1)c_j t^{j-2} - 2t\sum jc_j t^{j-1} + \nu(\nu+1)\sum c_j t^j = 0$ を整理して

$$\sum_{j=2}^{\infty}\{j(j-1)c_j - (j-\nu-2)(j+\nu-1)c_{j-2}\}\, t^{j-2} = 0$$

が得られるが，各 t^{j-2} の係数が0になることから，漸化式

$$c_j = -\frac{(\nu-j+2)(\nu+j-1)}{j(j-1)}c_{j-2}, \quad j \in \mathbb{Z}_{\geq 2}$$

が導かれた．c_0 と c_1 は，初期値に対応する値で，任意にとれる．

ここで

$$p = \sum_{j=0}^{\infty}(-1)^l \frac{\prod_{i=0}^{l-1}\{(\nu-2i)(\nu+2i+1)\}}{(2l)!}t^{2l},$$
$$q = \sum_{j=0}^{\infty}(-1)^l \frac{\prod_{i=0}^{l-1}\{(\nu-2i-1)(\nu+2i+2)\}}{(2l+1)!}t^{2l+1}$$

と置くと，一般解は $x = c_0 p(t) + c_1 q(t)$ と書ける．定理 1.1 により，この冪級数解は収束冪級数であることが言えるが，特に今の場合は，級数の形から収束半径が1であることもすぐに分かる．

1.1.2 Picard の逐次近似法

ふたつ目に紹介するのは，積分を繰り返して，その極限として解を構成する方法である．初期値問題が積分方程式

$$x(t) = \xi + \int_{t_0}^{t} f(s, x(s))ds \tag{1.14}$$

に書き換えられることに注意して，解を構成しよう．

近似函数列 $\{x^{[j]}\}_{j=0}^{\infty}$ の極限として，解を構成する．まず，$x^{[0]} = \xi$ として，順に

$$x^{[j+1]}(t) = \xi + \int_{t_0}^{t} f\left(s, x^{[j]}(s)\right) ds \tag{1.15}$$

と積分を繰り返すことで函数列を定義する．このような解の構成法を **Picard の逐次近似法**と呼ぶ．

もしも，この函数列 $\{x^{[j]}\}_{j=0}^{\infty}$ が $j \to \infty$ である函数 x に一様に収束していたとするなら，収束先の函数 x は積分方程式の解であり，初期値問題の解になりそうだ．

実際，函数列の定義式 (1.15) の両辺において，$j \to \infty$ の極限をとればよい：

$$\begin{aligned} x(t) = \lim_{j\to\infty} x^{[j+1]}(t) &= \xi + \lim_{j\to\infty} \int_{t_0}^{t} f\left(s, x^{[j]}(s)\right) ds \\ =&\xi + \int_{t_0}^{t} \lim_{j\to\infty} f\left(s, x^{[j]}(s)\right) ds = \xi + \int_{t_0}^{t} f(s, x(s))ds. \end{aligned}$$

ただし，積分と極限の順序交換をしているので，f の連続性など適切な条件が必要だ．収束が一様収束で，f が連続であれば，順序交換は正当化される．また，一意性や一様収束を示すためには，f の連続性と，さらに Lipschitz 連続という条件があればよい．

定理 1.3（Picard） 常微分方程式の初期値問題

$$\frac{dx}{dt} = f(t, x), \quad x(t_0) = \xi \tag{1.16}$$

において，f が $D = \{(t, x) \in \mathbb{R}^{m+1} \ ; \ |t - t_0| \leq r, \ \|x - \xi\| \leq \rho\}$ で連続かつ Lipschitz 連続とする．このとき $\delta > 0$ がとれて，区間 $[t_0 - \delta, t_0 + \delta]$ 上の函数 x で初期値問題の解となるものがただひとつ存在する．

注意 1.4 定理で $\delta = \min\{\rho/M, r\}$, $M = \max_{(t,x)\in D} \|f(t,x)\|$ と置ける． □

ここで Lipschitz 連続というのは，次のように定義される．

定義 1.5 函数 $f : \Omega \ni (t,x) \mapsto f(t,x) \in \mathbb{R}^m$ が **Lipschitz 連続**とは，ある正の数 L がとれて，任意の $(t,x), (t,y) \in \Omega$ に対して

$$\|f(t,x) - f(t,y)\| \leq L\|x - y\| \tag{1.17}$$

が成り立つようにできることをいう．L を **Lipschitz 定数**と呼ぶ．

定理の仮定が満たされていれば，解がひとつしかないことはすぐに言える．これは解の構成法には関係ない．まずこの部分の証明だけ見ておこう．

証明. 解の一意性. x と $\tilde{x}$ をともに $|t - t_0| \leq \delta$ における初期値問題の解と仮定して，$x = \tilde{x}$ を示す．ただし注意 1.4 にあるように，$\delta = \min\{\rho/M, r\}$, $M = \max_{(t,x)\in D} \|f(t,x)\|$ とする．

まず $x, \tilde{x}$ はともに積分方程式 (1.14) を満たすので

$$\begin{aligned}\|x(t) - \tilde{x}(t)\| &= \left\| \int_{t_0}^{t} (f(s,x(s)) - f(s,\tilde{x}(s)))ds \right\| \\ &\leq \left| \int_{t_0}^{t} \|f(s,x(s)) - f(s,\tilde{x}(s))\| ds \right|\end{aligned}$$

となり，函数 f が Lipschitz 連続であることを使って，次が分かる：

$$\|x(t) - \tilde{x}(t)\| \leq L \left| \int_{t_0}^{t} \|x(s) - \tilde{x}(s)\| ds \right|. \tag{1.18}$$

一方で $\|x(t) - \tilde{x}(t)\| \leq \|x(t) - \xi\| + \|\xi - \tilde{x}(t)\| \leq 2\rho$ が言える．これは

$$\|x(t) - \xi\| = \left\| \int_{t_0}^{t} f(s,x(s))ds \right\| \leq M|t - t_0| \leq M\delta \leq \rho$$

から分かる（δ の定義に注意）．式 (1.18) に代入すると，$\|x(t) - \tilde{x}(t)\| \leq L|\int_{t_0}^{t} 2\rho ds| = 2\rho L|t - t_0|$ が言える．これをさらに (1.18) に代入すると $\|x(t) - \tilde{x}(t)\| \leq L|\int_{t_0}^{t} 2\rho L|s - t_0|ds| = 2\rho\frac{(L|t-t_0|)^2}{2}$．以下，帰納的に，任意の l に対して

$$\|x(t) - \tilde{x}(t)\| \leq 2\rho\frac{(L|t - t_0|)^l}{l!} \leq 2\rho\frac{(L\delta)^l}{l!}$$

となる．$l \to \infty$ の極限で右辺は 0 に収束するので $x(t) = \tilde{x}(t)$ が言えた． □

次に定理 1.3 の証明の後半部分を見てみよう．Picard の逐次近似法によって解を構成できることを示す．解の構成法のところで見た通り，近似函数を定義できていること，つまり各 $x^{[j]}$ が f の定義域内にとどまっているということと，近似函数列の一様収束が示せれば，その収束先は解になる．

証明. 近似函数列が定義できること (well-definedness)．$(t, x^{[0]}(t) = \xi)$, $|t - t_0| \le r$, は f の定義域 D に属しているので $x^{[1]}$ は定義される．次の $x^{[2]}$ が定義されるためには $\|x^{[1]}(t) - \xi\| \le \rho$ が言えればいいが，これは

$$\left\|x^{[1]}(t) - \xi\right\| = \left\|\int_{t=t_0}^{t} f(s,\xi)ds\right\| \le M|t - t_0| \le M\delta \le \rho$$

から示せる．任意の l についても同様に $\left\|x^{[l-1]}(t) - \xi\right\| \le \rho$ が言えるので，$x^{[l]}$ は定義される．

近似函数列が一様収束すること．$\left\|x^{[l]}(t) - x^{[l-1]}(t)\right\|$ の評価をしたい．まず $\left\|x^{[1]}(t) - \xi\right\| \le M|t - t_0|$ で，次に

$$\begin{aligned}\left\|x^{[2]}(t) - x^{[1]}(t)\right\| \le& \left|\int_{t_0}^{t} \left\|f\left(s, x^{[1]}(s)\right) - f\left(s, x^{[0]}(s)\right)\right\| ds\right| \\ \le& L\left|\int_{t_0}^{t} \left\|x^{[1]}(s) - x^{[0]}(s)\right\| ds\right| \le \frac{M}{L}\frac{(L|t - t_0|)^2}{2}\end{aligned}$$

が得られる．繰り返すと，帰納的に $\left\|x^{[l]}(t) - x^{[l-1]}(t)\right\| \le \dfrac{M}{L}\dfrac{(L|t - t_0|)^l}{l!}$ が分かる．これより

$$\begin{aligned}\left\|x^{[l]}(t) - x^{[j]}(t)\right\| \le& \left\|x^{[l]}(t) - x^{[l-1]}(t)\right\| + \cdots + \left\|x^{[j+1]}(t) - x^{[j]}(t)\right\| \\ \le& \frac{M}{L}\sum_{i=j+1}^{l} \frac{(L|t - t_0|)^i}{i!} \le \frac{M}{L}\sum_{i=j+1}^{l} \frac{(L\delta)^i}{i!}\end{aligned}$$

となり，右辺は $j \to \infty$ で 0 に収束する．よって近似函数列は $|t - t_0| \le r$ において一様収束する． □

計算例 1.3 微分方程式の初期値問題 $dx/dt = -x + t^2$, $x(0) = 1$ を Picard の逐次近似法を使って解いてみよう．

まず $x^{[0]}=1$ から $x^{[1]}(t)=1+\int_0^t(t^2-1)dt=\frac{1}{3}t^3-t+1$ で，後は順に

$$x^{[2]}(t)=1+\int_0^t\Big(-\frac{1}{3}t^3+t^2+t-1\Big)dt=-\frac{1}{12}t^4+\frac{1}{3}t^3+\frac{1}{2}t^2-t+1,$$
$$x^{[3]}(t)=1+\int_0^t\Big(\frac{1}{24}t^4-\frac{1}{3}t^3+\frac{1}{2}t^2+t-1\Big)dt=\frac{2}{5!}t^5-\frac{2}{4!}t^4+\frac{1}{6}t^3+\frac{1}{2}t^2-t+1$$

と計算できる．冪級数による解法で得られる $x=1-t+\frac{1}{2}t^2-\sum_{j=3}^{\infty}\frac{(-t)^j}{j!}=t^2-2t+2-e^{-t}$ と比べてみよう．

ところで，Lipschitz 条件が成り立つのは，あるいは成り立たないのはどのようなときだろうか．簡単な場合を見ておこう．

例 6（Lipschitz 連続でない例）

$f=|x|^\alpha, 0<\alpha<1, \Omega$ を $(t,0)$ を含むある領域とすると，f は Ω 上 Lipschitz 連続ではない．

$\because$　任意の $(t,x),(t,y)\in\Omega$ に関して $L>0$, $||x|^\alpha-|y|^\alpha|\le L|x-y|$ とすると，$\sup\frac{||x|^\alpha-|y|^\alpha|}{|x-y|}\le L$ となるが，例えば，$y=0$ として，$x\to 0$ を考えれば，$\frac{|x|^\alpha}{|x|}\to\infty$ で矛盾．　□

注意 1.6　Lipschitz 条件に関して，次のようなことが言える．

（ア）右辺 f が Lipschitz 連続であるとき，独立変数 t を固定すると $x\mapsto f(t,x)$ は連続である．

（イ）$D=\{(t,x)\in\mathbb{R}^{m+1}\ ;\ |t-t_0|\le r,\ \|x-\xi\|\le\rho\}$ で $f(t,x)$ が変数 $x=(x_1,\ldots,x_m)$ に関して連続微分可能，つまり C^1 級であるとき，f は D で Lipschitz 連続．

$\because$　$(t,x),(t,y)\in D$ として

$$\begin{aligned}f_k(t,x)-f_k(t,y)&=\int_0^1\frac{\partial f_k}{\partial s}(t,sx+(1-s)y)ds\\&=\sum_{i=1}^m\int_0^1\frac{\partial f_k}{\partial x_i}(t,sx+(1-s)y)ds(x_i-y_i)\end{aligned}$$

が得られるので，$l_k = \max_{(t,x)\in D}\left(\sum_i\left(\dfrac{\partial f_k}{\partial x_i}\right)^2\right)^{1/2}$ と置くと Schwarz の不等式から[10] 右辺は $l_i\|x-y\|$ でおさえられる．$L=\sqrt{{l_1}^2+\cdots+{l_m}^2}$ と置くと $\|f(t,x)-f(t,y)\| \leq L\|x-y\|$. □

例 7（解が一意でない例）

Lipschitz 連続でないような場合で，初期値問題の解がふたつ以上存在する例を見ておこう．

初期値問題 $(dx/dt)^2 = x,\quad x(0)=0$ を考える．初期条件を忘れると，一般解として $x=(t-C)^2/4$ が得られる[11]．初期条件から $C=0$ とすればよい．

しかし，このように表せる解とは別に，$x\equiv 0$ という自明な解も存在する．これは先ほどの一般解に含まれない特異解（xiv ページ参照）になっている．

またこれ以外にも

$$x(t)=\begin{cases}\dfrac{(t+a)^2}{4} & (t\leq -a),\\ 0 & (-a\leq t\leq b),\\ \dfrac{(t-b)^2}{4} & (b\geq t)\end{cases}$$

という解も作れる．この解も C^1 級である．

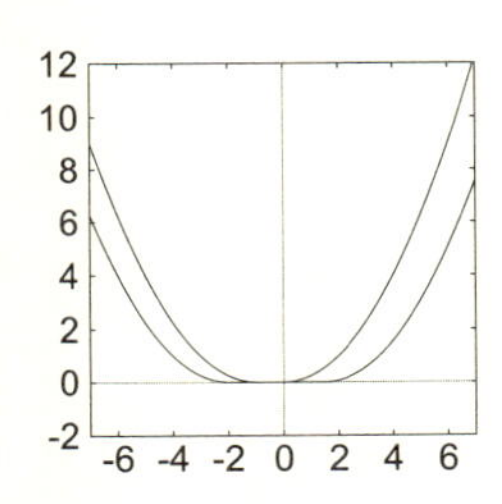

図 1.1 解が一意でない例

1.1.3 Cauchy の折れ線と Peano の定理

次に，解を，折れ線グラフによって近似していく方法を考えよう．これは数値計算などでよく知られた方法である．

初期時刻を中心とした区間 $[t_0-r, t_0+r]$ における近似函数を構成したいのだが，同様なので，$[t_0, t_0+r]$ における近似函数を作ろう．この区間の分割 $t_0<t_1<\cdots<t_j=t_0+r$ を考える．簡単な数値計算では，この分割を等分でとることが多いかもしれない．

離散値 $t_0, t_1, \ldots, t_j$ に対応する x の値を数値的に近似したものを**数値解** (numerical solution) と呼ぶ．数値解が $\xi^{(0)}=\xi, \xi^{(1)}, \ldots, \xi^{(j)}$ で与えられてい

10) Schwarz の不等式：$|x_1y_1+\cdots+x_my_m| \leq \sqrt{{x_1}^2+\cdots+{x_m}^2}\sqrt{{y_1}^2+\cdots+{y_m}^2}$.
11) 平方根をとって，変数分離形に帰着．変数分離形については 97 ページ参照.

るとする．グラフ上，各点 $(t_i, \xi^{(i)})$ をプロットしてそれぞれを線分で結ぶと，近似函数のグラフができる．得られた近似函数 ξ を Cauchy の折れ線と呼ぶ:

$$\xi(t) = \xi^{(i)} + \frac{\xi^{(i+1)} - \xi^{(i)}}{t_{i+1} - t_i}(t - t_i) \qquad (t \in [t_i, t_{i+1}],\ i = 0, \ldots, j-1). \quad (1.19)$$

さて，数値解だが，**Euler 法**と呼ばれる簡単な方法で構成してみよう．これは微分方程式 $dx/dt = f(t,x)$ に対して，数値解 $\xi^{(i)}$ を，帰納的に

$$\xi^{(i+1)} = \xi^{(i)} + f\left(t_i, \xi^{(i)}\right)(t_{i+1} - t_i) \quad (1.20)$$

によって与えたものである[12]．

この章では，方程式の右辺 f の連続性のみを仮定して，Lipschitz 連続を仮定しなかった場合でも解が存在することを，ここで見た近似解を使って示そう．ただしこの場合は，解の一意性が成り立たないこともあり得る．もちろん，f が Lipschitz 連続であれば，解は一意である．

定理 1.7（Peano）　常微分方程式の初期値問題

$$\frac{dx}{dt} = f(t,x), \quad x(t_0) = \xi \quad (1.21)$$

において，f が $D = \{(t,x) \in \mathbb{R}^{m+1}\ ;\ |t - t_0| \le r,\ \|x - \xi\| \le \rho\}$ で連続とする．このとき $\delta > 0$ がとれて，区間 $[t_0 - \delta, t_0 + \delta]$ 上の函数 x で初期値問題の解となるものが存在する．

注意 1.8　上の定理においても Picard の逐次近似の場合と同様，$\delta = \min\{\rho/M, r\}$, $M = \max_{(t,x)\in E} \|f(t,x)\|$ とできる．□

ここで，Euler 法を使って解を構成する．$t_i^{(j)} = t_0 + i(r/j) \in [t_0, t_0 + r]$, $i = 0, 1, 2, \ldots, j$ としたときの Euler 法による数値解から得られた Cauchy の折れ線函数を $x^{[j]}$, $j = 1, 2, \ldots$ として，近似函数列を作る．厄介なのはこうして作った近似解の列が収束するとは限らないことである（91 ページの演習

12) Euler 法は前進差分法 (forward difference method) とも呼ばれる．数値解には，ほかに後進差分：$\xi^{(i+1)} = \xi^{(i)} + f(t_{i+1}, \xi^{(i+1)})(t_{i+1} - t_i)$，中心差分：$\xi^{(i+1)} = \xi^{(i-1)} + f(t_i, \xi^{(i)})(t_{i+1} - t_{i-1})$ などがある．

の問 1.2 を参照）．ここでは近似函数列の収束の代わりに，近似函数列の中から収束する部分列をとることで証明を構成する．

一様収束する部分列の存在は，次の Ascoli と Arzelà の定理に帰着される．

定理 1.9（**Ascoli-Arzelà**） 有界閉区間 I 上の函数列 $\{x^{[j]}\}_{j=1}^{\infty}$ が，I 上一様有界かつ同等連続ならば，この函数列から I で一様収束する部分列を選び出すことができる．

ここで，一様有界と同等連続という用語の定義を与えておく必要がある．

定義 1.10 区間 I 上で定義された函数の族 $\mathcal{F}$ に対して $\sup_{t\in I,\ x\in\mathcal{F}} \|x(t)\| < \infty$ であるとき，$\mathcal{F}$ は**一様有界** (uniform bounded) という．また，任意の正の数 ε に対し，正の数 δ がとれて，任意の $x \in \mathcal{F}$ について

$$|t-s| < \delta \text{ ならば } \|x(t)-x(s)\| < \varepsilon \tag{1.22}$$

が成り立つなら，$\mathcal{F}$ は**同等連続** (equicontinuous) という．

証明 (Ascoli-Arzelà)．次の主張を順に示す．① I 内の任意の有理数 r において，$x^{[j_l]}(r)$ が $l\to\infty$ で収束するように部分列 $\{j_l\}$ をとれる．
② 上で作られた部分列 $x^{[j_l]}$ は I 上一様収束する．

以下，証明を見てみよう．

① の証明．$\mathbb{Q}\cap I$ は可算集合なので，その元を適当に並べて $\{r_1, r_2, \ldots\} = \mathbb{Q}\cap I$ のように書ける．まず r_1 に対して，$x^{[j_l^{(1)}]}(r_1)$ が収束するような部分列 $\{j_l^{(1)}\}_{l=0}^{\infty}$ をとる．一様有界性から，これが必ずとれることが言える (Bolzano-Weierstrass の定理[13])．次にこの部分列の部分列 $\{j_l^{(2)}\}_{l=0}^{\infty}$ をとって，$x^{[j_l^{(2)}]}(r_2)$ も $l\to\infty$ で収束するようにできる．以下帰納的に $\{j_l^{(i-1)}\}_{l=0}^{\infty}$ のさらなる部分列 $\{j_l^{(i)}\}_{l=0}^{\infty}$ を $x^{[j_l^{(i)}]}(r_i)$ が収束するようにとる．

このとき収束列を作る部分列は $j_l := j_l^{(l)}$ と置くことで得られる（対角線論法）．実際この部分列は任意の $r \in \mathbb{Q}\cap I$ に対し $x^{[j_l]}(r)$ が $l\to\infty$ で収束する．

② の証明．同等連続性から，どんな $\varepsilon > 0$ に対しても，$t, s \in I, l$ に無関係に

13) Bolzano-Weierstrass の定理：有界閉集合上の無限数列は収束する部分列を持つ．

$\delta > 0$ がとれて，次が成り立つ：

$$|t-s| < \delta \quad \text{ならば} \quad \left\| x^{[j_l]}(t) - x^{[j_l]}(s) \right\| < \varepsilon/3.$$

ここで，各幅が δ より小さいような小区間に区間 I を $I = I_1 \cup I_2 \cup \cdots \cup I_p$ のように分割する．函数列は任意の有理点で収束するので，どんな $\varepsilon > 0$ とどんな有理数 $r \in I$ をとっても，自然数 N がとれて，次が成り立つ：

$$\left\| x^{[j_l]}(r) - x^{[j_{l'}]}(r) \right\| < \varepsilon/3, \quad l, l' > N.$$

そこで特に，各 I_s から適当な有理数 $r^{(s)} \in I_s$ をとったとき，すべての $r^{(s)}$, $s = 1, \ldots, p$ に対して必要とされる N のうちの最大なものを N とする．

このとき，$l, l' > N$ に対して

$$\begin{aligned}
&\left\| x^{[j_l]}(t) - x^{[j_{l'}]}(t) \right\| \\
&\leq \left\| x^{[j_l]}(t) - x^{[j_l]}(r^{(s)}) \right\| + \left\| x^{[j_l]}(r^{(s)}) - x^{[j_{l'}]}(r^{(s)}) \right\| + \left\| x^{[j_{l'}]}(r^{(s)}) - x^{[j_{l'}]}(t) \right\| \\
&< \varepsilon
\end{aligned}$$

が成り立ち，一様収束が言えた．ただし，s は $t \in I_s$ となる s をとった． □

さて，Peano の定理の証明に進むための準備ができた．

証明 (Peano)．注意 1.8 にあるように，また Picard の定理の場合と同じように $\delta = \min\{\rho/M, r\}$, $M = \max_{(t,x)\in D} \|f(t,x)\|$ とする．ここでは $t > t_0$ で考える．$t < t_0$ も同様にできる．

近似函数列が定義されること (well-definedness)．$(t, x^{[j]})$ が f の定義域にとどまっていることを示せばよい．$t_i \leq t \leq t_{i+1}$ ならば $\|x^{[j]}(t) - \xi\| \leq \rho$ が成り立つことを，i に関する帰納法で示す．まず $i = 0$ のときは $\|x^{[j]}(t) - \xi\| = \|f(t_0, \xi)(t - t_0)\| \leq M\delta \leq \rho$ で成り立つ．また i のとき成り立つとすると，$i+1$ のときも次の計算から成り立つことが分かる：

$$\begin{aligned}
\left\| x^{[j]}(t) - \xi \right\| &\leq \left\| x^{[j]}(t) - x^{[j]}(t_{i+1}) \right\| + \cdots + \left\| x^{[j]}(t_1) - \xi \right\| \\
&\leq \left\| f(t_{i+1}, x^{[j]})(t - t_{i+1}) \right\| + \cdots + \|f(t_0, \xi)(t_1 - t_0)\| \\
&\leq M\{(t - t_{i+1}) + \cdots + (t_1 - t_0)\} \leq M\delta \leq \rho.
\end{aligned}$$

近似函数列が Ascoli-Arzelà の定理の仮定を満たしていること．一様有界であることは $\left\|x^{[j]}(t)\right\| \leq \|\xi\| + \left\|x^{[j]}(t) - \xi\right\| \leq \|\xi\| + \rho$ より分かる．また $x^{[j]}$ のグラフの傾きは高々 M であるから，$\left\|x^{[j]}(t) - x^{[j]}(s)\right\| \leq M|t-s|$ となり，同等連続も分かる．

収束先が解であること．Ascoli-Arzelà の定理から，一様収束する部分函数列 $\{x^{[j_l]}\}$ がとれるが，この部分列の極限函数 x が解になっていることを示そう．積分方程式

$$x(t) = \xi + \int_{t_0}^{t} f(s, x(s))ds = 0 \tag{1.23}$$

を満たすことを示せばよい．近似解は $t_i < t \leq t_{i+1}$ としたとき

$$x^{[j]}(t) = \xi + \sum_{d=0}^{i-1} f\left(t_d, x^{[j]}(t_d)\right)(t_{d+1} - t_d) + f\left(t_i, x^{[j]}(t_i)\right)(t - t_i)$$

となるので，これを積分方程式と比べると，次の式が示せればよい：

$$\begin{aligned} x(t) - x^{[j]}(t) + \sum_{d=0}^{i-1} \int_{t_d}^{t_{d+1}} \left(f(s, x(s)) - f(t_d, x^{[j]}(t_d))\right) \\ + \int_{t_i}^{t} \left(f(s, x(s)) - f(t_i, x^{[j]}(t_i))\right) = 0. \end{aligned} \tag{1.24}$$

この左辺を A_j としよう．まず，j のところに j_l を入れて，任意の正の数 ε に対してある N をとると，$l > N$ ならば $\left\|x(t) - x^{[j_l]}(t)\right\| < \varepsilon$ となる．

また，f は D 上一様連続だから[14]，どんな正の数 ε' に対しても正の数 δ' がとれて，$|t-s| + \|x-y\| < \delta'$ ならば $\|f(t,x) - f(s,y)\| < \varepsilon'$ とできる．

そこで，ε' に対してこの式が成り立つように δ' をとり，さらに $\varepsilon < \delta'/2$ を満たすように ε をとる．この ε に対し，$\left\|x(t) - x^{[j_l]}(t)\right\| < \varepsilon$ となる l をまた $(M+1)(r/j_l) < \delta'/2$ を満たすように大きくとれば

$$\begin{aligned} &|s - t_d| + \left\|x(s) + x^{[j_l]}(t_d)\right\| \\ \leq &|s - t_d| + \left\|x(s) + x^{[j_l]}(s)\right\| + \left\|x^{[j_l]}(s) - x^{[j_d]}(t_d)\right\| \\ < &\frac{r}{j_l} + \varepsilon + M\frac{r}{j_l} < \delta' \end{aligned}$$

14)　函数 g が D で一様連続というのは，任意の正の数 ε に対して正の数 δ がとれて，任意の $x, y \in D$ に対して $\|x-y\| < \delta$ ならば $\|g(x) - g(y)\| < \varepsilon$ とできることであった．連続と一様連続の違いに注意しよう．ただし，有界閉集合上の連続函数は一様連続であった．

で，式 (1.24) の評価は

$$\|A_{j_l}\| \le \varepsilon + i(r/j_l)\varepsilon' + (r/j_l)\varepsilon', \qquad i \le j-1$$

とでき，$\varepsilon(<\delta'/3)$, ε' は任意に小さくできるので，(1.23) が示せた． □

注意 1.11 Euler 法は精度が悪く，実用にはむいていない．より精度の良い数値解法として，**Runge-Kutta 法**というものが知られている．これは，$\xi^{(i+1)} = \xi^{(i)} + k, t_{i+1} = t_i + h$ として k を $k = (k_1 + 2k_2 + 2k_3 + k_4)/6$,

$$\begin{aligned} k_1 =& f\left(t_i, \xi^{(i)}\right) h, \quad k_2 = f\left(t_i + \frac{h}{2}, \xi^{(i)} + \frac{k_1}{2}\right) h, \\ k_3 =& f\left(t_i + \frac{h}{2}, \xi^{(i)} + \frac{k_2}{2}\right) h, \quad k_4 = f\left(t_i + h, \xi^{(i)} + k_3\right) h \end{aligned} \tag{1.25}$$

とした数値解である (319 ページで，これを用いたプログラムを見る)． □

1.2 特異点における局所解 †

この節は，冪級数による解析を使うので複素変数で考えよう．常微分方程式

$$\frac{dx}{dt} = f(t, x) \tag{1.26}$$

を考えているが，右辺 f が解析的であれば，解析的な解を構成できた（定理 1.1）．右辺が $(t, x) = (p, \xi)$ において解析的でないとき，組 (p, ξ) を方程式 (1.26) の**特異点** (singular point) と呼ぶ．

しかし，このような意味での方程式の特異点よりも，解が解析的にならない点のほうに興味がある．解の特異点は，方程式の情報から位置が特定される**動かない特異点**と，位置が初期条件（積分定数）の情報に依存する**動く特異点** (movable singularity) のふたつに分類される．

例えば，1 階単独の方程式 $dx/dt = P(t, x)/Q(t, x)$ において，P, Q を多項式としよう．このとき，Q を恒等的に 0 とする $t = p$ は動かない特異点の例である．また，$P(p, x) = 0$ と $Q(p, x) = 0$ を同時に満足するような x が存在する場合の $t = p$ も，方程式から決まる動かない特異点の例となる．

特異点の近傍においても，解析的とは限らない解の局所的な表示を得られることがあるが，一般の特異点での解の構成を考えるのは難しい問題である．

ここでは，動かない特異点のうち，**Briot と Bouquet の特異点**と呼ばれる特異点における解の構成を見る．

定義 1.12 微分方程式 $dx/dt = g(t,x)/t$ において g が $t=0$, $x=0$ で解析的かつ $g(0,0)=0$ であるとき，$t=0$ を **Briot-Bouquet の特異点**と呼ぶ．

方程式を冪級数を使って

$$t\frac{dx}{dt} = Ax + g^{(1,0)}t + \sum_{j+\ l|\geq 2} g^{(j,l)}t^j x^l \tag{1.27}$$

と書こう．ここで A はサイズ m の正方行列，各 $g^{(j,l)}$ はヴェクトルとする．

このとき，未知函数の変換を行って，簡単な方程式に帰着させることができる．これを見てみよう．

a. 形式的変換

未知函数の変換 $z=\varphi(t,x)$ で方程式 $tdx/dt = g(t,x)$ がどのように変換されるのかを見ておこう．この変換の逆変換を $x=\psi(t,z)$ と書くと

$$t\frac{dz}{dt} = \left(t\frac{\partial\psi}{\partial t} + \sum_{k=1}^{m}\frac{\partial\psi}{\partial z_k}g_k\right)\circ\varphi \tag{1.28}$$

の形になることが分かる．

このような変換を繰り返し行って，方程式を簡単な形にしていこう．変換を繰り返すので，変換のたびに新しい変数を導入すると記号が煩雑になってしまう．変換を行って次の変換を考えるときは，また未知函数を x で置き直して，常に変換前の変数を x，変換後の変数を z で表すことにする．

① 線型変換

未知函数の変換として，$x=Pz$ を考える．ただし，P はサイズ m の可逆行列とする．このとき，t に関して 0 次で未知函数に関して 1 次の項の係数は $B=P^{-1}AP$ になる．他の項もそれぞれ変化するが，改めてこれを

$$t\frac{d}{dt}z = Bz + g^{(1,0)}t + \sum_{j+|l|\geq 2} g^{(j,l)}t^j z^l \tag{1.29}$$

と書こう．特に，$B=P^{-1}AP$ は Jordan 標準形としてよい．

② t, x に関する r 次の項を付け加える変換

方程式が，式 (1.29) のように書けているとしよう．ただし，変数 z は x に書き直しておく．また，$B = P^{-1}AP$ は Jordan 標準形で書けているとする．Jordan 標準形については xviii ページを参照．これを

$$B = \begin{pmatrix} \theta_1 & d_1 & & 0 \\ & \theta_2 & \ddots & \\ & & \ddots & d_{m-1} \\ 0 & & & \theta_m \end{pmatrix} \tag{1.30}$$

と書こう．ただし，$d_k = 0$ または 1 である．

変換 $x = \varphi(t, z) = z + \sum_{j+|l|=r} p^{(j,l)} t^j z^l$ を考える．逆変換を $z = \psi(t, x) = x - \sum_{j+|l|=r} p^{(j,l)} t^j x^l + \sum_{j+|l|>r} q^{(j,l)} t^j x^l$ とすると

- $t\dfrac{\partial \psi_k}{\partial t} = -\sum_{j+|l|=r} j p_k^{(j,l)} t^j z^l + \cdots$
- $\displaystyle\sum_{i=1}^m \frac{\partial \psi_k}{\partial x_i} g_i = \sum_{i=1}^m \Big(\delta_{ik} - \sum_{j+|l|=r} l_i p_k^{(j,l)} t^j x^{l-e_i}\Big)\Big(\theta_i x_i + d_i x_{i+1} + g_i^{(1,0)} t + \cdots\Big)$

$$\begin{aligned}
&= \theta_k x_k + d_k x_{k+1} + g_k^{(1,0)} t + \sum_{j+|l|=2}^{r-1} g_k^{(j,l)} t^j x^l \\
&\quad - \sum_{j+|l|=r} \left(\sum_{i=1}^m l_i \theta_i\right) p_k^{(j,l)} t^j x^l - \sum_{j+|l|=r} \sum_{i=1}^m d_i l_i p_k^{(j,l)} t^j x^{l+e_{i+1}-e_i} \\
&\quad - \sum_{j+|l|=r} \sum_{i=1}^m l_i g_k^{(1,0)} p_k^{(j,l)} t^{j+1} x^{l-e_i} + \sum_{j+|l|=r} g_k^{(j,l)} t^j x^l + \cdots
\end{aligned}$$

という計算から，$t\dfrac{dz}{dt} = \left(t\dfrac{\partial \psi}{\partial t} + \displaystyle\sum_{k=1}^m \frac{\partial \psi}{\partial x_k} g_k\right) \circ \varphi$ の右辺の r 次未満の項は変化しないことが分かる．ただし，ここで e_i と書いたのは，第 i 成分が 1 で残りは 0 であるようなヴェクトルである．r 次の項は，$t^j z^l$ の係数を $c_k^{(j,l)}$ と置くと，次のように書ける：

$$\begin{aligned}
c_k^{(j,l)} &= \left(\theta_k - j - \sum_{i=1}^m l_i \theta_i\right) p_k^{(j,l)} + d_k p_{k+1}^{(j,l)} \\
&\qquad - \sum_{i=1}^m \Big(d_i l_i p_k^{(j,l-e_{i+1}+e_i)} + l_i g_i^{(1,0)} p_k^{(j-1,l+e_i)}\Big) + g_k^{(j,l)}.
\end{aligned}$$

この変換で，$c_k^{(j,l)}$, $j+|l|=r$ をできるだけ簡単にしたい．

集合 $\{(k,j,l)\,;\ k=1,\dots,m,\ j+|l|=r,\ |l|\geq 1\}$ を次のように順序づける：

$$(k,j,l)<(k',j',l')\Leftrightarrow\begin{cases}k>k' \text{ あるいは}\\ k=k' \text{ で } \begin{cases} j<j' \text{ または}\\ j=j' \text{ かつある } i \text{ があって}\\ \quad l_m=l'_m,\ \dots,\ l_{i+1}=l'_{i+1},\ l_i<l'_i.\end{cases}\end{cases}$$

この順序では $(k+1,j,l)<(k,j-1,l+e_i)<(k,j,l-e_{i+1}+e_i)<(k,j,l)$ となる．この順序に従って，順に $c_k^{(j,l)}=0$ にしていきたい．$\theta_k-j-\sum_{i=1}^m l_i\theta_i\neq 0$ なら，$p_l^{(j,l)}$ をうまくとって $c_k^{(j,l)}=0$ とできるが，$\theta_k-j-\sum_{i=1}^m l_i\theta_i=0$ のときはできない．

変換 ② を $r=1$ から $2,3,\dots$ と順に繰り返すことで，次が言える：

($\star$1)　$j\geq 1$ または $|l|\geq 2$ を満たす $(j,l)\in(\mathbb{Z}_{\geq 0})^{m+1}$ に対し，$\theta_k\neq j+\sum_{i=1}^m l_i\theta_i$ が成り立つならば，Briot-Bouquet の方程式 $t(dx/dt)=g(t,x)$ は形式的変換

$$x_k=\sum_{i=1}^m p_{ki}z_i+p_kt+\sum_{j+|l|\geq 2}p_k^{(j,l)}t^jz^l,\quad k=1,\dots,m \tag{1.31}$$

によって，次のような方程式に変換される：

$$t\frac{d}{dt}z_k=\theta_kz_k+d_kz_{k+1},\quad k=1,\dots,m. \tag{1.32}$$

b. 変換された方程式の求積

変換で得られた方程式 $t(dz/dt)=Bz$ は，$t=e^\tau$ と変数変換することで，定数係数の線型方程式 $dz/d\tau=Bz$ に帰着される[15]．定数係数線型方程式の解法については 2.2 節（113 ページ）で詳しく扱うが，この場合には

$$z=\exp(B\tau)c=\exp(B\log t)c,\quad c={}^t(C_1,\dots,C_m) \tag{1.33}$$

15)　これは Euler 型方程式（130 ページ）と呼ばれる求積可能な方程式の 1 種である．

と書けることが分かる．B が Jordan 標準形で，$B = J_{m_1}(\theta_1) \oplus \cdots \oplus J_{m_s}(\theta_s)$ と書けているとき，$z = \{\exp(J_{m_1}(\theta_1)\log t) \oplus \cdots \oplus \exp(J_{m_s}(\theta_s)\log t)\}\, c$ となり

$$\exp\left(J_m(\theta)\log t\right) = \begin{pmatrix} t^\theta & (\log t)t^\theta & \frac{(\log t)^2}{2!}t^\theta & \cdots & \frac{(\log t)^{m-1}}{(m-1)!}t^\theta \\ & t^\theta & (\log t)t^\theta & \cdots & \frac{(\log t)^{m-2}}{(m-2)!}t^\theta \\ & & t^\theta & \ddots & \vdots \\ & & & \ddots & (\log t)t^\theta \\ O & & & & t^\theta \end{pmatrix} \tag{1.34}$$

である．これが解であることは微分すればすぐに確かめられる．

結局，上の条件 $(\star 1)$ が満たされているならば，式 (1.31) の z に (1.34) を代入した，t と冪函数 t^{θ_k}, 対数函数 $\log t$ の級数で書ける形式解が構成できた．

c. 単独方程式の形式解（一般の場合）

条件 $(\star 1)$ が満たされない場合の形式解の構成について，特に，単独方程式の場合だけ見ておこう．つまり $m = 1$ の場合である．θ_1 を θ と書く．

条件 $(\star 1)$ が成り立つ場合，つまり，$\theta \neq j + l\theta$ が $(0,1)$ 以外の $(j,l) \in (\mathbb{Z}_{\geq 0})^2$ について成り立つとき，上で見た議論から，方程式は $tdz/dt = \theta z$ に変換され，形式解は t および冪函数 t^θ の級数で表される．

条件 $(\star 1)$ が満たされないのは，① $\theta \in \mathbb{Z}_{\geq 1}$, ② $\theta = 0$, ③ $\theta \in \mathbb{Q}_{<0}$ の3通り．

① $\theta \in \mathbb{Z}_{\geq 1}$ のとき

$\theta = j + l\theta$ を満たす (j,l) は $(\theta, 0)$ のみなので，方程式は $tdz/dt = \theta z + at^\theta$ に変換され，この解は $z = Ct^\theta + at^\theta \log t$ である．ただし，a は方程式から決まる定数．よって，形式解は t および $Ct^\theta + at^\theta \log t$ の級数で表される．

② $\theta = 0$ のとき

$\theta = j + l\theta$ を満たす (j,l) は $(0,l)$, $l = 2, 3, \ldots$ で，方程式は $tdz/dt = \displaystyle\sum_{l=2}^{\infty} a_l t^l$ に変換される．ここで a_l のどれかは 0 ではない．

$\because$ すべてが 0 であれば，方程式は $tdz/dt = 0$ に変換されたことになるが，変換を $z = \varphi(t,x)$, $x = \psi(t,z)$ とすると，式 (1.28) により $tdx/dt = (t(\partial\varphi/\partial t) + (\partial\varphi/\partial x) \times 0) \circ \psi$ となり，もともと方程式の両辺は t で割れていたことになる．　□

この方程式はさらに，形式的変換 $z = w + \sum_{l=2}^{\infty} p_l w^l$ によって，$tdw/dt = w^{n+1}(a + bw^n)$, $n \geq 1, a \neq 0$ に変換される．

$\because$ $a_2, a_3, \ldots$ のうち，0 でない始めのものを a_0 として方程式を $tdz/dt = z^{n+1} \sum_{l=0}^{\infty} a_l z^l$ と書き直しておく．変換 $z = w + q_i w^{i+1}$ を考える．逆変換は $w = z - q_i w^{i+1} + \cdots$ の形に書ける．式 (1.28) から

$$
\begin{aligned}
t\frac{dw}{dt} =&(1 - (i+1)q_i z^i + \cdots)z^{n+1} \sum_{l=0}^{\infty} a_l z^l \\
=&w^{n+1}(a_0 + \cdots + a_{i-1}w^{i-1} + (a_i + (n-i)a_0 q_i)w^i + \cdots)
\end{aligned}
$$

となり，$i = 1$ から順に変換を施すことで $i \neq n$ に対しては，右辺の w^{n+i+1} の項の係数を 0 にできる． □

この方程式の解は，$\xi = \zeta - \log(1 + \zeta)$ の逆函数を $\zeta = f(\xi)$ と表すと

$$
b = 0 \text{ のとき } w = \frac{1}{\sqrt[n]{C - na\log t}}, \quad b \neq 0 \text{ のとき } w = \frac{1}{\sqrt[n]{\frac{b}{a} f\left(C - \frac{na^2}{b}\log t\right)}}
$$

と解ける．

$\because$ $b = 0$ のときは，すぐに分かる．$b \neq 0$ のとき，変数変換 $t = \exp(-\frac{b\xi}{na^2})$, $w = (b\zeta/a)^{-1/n}$ を考える．このとき，方程式の左辺は $tdw/dt = -(na^2/c)dw/d\xi = (b\zeta/a)^{-(m+1)/m} d\zeta/d\xi$ となり，右辺は $(b\zeta/a)^{-(m+1)/m} b(1 + (1/\zeta))$ となるから，結局方程式は $d\zeta/d\xi = 1 + (1/\zeta)$ になり，これは変数分離で解けて $\zeta - \log(1 + \zeta) = \xi + C$ となる． □

③ $\theta = -\mu/\nu$ のとき（ただし μ, ν は互いに素な正の整数）

$\theta = j + l\theta$ を満たす (j, l) は $(i\mu, i\nu + 1)$, $i = 1, 2, \ldots$ で，方程式は $tdz/dt = z\left(\sum_{i=0}^{\infty} a_i (t^\mu z^\nu)^i\right)$ に変換される．

この方程式はさらに，形式的変換によって，$tdw/dt = w(\theta + a(t^\mu w^\nu)^n + b(t^\mu w^\nu)^{2n})$ に変換される．ただし，$n \geq 1, a = b = 0$ あるいは $a \neq 0$ である．

$\because$ $w = t^\mu z^\nu$ と置くと，$tdw/dt = \mu w + \nu w\left(\sum_{i=0}^{\infty} a_i w^i\right)$ となる．a_0 以

外の項がすべて 0 になる可能性があるが，これは $tdz/dt = \theta z$ のときで，$a = b = 0$ に帰着．それ以外のときは ② と同様だが，変換 $w = t^{\mu} z^{\nu}$ は逆変換が正則でないので，消せる項を消してから，さらにこの変換の逆をする必要がある．　□

この方程式の解は，$a = b = 0$ のとき，$w = Ct^{\theta}$ と書ける．また，$a \neq 0$ のときは，$u = t^{\mu} w^{\nu}$ と置くと方程式は $tdu/dt = u^{n+1}(a + bu^n)$ と書き換えられ，解は ② と同様に計算できる．

d. 形式解の収束

① 解析函数解

まず，最も簡単な場合から見てみよう．上で構成した形式解のうち $c = 0$，つまり $z = 0$ としたものもまた形式解であるが，これには t^{θ} や $\log t$ のような項は現れず，t の冪級数，特に定数項が 0 である冪級数になっている．

今は，条件 $(\star 1)$ とは関わりなく，形式冪級数解があったとき，その収束について考えよう．次の定理が成り立つ．

定理 1.13　Briot-Bouquet の方程式 $tdx/dt = g(t, x)$ の $t = 0$ における形式冪級数解が定数項を 0 とするならば，冪級数は正の収束半径を持ち，従って，$t = 0$ の近傍における解析函数解である．

証明．　定理 1.1 の証明と同様に，収束する優級数を構成することで証明しよう．従属変数 x の線型変換で，あらかじめ方程式を

$$t\frac{dx_k}{dt} = \theta_k x_k + d_k x_{k+1} + g_k^{(1,0)} t + \sum_{j+|l| \geq 2} g_k^{(j,l)} t^j x^l, \quad k = 1, \ldots, m \tag{1.35}$$

の形に変形しておく．形式冪級数解が $x = \sum_{j \geq 1} x^{(j)} t^j$ のように書けるとしよう．方程式に代入して各 t^j の係数を比べると，下から順に

$$j = 1 \text{ のとき:}\ \ x_k^{(1)} = \theta_k x_k^{(1)} + d_k x_{k+1}^{(1)} + g_k^{(1,0)},$$

$$j = 2 \text{ のとき:}\ 2x_k^{(2)} = \theta_k x_k^{(2)} + d_k x_{k+1}^{(2)} + \sum_{|l|=1} g_k^{(1,l)} \left(x^{(1)}\right)^l + \sum_{|l|=2} g_k^{(0,l)} \left(x^{(1)}\right)^l,$$

$$\vdots$$

となっている．t^j の係数は，非負正数係数の多項式 $Q^{(j)}$ を使って

$$(j-\theta_k)x_k^{(j)} - d_k x_{k+1}^{(j)} = Q^{(j)}(x^{(J)}, g_k^{(J,L)}), \quad k=1,\ldots,m \tag{1.36}$$

と書ける．ただし，$Q^{(j)}$ の変数の $x^{(J)}$ における J は $J \le j-1$ を満たし，$g_k^{(J,L)}$ の (J,L) は $J+|L| \le j$ を満たす．
収束する優級数を構成する．式 (1.36) の左辺はヴェクトルで

$$(-J(\theta_{k_1}-j, m_1) \oplus \cdots \oplus J(\theta_{k_l}-j, m_l))x^{(j)}$$

の形に書けている．$-J(\theta-j,m)$ の逆行列は，$\theta - j \neq 0$ のとき

$$-J(\theta-j,m)^{-1} = \frac{1}{j-\theta}\Bigl(1_m + \frac{1}{j-\theta}N_m + \frac{1}{(j-\theta)^2}{N_m}^2 + \cdots\Bigr)$$

と計算できる．ある k に対して $\theta_k - j = 0$ となることはあり得るが，このような j は有限個しかないから，十分大きな j をとれば逆行列が存在し，特にある j_0 と定数 $\rho > 0$ がとれて次が成り立つ：

$$\|x^{(j)}\| \le \rho \|Q^{(j)}(x^{(J)}, g^{(J,L)})\|, \quad j \ge j_0. \tag{1.37}$$

まず $j_0 = 1$，つまり，すべての $j \ge 1$ について式 (1.37) が成り立つなら，方程式 $X/\rho = \|g^{(1,0)}\|t + \sum_{j+|l|\ge 2} \|g^{(j,l)}\| t^j X^l$ を考えると，陰函数定理（xix ページ）から，この方程式を満たす収束冪級数 $X = \sum_{j=1}^{\infty} X^{(j)} t^j$ がとれ，これが優級数となる．

実際，この級数を方程式に代入して t^j の係数を比べると，$X^{(j)} = \rho Q^{(j)}\Bigl(X^{(J)}, \|g^{(J,L)}\|\Bigr)$ が成り立つ．$Q^{(j)}$ の係数は正であるから，j に関して帰納的に次が示される：

$$|x_k^{(j)}| \le \|x^{(j)}\| \le \rho\|Q^{(j)}(x^{(J)}, g^{(J,L)})\| \le \rho Q^{(j)}\Bigl(X^{(J)}, \|g^{(J,L)}\|\Bigr) = X^{(j)}.$$

さらに，$j_0 \neq 1$ の場合，$z = \Bigl(x - \sum_{j=1}^{j_0-1} x^{(j)} t^j\Bigr)/t^{j_0-1}$ と置くと，冪級数 x の収束は対応する冪級数 z の収束に帰着されるが，z の満たす方程式は上の $j_0 = 1$ の場合になっていることが分かる．実際，z の微分方程式は

$$\begin{aligned}
&t^{j_0-1}t\frac{dz_k}{dt}+(j_0-1)t^{j_0-1}z_k+\sum_{j=1}^{j_0-1}jx_k^{(j)}t^j\\
=&\theta_k\left(t^{j_0-1}z_k+\sum_{j=1}^{j_0-1}x_k^{(j)}t^j\right)+d_k\left(t^{j_0-1}z_{k+1}+\sum_{j=1}^{j_0-1}x_{k+1}^{(j)}t^j\right)\\
&+g_k^{(1,0)}t+\sum_{j+|l|\geq 2}g_k^{(j,l)}t^j\left(t^{j_0-1}z+\sum_{j=1}^{j_0-1}x^{(j)}t^j\right)^l
\end{aligned}$$

となるが，$x=\sum_{j=1}^{\infty}x^{(j)}t^j$ が形式解であることから，t^j の $j=1,\dots,j_0-1$ の項は出てこない．t^{j_0-1} で割ると，z がまたBriot-Bouquetの方程式の解となり，$\tilde{\theta_k}=\theta_k-j_0+1$ と置くと，$j_0=1$ の場合に帰着できる． □

② 形式的変換の収束

では，より一般に，解析的でない解についても見てみよう．

定理 1.14 方程式 $tdx/dt=g(t,x)=Ax+g^{(1,0)}t+\sum_{j+|l|\geq 2}g^{(j,l)}t^jx^l$ において g は収束冪級数であり，次の3つの条件を満たすとする：

(⋆1) $j\geq 1$ か $|l|\geq 2$ を満たす $(j,l)\in(\mathbb{Z}_{\geq 0})^{m+1}$ に対し，$\theta_k\neq j+\sum_{i=1}^m l_i\theta_i$,

(⋆2) 行列 A は対角化可能,

(⋆3) $\mathbb{C}$ 内に原点を通る直線 L が引けて，$1,\theta_1,\dots,\theta_m$ は L の一方の側にある．

このとき，$tdx_k/dt=g_k(t,x)$ を $tdz_k/dt=\theta_kz_k$ に移す変換

$$x_k=\psi_k(t,z)=\sum_{i=1}^m p_{ki}z_i+p_kt+\sum_{j+|l|\geq 2}p_k^{(j,l)}t^jz^l,\quad k=1,\dots,m$$

における形式級数 ψ は収束冪級数である．

注意 1.15 条件 (⋆1), (⋆2), (⋆3) は収束のための十分条件であるが，必要条件ではない[16]．つまり，これらが満たされなくとも収束することはある．実際，線型の場合に，これらの条件がなくとも収束することを，定理2.51（171ページ）で見る．なお，(⋆3) の条件は **Poincaré 条件**と呼ばれる． □

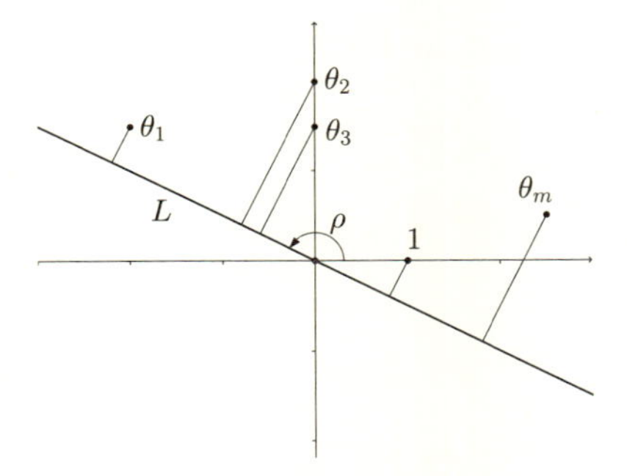

図 **1.2**　Poincaré 条件

証明（定理 1.14）． あらかじめ t, x に関する 1 次の変換を施しておくことで，元の方程式が $tdx_k/dt = \theta_k x_k + \sum_{j+|l|\geq 2} g^{(j,l)} t^j x^l$ の形であると思ってよい．

$tdx/dt = g$ を z を使って書き直すと，$tdz_k/dt = \theta_k z_k$ から

$$t\frac{dx_k}{dt} = t\frac{\partial \psi_k}{\partial t} + \sum_{i=1}^{m} \frac{\partial \psi_k}{\partial z_i}\theta_i z_i = \theta_k \psi_k + \sum_{j+|l|\geq 2} g_k^{(j,l)} t^j (\psi_1)^{l_1} \cdots (\psi_m)^{l_m}$$

であり，式 $\psi_i = z_i + \sum_{j+|l|\geq 2} p_i^{(j,l)} t^j z^l$ により

$$\sum_{j+|l|\geq 2}\Bigl(j + \sum_{i=1}^{m} l_i\theta_i - \theta_k\Bigr) p_k^{(j,l)} = \sum_{j+|l|\geq 2} g_k^{(j,l)} t^j \Bigl(z_1 + \sum_{J_1+|L^{(1)}|\geq 2} p_1^{(J_1,L^{(1)})} t^{J_1} z^{L^{(1)}}\Bigr)^{l_1} \cdots$$
$$\cdots \Bigl(z_m + \sum_{J_m+|L^{(m)}|\geq 2} p_m^{(J_m,L^{(m)})} t^{J_m} z^{L^{(m)}}\Bigr)^{l_m}$$

となる．係数を比較すると，$p_s^{(J,L)}$ $(J+|L| < j+|l|,\ 1 \leq s \leq m)$, $g_k^{(J,L)}$ $(J+L \leq j+|l|)$ の多項式 $R^{(j,l)}$ を使って

$$\Bigl(j + \sum_{i=1}^{m} l_i\theta_i - \theta_k\Bigr) p_k^{(j,l)} = R^{(j,l)}\left(p_s^{(J,L)}, g_k^{(J,L)}\right), \quad j+|l| \geq 2 \qquad (1.38)$$

と書ける．ここで，$R^{(j,l)}$ の係数が $\mathbb{Z}_{\geq 0}$ の元であることに注意しよう．

級数 $\sum_{j+|l|\geq 2} p_i^{(j,l)} t^j z^l$ に対する収束する優級数を構成する．まず

16)　特に，($\star$2) の条件がなくとも同様の定理が成り立つが，簡単のために条件を置いた．

(P)　正の数 δ がとれて，任意の $(j,l), j+|l|\geq 2$ と

$k=1,\ldots,m$ に対して，$\left|j+\sum_{i=1}^{m} l_i\theta_i-\theta_k\right|\geq\delta$ が成り立つ

という性質を認めて，収束する優級数を構成し，その後，この性質を示す．

(P) の δ を用いて方程式 $\delta(X_k-z_k)=\sum_{j+|l|\geq 2}\left|g_k^{(j,l)}\right|t^jX^l$ を考えると，陰函数定理（xix ページ）から，式を満たす収束冪級数 $X_k=z_k+\sum_{j+|l|\geq 2}P_k^{(j,l)}t^jz^l$ が存在する．これが優級数となることを見よう．級数を式に代入すると

$$\delta\sum_{j+|l|\geq 2}P_k^{(j,l)}=\sum_{j+|l|\geq 2}\left|g_k^{(j,l)}\right|t^j\left(z_1+\sum_{J_1+|L^{(1)}|\geq 2}P_1^{(J_1,L^{(1)})}t^{J_1}z^{L^{(1)}}\right)^{l_1}\cdots$$

$$\cdots\left(z_m+\sum_{J_m+|L^{(m)}|\geq 2}P_m^{(J_m,L^{(m)})}t^{J_m}z^{L^{(m)}}\right)^{l_m}$$

となり，係数を比べると $\delta P_k^{(j,l)}=R^{(j,l)}\left(P_s^{(J,L)},\left|g_k^{(J,L)}\right|\right)$ が分かる．$R^{(j,l)}$ の係数は正の整数なので，帰納的に次が示せる：

$$|p_k^{(j,l)}|\leq\delta^{-1}R^{(j,l)}\left(p_s^{(J,L)},g_k^{(J,L)}\right)\leq\delta^{-1}R^{(j,l)}\left(P_s^{(J,L)},\left|g_k^{(J,L)}\right|\right)=P_k^{(j,l)}.$$

(P) の証明．条件 $(\star 3)$ の直線 L から $z\in\mathbb{C}$ への距離を $v(z)$ で表す．実軸の正の部分から $\mathbb{C}$ の上半平面内にある L の部分への角度を ρ とすると，L に対して 1 と同じ側の $z\in\mathbb{C}$ に対して，$v(z)=\mathrm{Re}\left(ze^{-(\rho-(\pi/2))\sqrt{-1}}\right)>0$ となる．

$$\left|j+\sum l_i\theta_i-\theta_k\right|=\left|\left(j+\sum l_i\theta_i-\theta_k\right)e^{-(\rho-(\pi/2))\sqrt{-1}}\right|$$

$$\geq\mathrm{Re}\left\{\left(j+\sum l_i\theta_i-\theta_k\right)e^{-(\rho-(\pi/2))\sqrt{-1}}\right\}=jv(1)+\sum l_iv(\theta_i)-v(\theta_k)$$

となり，$j+|l|\to\infty$ のとき，右辺は無限大に発散する．十分大きな N をとると，$jv(1)+\sum l_iv(\theta_i)-v(\theta_k)\geq 1$ $(j+|l|\geq N)$ となり，また $(\star 1)$ から $j+\sum l_i\theta_i-\theta_k\neq 0$ で，$\min\left\{|j+\sum l_i\theta_i-\theta_k|\ ;\ j+|l|<N, k=1,\ldots,m\right\}\geq\varepsilon$ となる $\varepsilon>0$ が存在する．$\delta=\min\{1,\varepsilon\}$ ととればよい．□

1.3　解函数の存在域

ここまで見てきたのは局所解の構成法で，初期時刻の近傍での解についてであった．この解の定義域を，方程式の定義されている領域全体まで拡げる

ことは可能であろうか？ 一般の方程式に関しては，これは示せないことが分かる．例 2（5 ページ）で見たように，方程式が普通に定義されているところで，解は無限大に発散してしまう例が，すぐに見つかるからである．

特異点の位置が，方程式からは決まらず，初期値，積分定数に依っている場合がある．つまり，この場合の解の特異点は，方程式の特異点ではない．このような解の特異点を，**動く特異点**と呼ぶのであった．

例 8（動く特異点）

ここでも，似た例をもう一度見ておこう．初期値問題 $dx/dt = x^2$, $x(0) = \xi$ を考える[17]．解は $x = \xi/(1-\xi t)$ となり，$t = 1/\xi$ は極になる．

また，$dx/dt = x^{1+k}$ $(k = 1, 2, \ldots)$, $x(0) = \xi$ を考えると，微分方程式の解は $x = k^{-1/k}(C-t)^{-1/k}$ と書け[18]，初期条件から $C = 1/(k\xi^k)$ となる．この場合 $t = C$ は動く分岐点である．

今，$x = \varphi(t), \psi(t)$ が初期値問題の一意的な解で，それぞれの定義域が区間 I, J $(I \subset J)$ であったとしよう．このとき I 上では $\varphi(t) = \psi(t)$ である．ψ を解 φ の**延長** (extension) であるという．また，解 φ の延長が φ 自身に限られるとき，φ を**最大延長解**と呼び，定義域 I を解の**最大存在区間**，あるいは単に**存在域**などと呼ぶ．存在域が $\mathbb{R}$ 全体であるとき**大域解**と呼ぶ．

a. 線型方程式

一般の微分方程式では，解の定義域は初期値に依存して変わることもあり，どこまで延長できるか，あらかじめ述べることは難しい．しかし，線型方程式の場合は，方程式が連続という条件を満たしている範囲で，解を延長することができる．これは線型方程式の顕著な性質である．

定理 1.16 線型常微分方程式の初期値問題

$$\frac{dx}{dt} = A(t)x + u(t), \quad x(t_0) = \xi \tag{1.39}$$

において，係数 A, u が領域 $I \subset \mathbb{R}$ で連続であるとする．このとき，I を定義

17) これは Riccati 方程式の 1 種である（107 ページ）．Riccati 方程式は，一般には初等函数で解が書けるとは限らないが，この場合は有理函数解を持つ．

18) 変数分離法で解を見つけることができる．変数分離法については，97 ページを見よ．

域とする解が一意的に存在する．

この定理は，線型方程式が動く特異点を持たないことを主張している．

この定理を示すために，Picard による初期値問題の解の存在範囲を，少し書き換えよう．Picard の定理 1.3 の証明で示した解の存在範囲は $[t-\delta, t+\delta]$, $\delta = \min\{\rho/M, r\}$, $M = \max_{(t,x)\in D} \|f(t,x)\|$ と書けた．ただし，この f は方程式の右辺で，今の場合 $f = Ax + u$ である．$D = \{(t,x) \in \mathbb{R}^{m+1}\ ;\ |t-t_0| \le r,\ \|x-\xi\| \le \rho\}$ は f の定義域で，f は D で連続かつ Lipschitz 連続とした．

ここで，δ の代わりに

$$\delta_0 = \min\left\{\frac{1}{L}\log\left(1+\frac{L\rho}{M_0}\right), r\right\}, \quad M_0 = \max_{|t-t_0|\le r} \|f(t,\xi)\| \tag{1.40}$$

ととっても，区間 $[t_0-\delta_0, t_0+\delta_0]$ での解の存在と一意性が言える．これは Lindelöf の補題と呼ばれる．L は D における f の Lipschitz 定数である．

∵ 34, 35 ページの証明において，δ の代わりに δ_0 を用いても議論が成り立つことを確認すればよい．$M_0(e^{L\delta_0}-1)/L \le \rho$ に注意しよう．

近似函数列が定義できることを見ておくと

$$\begin{aligned}\left\|x^{[1]}(t)-\xi\right\| \le \left|\int_{t_0}^{t} \|f(s,\xi)\| ds\right| &\le M_0|t-t_0| \\ &\le M_0\delta_0 = \frac{M_0}{L}L\delta_0 \le \frac{M_0}{L}(e^{L\delta_0}-1) \le \rho\end{aligned}$$

となり，$x^{[2]}$ は定義できる．さらに，$x^{[j]}$, $j \le k-1$ が定義されていて

$$\left\|x^{[j]}(t) - x^{[j-1]}(t)\right\| \le \frac{M_0}{L}\frac{L^j|t-t_0|^j}{j!} \tag{1.41}$$

が成り立っていると仮定しよう．このとき

$$\left\|x^{[k-1]}-\xi\right\| \le \sum_{j=1}^{k-1}\left\|x^{[j]}-x^{[j-1]}\right\| \le \frac{M_0}{L}\sum_{j=1}^{k-1}\frac{L^j{\delta_0}^j}{j!} \le \frac{M_0}{L}(e^{L\delta_0}-1) \le \rho$$

となるので $x^{[k]}$ も定義され，さらに不等式 (1.41) は $j=k$ においても成り立つことが示せる．

一様収束や解の一意性についても，定理 1.3 と同様に示せる． □

この δ_0 と元の $\delta = \min\{\rho/M, r\}$ では，どちらが大きいか一概には言えない．しかし，この書き換えを使うと線型の場合の解の存在域に関する定理 1.16 を示すことができる．

証明（定理 1.16）． t_0 を含む任意の有界閉区間 $[a,b] \subset I$ を考えて，$[a,b]$ 上の解が一意的に存在することを示す．細かいことだが，解の存在を示すときに，時間を進める方向と戻す方向と同じ幅での存在を示した．証明を見直すと，これは片側ずつ見ればよいことが分かるので，そのように見直すことにして，ここでは $[t_0,b]$ での解の存在を示そう．$[a,t_0]$ については同様にできる．

$M_0 = \max_{t\in[t_0,b]} \|f(t,\xi)\|$ とすると，$M_0 \leq \max_{t\in[t_0,b]} (\|A(t)\|\|\xi\| + \|u(t)\|)$ で，また $L = \max_{t\in[t_0,b]} \|A(t)\|$ とすると，$\|f(t,x) - f(t,y)\| \leq L\|x-y\|$ が言える．

任意の $\rho > 0$ について $D^+ = \{(t,x) \in \mathbb{R}^{m+1}\ ;\ t \in [t_0,b], \|x-\xi\| \leq \rho\}$ で f は連続かつ Lipschitz 条件を満たす．L, M_0 は ρ に依らないので $(1/L)\log(1 + (L\rho/M_0))$ は $\rho \to \infty$ でいくらでも大きくすることができる．Lindelöf の補題から，$[t_0, t_0+\delta_0] = [t_0,b]$ で解の一意的存在が言える． □

b. 複素領域の線型方程式とモノドロミー †

上の定理では，線型方程式を実領域で考えたのだが，複素数で考えるとどうなるだろうか？ 冪級数による解の構成を基礎に置くと，次のような定理が言える．ここで使われている解析接続などの言葉については，用語・記号の xxi ページを参照してほしい．

定理 1.17 常微分方程式の初期値問題

$$\frac{dx}{dt} = A(t)x + u(t), \quad x(t_0) = \xi \quad (t_0 \in D) \tag{1.42}$$

において，A, u が $D \subset \mathbb{C}$ で解析的ならば，t_0 を始点とする D 内の連続曲線 $\gamma\colon\ [0,1] \to D$ に対して，この初期値問題の解析的な解は γ に沿って解析接続され，その解析接続された解析函数もこの微分方程式を満たす．

証明． 曲線 γ に沿って解析接続できないとすると，ある $a \in [0,1]$ があって，$0 \leq s < a$ なる $\gamma(s)$ まで解析接続可能で，$\gamma(a)$ には解析接続できないことになる．このようなことがないことを言いたい．γ は C^1 級としてよい．

<u>$x(\gamma(s))$ は $s \to a$ で，ある $\eta \in \mathbb{C}^m$ に収束する</u>．$y(s) = x(\gamma(s))$ とすると

$$\frac{d}{ds}y = \frac{dx}{dt}\frac{d\gamma}{ds} = \frac{d\gamma}{ds}\left\{A(\gamma(s))y(s) + u(\gamma(s))\right\} \tag{1.43}$$

が得られる．これを実部虚部に分けると，実数係数の線型 $2m$ 連立方程式と思え，係数は区間 $s \in [0,1]$ で連続である．実変数の場合の定理 1.16 により，$y(s) = x(\gamma(s))$ は $s \to a$ である極限 $\eta \in \mathbb{C}^m$ を持つ．

<u>x が $t = \gamma(a)$ まで解析解として延長されること</u>．$\tilde{x}$ を初期条件 $\tilde{x}(a) = \eta$ を満たす解としよう．$\tilde{x}$ はある $\delta_1 > 0$ を収束半径に持つ冪級数で表されるので，適当な $s_0 < a$ がとれて，$s_0 < s \leq a$ で $\tilde{x}(\gamma(s))$ が収束するようにできる．$\tilde{y}(s) = \tilde{x}(\gamma(s))$ と置くと，これは (1.43) を満たすので，解の一意性から $s_0 < s < a$ に対して $\tilde{x}(\gamma(s)) = x(\gamma(s))$ が言える．一致の定理（xxi ページ参照）から，定義域の共通部分で $\tilde{x}(t) = x(t)$ が言え，x は $t = a$ まで解析接続されることが分かる． □

複素領域においても，線型方程式の解は方程式の係数の特異点にぶつかるまで，解析接続によって，解の延長が可能ということである．途中で動く特異点が現れることはない．

ここで見たのは，複素領域に曲線をとって，その曲線に沿って解析接続するということであったが，同一の点まで別の曲線を辿ったときに，違う函数になってしまうということはないだろうか？

ふたつの曲線が連続的な変形で移り合うなら，同じ冪級数に解析接続されることは示すことができ，これは一価性の定理と呼ばれる（xxii ページ参照）．ここで，始点と終点がそれぞれ一致しているふたつの曲線 γ_0, γ_1 が連続的な変形で移り合うというのは，ホモトープという概念で定式化される．

定義 1.18　$\gamma_0(0) = \gamma_1(0) = a, \gamma_0(1) = \gamma_1(1) = b$ となる D 内のふたつの連続曲線 γ_0, γ_1 が**ホモトープ**であるとは，連続函数

$$F: \ [0,1]^2 \ni (\sigma, \tau) \mapsto F(\sigma, \tau) \in D$$

が存在して，$F(0,\tau) = \gamma_0(\tau), F(1,\tau) = \gamma_1(\tau)$ を満たすことをいう．

連続に変形できない場合はどうであろうか？　実は，同一の点への解析接続が，曲線のとり方で値を変えてしまうことが起こり得るのである．つまり，

解函数は，一般には一価函数とはいえず，多価函数になることがある．これを簡単な例で見てみよう．

例 9（多価函数） 冪函数 $x=(1+t)^\alpha$, $\alpha\in\mathbb{C}\setminus\mathbb{Z}$ を考える．この函数は同次線型微分方程式

$$\frac{dx}{dt}=\frac{\alpha}{1+t}x \tag{1.44}$$

を満たす．微分方程式の特異点は $\mathbb{C}$ において，$t=-1$ にしかないので，$t=-1$ を通過しない曲線に沿って解析接続可能である．$t=0$ を中心とした冪級数

$$x=(1+t)^\alpha=\sum_{j=0}^{\infty}\binom{\alpha}{j}t^j,\qquad |t|<1 \tag{1.45}$$

を出発点として，解析接続の様子を見てみよう．以下の級数の計算が成り立つ：

$$y=\sum_{j=1}^{\infty}\binom{\alpha}{j}(T+A)^j=\sum_{j=0}^{\infty}\binom{\alpha}{j}\sum_{i=0}^{j}\binom{j}{i}A^{j-i}T^i.$$

ここで，$\binom{\alpha}{j}\binom{j}{i}=\frac{\Gamma(\alpha+1)}{\Gamma(\alpha-j+1)i!(j-i)!}=\binom{\alpha}{i}\binom{\alpha-i}{j-i}$ であるから，先に j の和をとると，$|A|<1$ であれば

$$y=\sum_{i=0}^{\infty}\binom{\alpha}{i}\sum_{j=i}^{\infty}\binom{\alpha-i}{j-i}A^{j-i}T^i=(1+A)^\alpha\sum_{i=0}^{\infty}\binom{\alpha}{i}\left(\frac{T}{1+A}\right)^i$$

と計算できる．この計算を使って，$t_l=-1+\exp(2\pi\sqrt{-1}l/k)$, $l=0,1,\ldots,k$ としたときの各 $t=t_l$ での級数展開を順に求めてみると

$$\begin{aligned}
x=&\sum_{j=0}^{\infty}\binom{\alpha}{j}t^j=\sum_{j=0}^{\infty}\binom{\alpha}{j}(t-t_1+t_1)^j\\
=&e^{\frac{2\pi\sqrt{-1}\alpha}{k}}\sum_{j=0}^{\infty}\binom{\alpha}{j}\left(\frac{t-t_1}{e^{\frac{2\pi\sqrt{-1}}{k}}}\right)^j=e^{\frac{2\pi\sqrt{-1}\alpha}{k}}\sum_{j=0}^{\infty}\binom{\alpha}{j}\left(\frac{t-t_2-(t_1-t_2)}{e^{\frac{2\pi\sqrt{-1}}{k}}}\right)^j\\
=&e^{\frac{2\pi\sqrt{-1}}{k}\cdot 2\alpha}\sum_{j=0}^{\infty}\binom{\alpha}{j}\left(\frac{t-t_2}{e^{2\pi\sqrt{-1}\frac{2}{k}}}\right)^j=\cdots\\
=&e^{2\pi\sqrt{-1}\alpha}\sum_{j=0}^{\infty}\binom{\alpha}{j}t^j\qquad(???)
\end{aligned}$$

と計算できる[19]．ただし，収束のために k は 7 以上の整数とする．解析接続で $t=-1$ の周りを一周して戻ってくると，値が変わってしまった．

19) ここで，最初の式と最後の式は一致していない．この計算においては，それぞれの等式が成り立つ領域が違っていて，すべての等式が同時に成り立つ領域は空である．

この例は，解析接続の様子が一般の解析函数に比べ簡単である．特異点を一周したときには，元の冪級数に定数がかかるという違いが出るだけである．

関係が簡単な理由は，この函数が同次線型方程式の解であるということから説明できる．線型微分方程式を次のような連立1階の形で考えよう：

$$\frac{d}{dt}x = A(t)x. \tag{1.46}$$

ただし，A は $m \times m$ の行列とする．この方程式系に対して，$x^{[1]}, \ldots, x^{[m]}$ を線型独立な解とすると，これらの解の適当な線型和 $\sum_{k=1}^{m} C_k x^{[k]}$, $C_k \in \mathbb{C}$ はまた解になっている．また逆に，初期値問題の解をこの形の解から作ることができるから，任意の解がこのような線型和の形をしていることも分かる．

微分方程式の係数が解析的であるような領域 D をとり，さらに D 内にある点 a を固定しよう．例えば，A が特異点 $t = t_1, t_2, \ldots, t_r$ 以外では解析的であるとするならば，$D = \mathbb{C} \setminus \{t_1, \ldots, t_r\}$ と置けばよい．

解 $x^{[1]}, \ldots, x^{[m]}$ を横に並べて点 $t = a$ の周りでの冪級数で表した行列を X としよう．$t = a$ の近傍で行列方程式 $\frac{d}{dt}X(t) = A(t)X(t)$ が成り立っている．始点と終点を a とする D 内の閉曲線 γ をとって，γ に沿った X の解析接続を X^γ と書くことにする．各縦ヴェクトル $\left(x^{[k]}\right)^\gamma$ はまた微分方程式 (1.46) を満たすので $x^{[1]}, \ldots, x^{[m]}$ の線型和で書けている．縦ヴェクトルをまとめると，ある定数行列 $M_\gamma \in M_n(\mathbb{C})$ を使って $X^\gamma = XM_\gamma$ と書けることが分かる．特に M_γ は可逆行列である．

点 a を基点とする D 内の閉曲線から，行列への対応が得られたわけであるが，ふたつの曲線がホモトープだったならば対応する行列は変わらない．特に定値写像 $\gamma^*(\tau) \equiv a$ を閉曲線と見なして，これに D 内でホモトープな閉曲線 γ をとると，$M_\gamma = 1_n$ である．$t = a$ を基点とする D 内の閉曲線をホモトープであるという同値関係で類別する．同値類をホモトピー類と呼ぶ．

点 a を基点とする閉曲線 γ のホモトピー類を $[\gamma]$ と書き，ホモトピー類全体の集合を $\pi_1(D, a)$ と書く．$\pi_1(D, a)$ には群の構造が入る．γ_1, γ_2 を a を基点とした閉曲線としたとき，これらの積 $\gamma_2 \cdot \gamma_1$ を，はじめ γ_1 で一周した後，続けて γ_2 に沿って一周するような閉曲線と定義しよう．つまり

$$(\gamma_2 \cdot \gamma_1)(t) = \begin{cases} \gamma_1(2t), & 0 \le t \le 1/2 \\ \gamma_2\left(2\left(t - \frac{1}{2}\right)\right), & 1/2 \le t \le 1 \end{cases}$$

である．$[\gamma_2]\cdot[\gamma_1]$ を $[\gamma_2\cdot\gamma_1]$ で定義する．定値写像の類 $[\gamma^*]$ が単位元である．$\pi_1(D,a)$ を a を基点とする D の**基本群** (fundamental group) と呼ぶ．

問題 1.2 $\pi_1(D,a)$ の各元に逆元が存在することと，積が結合法則を満たすことを示せ．

言葉の準備が続いたが，結局，微分方程式の解の基底 $x^{[1]},\ldots,x^{[m]}$ が与えられたとき，$\pi_1(D,a)$ から $GL_m(\mathbb{C})$ への写像が得られたわけである．これを

$$\rho:\quad \pi_1(D,a)\ni[\gamma]\mapsto M_\gamma\in GL_n(\mathbb{C}) \tag{1.47}$$

と書こう．この写像はただ写像であるだけでなく，準同型になっている．つまり，$\rho([\gamma_2]\cdot[\gamma_1])=M_{\gamma_2\cdot\gamma_1}=M_{\gamma_2}M_{\gamma_1}=\rho([\gamma_2])\rho([\gamma_1])$ である．この ρ を線型微分方程式 (1.46) の**モノドロミー表現** (monodromy representation) と呼ぶ[20]．また，ρ の像は $GL_m(\mathbb{C})$ の部分群をなし，これをモノドロミー群という．

さて，解の基底をとり替えたとき，モノドロミー表現がどのように変わるかも見ておこう．新しい解の基底 $\tilde{x}^{[1]},\ldots,\tilde{x}^{[m]}$ を横に並べて作った行列を $\widetilde{X}$ としよう．すると，ある可逆行列 P が存在して，$\widetilde{X}=XP$ と書ける．$X^\gamma=XM_\gamma$ であるから，$\widetilde{X}^\gamma=XM_\gamma P=\widetilde{X}P^{-1}M_\gamma P$ となり，新しい基底に対応するモノドロミー表現 $\tilde{\rho}$ は $\tilde{\rho}([\gamma])=P^{-1}\rho([\gamma])P$ と書けることが分かる．

一般には，解析函数の解析接続の様子を記述するのは難しい問題なのであるが，同次線型微分方程式を満たすということであれば，モノドロミー表現という手がかりが与えられることが分かった．モノドロミー表現の具体的な計算についてであるが，2B 章の 158 ページで，超幾何微分方程式の場合の計算を見ることになる．

c. 一般の場合

実変数に戻って，線型方程式に限らない，一般の場合を見ておこう．

定理 1.19 常微分方程式の初期値問題 $dx/dt=f(t,x)$, $x(t_0)=\xi$ において，

20) 群 G から GL_m への準同型を G の表現と呼ぶ．群の元を行列で表すわけである．

f は $\mathbb{R}^{m+1}$ 内の領域 $U(\ni (t_0,\xi))$ で連続かつ Lipschitz 連続であるとする．

　このとき，解 $x=\varphi(t)$ は一意的に存在して，そのグラフが U の境界に達するまで左右に延長可能である．

証明． 左側も同様であるから，右側の延長可能性だけ見よう．ある有限の値 T があって，解の右側の最大存在区間が $[t_0,T)$ であったとしよう．このとき，$t\to T$ としたとき，$(t,\varphi(t))$ が U の境界に達することが言えればよい．ただし，U が有界でない場合には $\|\varphi(t)\|\to\infty$ となるときもこれに含める．このためには，$t_j\to T$ なる点列に対し，$(t_j,\varphi(t_j))$ は，連結開集合 U 内のどんな有界閉集合 Γ にも留まらないことを示せばよい．

　結論を否定して，$(t_j,\varphi(t_j))$ がある Γ 内に留まっているとする．

　このとき，ある $(T,\eta)\in\Gamma$ が存在して，$\lim_{t\to T}\varphi(t)=\eta$ となることを示そう．点列 $(t_j,\varphi(t_j))$ は，必要ならば部分列をとることで，$j\to\infty$ で Γ のある点に収束するようにできる．$\varphi(t_j)$ の収束先を η とする．

　(T,η) の近傍を $V=\{(t,x)\,;\,|t-T|<r, \|x-\eta\|<\rho\}$ としよう．十分大きな j をとると，$t_j<t<T$ を満たす任意の t に対して，$(t,\varphi(t))\in V$ となることが言えればよい．だが，これは $\|\varphi(t)-\eta\|\le\|\varphi(t)-\varphi(t_j)\|+\|\varphi(t_j)-\eta\|$ で，第1項は $M=\sup_{(t,x)\in V\cap\Gamma}\|f(t,x)\|$ とすると $\|\varphi(t)-\varphi(t_j)\|\le M|t-t_j|$ となり，$t_j\to T, \varphi(t_j)\to\eta$ であるので，十分大きい j をとれば大丈夫である．

　次に T より先まで解が延長できることを示す．点 (T,η) は U の内点であるから，局所解の存在と一意性定理（定理 1.3）により，この点を通る解が一意的に存在する．この解をつなげることで φ の定義域をある範囲 $[t_0,T+\delta]$ まで延長する．このとき，この φ が解になっていることを見よう．これは

$$\varphi(t)=\xi+\int_{t_0}^{t}f(s,\varphi(s))ds$$

が成り立っていることを確認すればよいが，φ は $t=T$ において連続なので，問題なく成り立つ．よって，$[t_0,T)$ が最大存在域であることに矛盾する．

　結局，$t_j\to T$ のとき，$\varphi(t_j)$ は Γ に留まることがないと分かった．　□

例 10（惑星の楕円運動，続）

　例 4 で 2 体問題を扱った（9 ページ）．これは平面運動

$$\frac{dQ_1}{dt}=P_1,\ \frac{dQ_2}{dt}=P_2,\ \frac{dP_1}{dt}=-\frac{Q_1}{({Q_1}^2+{Q_2}^2)^{3/2}},\ \frac{dP_2}{dt}=-\frac{Q_2}{({Q_1}^2+{Q_2}^2)^{3/2}} \tag{1.48}$$

に帰着されたが，方程式系は $\mathbb{R}^4 \setminus \{(Q_1, Q_2) = (0,0)\}$ で定義されている．

定理 1.19 から，解が，有限の時間 $t = T$ までしか延長できないとすると，$t \to T$ の極限で，解は定義域の境界に達することになる．

角運動量が $L \neq 0$ の場合，解軌道が 2 次曲線であることは既に見た．楕円の場合は周期軌道なので大域解になる．放物線や双曲線の場合も，$\|Q\| \to 0$ とならないこと，つまり衝突しないことは分かる．エネルギー保存則から $\|P\| \to \infty$ ともならない．ある $c > 0$ があって，$r = \|Q\| \geq c$ とできるから

$$\frac{d^2r}{dt^2} = \frac{L^2}{r^3} - \frac{K}{r^2}$$

の絶対値はある定数 $c_1 > 0$ でおさえられる．よって，ある $c_2, c_3 > 0$ があって $|r| \leq \frac{c_1}{2}|t|^2 + c_2|t| + c_3$ となり，$r = \|Q\| \to \infty$ となるには $|t| \to \infty$ が必要で，結局，放物線や双曲線の場合も大域解であることが分かった．

角運動量が 0 となるときは，角速度 $d\theta/dt$ が 0 になるので，Q の軌跡は原点を通る直線になる．この場合は有限の時間 T に対して，$t \to T$ で $\|Q\| \to 0$ となり，境界に達する．エネルギー保存則から，このとき $\|P\| \to \infty$ であることも分かる．このような解を**衝突解** (collision orbit) と呼ぶ．この解の存在域は $(-\infty, T)$ あるいは (T, ∞) である．

このように，2 体問題においては，大域解でない解は衝突解である．3 体問題においても，大域解でない解は衝突解に限ることが Painlevé によって示された．Painlevé は，4 体問題では大域的でない衝突解以外の解が存在することを予想した（Painlevé 予想）が，5 体問題にはそのような解があることが示されている[21]．

非線型方程式の場合，方程式からすぐには最大存在区間が分からないため，解を求める際に，その定義域をあらかじめ指定しないことも多い．今後，単に微分方程式の解というときは，最大延長解を指すことにする．

21) Painlevé 予想については，F. ディアク，P. ホームズ著，吉田春夫訳，天体力学のパイオニアたち，シュプリンガーフェアラーク東京 (2004) に詳しく述べられている．5 体問題における大域的でない非衝突解は，Xia によって求められた (1992)．

1.4　初期値と助変数に関する解の連続性と微分可能性

常微分方程式の初期値問題

$$\frac{dx}{dt} = f(t, x, \alpha), \quad x(t_0) = \xi \tag{1.49}$$

を考える．方程式に未知函数 x, 独立変数 t 以外に変数 $\alpha = (\alpha_1, \ldots, \alpha_l)$ が含まれる場合を見よう．このような変数を助変数（あるいはパラメータ）という．

この章では微分方程式の解の構成を見てきたが，この節ではその解函数 $x = x(t; t_0, \xi, \alpha)$ が助変数 α や初期条件 (t_0, ξ) に対してどのように依存するか，連続性や微分可能性について見ていきたい．

まず初期値 ξ および初期時刻 t_0 に関する函数としての解だが，この議論が助変数に関する連続性，微分可能性の議論に帰着されることを見ておこう．解函数を変換して $y(t; t_0, \xi, \alpha) = x(t - t_0; \xi, \alpha) - \xi$ と置くと，$g(t, y, t_0, \xi, \alpha) = f(t + t_0, y + \xi, \alpha)$ として，y は初期値問題

$$\frac{dy}{dt} = g(t, y, t_0, \xi, \alpha), \quad y(0) = 0 \tag{1.50}$$

の解となる．函数 x の t_0, ξ に関する連続性や微分可能性は y に関するものに読み替えられ，この変換により，初期値に関する議論は助変数に関する議論に帰着される．

a. 連続性

まず，初期値，助変数に関する連続性に関して見てみよう．連続性に関しては次の定理が成り立つ．

定理 1.20　函数 f が $\widetilde{D} = \{(t, x, \alpha) \in \mathbb{R}^{m+l+1}\ ;\ |t - a| \le r,\ \|x - b\| \le R, \|\alpha - \alpha_0\| \le \rho\}$ で連続かつ，ある正の数 L に対して Lipschitz 条件

$$\|f(t, x, \alpha) - f(t, y, \alpha)\| \le L\|x - y\|, \quad (t, x, \alpha), (t, y, \alpha) \in \widetilde{D} \tag{1.51}$$

を満たすとする．このとき，常微分方程式の初期値問題

$$\frac{dx}{dt} = f(t, x, \alpha), \quad x(t_0) = \xi \tag{1.52}$$

の解 $x = \varphi(t; t_0, \xi, \alpha)$ はある $\delta > 0$ に対し $(t, t_0, \xi, \alpha) \in [t_0 - \delta, t_0 + \delta] \times \widetilde{D}$ 上

一意的に存在し，φ は $[t_0-\delta, t_0+\delta]\times\widetilde{D}$ で連続である．

注意 1.21　Picard の定理（定理 1.3）のように $\delta=\min\{r-|a-t_0|, R/M\}$, $M=\max_{(t,x,\alpha)\in\widetilde{D}}\|f(t,x,\alpha)\|$ とできる．□

証明のために，次の補題を示しておこう．これは，Gronwall の補題と呼ばれ，解析学の広い分野で使われる有用な命題である．

定理 1.22（Gronwall の補題）　関数 u, v は区間 $[a,b]$ で連続で $v(t)\geq 0$ であるとする．このとき，連続関数 x が

$$x(t)\leq u(t)+\int_a^t v(s)x(s)ds,\quad t\in[a,b] \tag{1.53}$$

を満たすとき，$x(t)$ は $t\in[a,b]$ で

$$x(t)\leq u(t)+\int_a^t u(\tau)v(\tau)\exp\left(\int_\tau^t v(s)ds\right)d\tau \tag{1.54}$$

が成り立つ．特に $u=C$（定数）のときは，次の式を満たす：

$$x(t)\leq C\exp\left(\int_a^t v(s)ds\right)\qquad \text{(Gronwall の不等式)}. \tag{1.55}$$

証明．　$F(t)=\int_a^t v(s)x(s)ds$ と置くと，$dF/dt=v(t)x(t)$ なので，仮定の不等式と $v\geq 0$ より，$(dF/dt)-v(t)F(t)=v(t)(x(t)-F(t))\leq u(t)v(t)$.

両辺に $\exp\left(-\int_a^t v(s)ds\right)$ を掛けると

$$\frac{d}{dt}\left(\exp\left(-\int_a^t v(s)ds\right)F(t)\right)\leq u(t)v(t)\left(-\int_a^t v(s)ds\right)$$

で，$F(a)=0$ を考慮し，積分すると次が得られる：

$$\begin{aligned}F(t)&\leq\left(-\int_a^t v(s)ds\right)\int_a^t u(\tau)v(\tau)\exp\left(\int_a^\tau v(s)ds\right)d\tau\\&=\int_a^t u(\tau)v(\tau)\exp\left(\int_\tau^t v(s)ds\right)d\tau.\end{aligned}$$

よって F の定義式と仮定した不等式から，求めたい不等式が得られた．

さらに，$u=C$ であるときは

$$\int_a^t v(\tau)\exp\left(\int_\tau^t v(s)ds\right)d\tau=-\left[\exp\left(\int_\tau^t v(s)ds\right)\right]_{\tau=a}^t=-1+\exp\left(\int_a^t v(s)ds\right)$$

に注意して，不等式を見ると Gronwall の不等式が得られる． □

これを使って，定理を証明しよう．

証明（定理 1.20）． 初期値に関する連続性は，助変数に関する連続性に帰着できるから，助変数に関する連続性を見よう．

一意的に存在する初期値問題の解を $x=\varphi(t;t_0,\xi,\alpha)=\varphi(t;\alpha)$ と書くと

$$\begin{aligned}\|\varphi(t,\alpha_1)-\varphi(t,\alpha_2)\| &= \left\|\int_{t_0}^t (f(s,\varphi(s,\alpha_1),\alpha_1)-f(s,\varphi(s,\alpha_2),\alpha_2))\,ds\right\| \\ &\le \left|\int_{t_0}^t \|f(s,\varphi(s,\alpha_1),\alpha_1)-f(s,\varphi(s,\alpha_1),\alpha_2)\|\,ds\right| \\ &\quad + \left|\int_{t_0}^t \|f(s,\varphi(s,\alpha_1),\alpha_2)-f(s,\varphi(s,\alpha_2),\alpha_2)\|\,ds\right|\end{aligned}$$

である．ここで，f は連続なので，有界閉集合 $\widetilde{D}$ 上一様連続で，任意の正の数 ε に対して正の数 ϖ がとれて，$\|\alpha_1-\alpha_2\|<\varpi$ ならば，$|t-a|\le r$, $\|x-b\|\le R$ となる任意の t, x について $\|f(t,x,\alpha_1)-f(t,x,\alpha_2)\|<\varepsilon$ を満たすようにできる．

また，第2項についても Lipschitz 連続性より不等式が成り立ち，結局，

$$\|\varphi(t,\alpha_1)-\varphi(t,\alpha_2)\|\le\varepsilon|t-t_0|+L\left|\int_{t_0}^t\|\varphi(s,\alpha_1)-\varphi(s,\alpha_2)\|ds\right|$$

が示せるので，Gronwall の補題から

$$\begin{aligned}\|\varphi(t,\alpha_1)-\varphi(t,\alpha_2)\| &\le\varepsilon|t-t_0|+L\varepsilon\left|\int_{t_0}^t(s-t_0)e^{L(t-s)}ds\right| \\ &=\varepsilon\left|t-t_0+\left[\left(t_0-s-\frac{1}{L}\right)e^{L(t-s)}\right]_{s=t_0}^t\right|=\frac{\varepsilon}{L}\left|e^{L(t-t_0)}-1\right|.\end{aligned} \tag{1.56}$$

これから，助変数 α に関して連続であることが言える． □

b. 微分可能性

また微分可能性については次の定理が成り立つ．

定理 1.23 関数 f が $\widetilde{D}=\{(t,x,\alpha)\in\mathbb{R}^{m+l+1}\ ;\ |t-a|\le r,\ \|x-b\|\le$

$R, \|\alpha - \alpha_0\| \le \rho\}$ で k 階連続微分可能，つまり C^k 級であるとする．このとき，常微分方程式の初期値問題

$$\frac{dx}{dt} = f(t, x, \alpha), \quad x(t_0) = \xi \tag{1.57}$$

の解 $x = \varphi(t; t_0, \xi, \alpha)$ はある $\delta > 0$ に対し $(t, t_0, \xi, \alpha) \in [t_0 - \delta, t_0 + \delta] \times \widetilde{D}$ 上一意的に存在し，φ は $[t_0 - \delta, t_0 + \delta] \times \widetilde{D}$ で t に関して C^{k+1} 級，t_0, ξ, α に関して C^k 級である．

この場合もやはり，初期値に関する微分可能性は，助変数に関する微分可能性に帰着する．この定理を証明するために，助変数に関する偏微分 $\partial\varphi_j/\partial\alpha_i$ が存在して，それが線型方程式

$$\frac{d}{dt}X_{ji} = \sum_{h=1}^{m} \frac{\partial f_j}{\partial x_h}(t, \varphi(t; t_0, \xi, \alpha), \alpha) X_{hi} + \frac{\partial f_j}{\partial \alpha_i}(t, \varphi(t; t_0, \xi, \alpha), \alpha),$$
$$j = 1, \ldots, m, \quad i = 1, \ldots, l \tag{1.58}$$

の解となることを示す $(X_{ji} = \partial\varphi_j/\partial\alpha_i)$．この方程式を**変分方程式** (variational equation) と呼ぶ．

変分方程式の解であることが言えると，$X_{ji} = \partial\varphi_j/\partial\alpha_i$ は定理 1.20 から，t, α に関して連続であることが分かる．また，この変分方程式の右辺は C^{k-1} 級であるから，変分方程式の変分方程式を考えると，$\partial\varphi_j/\partial\alpha_i$ も連続微分可能であることが分かる．これを帰納的に繰り返すと，k 階連続微分可能であることが言える．また，t に関する微分については，元の常微分方程式や変分方程式を t で微分すると，右辺は定理の主張する階数まで連続微分可能である．こうして定理は示される．

それでは，変分方程式を示すことで定理 1.23 を証明しよう．

証明（定理 1.23）．　初期値問題の解 $x = \varphi(t; t_0, \xi, \alpha)$ に対して

$$\Phi_{ji}(t, \alpha^{(1)}, \alpha^{(2)}) = \frac{\varphi_j(t; t_0, \xi, \alpha^{(1)}) - \varphi_j(t; t_0, \xi, \alpha^{(2)})}{\alpha_i^{(1)} - \alpha_i^{(2)}}$$

と置く．ただし，$\alpha_h^{(1)} = \alpha_h^{(2)} (h \ne i), \alpha_i^{(1)} \ne \alpha_i^{(2)}$ とする．すると

$$\frac{\partial \Phi_{ji}}{\partial t}\left(t, \alpha^{(1)}, \alpha^{(2)}\right) = \frac{(\partial \varphi_j(t; t_0, \xi, \alpha^{(1)})/\partial t) - (\partial \varphi_j(t; t_0, \xi, \alpha^{(2)})/\partial t)}{\alpha_i^{(1)} - \alpha_i^{(2)}}$$
$$= \frac{f_j(t, \varphi(t; t_0, \xi, \alpha^{(1)}), \alpha^{(1)}) - f_j(t, \varphi(t; t_0, \xi, \alpha^{(2)}), \alpha^{(2)})}{\alpha_i^{(1)} - \alpha_i^{(2)}}$$

となる．ここで，$x^{(1)} = \varphi(t; t_0, \xi, \alpha^{(1)})$, $x^{(2)} = \varphi(t; t_0, \xi, \alpha^{(2)})$ と置くと

$$\begin{aligned}
&f_j(t, x^{(1)}, \alpha^{(1)}) - f_j(t, x^{(2)}, \alpha^{(2)}) \\
&= \int_0^1 \frac{\partial f_j}{\partial s}\left(t, sx^{(1)} + (1-s)x^{(2)}, s\alpha^{(1)} + (1-s)\alpha^{(2)}\right) ds \\
&= \left\{\int_0^1 \left(\sum_{h=1}^m \frac{\partial f_j}{\partial x_h}\left(t, sx^{(1)} + (1-s)x^{(2)}, s\alpha^{(1)} + (1-s)\alpha^{(2)}\right) \frac{x_h^{(1)} - x_h^{(2)}}{\alpha_i^{(1)} - \alpha_i^{(2)}}\right.\right. \\
&\qquad \left.\left. + \frac{\partial f_j}{\partial \alpha_i}\left(t, sx^{(1)} + (1-s)x^{(2)}, s\alpha^{(1)} + (1-s)\alpha^{(2)}\right)\right) ds\right\} (\alpha_i^{(1)} - \alpha_i^{(2)})
\end{aligned}$$

であるから，微分方程式の初期値問題

$$\frac{d}{dt} Y_{ji} = \sum_{h=1}^m A_{jh} Y_{hi} + F_{ji}, \quad Y_{ji}(t_0) = 0$$

を考えると，$Y_{ji} = \Phi_{ji}(t, \alpha^{(1)}, \alpha^{(2)})$ はその解となる．ただし

$$\begin{aligned}
A_{jh} &= \int_0^1 \frac{\partial f_j}{\partial x_h}\left(t, sx^{(1)} + (1-s)x^{(2)}, s\alpha^{(1)} + (1-s)\alpha^{(2)}\right) ds, \\
F_{ji} &= \int_0^1 \frac{\partial f_j}{\partial \alpha_i}\left(t, sx^{(1)} + (1-s)x^{(2)}, s\alpha^{(1)} + (1-s)\alpha^{(2)}\right) ds
\end{aligned}$$

と置いた．A_{jh} も F_{ji} も $\alpha^{(1)} = \alpha^{(2)}$ まで含めて連続であるが，$\alpha^{(1)} = \alpha^{(2)}$ では方程式は変分方程式になる．解は一意的に存在して，助変数に関して連続であるから，$\lim_{\alpha_i^{(2)} \to \alpha_i^{(1)}} \Phi_{ji}\left(t, \alpha^{(1)}, \alpha^{(2)}\right)$ は存在して，$\partial \varphi_j / \partial \alpha_i$ に一致し，これは変分方程式を満たす． □

計算

1.1（冪級数解） 次の2階線型常微分方程式

$$\frac{d^2 x}{dt^2} - t\frac{dx}{dt} - \alpha x = 0$$

の一般解を $t = 0$ を中心とした冪級数の形で求めよ．また，得られた級数の収束半径も求めよ．この方程式は Hermite-Weber の微分方程式と呼ばれる（184

ページ参照).

1.2（冪級数解） 微分方程式 $t(dx/dt) = x - 2t$ を考える．$t = 0$ は特異点だが，$t = 1$ は特異点ではない．一般解を $t = 1$ を中心とした冪級数として求めよ．また，級数の収束半径も求めよ．

1.3（逐次近似法） 初期値問題 $dx/dt = x^2 + 2t,\ x(0) = 1$ の解を Picard の逐次近似法で求める．$x^{[0]} \equiv 1$ であるが，近似函数 $x^{[j]}$ を順に $j = 3$ まで計算せよ（記号の意味は 1.1.2 項参照）．

1.4（Euler 法） 初期値問題 $dx/dt = x^2 - t^2$, $x(0) = 1$ に対して，$t_0 = 0$, $t_1 = 0.1$, $t_2 = 0.2$, $t_3 = 0.3$, $t_4 = 0.4$ として，t_i, $i = 1, 2, 3, 4$ における数値解を Euler 法を用いて計算せよ（1.1.3 項参照）．ただし，数値解は，小数点以下第 4 位を四捨五入した値として求めよ．

1.5（Runge-Kutta 法） 初期値問題 $dx/dt = x^2 - t^2$, $x(0) = 1$ に対して，$t_0 = 0$, $t_1 = 0.1$ として，t_1 における数値解を Runge-Kutta 法で計算せよ（1.1.3 項参照）．数値解は，小数点以下第 4 位を四捨五入した値として求めよ．

1.6（Briot-Bouquet の特異点） 微分方程式

$$t\frac{dx}{dt} = -tx^2 + \frac{1+3t}{2(1-t)}x - \frac{1}{2(1-t)}$$

を考える．未知函数 x を平行移動することで，$t = 0$ は Briot-Bouquet の特異点になる．この変換を求めよ．また，この方程式は，t に関して解析的な解を持つ．これを $t = 0$ を中心とした冪級数で書いたときの定数項から 3 次の項までの係数を求めよ．さらに，方程式は，ある θ に対し t と t^θ の級数で書ける形式解を持つ．θ を求めよ．

1B. 境界値問題

ここまで初期値問題を考えてきた．微分方程式自身を満たす解函数は，普通は無数に存在するので，特定のひとつの解を選ぶのに初期条件が必要だった．

しかし特定の解を選び出す条件は初期条件だけではない．単独の方程式の場合，一般解は，方程式の階数の分だけ任意定数を含む．そこから，任意定数の数と同じだけの条件を指定するなら，解を特定できると期待される．いろいろな方法で，この条件を指定することが考えられるが，初期条件についで重要なものが境界条件である．

境界値問題は初期値問題に比べると複雑で，初期値問題の場合のように一般的な設定における解の存在定理や一意性定理がない．ここでは，一般の境界値問題を扱うかわりに，変数係数2階線型常微分方程式の境界値問題に話を限定することにする．

1.5 Sturm-Liouvilleの境界値問題

函数 $p(t) > 0$, $q(t)$ を $t \in [a,b]$ で定義された連続函数として，2階線型微分方程式

$$\frac{d}{dt}\left(p(t)\frac{d}{dt}x\right) - q(t)x = 0 \tag{1.59}$$

を考え，境界条件

$$(\star) \qquad \cos\alpha\, x(a) + \sin\alpha\, \frac{dx}{dt}(a) = \cos\beta\, x(b) + \sin\beta\, \frac{dx}{dt}(b) = 0 \tag{1.60}$$

を満たす解 $x\,(\neq 0)$ を求めることを **Sturm と Liouville の境界値問題**と呼ぶ．ただし，$0 \leq \alpha, \beta \leq 2\pi$ とする．

$\alpha = \beta = 0$，つまり $x(a) = x(b) = 0$ のとき **Dirichlet 境界条件**（あるいは固定端条件），$\alpha = \beta = \pi/2$，つまり $\frac{dx}{dt}(a) = \frac{dx}{dt}(b) = 0$ のとき **Neumann 境界条件**（あるいは開放端条件）と呼ばれる．また，それ以外のときは混合境界条件と呼ばれることがある．

しかしこの問題には $x \equiv 0$ 以外の解が存在するときと存在しないときがある．そこで問題を少し変えて，$q(t) = r(t) + \lambda$ と置いて，λ をいろいろ動か

してみる．境界値問題が $x \equiv 0$ 以外の解を持つときの λ を**固有値**，そのときの解 $x \not\equiv 0$ を**固有函数**と呼び，これらを求めることを目標としよう．

注意 1.24　普通に

$$\frac{d^2x}{dt^2} + a_1(t)\frac{dx}{dt} + a_2(t)x = 0 \tag{1.61}$$

の形で考えないのは，この問題を積分方程式に帰着させて考えたときに，積分核を対称にするためである．一般の (1.61) の形の方程式を Sturm-Liouville の式 (1.59) に帰着させる計算を見ておこう．$p(t) = \exp\left(\int a_1 dt\right)$ と置いて，$p(t)$ を両辺に掛けると，(1.59) の形になる．ただし，$q(t) = -a_2(t)p(t)$ とした．

また，$y = pdx/dt$ と置くと，連立形で次のように書ける：

$$\frac{d}{dt}\begin{pmatrix} x \\ y \end{pmatrix} = \begin{pmatrix} 0 & 1/p(t) \\ q(t) & 0 \end{pmatrix}\begin{pmatrix} x \\ y \end{pmatrix}.$$

なお，ここでは $[a,b]$ は有界閉区間で，この区間で $p(t) > 0$ であることを仮定したが，応用上現れる重要な問題の中には，定義域が有限でなかったり，区間中 $p(t) = 0$ となる点 t が現れたりすることがある．

このような場合，特異境界値問題と呼ばれるが，この本では触れない．特異境界値問題は Weyl や Stone による重要な貢献の後，Titchmarsh，小平により完成された．　□

a. 初期値問題の解を使った解析

初期値問題の解は存在して一意的であることが分かっているので，この解を境界値問題に使えないだろうか？

今，$\lambda \in \mathbb{R}$ を固定し，線型方程式 (1.59) で $q(t) = r(t) + \lambda$ とする．この方程式の，必ずしも境界条件を満たさない線型独立なふたつの解を $x^{[1]}(t;\lambda)$, $x^{[2]}(t;\lambda)$ とする．このような解は，初期値問題の解の構成法から作れる．このとき $x = C_1x^{[1]} + C_2x^{[2]}$ が境界条件 $(\star)$ (1.60) を満たす条件を考える．

このためには係数 C_1, C_2 が

$$C_1\left(\cos\alpha\, x^{[1]}(a;\lambda) + \sin\alpha\,\frac{dx^{[1]}}{dt}(a;\lambda)\right) + C_2\left(\cos\alpha\, x^{[2]}(a;\lambda) + \sin\alpha\,\frac{dx^{[2]}}{dt}(a;\lambda)\right) = 0,$$

$$C_1\left(\cos\beta\, x^{[1]}(b;\lambda) + \sin\beta\,\frac{dx^{[1]}}{dt}(b;\lambda)\right) + C_2\left(\cos\beta\, x^{[2]}(b;\lambda) + \sin\beta\,\frac{dx^{[2]}}{dt}(b;\lambda)\right) = 0$$

を満たせばよい．これが $(C_1, C_2) = (0,0)$ 以外の解を持つためには

$$\Lambda(\lambda) = \det \begin{pmatrix} \cos\alpha\, x^{[1]}(a;\lambda) + \sin\alpha\, \frac{dx^{[1]}}{dt}(a;\lambda) & \cos\alpha\, x^{[2]}(a;\lambda) + \sin\alpha\, \frac{dx^{[2]}}{dt}(a;\lambda) \\ \cos\beta\, x^{[1]}(b;\lambda) + \sin\beta\, \frac{dx^{[1]}}{dt}(b;\lambda) & \cos\beta\, x^{[2]}(b;\lambda) + \sin\beta\, \frac{dx^{[2]}}{dt}(b;\lambda) \end{pmatrix} \tag{1.62}$$

としたとき，$\Lambda(\lambda) = 0$ が必要十分で，この等式の根が固有値となる．

しかし，解 $x^{[1]}, x^{[2]}$ が簡単な函数で書ける場合を除いて，一般には超越的な函数 $\Lambda(\lambda)$ の零点を求めるのは難しい問題である．以降は，この方法ではなく，固有値でない λ に対する初期値問題の解を使って積分方程式を構成する方法で固有値問題を考えよう．

b. 境界値問題を考える背景

先に進む前に，簡単にこのような問題を扱う動機について触れておこう．

例 5（15 ページ）において，変数分離の方法で解を構成したのだが，一般にこのような方法で偏微分方程式を扱う場合，現れる常微分方程式については初期値問題ではなく，境界値問題を考えることが多い．

例 5 の計算では，ポテンシャル U が回転対称性を持つので，極座標で記述するのがよかった．同様に，方程式や境界条件の対称性に合った座標を選ぶことで，変数分離で常微分方程式に帰着できることも多い．よく知られた座標について，3 次元 Schrödinger 方程式 $(\Delta - U + E)\varphi = 0$ の境界値問題を書き直し，変数分離を仮定した場合に帰着される常微分方程式を見てみよう．

① 円柱座標 (circular cylindrical coordinates)

直交座標 (x, y, z) に対して，$x = \rho\cos\phi$, $y = \rho\sin\phi$, $z = z$ と置くと

$$\Delta\varphi = \frac{1}{\rho}\frac{\partial}{\partial\rho}\left(\rho\frac{\partial\varphi}{\partial\rho}\right) + \frac{1}{\rho^2}\frac{\partial^2\varphi}{\partial\phi^2} + \frac{\partial^2\varphi}{\partial z^2} \tag{1.63}$$

と書ける．$U = U_1(z) + U_2(\rho)$ の場合には，$\varphi = R(\rho)\Phi(\phi)Z(z)$ の形の変数分離が可能で，定数 m, λ に対し

$$\frac{d^2}{d\phi^2}\Phi + m^2\Phi = 0, \tag{1.64}$$

$$\frac{d^2}{dz^2}Z + (\lambda - U_1)Z = 0, \tag{1.65}$$

$$\frac{1}{\rho}\frac{\partial}{\partial\rho}\left(\rho\frac{\partial R}{\partial\rho}\right) + \left\{-\lambda + E - U_2 - \frac{m^2}{\rho^2}\right\}R = 0 \tag{1.66}$$

の 3 つの常微分方程式が得られる．m, λ のような定数は**分離定数**と呼ばれる．Φ は ϕ に関して周期 2π を持つので，m は整数でなくてはならない．

ポテンシャルが $U_1 = z^2$ であるとき，方程式 (1.65) は **Weber の方程式**になる（187 ページ参照）．また，$U_1 = k^2 \cos z$ のときは **Mathieu の方程式**になる（282 ページ参照）．

より簡単に $U = 0$ の場合を考えると，方程式 (1.65) は定数係数線型方程式になるが，方程式 (1.66) も **Bessel の微分方程式**に帰着されることが分かる（186 ページでも扱う）．実際，$r = \sqrt{E - \lambda}\,\rho$ と変数変換すると

$$\frac{\partial^2 R}{\partial r^2} + \frac{1}{r}\frac{\partial R}{\partial r} + \left(1 - \frac{m^2}{r^2}\right) R = 0 \tag{1.67}$$

となるが，これは Bessel の方程式である．

この $U = 0$ の場合に，a を定数として $\rho = a$ では $\varphi = 0$ であるというような境界条件が課されているとしよう．Bessel の方程式の解のうち，特異点 $r = 0$ においても滑らかなものは $m \in \mathbb{Z}_{\geq 0}$ に対し

$$J_m(r) = \left(\frac{r}{2}\right)^m \sum_{j=0}^{\infty} \frac{(-1)^j}{j!(j+m)!} \left(\frac{r}{2}\right)^{2j} \tag{1.68}$$

と書ける．この函数は正の実軸上に無限大に発散する零点の無限列を持っている．これを各 m に対して $\nu_{m,l}$, $l = 1, 2, \ldots$ と置こう．このとき境界条件は

$$J_m(a\sqrt{E - \lambda}) = 0 \tag{1.69}$$

と書けるので，固有値は $E = \lambda + (\nu_{m,l}{}^2/a^2)$ を満たしていなければならない．

② 放物柱座標 (parabolic cylindrical coordinates)

直交座標 (x, y, z) に対して，$x = (\xi^2 - \eta^2)/2$, $y = \xi\eta$, $z = z$ と置くと

$$\Delta\varphi = \frac{1}{\xi^2 + \eta^2}\left(\frac{\partial^2 \varphi}{\partial \xi^2} + \frac{\partial^2 \varphi}{\partial \eta^2}\right) + \frac{\partial^2 \varphi}{\partial z^2} \tag{1.70}$$

と書ける．$U = -2(f(\xi) + g(\eta))/(\xi^2 + \eta^2)$ の場合には，$\varphi = X(\xi)Y(\eta)Z(z)$ の形の変数分離が可能で，分離定数 m, λ に対し

$$\frac{d^2}{dz^2} Z \pm m^2 Z = 0, \tag{1.71}$$

$$\frac{d^2}{d\xi^2} X + \{\lambda + (E \mp m^2)\xi^2 + 2f(\xi)\} X = 0, \tag{1.72}$$

$$\frac{d^2}{d\eta^2} Y + \{-\lambda + (E \mp m^2)\eta^2 + 2g(\eta)\} Y = 0 \tag{1.73}$$

の 3 つの常微分方程式が得られる．

ポテンシャルが $U=0$ であれば，$f=g=0$ であり，後のふたつの式は Weber の方程式である．

③ 楕円柱座標 (elliptic cylindrical coordinates)

直交座標に対して，$x=c\cosh\xi\cos\eta$, $y=c\sinh\xi\sin\eta$, $z=z$ と置くと

$$\Delta\varphi=\frac{1}{c^2(\cosh^2\xi-\cos^2\eta)}\left(\frac{\partial^2\varphi}{\partial\xi^2}+\frac{\partial^2\varphi}{\partial\eta^2}\right)+\frac{\partial^2\varphi}{\partial z^2} \tag{1.74}$$

と書ける．$U=-(f(\xi)+g(\eta))/(c^2\cosh^2\xi-c^2\cos^2\eta)$ の場合には，$\varphi=X(\xi)Y(\eta)Z(z)$ の形の変数分離が可能で，分離定数 m, λ に対し

$$\frac{d^2}{dz^2}Z\pm m^2Z=0, \tag{1.75}$$

$$\frac{d^2}{d\xi^2}X+\{\lambda+(E\mp m^2)c^2\cosh^2\xi+cf(\xi)\}X=0, \tag{1.76}$$

$$\frac{d^2}{d\eta^2}Y+\{-\lambda-(E\mp m^2)c^2\cos^2\eta+cg(\eta)\}Y=0 \tag{1.77}$$

の 3 つの常微分方程式が得られる．

ポテンシャルが $U=0$ であれば，$f=g=0$ であり，後のふたつの式は Mathieu の方程式に帰着できる．

④ 極座標 (polar coordinates)

この場合は，例 5 ですでに見たように，直交座標 (x,y,z) に対して，$x=r\sin\theta\cos\phi$, $y=r\sin\theta\sin\phi$, $z=r\cos\theta$ と置くと

$$\Delta=\frac{\partial^2}{\partial r^2}+\frac{1}{r^2}\frac{\partial^2}{\partial\theta^2}+\frac{1}{r^2\sin^2\theta}\frac{\partial^2}{\partial\phi^2}+\frac{2}{r}\frac{\partial}{\partial r}+\frac{\cos\theta}{r^2\sin\theta}\frac{\partial}{\partial\theta} \tag{1.78}$$

と書ける．U が r のみの函数の場合は，例 5 と同様に，$\varphi=R(r)\Theta(\theta)\Phi(\phi)$ の形の変数分離が可能で，定数 m, λ に対し

$$\frac{d^2\Phi}{d\phi^2}+m^2\Phi=0, \tag{1.79}$$

$$\sin\theta\frac{d}{d\theta}\left(\sin\theta\frac{d\Theta}{d\theta}\right)+\left(\lambda\sin^2\theta-m^2\right)\Theta=0, \tag{1.80}$$

$$\frac{d}{dr}\left(r^2\frac{dR}{dr}\right)+\left((E-U(r))r^2-\lambda\right)R=0 \tag{1.81}$$

の 3 つの常微分方程式が得られる．Φ は ϕ に関して周期 2π を持つので，m

は整数でなくてはならない．また，l を正の整数として $\lambda = l(l+1)$ となり，$Y = \Theta\Phi$ は球面調和函数である．

⑤ 回転放物面座標 (rotated paraboloidal coordinates)

直交座標に対して，$x = \xi\eta\cos\theta$, $y = \xi\eta\sin\theta$, $z = (\xi^2 - \eta^2)/2$ と置くと

$$\Delta\varphi = \frac{1}{\xi^2+\eta^2}\left\{\frac{1}{\xi}\frac{\partial}{\partial\xi}\left(\xi\frac{\partial\varphi}{\partial\xi}\right) + \frac{1}{\eta}\frac{\partial}{\partial\eta}\left(\eta\frac{\partial\varphi}{\partial\eta}\right) + \left(\frac{1}{\xi^2}+\frac{1}{\eta^2}\right)\frac{\partial^2\varphi}{\partial\theta^2}\right\} \tag{1.82}$$

と書ける．例 5 のときは，この座標でも変数分離できる．

注意 1.25 ここでもすでに特異境界値問題が現れていることに注意． □

注意 1.26 ここで見たように，対称性の高い特殊な場合には，常微分方程式としてよく知られた方程式が現れる．これらの級数解などの基本的な計算は 2B 章で扱うことになる．この 1B 章では，$p(t)$, $q(t)$ が一般の場合の，固有値の存在などについて考える． □

1.5.1 積分方程式への書き換え

Picard の逐次近似法で初期値問題の局所解を構成したとき，微分方程式を積分方程式に帰着させて考えたのだった．そこでは，積分方程式の解であるという条件の中に初期条件を満たすことが含まれていた．

同様にして，境界条件を満たすことを要請するような積分方程式を考えたい．微分方程式の境界値問題の代わりに，より解の構成が見やすい積分方程式を考えるということである．

このような積分方程式への書き換えは，線型微分作用素のリゾルヴェントと呼ばれる逆作用素を構成することから得られる．

微分作用素 L を $Lx = \frac{d}{dt}\left(p(t)\frac{d}{dt}x\right) - r(t)x$ で定義する．ここで L が対称微分作用素というものになることを見たいのだが，このためには定義域を適切に定めておかなくてはいけない．区間 $[a,b]$ 上の連続函数全体を $C[a,b]$ と書き，また $[a,b]$ 上の 2 階連続微分可能函数 x で境界条件

$$(\star) \qquad \cos\alpha\, x(a) + \sin\alpha\,\frac{dx}{dt}(a) = \cos\beta\, x(b) + \sin\beta\,\frac{dx}{dt}(b) = 0 \tag{1.83}$$

を満たすものの全体を Γ と書くことにする．微分作用素 L を $L : \Gamma \ni x \mapsto$

$Lx \in C[a,b]$ で定義する．

連続函数の空間 $C[a,b]$ に**内積**を

$$(x,y) = \int_a^b x(t)y(t)dt \tag{1.84}$$

で定義する．この内積から自然にノルム

$$\|x\| = \left(\int_a^b x(t)^2 dt\right)^{1/2} \tag{1.85}$$

が定義される．線型作用素 $F:\ \Gamma \to C[a,b]$ に対して $C[a,b]$ から $C[a,b]$ への線型作用素 F^* で

$$(Fx,y) = (x,F^*y), \quad x \in \Gamma \subset C[a,b], \quad y \in C[a,b] \tag{1.86}$$

を満たすものを F の**随伴作用素** (adjoint operator) と呼ぶ．また F^* の定義域を適当に制限すると $F = F^*$ となるとき，F は**対称な** (symmetric) 作用素であるという．

では L が対称作用素であることを見ておこう．

$\because$ $x,y \in \Gamma$ とする．$(Lx,y) = \int_a^b (px'' + p'x' + rx)ydt$ で

$$\int_a^b px''ydt = [px'y]_a^b - \int_a^b x'(py)'dt = [px'y - x(py)']_a^b + \int_a^b x(py)''dt,$$

$$\int_a^b p'x'ydt = [p'xy]_a^b - \int_a^b x(p'y)'dt$$

という計算から

$$(Lx,y) = [p(x'y - xy')]_a^b + \int_a^b x(py'' + p'y' + r)dt \tag{1.87}$$

となり，右辺の第1項が零になることを示せばよい．函数 $W(x,y)(t)$ を

$$W(x,y)(t) = \det\begin{pmatrix} x(t) & y(t) \\ \frac{dx}{dt}(t) & \frac{dy}{dt}(t) \end{pmatrix}$$

と定義すると，$[p(x'y - xy')]_a^b = p(b)W(x,y)(b) - p(a)W(x,y)(a)$ であるが，W を定義する行列の縦ヴェクトルは，境界条件 $(\star)$ (1.83) より $t = a,b$ で1次従属で，$W(x,y)(a) = W(x,y)(b) = 0$．よって $[p(x'y - xy')]_a^b = 0$ で L が対称であることが言えた． □

注意 1.27 ここで使われた $W(x,y)(t)$ は Wronskian と呼ばれる．一般の階数の線型方程式の Wronskian については，2A 章の 115 ページで扱う． □

a.2 階対称線型微分作用素

ここでは線型微分作用素 L と，その固有値，固有函数の性質についてまとめておこう．

定理 1.28 Γ 上の微分作用素 L の固有値は単純[22)]である．

証明. $x^{[1]}$, $x^{[2]}$ を固有値 λ に対する固有函数としよう．境界条件から $W\big(x^{[1]},x^{[2]}\big)(a)=0$ となる．実は任意の t について $W\big(x^{[1]},x^{[2]}\big)(t)=0$ となる．これを見ておこう．$W\big(x^{[1]},x^{[2]}\big)$ は微分方程式

$$\frac{d}{dt}W\big(x^{[1]},x^{[2]}\big)(t)=\frac{d}{dt}\det\begin{pmatrix} x^{[1]} & x^{[2]} \\ \frac{d}{dt}x^{[1]} & \frac{d}{dt}x^{[2]} \end{pmatrix}=\det\begin{pmatrix} x^{[1]} & x^{[2]} \\ \frac{d^2}{dt^2}x^{[1]} & \frac{d^2}{dt^2}x^{[2]} \end{pmatrix}$$

$$=\det\begin{pmatrix} x^{[1]} & x^{[2]} \\ -\dfrac{1}{p(t)}\dfrac{dp}{dt}(t)\dfrac{dx^{[1]}}{dt} & -\dfrac{1}{p(t)}\dfrac{dp}{dt}(t)\dfrac{dx^{[2]}}{dt} \end{pmatrix}=-\frac{1}{p(t)}\frac{dp}{dt}(t)W\big(x^{[1]},x^{[2]}\big)(t)$$

を満たす．初期値問題 $dx/dt=g(t)x$, $x(a)=\xi$ の解が $x=\xi\exp\big(\int_a^t g(s)ds\big)$ と書けることから

$$W\big(x^{[1]},x^{[2]}\big)(t)=W\big(x^{[1]},x^{[2]}\big)(a)\,\frac{p(a)}{p(t)}$$

となり，$W\big(x^{[1]},x^{[2]}\big)(a)=0$ から $W\big(x^{[1]},x^{[2]}\big)(t)\equiv 0$ が言えた．これは，$x^{[1]}$ と $x^{[2]}$ が 1 次従属であることを示している． □

定理 1.29 微分作用素 L の異なる固有値に属する固有函数は，内積 $(\ ,\ )$ に関して直交する．

証明. x, y を固有値 λ, μ に関する固有函数とすると

$$\lambda(x,y)=(Lx,y)=(x,Ly)=\mu(x,y) \tag{1.88}$$

より，$\lambda\neq\mu$ ならば $(x,y)=0$. □

22) 固有値が単純とは，その固有値に属する固有函数のなす空間が 1 次元だということ．

定理 1.30 Γ 上の微分作用素 L の固有値の全体の集合は，有限な値の集積点を持たない[23]．

この定理を証明するために，与えられた φ に対して，方程式 $(L-\mu)x=\varphi$ の解 x について考察したい．この方程式は，未知函数 x に関して，1次の項と0次の項からなっていて，非同次線型方程式といわれる．φ が恒等的に零の場合のみ，同次線型方程式となる．一般の線型方程式の解法については，2.2節で扱うが，この場合だけ先取りして見てみよう．ただし，今は境界条件については考えない．

まず，2階の非同次線型方程式の一般解は，対応する同次方程式のふたつの独立な解 $x^{[1]}, x^{[2]}$ と自身の特殊解 x^* を使って

$$x=C_1x^{[1]}+C_2x^{[2]}+x^*,\quad C_1,C_2\in\mathbb{R} \tag{1.89}$$

と表される[24]．ここで，$(L-\mu)x^{[j]}=0$, $(L-\mu)x^*=\varphi$ ということである．

次に，x^* を $x^{[1]}, x^{[2]}$ を使って構成しよう．単独2階方程式を連立1階方程式に書き直すと

$$\frac{d}{dt}X=A(t)X,\quad A(t)=\begin{pmatrix}0 & 1\\ r/p & -\frac{d}{dt}\log p\end{pmatrix},\quad X=\begin{pmatrix}x^{[1]} & x^{[2]}\\ \frac{d}{dt}x^{[1]} & \frac{d}{dt}x^{[2]}\end{pmatrix}$$

と書ける．未知函数 $x={}^t(x^*,dx^*/dt)$ は，方程式 $dx/dt=Ax+\hat{\varphi}$, $\hat{\varphi}={}^t(0,\varphi/p)$ の解である．ここで未知函数 $y={}^t(y_1,y_2)$ を X に掛けると

$$\frac{d}{dt}(Xy)=X\frac{d}{dt}y+AXy$$

であるので，y が $dy/dt=X^{-1}\hat{\varphi}$ の解であれば，$x=Xy$ は求めたい解になる．x^* は Xy の第1成分だから

$$x^*=x^{[1]}y_1+x^{[2]}y_2=\int_a^t\frac{x^{[1]}(s)x^{[2]}(t)-x^{[1]}(t)x^{[2]}(s)}{p(s)W\left(x^{[1]},x^{[2]}\right)(s)}\varphi(s)ds$$

とすればよい．ただし，$W\bigl(x^{[1]},x^{[2]}\bigr)=\det X$ であった．まとめると

23) つまり，固有値は離散的である．

24) これが解になることはすぐに分かる．また，すべての初期値問題の解がこの形で書けることも分かるだろう．

補題 1.31　方程式 $(L-\mu)x=\varphi$ の解は，$(L-\mu)x=0$ の 1 次独立な解 $x^{[1]}$, $x^{[2]}$ を使って，次のように書ける：

$$x = C_1 x^{[1]} + C_2 x^{[2]} + x^*, \quad C_1, C_2 \in \mathbb{R}, \tag{1.90}$$

$$x^* = \int_a^t \frac{x^{[1]}(s)x^{[2]}(t) - x^{[1]}(t)x^{[2]}(s)}{p(s)W\left(x^{[1]}, x^{[2]}\right)(s)}\varphi(s)ds. \tag{1.91}$$

証明（定理 1.30）．　各固有値 λ に対して，正数 δ がとれて，他のどんな固有値 $\tilde{\lambda}$ に対しても $|\tilde{\lambda}-\lambda|>\delta$ を満たすことが言えればよい．

$(L-\lambda)x=(L-\tilde{\lambda})y=0$, $\|x\|=\|y\|=1$, $x, y\in\Gamma$ であるとしよう．y は方程式 $(L-\lambda)y=(\tilde{\lambda}-\lambda)y$ の解となるが，z を x と独立な $(L-\lambda)z=0$ の解（z は境界条件は満たさない）とすると，補題 1.31 から

$$y(t) = C_1 x(t) + C_2 z(t) + \int_a^t \frac{x(s)z(t) - x(t)z(s)}{p(s)W(x,z)(s)}(\tilde{\lambda}-\lambda)y(s)ds$$

と書けるが，x, y はともに境界条件 $(\star)$ (1.83) を満たすから $C_2=0$ となる．

ここで積分 $M = \displaystyle\int_a^b\int_a^b \left|\frac{x(s)z(t)-x(t)z(s)}{p(s)W(x,z)(s)}\right|^2 dsdt$ と $w=y-C_1x$ に対し，Schwarz の不等式[25]より，$\|w\|^2 \le |\tilde{\lambda}-\lambda|^2 M\|y\|^2 = |\tilde{\lambda}-\lambda|^2 M$ が言える．一方で $\|w\|^2 = \|y\|^2 - 2C_1(y,x) + C_1\|x\|^2$ となり，x, y は違う固有値に属する固有函数となり，直交するから，$\|w\|^2 = 1 + {C_1}^2 \ge 1$ となる．よって，$|\tilde{\lambda}-\lambda|^2 \ge 1/M$ が示せた．　□

b. リゾルヴェントと Green 函数

次に行いたいのは微分作用素 $L-\mu$ の逆作用素を，積分を使って構成しようということである．ただし，μ が固有値のときには，この作用素は $\{0\}$ でない核空間 (kernel) を持つ[26]ので逆が構成できない．μ は L の固有値ではないとしなければならない．

このとき微分作用素 $L-\mu$ は Γ から $C[a,b]$ への全単射となる．単射性はすぐに示せる．

25)　Schwarz の不等式：$\left|\int_a^b f(t)g(t)dt\right|^2 \le \int_a^b |f(t)|^2 dt \cdot \int_a^b |g(t)|^2 dt.$
26)　つまり単射でない．

$\because$ （単射性）　ふたつの元 $x_1, x_2 \in \Gamma$ に対して，$\varphi = (L-\mu)x_1 = (L-\mu)x_2$ としよう．このとき，$L(x_1 - x_2) = \mu(x_1 - x_2)$ となり，μ は固有値ではないので，$x_1 = x_2$. □

全射性は，この後実際に逆写像を構成することで示す．$\varphi \in C[a,b]$ に対し，$(L-\mu)x = \varphi$ となる $x \in \Gamma$ が唯一存在する．これを $x = R_\mu \varphi$ と書くと R_μ は $L-\mu$ の逆写像となる．R_μ を L の**リゾルヴェント** (resolvent) と呼ぶ．

リゾルヴェントを具体的に構成するというのは，与えられた φ に対して，$(L-\mu)x = \varphi$ となる x で，境界条件 ($\star$) (1.83) を満たすものを構成するということである．

函数 $x^{[1]} \not\equiv 0, x^{[2]} \not\equiv 0$ を，方程式 $(L-\mu)x = 0$ の適当な初期値を持つ解で

$$\cos\alpha\, x^{[1]}(a) + \sin\alpha \frac{dx^{[1]}}{dt}(a) = 0, \quad \cos\beta\, x^{[2]}(b) + \sin\beta \frac{dx^{[2]}}{dt}(b) = 0 \quad (1.92)$$

を満たすものとする．μ は L の固有値でないので，このふたつの条件を同時に満たす解は存在しない．よって $x^{[1]}$ と $x^{[2]}$ は独立である．

補題 1.31 から，方程式 $(L-\mu)x = \varphi$ の解は，$x = C_1 x^{[1]} + C_2 x^{[2]} + x^*$ の形で与えられる．ただし，x^* は式 (1.91) で与えられている．

後は，C_1, C_2 をうまくとって，境界条件 ($\star$) (1.83) を満たすようにするだけである．一般解 $x = C_1 x^{[1]} + C_2 x^{[2]} + x^*$ を境界条件に代入してみると

$$0 = \cos\alpha\, x(a) + \sin\alpha \frac{dx}{dt}(a) = C_2 \left(\cos\alpha\, x^{[2]}(a) + \sin\alpha \frac{dx^{[2]}}{dt}(a) \right),$$

$$\begin{aligned}0 =& \cos\beta\, x(b) + \sin\beta \frac{dx}{dt}(b) \\ =& C_1 \left(\cos\beta\, x^{[1]}(b) + \sin\beta \frac{dx^{[1]}}{dt}(b) \right) \\ &- \int_a^b \frac{\left(\cos\beta\, x^{[1]}(b) + \sin\beta \frac{dx^{[1]}}{dt}(b) \right) x^{[2]}(s)}{p(s) W\left(x^{[1]}, x^{[2]}\right)(s)} \varphi(s) ds.\end{aligned}$$

よって，$C_2 = 0,\ C_1 = \displaystyle\int_a^b \frac{x^{[2]}(s)\varphi(s)ds}{p(s)W\left(x^{[1]}, x^{[2]}\right)(s)}$ となる．整理すると結局，次の定理が得られた．特に微分作用素 $L-\mu$ の全射性も言える．

定理 1.32　函数 φ は $t \in [a,b]$ で連続とする．x が境界条件 ($\star$) (1.83) およ

び $(L-\mu)x=\varphi$ を満たすならば

$$x(t)=(R_\mu\varphi)(t)=\int_a^b G_\mu(t,s)\varphi(s)ds \tag{1.93}$$

が成り立つ．ただし

$$G_\mu(t,s)=\begin{cases}\dfrac{x^{[1]}(s)x^{[2]}(t)}{p(s)W(x^{[1]},x^{[2]})(s)}, & s\le t\\ \dfrac{x^{[1]}(t)x^{[2]}(s)}{p(s)W(x^{[1]},x^{[2]})(s)}, & s\ge t\end{cases} \tag{1.94}$$

で，$x^{[1]}, x^{[2]}$ は条件 (1.92) を満たす $(L-\mu)x^{[j]}=0$ の解とする．また，(1.93) で与えられる $x(t)$ は境界条件 $(\star)$ (1.83) と $(L-\mu)x=\varphi$ を満たす．

定義 1.33 リゾルヴェント R_μ の積分核 G_μ を，作用素 L の **Green 函数** (Green function) と呼ぶ[27]．

計算例 1.4 $L=d^2/dt^2$, $x(0)-\frac{dx}{dt}(0)=x(1)+\frac{dx}{dt}(1)=0$ に対する Green 函数を $\mu=0$ で求めてみよう．

方程式 $d^2x/dt^2=0$ の一般解は $x=C_1+C_2t$ で，境界条件を当てはめると $C_1-C_2=C_1+2C_2=0$ なので，これを満たす解は $x\equiv 0$ のみとなるので，$\mu=0$ は L の固有値にはならない．

$t=0$ での条件を満たす解を $x^{[1]}=1+t$, $t=1$ での条件を満たす解を $x^{[2]}=2-t$ とすると，$W(x^{[1]},x^{[2]})=-3$ となり，次のように求まる：

$$G(t,s)=\begin{cases}-\frac{1}{3}(1+s)(2-t), & s\le t\\ -\frac{1}{3}(1+t)(2-s), & s\ge t.\end{cases}$$

さて，リゾルヴェントが積分作用素で書き表されたので，これを使って，元の微分作用素の固有値問題を，積分作用素の固有値問題に書き直そう．

元の問題は $Lx=\lambda x$ を満たす λ と $x\in\Gamma$ を求めよという問題だった．これは，書き直すと $(L-\mu)x=(\lambda-\mu)x$ となるので，$x=(\lambda-\mu)R_\mu x$ となる．微分作用素 L の固有値 λ に対応する積分作用素 R_μ の固有値は $\rho=1/(\lambda-\mu)$

27) 一般に，$\varphi\mapsto\int G(t,s)\varphi(s)ds$ の形の積分変換において，函数 G を積分核と呼ぶ．

である．結局，問題は，積分方程式

$$x(t) = \frac{1}{\rho}\int_a^b G_\mu(t,s)x(s)ds \tag{1.95}$$

を満たす ρ と $x \in C[a,b]$ を求めることに帰着された．

注意 1.34　特に，$\rho \neq 0$ に注意しよう．$R_\mu x = \rho x$ であるとすると，$\rho(L-\mu)x = x$ となるが，$x \neq 0$ であった．□

c. Green 函数の性質

積分方程式を見る前に，Green 函数の性質についてまとめておこう．

命題 1.35　$G_\mu(t,s) = G_\mu(s,t)$ であり，R_μ は対称作用素となる．

証明.　G_μ は具体的に与えられているので，示すのは難しくない．分子のほうはすでに対称な形をしているので，分母の $p(s)W\bigl(x^{[1]},x^{[2]}\bigr)(s)$ が対称であることを示せばよいが，実はこれは t,s に依らない定数である．実際，定理 1.28 の証明で見たように，次のように計算される：

$$\begin{aligned}\frac{d}{ds}\Bigl(p(s)W\bigl(x^{[1]},x^{[2]}\bigr)(s)\Bigr) =& \frac{dp}{ds}W + p\frac{dW}{ds}\\ =& \frac{dp}{ds}W - p\left(\frac{1}{p}\frac{dp}{ds}\right)W = 0.\end{aligned}$$

後半に関しては

$$\begin{aligned}(R_\mu x, y) &= \int_a^b\int_a^b G_\mu(t,s)x(s)y(t)dsdt\\ &= \int_a^b\int_a^b G_\mu(s,t)x(s)y(t)dsdt = (x, R_\mu y).\end{aligned}$$

□

命題 1.36　$t \neq s$ のとき $(L-\mu)G_\mu(t,s) = 0$.

問題 1.3　上の命題を示せ．

1.5.2 対称核積分方程式

ここでは，得られた積分方程式の解の構成を見るのであるが，その前に，一般に積分方程式論で扱われている方程式の型について，見渡しておこう．

函数 G, u を既知として，未知函数 x に関する次の積分方程式を考える：

(a) $\int_a^t G(t,s)x(s)ds = u(t)$,

(b) $x(t) - \lambda\int_a^t G(t,s)x(s)ds = u(t)$,

(c) $\int_a^b G(t,s)x(s)ds = u(t)$,

(d) $x(t) - \lambda\int_a^b G(t,s)x(s)ds = u(t)$.

(a) を **Volterra の第 1 種積分方程式**，(b) を **Volterra の第 2 種積分方程式**，(c) を **Fredholm の第 1 種積分方程式**，(d) を **Fredholm の第 2 種積分方程式**と呼ぶ．また，函数 G を積分方程式の**積分核**と呼ぶ．

今われわれが扱っている方程式は，Fredholm の第 2 種積分方程式で，$u \equiv 0$ の場合になる．

ちなみに，1.1.2 項で，初期値問題 $dx/dt = f(t,x)$, $x(t_0) = \xi$ を積分方程式

$$x(t) = \xi + \int_{t_0}^t f(s, x(s))ds \tag{1.96}$$

に帰着させて，Picard の逐次近似法で解いた．これは，一般には非線型なので上に当てはまらないが，f が線型で，例えば，$f(t,x) = a(t)x$ などであったら，これは Volterra の第 2 種積分方程式の特別な場合である．

この項では，以下，Fredholm の第 2 種積分方程式のうち，積分核 G が対称なものを扱う．Hilbert と Schmidt によって展開された理論である．

積分作用素 K を

$$(K\varphi)(t) = \int_a^b G(t,s)\varphi(s)ds \tag{1.97}$$

と置こう．ただし，G は連続で $G(t,s) = G(s,t)$ と仮定する．

連続函数の空間 $C[a,b]$ 上で定義された作用素 K に対し，そのノルム $\|K\|$ を次で定義する：

$$\|K\| = \sup_{\|\varphi\|=1} \|K\varphi\|. \tag{1.98}$$

このように定義すると，G が有界であることから $\|K\| < \infty$ がすぐに分かる．また，もし $\|K\| = 0$ であるとすると，$\|K\varphi\| \leq \|K\| \cdot \|\varphi\|$ より，$\|K\varphi\| = 0$ が言えるが，これから $K\varphi \equiv 0$ が言えてしまう．

さらに，$\|K\| = \sup_{\|\varphi\|=1} |(K\varphi, \varphi)|$ を示しておこう．

$\because$ まず，$\|\varphi\| = 1$ を満たす φ に対して，$|(K\varphi, \varphi)| \le \|K\varphi\| \cdot \|\varphi\| \le \|K\|$ が成り立つので，$\sup_{\|\varphi\|=1} |(K\varphi, \varphi)| \le \|K\|$ が分かる．

次に，逆の不等式を示したい．$\mu = \sup_{\|\varphi\|=1} |(K\varphi, \varphi)|$ と置くと

$$\mu\|\varphi+\psi\|^2 \ge (K(\varphi+\psi), \varphi+\psi) = (K\varphi, \varphi) + (K\psi, \psi) + (K\varphi, \psi) + (K\psi, \varphi),$$
$$-\mu\|\varphi-\psi\|^2 \le (K(\varphi-\psi), \varphi-\psi) = (K\varphi, \varphi) + (K\psi, \psi) - (K\varphi, \psi) - (K\psi, \varphi)$$

となるので，$\mu\left(\|\varphi+\psi\|^2 + \|\varphi-\psi\|^2\right) \ge 2(K\varphi, \psi) + 2(K\psi, \varphi)$ が言える．ここで，$\|\varphi+\psi\|^2 + \|\varphi-\psi\|^2 = 2\|\varphi\|^2 + 2\|\psi\|^2$ であるので，$\|\varphi\| = 1$, $\|\psi\| = 1$ ととることにすると，$2\mu \ge (K\varphi, \psi) + (K\psi, \varphi)$ が言えた．

作用素 K の対称性から右辺は $2(K\varphi, \psi)$ となるが，さらに $\psi = K\varphi/\|K\varphi\|$ と置くと，$\mu \ge \|K\varphi\|$ が分かる． □

a. 固有値の存在

微分作用素 L の固有値の存在は，積分作用素 K のほうで見れば，比較的簡単に証明できる．これが，積分作用素で書き換えた理由のひとつである．

定理 1.37 $\|K\|$ と $-\|K\|$ のうちどちらかは，K の固有値である．

証明. $\|K\| = 0$ であれば，任意の φ に対して $K\varphi \equiv 0$ であったから，0 は固有値になる．以下，$\|K\| \ne 0$ としよう．

まず $\|\varphi^{[n]}\| = 1$ を満たす函数列 $\varphi^{[n]}$, $n = 1, 2, \ldots$ を $C[a, b]$ からとったとき，適当な部分列 n_j, $j = 1, 2, \ldots$ をとれて，$K\varphi^{[n_j]}$ が $[a, b]$ 上，ある連続函数に一様収束することを示そう．Ascoli と Arzelà の定理（定理 1.9，39 ページ）が使えるので，$\{K\varphi^{[n]}\}$ が一様有界で同等連続なことを示せばよい．

一様有界性は $G(t, s)$ が有界なことから分かる．また Schwarz の不等式から

$$\begin{aligned}|K\varphi^{[n]}(t) - K\varphi^{[n]}(r)|^2 &= \left|\int_a^b \{G(t, s) - G(r, s)\}\, \varphi^{[n]}(s) ds\right|^2 \\ &\le \int_a^b |G(t, s) - G(r, s)|^2\, ds \cdot \left\|\varphi^{[n]}(s)\right\|^2 \\ &\le (b - a) \max_{a \le r \le b} |G(t, s) - G(r, s)|^2\end{aligned}$$

が成り立ち，有界閉集合上の G の一様連続性から同等連続が言える．

さて，$\|\varphi\| = 1$ で考えると，$\|K\| = \sup|(K\varphi, \varphi)|$ であるから，$\|K\| = \sup(K\varphi, \varphi)$ かあるいは $\|K\| = -\inf(K\varphi, \varphi)$ のいずれかは成り立つ．前者であれば $\|K\|$ が，後者であれば $-\|K\|$ が固有値になる．証明は同じようにできるので，$\|K\| = \sup(K\varphi, \varphi)$ を仮定しよう．

このとき $(K\varphi^{[n]}, \varphi^{[n]}) \to \|K\|$ となる函数列 $\{\varphi^{[n]}\}$ がとれるが，上で示したことにより，部分列がとれて，これを改めて $\varphi^{[n]}$ とすると，$K\varphi^{[n]}$ はある連続函数 ψ に一様収束している．特に $\|K\varphi^{[n]} - \psi\| \to 0$ である．ここで

$$0 \leq \left\|K\varphi^{[n]} - \|K\|\varphi^{[n]}\right\|^2 = \|K\varphi^{[n]}\|^2 - 2\|K\| \cdot (K\varphi^{[n]}, \varphi^{[n]}) + \|K\|^2\|\varphi^{[n]}\|^2$$

であるが，$\|K\varphi^{[n]}\| \leq \|K\|\|\varphi^{[n]}\| = \|K\|$ で，$(K\varphi^{[n]}, \varphi^{[n]}) \to \|K\|$ であるから，これは $n \to \infty$ で 0 に収束する．またこのとき，$\|K\varphi^{[n]}\| \to \|K\|$ となり，$\psi \neq 0$ が言える．さて

$$\begin{aligned}
0 \leq& \|K\psi - \|K\|\psi\| \\
\leq& \left\|K\psi - K(K\varphi^{[n]})\right\| + \left\|K(K\varphi^{[n]}) - \|K\|K\varphi^{[n]}\right\| + \left\|\|K\|K\varphi^{[n]} - \|K\|\psi\right\| \\
\leq& \|K\| \cdot \left(2\left\|\psi - K\varphi^{[n]}\right\| + \left\|K\varphi^{[n]} - \|K\|\varphi^{[n]}\right\|\right)
\end{aligned}$$

が言えるが，最後の式は $n \to \infty$ で 0 に収束するので，$K\psi = \|K\|\psi$ となり，$\|K\|$ は固有値，ψ が固有函数になる． □

ところで，$\|K\| = 0$ であれば，任意の φ に対して $K\varphi \equiv 0$ であった．K が微分作用素のリゾルヴェントであれば，0 は固有値にならないことを注意しておいた（注意 1.34, 80 ページ）．

定理 1.38　K は，0 を固有値に持たないならば，可算無限個の固有値を持つ．

証明.　定理 1.37 から，$\|K\|, -\|K\|$ のいずれかは固有値となるので，固有函数を ψ_1 として，特に $\|\psi_1\| = 1$ としておく．この固有値を ρ_1 とする．ここで作用素 K_2 を

$$K_2\varphi = K(\varphi - (\psi, \varphi)\psi)$$

で定義しよう．このとき定理 1.37 と同様に $\|K_2\|$ かまたは $-\|K_2\|$ は K_2 の固有値となる．この固有値を ρ_2 とする．固有函数を ψ_2 とし，$\|\psi_2\| = 1$ とする．このとき

$$
\begin{aligned}
(\psi_2, \psi_1) &= \left(\frac{1}{\rho_2} K_2 \psi_2, \psi_1\right) = \frac{1}{\rho_2}(K(\psi_2 - (\psi_1, \psi_2)\psi_1), \psi_1) \\
&= \frac{1}{\rho_2}(\psi_2 - (\psi_1, \psi_2)\psi_1, K\psi_1) = \frac{\rho_1}{\rho_2}((\psi_2, \psi_1) - (\psi_2, \psi_1)) = 0
\end{aligned}
$$

となり，ψ_2 は ψ_1 と直交する．これから，$K\psi_2 = K_2\psi_2 = \rho_2\psi_2$ となり，ψ_2 は K の固有函数にもなり，ρ_2 は K の固有値．$(\psi_2, \psi_1) = 0$ からこれらの固有函数は独立で，$\rho_2 \neq \rho_1, 0$.

K から K_2 を構成したのと同様に，K_3 を

$$
K_3\varphi = K(\varphi - (\psi_1, \varphi)\psi_1 - (\psi_2, \varphi)\psi_2)
$$

とし，$\|K_3\|$ あるいは $-\|K_3\|$ で固有値となるものを ρ_3, ノルムが 1 となる固有函数を ψ_3 と置くと，やはり $(\psi_3, \psi_1) = 0$, $(\psi_3, \psi_2) = 0$ が言え，ρ_3 は K の固有値で $\rho_3 \neq \rho_1, \rho_2, 0$ となる．このような操作は無限回続けることができるので，可算無限個の固有値の存在が言える． □

注意 1.39　固有値が有限個であるような例は簡単に作れる．積分核を

$$
G(t, s) = \sum_{j=1}^{n} \psi_j(t)\psi_j(s) \tag{1.99}
$$

と置くと，$K\varphi = \sum_{j=1}^{n} (\varphi, \psi_j)\psi_j$ となり，0 は K の固有値で，任意の ψ_j と直交する函数が固有函数となる．$\rho\varphi = K\varphi = \displaystyle\sum_{j=1}^{n} (\varphi, \psi_j)\psi_j$ であるとすると

$$
\rho \sum_{j=1}^{n} (\varphi, \psi_j)\psi_j = \sum_{j=1}^{n} \sum_{l=1}^{n} (\varphi, \psi_l)(\psi_l, \psi_j)\psi_j
$$

となり，ρ は，0 でなければ，対称行列 $((\psi_l, \psi_j))_{1 \leq j, l \leq n}$ の固有値となり，n 次多項式の根として求まる．${}^t((\varphi, \psi_1), \ldots, (\varphi, \psi_n))$ が固有ヴェクトルとなるような φ は固有函数となる．このような形の積分核 G を分解核と呼ぶ． □

b. 展開定理

K は $C[a,b]$ 上の対称連続核 G を持つ積分作用素で，可算無限個の固有値 ρ_j $(j=1,2,\ldots;\ |\rho_1|\geq|\rho_2|\geq\cdots)$ を持つとする．それぞれの固有値に対応する規格化された固有函数を ψ_j $(\|\psi_j\|=1)$ としよう．

定理 1.40（Bessel の不等式） $f\in C[a,b]$ に対し，$\displaystyle\sum_{j=1}^{\infty}|(f,\psi_j)|^2$ は収束し，不等式 $\displaystyle\sum_{j=1}^{\infty}|(f,\psi_j)|^2\leq\|f\|^2$ が成り立つ．

証明. $f_n=f-\sum_{j=1}^{n}(f,\psi_j)\psi_j$ と置くと，$\{\psi_j\}$ は正規直交系であるから

$$0\leq\|f_n\|^2=(f_n,f_n)=\|f\|^2-\sum_{j=1}^{n}|(f,\psi_j)|^2$$

となり，不等式が言える． □

定理 1.41（Hilbert-Schmidt の展開定理） $f\in C[a,b]$ に対して

$$\sum_{j=1}^{\infty}(Kf,\psi_j)\psi_j=\sum_{j=1}^{\infty}\rho_k(f,\psi_j)\psi_j$$

は Kf に絶対一様収束する．

証明. 絶対一様収束. $m>n$ とする．Schwarz の不等式から

$$\left(\sum_{j=n}^{m}|\rho_j(f,\psi_j)\psi_j(t)|\right)^2\leq\left(\sum_{j=n}^{m}|(f,\psi_j)|^2\right)\left(\sum_{j=n}^{m}|\rho_j\psi_j(t)|^2\right)\qquad(1.100)$$

となるが，$\displaystyle\sum_{j=n}^{m}|(f,\psi_j)|^2$ は Bessel の不等式から $n\to\infty$ で 0 に収束する．また，$\rho_j\psi_j=K\psi_j=\int_a^b G(t,s)\psi_j(s)ds$ であるが，$G(t,s)$ を t を助変数，s を変数と思って $g_t(s)=G(t,s)$ と置くと，$\rho_j\psi_j=(g_t,\psi_j)$ となる．よって，やはり Bessel の不等式が使えて，$\sum|\rho_j\psi_j(t)|^2\leq\|g_t\|^2<\infty$ となる．結局右辺は $n\to\infty$ で 0 に収束するので，$\displaystyle\sum_{j=1}^{\infty}\rho_j(f,\psi_j)\psi_j(t)$ は絶対一様収束する．

収束先．まず，$\lim_{j\to\infty}\rho_j=0$ を示したい．これは，先程の $\sum|\rho_j\psi_j(t)|^2\le\|g_t\|^2$ をさらに t に関して積分すると，$\displaystyle\sum_{j=1}^{\infty}|\rho_j|^2\le\int_a^b\int_a^b G(t,s)^2dsdt$ となり，右辺は $|G(t,s)|<M$ で $M^2(b-a)^2$ とおさえられ，$\rho_j\to 0$ が言える．

さて，$K_nf=K\Big(f-\displaystyle\sum_{j=1}^{n-1}(\psi_j,f)\psi_j\Big)$ と置くと，$\|K_n\|=|\rho_n|$ であったから

$$|K_nf|=\left|Kf-\sum_{j=1}^{n-1}\rho_j(f,\psi_j)\psi_j\right|\le|\rho_n|\|f\|\to 0,\quad n\to\infty$$

となり，$\displaystyle\sum_{j=1}^{n-1}\rho_j(f,\psi_j)\psi_j$ は Kf に収束することが分かる．　□

対称微分作用素 L のリゾルヴェント R_μ に戻って考えよう．境界条件 $(\star)$ (1.83) を満たす $[a,b]$ 上の C^2 級函数のなす空間を Γ と書いた．リゾルヴェント R_μ は Γ への全射を与えたから，任意の $g\in\Gamma$ に対して $g=R_\mu f$ となる $f\in C[a,b]$ がとれ，$g=\sum(g,\psi_j)\psi_j$ と展開されることが分かる．

Hilbert-Schmidt の展開定理を用いれば，任意の $g\in\Gamma$ に対して，Bessel の不等式よりも強い結果である

$$\sum_{j=1}^{\infty}|(g,\psi_j)|^2=\|g\|^2 \tag{1.101}$$

が言える．これを **Parceval の等式**と呼ぶ．

結果をまとめておこう．

定理 1.42　境界条件 $(\star)$ (1.83) のもと，対称微分作用素 L は可算個の固有値 $\lambda_j,\ j=1,2,\ldots$ を持ち，対応する規格化された固有函数を ψ_j とすると，境界条件 $(\star)$ (1.83) を満たす連続函数 $g\in\Gamma$ は

$$g=\sum_{j=1}^{\infty}(g,\psi_j)\psi_j \tag{1.102}$$

という一様収束級数による展開を持つ．

c. 固有値の計算

逐次近似法によって固有値が計算できる．これを見ておこう．

定理 1.43 K の固有値はすべて正であると仮定する．このとき，函数 $x^{[0]}$ を $x^{[0]} \not\equiv 0$, $Kx^{[0]} \not\equiv 0$ を満たすようにとったとき

$$x^{[k+1]}(t) = Kx^{[k]}(x), \quad \alpha_k = \frac{\|x^{[k+1]}\|^2}{\left(x^{[k+1]}, x^{[k]}\right)}, \quad \beta_k = \frac{\|x^{[k+1]}\|}{\|x^{[k]}\|} \tag{1.103}$$

と置くと，$0 < \beta_k \leq \alpha_k$ で，数列 $\{\alpha_k\}, \{\beta_k\}$ はともに，K の固有値のひとつに収束する．特に，この固有値を ρ とすると，$\beta_k \leq \alpha_k \leq \rho$ で，β_k は単調増大数列である．

証明. 展開定理から $x^{[1]} = Kx^{[0]}$ は固有函数で展開できて

$$x^{[1]} = \sum_{j=j_0}^{\infty} \left(x^{[1]}, \psi_j\right) \psi_j, \quad (x^{[1]}, \psi_{j_0}) \neq 0$$

と書ける．各固有函数は，対応する固有値が $\rho_1 \geq \rho_2 \geq \cdots$ となるように並んでいるとしよう．特に，j_0 が存在することに注意．また $k \geq 2$ に対して

$$x^{[k]} = \sum_{j=0}^{\infty} \left(x^{[k]}, \psi_j\right) = \sum_{j=0}^{\infty} \left(K^{k-1} x^{[1]}, \psi_j\right) \psi_j = \sum_{j=j_0}^{\infty} {\rho_j}^{k-1} \left(x^{[1]}, \psi_j\right) \psi_j$$

となるので

$$\left(x^{[k+1]}, x^{[k]}\right) = \sum_{j=j_0}^{\infty} {\rho_j}^{2k-1} \left|\left(x^{[1]}, \psi_j\right)\right|^2, \quad \left\|x^{[k]}\right\|^2 = \sum_{j=j_0}^{\infty} {\rho_j}^{2k-2} \left|\left(x^{[1]}, \psi_j\right)\right|^2$$

が得られる．ここで，$\alpha_k = \left\|x^{[k+1]}\right\|^2 / \left(x^{[k+1]}, x^{[k]}\right)$ で，$\rho_{j_0} \geq \rho_j \ (j > j_0)$ から，$\alpha_k \leq \rho_{j_0}$ が分かる．また，Schwarz の不等式 $\left|\left(x^{[k+1]}, x^{[k]}\right)\right| \leq \left\|x^{[k+1]}\right\| \cdot \left\|x^{[k]}\right\|$ から，$\beta_k \leq \alpha_k$ となる．

よって，β_k が単調増大で，ρ_{j_0} に収束することを示せばよい．

単調性. Schwarz の不等式から $\left|\left(x^{[k+1]}, x^{[k-1]}\right)\right| \leq \left\|x^{[k+1]}\right\| \cdot \left\|x^{[k-1]}\right\|$ が言えるが，$\left(x^{[k+1]}, x^{[k-1]}\right) = \left(Kx^{[k]}, x^{[k-1]}\right) = \left\|x^{[k]}\right\|^2$ から $\beta_{k-1} \leq \beta_k$.

ρ_{j_0} への収束．β_k は有界単調列で収束するが，収束先は $\lim_{k\to\infty}\sqrt[2k]{\|x^{[k]}\|^2}$ と一致する[28]．よって，後者を計算しよう．まず

$$\lim_{k\to\infty}\sqrt[2k]{\|x^{[k+1]}\|^2}=\lim_{k\to\infty}\sqrt[2k]{\sum_{j=j_0}^{\infty}{\rho_j}^{2k}\left|\left(x^{[1]},\psi_j\right)\right|^2} \tag{1.104}$$

となるが，右辺は $\rho_{j_0}\sqrt[2k]{\|x^{[1]}\|^2}\to\rho_{j_0}$ 以下となる．

一方で，右辺は $\rho_{j_0}\sqrt[2k]{\left|\left(x^{[1]},\psi_{j_0}\right)\right|^2}\to\rho_{j_0}$ 以上にはなるので，結局 ρ_{j_0} に収束することが分かった．　□

d. 非同次方程式

境界条件 $(\star)$ (1.83) を満たす連続函数の空間 Γ 上の対称微分作用素 L を考えていた．思い出してみると $Lx=\frac{d}{dt}\left(p(t)\frac{d}{dt}x\right)-r(t)x$ であった．

このとき，与えられた $u\in C[a,b]$ に対して

$$(L-\lambda)x=u \tag{1.105}$$

の境界条件を満たす解を求めよというのが，非同次方程式の境界値問題である．これはリゾルヴェントを用いると，次のふたつの場合に分けて考えられる．

① λ が固有値でないとき．② λ が固有値のとき．

まず，固有値でないときを考えよう．このときは既に分かっていて，$x=R_\lambda u$ が解である．そして，これ以外に解は存在しない．

では，λ が L の固有値のときはどうだろうか？　L の固有値を $\lambda_1,\lambda_2,\ldots$，対応する固有函数を $\psi_1,\psi_2,\ldots$ ($\|\psi_j\|=1$, $j=1,2,\ldots$) としよう．

$\lambda=\lambda_k$ のときを考える．リゾルヴェントを作るために，μ を L の固有値でないとしよう．函数 $x\in\Gamma$ を $(L-\lambda_k)x=u$ の解とすると，これは

$$x+(\mu-\lambda_k)R_\mu x=R_\mu u \tag{1.106}$$

のように対称核を持つ Fredholm の第 2 種積分方程式に書き換えられる．

Hilbert-Schmidt の展開定理から各項は固有函数による展開を持つが，これ

---

28)　$a_n>0$ とする．$b_n=a_n/a_{n-1}$ が $n\to\infty$ で b に収束するとき，$b=\lim_{n\to\infty}\sqrt[n]{a_n}$ である．これは，$c_n=\log b_n$ と置くと，$\lim_{n\to\infty}c_n=\lim_{n\to\infty}\frac{c_1+\cdots+c_n}{n}$ から分かる．

を $x = \sum_{j=1}^{\infty} \xi_j \psi_j$, $R_\mu u = \sum_{j=1}^{\infty} v_j \psi_j$ と置こう．このとき $R_\mu x = \sum_{j=1}^{\infty} \frac{\xi_j}{\lambda_j - \mu} \psi_j$ となる．これを (1.106) に代入すると，各項の係数から，関係式

$$\xi_j \left(1 - \frac{\lambda_k - \mu}{\lambda_j - \mu} \right) = v_j \quad (j \neq k), \qquad v_k = 0$$

が導かれる．特に後者の条件が重要で，解が存在するとしたら，$0 = v_k = (R_\mu u, \psi_k) = (u, R_\mu \psi_k)$ で，結局 $(u, \psi_k) = 0$ が言える．

それでは，函数 u が ψ_k と直交しているとき，解は構成できるであろうか？関係式と，$(u, \psi_j) = (\lambda_j - \mu) v_j$ を使って

$$x = \sum_{j \neq k} \frac{(u, \psi_j)}{\lambda_j - \lambda_k} \psi_j$$

と置くと，これは展開定理の証明と同様に一様収束し，解になっている．また，$\tilde{x}$ もまた解だとすると，$(L - \lambda)(x - \tilde{x}) = 0$ となり，$x - \tilde{x}$ は ψ_k の定数倍であることが分かる．また逆に，x に ψ_k の定数倍を足したものは解になる．

結局次の定理が言えた．

定理 1.44　函数 $u \in C[a, b]$ が与えられたとする．非同次方程式の境界値問題 $(L - \lambda)x = u$, $x \in \Gamma$ は

(1) λ が固有値でないとき，ただひとつの解 x を持ち，$x = R_\lambda u$ と書ける．

(2) λ が固有値のときは，u が対応する固有函数と直交するときのみ解を持ち，このとき解は一意ではなく，この固有函数の定数倍の差の不定性がある．特に，L の固有値を $\lambda_1, \lambda_2, \ldots$, 対応する固有函数を $\psi_1, \psi_2, \ldots$ $(\|\psi_j\| = 1)$ とし，$\lambda = \lambda_k$ としたとき，解は

$$x = \sum_{j \neq k} \frac{(u, \psi_j)}{\lambda_j - \lambda_k} \psi_j + C \psi_k \tag{1.107}$$

で与えられる．ただし，C は任意定数である．

注意 1.45　この 1B 章では，積分方程式を扱った．歴史的には，このような理論が，近代の函数解析[29)]を生み出すことになる．本来は，一般論として

29)　Functional analysis の正確な訳は函数解析ではなく，汎函数解析であろうか？

の函数解析を学んでから，それを踏まえてこれらの具体的な問題に答えていくのがよいように思うが，函数解析を学ぶ前の初等的な段階でこのような問題意識を見ておくことにも価値があると考えた．函数解析を学んだ後に，これらの記述がどのように位置づけられるか考えてみてほしい． □

計算

1.7（求積できるときの境界値問題） $l>0$ とする．境界値問題

$$\frac{d^2x}{dt^2}+\lambda x=0, \quad x(0)=x(l)=0$$

に恒等的に0でない解 $x(t)$ が存在するための必要十分条件は

$$\lambda=n^2\pi^2/l^2, \quad n=1,2,3,\ldots$$

であることを確かめ，対応する解 $x=x^{[n]}(t)$ を求めよ．

1.8（非同次方程式） 境界値問題 $d^2x/dt^2=-\lambda x+1$, $x(0)=x(1)=0$ を解け．

1.9（Green 函数） $Lx=\frac{d}{dt}\left((t+1)\frac{d}{dt}x\right)$ とし，境界条件 $x(0)=\frac{dx}{dt}(1)=0$ を考える．境界条件を満たす C^2 級函数の空間を Γ とする．

$Lx=0$ の一般解は $x=C_1\log(1+t)+C_2$ と書けるので，境界条件を満たす解は $x=0$ のみである．よって $Lx=\varphi$ は逆変換 R を使って $x=R\varphi\in\Gamma$ と書け，R は Green 函数 G を使って $R\varphi=\int_0^1 G(t,s)\varphi(s)ds$ の形に書ける．函数 G を求めよ．

演習

問 1.1（多重対数展開） Schlesinger 形の線型方程式

$$\frac{d}{dt}x=A(t)x, \quad A(t)=\sum_{k=1}^{r}\frac{A_k}{t-p_k}, \quad A_k\in M_m(\mathbb{C}), \quad k=1,\ldots,r$$

を逐次近似法で解こう（Schlesinger 形の方程式については170ページを参照）．

近似函数を $x^{[j+1]} = \xi + \int_{t_0}^{t} A(s)x^{[j]}(s)ds$, $x^{[0]} = \xi$ で定義し，$z^{[j+1]}(t) = x^{[j+1]}(t) - x^{[j]}(t)$ とすると，この方程式の初期値 $x(t_0) = \xi$ を持つ解は

$$x = \xi + \sum_{j=1}^{\infty} z^{[j]}, \quad z^{[j]}(t) = \sum_{i_1,\ldots,i_j \in \{1,\ldots,r\}} L(t_0, p_{i_1}, \ldots, p_{i_j}; t) A_{i_j} \cdots A_{i_1} \xi$$

という級数表示を持つことを示せ．ただし，$L(t_0, p_{i_1}, \ldots, p_{i_j}; t)$ は

$$L(t_0, p; t) = \log \frac{t-p}{t_0 - p}, \quad L(t_0, p_{i_1}, \ldots, p_{i_j}; t) = \int_{t_0}^{t} \frac{L(t_0, p_{i_1}, \ldots, p_{i_{j-1}}; s)}{s - p_{i_j}} ds \tag{1.108}$$

で帰納的に定義される函数である．

問 1.2（Peano の定理） 1.1.3 項において，Euler 法による数値解から，Cauchy の折れ線をとって解を構成した．数値解をとる区分点を細かくとっていくと，折れ線から作った函数列は一般には収束しないが，収束する部分列がとれた．Cauchy の折れ線が，区分点を細かくとった極限で，収束しない例を構成せよ．

問 1.3（固有値の存在） 1B 章では，Sturm-Liouville 問題（68 ページ）の固有値の存在を，積分方程式に書き直して示した．これは他の方法でも示せる．

まず，方程式 $\frac{d}{dt}(p(t)\frac{dx}{dt}) - (r(t) + \lambda)x = 0$ を変数変換する．$x \equiv 0$ 以外の解については $x(t)$ と $p(t)\frac{dx}{dt}(t)$ が同時に 0 になるような t が存在しないことに注意して，$x = \rho(t)\sin\theta(t)$, $p(t)\frac{dx}{dt}(t) = \rho(t)\cos\theta(t)$ と置こう．方程式は

$$\frac{1}{\rho}\frac{d}{dt}\rho = \left(\frac{1}{p(t)} + r(t) + \lambda\right)\sin\theta\cos\theta, \tag{1.109}$$

$$\frac{d}{dt}\theta = \frac{1}{p(t)}\cos^2\theta - (r(t) + \lambda)\sin^2\theta \tag{1.110}$$

と書き直される．これを Prüfer 変換と呼ぶ．

境界値を満たすかどうかは，方程式 (1.110) の $t = a$ での初期値問題の解 $\theta(t, \lambda)$ の $t = b$ での値によるが，$\lim_{\lambda \to -\infty} \theta(t, \lambda) = \infty$ と $\lim_{\lambda \to \infty} \theta(t, \lambda) \leq 0$ から，固有値の存在が示せる．議論の穴を埋め，固有値の存在を証明せよ．

第2章 解法理論 ～解けるということ

微分方程式が解けるという言葉は，いろいろな意味に使われるので，その時々においてそれがどのような意味に使われているのか区別できるようになっていないと，話が通じなくなることがある．

冪級数などによる有限的でない方法でよければ，常微分方程式の初期値問題の解は，比較的一般的な設定のもと構成できるということを前章で見てきた．しかし，これらの方法で解を構成しても，解の性質について，特に大域的なことについては，すぐに分かるというふうにはなっていない．一方で，例えば例2では，動く特異点の位置や解の安定性の判定などの知りたい情報が，解が初等函数で書けてしまうことから，簡単に分かってしまった（5ページ）．

解の存在定理における冪級数などの無限的な演算を使っての“解ける”と，初等函数などを使った有限回の操作による“解ける”の違いは，代数方程式（n 次方程式）における類似で考えると納得しやすいかもしれない．

代数方程式に関しては，重要で有名なふたつの定理がある．ひとつは代数学の基本定理で，これは n 次方程式が複素数の範囲で重複を込めて n 個の解を持つことを保証するものである．もうひとつは Abel の定理で，5次以上の一般方程式は代数的な解の公式を持たないという定理である．代数的なというのは，四則演算と根号をとるという操作を有限回使って書けるということを意味している．

一見すると，解けると言ったり解けないと言ったり，一貫していないように見えるが，後者が解けないと言っているのは手段を限定しているからである．

微分方程式でも同様に，ある特定の操作を設定して，その有限回の繰り返しで解が表せるかどうかを考えることには意味がある．この種の議論は一般に難しいのだが，ほんの入り口だけ，この章では見てみよう．

解けるということの意味を確定する

この本では，“解ける” ということの意味を，3 通りに使いたい．ひとつは，前章で見たような，解の存在定理によって存在の保証される解による “解ける” である．ふたつ目は，知っている函数で解が書けるという意味に使う．この本ではこの “解ける” を**可解** (solvable) と呼ぶことにする．最後の “解ける” は，解の軌道が導函数を含まない大域的な関係式で記述できるという意味に使う．この本ではこの “解ける” を**可積分** (integrable) と呼ぶことにする．

可解性も可積分性も，より細かい意味を付与しないと無定義語であり，気分を表しているにすぎない．以下で，このふたつを詳しく見てみよう．

a. 知っている函数で解が書けるか

単独 n 階微分方程式は n 連立 1 階方程式系に書き換えることができるから後者の形で考えよう．特に簡単のため，正規形

$$\frac{d}{dt}x = f(t,x) \tag{2.1}$$

で書かれているとする．この方程式系に関しては，f が Lipschitz 連続であるなどの条件を満たすなら，初期値問題が一意的に解を持つ（定理 1.3）ので，初期値の数，つまり n だけの任意定数を含んだ一般解を持つ．これを次のように書こう：

$$(\heartsuit) \quad x_1 = \varphi_1(t,c),\ x_2 = \varphi_2(t,c), \ldots, x_n = \varphi_n(t,c).$$

ただし，$c = (C_1, \ldots, C_n)$ は任意定数とする．ここでは，φ がどのような函数で書けるかを問題にする．

一番簡単な函数のクラスを多項式とする．ただし，任意定数 c に関しては，多項式である必要はないとする．解 φ が，定数 c を固定したときに，t の多項式となっているとき，**多項式解**と呼ぶ．任意の c に対して多項式になるわけではなく，特別な $c = c^*$ において多項式になるということもある．このときは，多項式解を特殊解として持つという．

函数の範囲を拡げていって，同様に**有理函数解**，**代数函数解**[1]を考えるこ

1)　x が t の代数函数とは，t の多項式 p_j が存在して，$p_m(t)x^m + \cdots + p_1(t)x + p_0(t) = 0$ を満たすことをいう．例えば，$x^2 - t = 0$ のとき，x は t の代数函数である．

とができる．これらは略して有理解，代数解とも呼ばれる．

もちろん，微分方程式の解を記述するにはこれらでは足りない．次に考えるのは**初等函数** (elementary function) である．初等函数とは，有理函数，指数函数，対数函数，三角函数，逆三角函数を使って，それらから四則演算，代数方程式を解く操作，函数の合成を有限回繰り返すことで得られる函数のことである．複素数値函数で考えるなら，三角函数，逆三角函数は指数函数，対数函数で書けるので，有理函数，指数函数，対数函数から始めればよい．

楕円積分 $\displaystyle\int \frac{dt}{\sqrt{(1-t^2)(1-kt^2)}}$ や，Gauss 積分 $\displaystyle\int \exp(-t^2)dt$（積分は原始函数の意味）は初等函数でないことが Liouville によって証明されている．

微分方程式を解くということに関しては，初等函数の概念は少し扱いにくい．次の函数のクラスを導入しよう．

定義 2.1　有理函数から始めて，(a1) 四則演算，(a2) 導函数をとる操作，(b) 代数方程式を解く操作，(c1) 既知函数 g に対して $dx/dt = g$ の解 x をとる操作（原始函数），(c2) 既知函数 g に対して $dx/dt = gx$ の解 x をとる操作（$\exp(\int g dt)$ をとる）を，有限回繰り返して得られる函数を **Liouville の操作で構成できる**という．

初等函数は Liouville の操作で構成できる．例えば，既知函数 g に対して，$\log(g)$ は微分方程式 $dx/dt = (dg/dt)/g$ の解 x として作られる．

知っている函数の範囲を大きくとればとるほど，解ける微分方程式の範囲も大きくなっていく．もちろん，いくら知っている函数を増やしてもこのような有限的な操作で，一般の常微分方程式の解が構成できるわけではない．しかし，重要な微分方程式のクラスが可解であるような理論は大事である．特に，楕円函数と変数係数線型方程式の解を特殊函数として研究し，既知函数の範囲を拡げることは，応用上重要なこととなる．これについては 2B 章で簡単に見ることにする．

ところで，ここでの可解性の概念には逆函数（陰函数）をとるという操作を認めていない．しかし，実際に方程式を解くにあたっては，導函数を含まない関係式を求めるということを目標にするほうがやりやすい．Liouville の操作で構成できる独立な函数 G_k, $k = 1, \ldots, n$ を使って

$$(\spadesuit)\quad G_1(t,x,c)=0,\ G_2(t,x,c)=0,\ldots,G_n(t,x,c)=0$$

の形に微分方程式が同値に書き換えられるとき，微分方程式は**求積可能**である，あるいは求積法によって解かれる (solved by quadrature) といわれる．陰函数の定理を使えば，G_k がある点の近傍で函数として独立ならば[2)]，その点の近傍で局所的には ($\spadesuit$) は ($\heartsuit$) の形に書き換えられる．しかし，一般には陰函数は知っている函数で書けるわけではない．

可解性の判定理論は微分 Galois 理論を使って考察されることが多いが，これらについては言葉の準備が必要であり，この本では扱わない．この本では，古典的に知られている求積のためのいくつかの技法と，簡単な求積可能なための十分条件を 2A 章において記述する．特に，定数係数の線型方程式なら求積可能であり，これは重要である．

b. 保存量と軌道の特定

次に，可積分ということについても見ておこう．ここでは，使われる函数を初等函数などに制限するということはしない．また，方程式が自励的であることを仮定しておこう．自励的というのは独立変数に陽に依らない方程式系をいうのであった．

自励的な場合，方程式 $dx/dt=f(x)$ が解 $x=\varphi(t)$ を持てば，$x=\psi(t)=\varphi(t-t_0)$ もまた解であることが分かる．よって解の任意定数 $c=(C_1,\ldots,C_n)$ のうち C_n を $C_n=t_0$ ととって，($\heartsuit$) を

$$(\heartsuit)'\quad x_1=\varphi_1(t-C_n,c'),\ x_2=\varphi_2(t-C_n,c'),\ldots,\ x_n=\varphi_n(t-C_n,c')$$

と書き直せる．ただし $c'=(C_1,\ldots,C_{n-1})$. さらに c について解くと

$$(\clubsuit)\quad I_1(x)=C_1,\ I_2(x)=C_2,\ldots,I_{n-1}(x)=C_{n-1},\ I_n(x)=t-C_n$$

のように書ける．これは陰函数定理の仮定を満たせば可能だが，微分方程式の解 ($\heartsuit$) にしても，一般的には局所的な函数として書かれることに注意しよう．

関係式 ($\clubsuit$) の意味を考えると，I_k は x の函数で，$I_1,\ldots,I_{n-1}$ は x の時間発展に依らない定数を与えることが分かる．もう少し具体的な計算で見ると，

2)　G_k が函数として独立というのを，勾配ヴェクトル $\nabla G_k={}^t\left(\frac{\partial G_k}{\partial t},\frac{\partial G_k}{\partial x_1},\ldots,\frac{\partial G_k}{\partial x_n}\right)$ が 1 次独立であることで定義する．

$\Phi(x) = I_k(x),\ k = 1, \ldots, n-1$ として

$$\frac{d\Phi}{dt} = \sum_{j=1}^{n} \frac{\partial \Phi}{\partial x_j} \frac{dx_j}{dt} = \sum_{j=1}^{n} \frac{\partial \Phi}{\partial x_j} f_j(x) = 0 \tag{2.2}$$

が成り立つということである．ふたつ目の等号で微分方程式を使った．関係式 (2.2) が成り立つような x の函数 Φ を**保存量** (conserved quantity)（あるいは**積分** (integral)，**第 1 積分** (1st integral) あるいは**不変量** (invariant)）と呼ぶ．

ここで少し飛躍するが，今まで考えてきた保存量が，ある点の近傍だけで定義されるものでなく，x の函数として大域的に定義されているとしたらどのようなことが言えるだろうか？

今，x の函数 I_1 が微分方程式系に関する保存量であったとしよう．x の初期値をこれに代入したとき I_1 の値が C_1 となったとする．このとき，この初期値問題の解は t の値に依らず $I_1(x(t)) = C_1$ を満たしている．関係式 $I_1(x) = C_1$ を考えてみると，これは等高面のようになっていて，一般には 1 次元次元の下がった超曲面を定義している．つまり軌道はこの超曲面の中に閉じ込められているわけだ．よって，微分方程式系は $I_1(x) = C_1$ で定義される超曲面に制限して考えてもよい．このように問題を次元の低い空間における方程式系に帰着させることを**簡約** (reduction) と呼ぶ．

保存量 $I_k,\ k = 1, \ldots, l$ に対して，その値を固定した集合

$$E_C = \{x \in \mathbb{R}^n\ ;\ I_k(x) = C_k, k = 1, \ldots, l\} \tag{2.3}$$

を**等位集合** (level set) と呼ぶ．では，独立な保存量が次々に $n-1$ 個見つかったらどうだろう？　超曲面の共通部分は，関係式が見つかるごとに次元をひとつずつ下げると思うと，最終的に 1 次元の軌道に制限されることになる．この場合はまだ軌道上を t の函数としてどのように動くかは記述されていないのかもしれないが，軌道は記述できている．ここでは，1 階 n 連立系が $n-1$ 個の独立な保存量を持つとき，**可積分**であるということにする．

しかし，この条件は実は非常に厳しい条件となる．実際，初等函数で解が書けてしまう場合でも，このような保存量が作れない例は存在する．

正準方程式系と呼ばれる 1 階 $2n$ 連立系は，$2n-1$ 個の保存量がなくとも n 個の保存量があれば，解の軌道の様子が詳しく分かる．ただし，保存量が包合系をなすという条件をつける．この場合を **Liouville の意味で可積分**であるというが，詳しくは 2C 章および 3.3.2 項で扱う．

2A. 求積法

常微分方程式が，Liouville の操作で構成できる函数 G_k を使って

$$(\spadesuit) \quad G_1(t,x,c)=0,\ G_2(t,x,c)=0,\ldots,G_n(t,x,c)=0$$

のような導函数を含まない式に書き換えられるとき，求積可能というのだった．

Liouville の操作とは，有理函数から始めて，(a1) 四則演算，(a2) 導函数をとる操作，(b) 代数方程式を解く操作，(c1) 既知函数 g に対して $dx/dt=g$ の解 x をとる操作（原始函数），(c2) 既知函数 g に対して $dx/dt=gx$ の解 x をとる操作（$\exp(\int g dt)$ をとる）を，有限回繰り返して新しい函数を得る操作のことである．ここでは，不定積分の記号は，原始函数，つまり微分して被積分函数になるような函数一般を表すこととする．

常微分方程式は，一般的には求積可能ではないし，与えられた方程式が求積可能かどうかを判定することも難しい問題である．ここでは，一般的な枠組みでの問題設定はあきらめて，求積のためのいくつかのテクニックを見ていこう．すべての場合に使えるテクニックがあるわけではない．しかし，ある種の簡単な十分条件があって，その場合にはこのような技法が使えるという形で述べることはできる．

2.1 求積の技法

よく知られた技法で，**変数分離法** (method of separation of variables) と呼ばれるものがある．変数分離形

$$\frac{dx}{dt}=f(t)g(x) \tag{2.4}$$

の形の微分方程式を解くときの技法で，これを $\frac{1}{g(x)}\frac{dx}{dt}=f(t)$ と書き直すと，左辺は $G(x)=\int\frac{dx}{g(x)}$ を t について微分したもので，$\frac{d}{dt}G(x)=f(t)$ となり

$$\int\frac{dx}{g(x)}=\int f(t)dt$$

が得られた．ただし，ここでの積分記号は原始函数（微分演算の逆）を表している．特に定数差の不定性に注意しよう．

われわれは，前章で既に，解の存在と一意性定理を見てきたのだから，解の導出が発見的なものであったとしても，求める解を正当化するのはたやすい．変数分離法は簡単でよく知られた技法だったが，このような求積法の技法をいくつか挙げていこう．

2.1.1　高階の方程式をより低階の方程式に帰着させる方法

ここでは，連立ではなく，単独の高階方程式を解くことにする．方程式を $F\left(t, x, \frac{d}{dt}x, \ldots, \frac{d^n}{dt^n}x\right) = 0$ と書くことにしよう．

求積法では，微分方程式を導函数を含まない式に変形することを目標にする．ここでは，順次，方程式の階数をより低階の場合に帰着させていくことで，このことを達成することを考える．

特に，1 階の方程式にこれらの技法が適用できたなら，求積が完成したことになる．

a. 未知函数が導函数としてしか現れないとき

F が未知函数 x を陽に含まないとき，$y = dx/dt$ と置くと，方程式は y に関する $n-1$ 階の方程式になる．

より一般に，$x, dx/dt, \ldots, d^{k-1}x/dt^{k-1}$ を陽に含まないとき，$y = d^kx/dt^k$ と置くと，$n-k$ 階の方程式になる．

計算例 2.1　微分方程式 $t(d^3x/dt^3) = (d^2x/dt^2)(1 - d^2x/dt^2)$ を解く．

まず，$y = d^2x/dt^2$ と置くと，$tdy/dt = y(1-y)$ で，これは 1 階の変数分離形の方程式である．よって

$$\int \frac{dy}{y(1-y)} = \int \frac{dt}{t}$$

となり，$\log y - \log(1-y) = \log t + \widetilde{C}_1$ から，$y = t/(C_1 + t)$ と書ける．これを 2 回積分して

$$\begin{aligned} x &= \int \left(-C_1 \log(C_1 + t) + t + \widetilde{C}_2\right) dt \\ &= -C_1(C_1 + t)\log(C_1 + t) + \frac{1}{2}t^2 + C_2 t + C_3. \end{aligned}$$

ここで，C_1, C_2, C_3 は任意定数である．

注意 2.2 任意定数のとり方は一通りでなく，$\widetilde{C}$ の任意の函数 ϕ に対して $C = \phi(\widetilde{C})$ も任意定数である．ここでの計算のように任意定数を適当にとり直して一般解を見やすい形に書き表すことが望ましい．ここでは $C_1 = \exp\left(-\widetilde{C}_1\right)$, $C_2 = \widetilde{C}_2 + C_1$. □

b. 自励的方程式

自励的方程式というのは，独立変数 t に陽に依らない方程式をいう（用語・記号の xii ページを見よ）．正規形 1 階自励的方程式は変数分離形である．

2 階以上のときには，$\boxed{y = dx/dt}$ と置いて，方程式を未知函数 y, 独立変数 x の方程式に書き換えてやることで階数をひとつ下げることができる．実際，$\dfrac{d}{dt} = \dfrac{dx}{dt}\dfrac{d}{dx} = y\dfrac{d}{dx}$ だから

$$\begin{aligned} \frac{d^2x}{dt^2} &= \frac{d}{dt}y = y\frac{dy}{dx}, \\ \frac{d^3x}{dt^3} &= y\frac{d}{dx}\left(y\frac{dy}{dx}\right) = y\left(y\frac{d^2y}{dt^2} + \left(\frac{dy}{dt}\right)^2\right), \ldots \end{aligned} \tag{2.5}$$

などと書け，階数はすべての導函数でひとつ下がる．

計算例 2.2 微分方程式 $x^2(d^2x/dt^2) - (dx/dt)^3 = 0$ を解いてみよう．

$y = dx/dt$ と置くと，$x^2 y dy/dx = y^3$ と書き直せて，$y = 0$ あるいは $x^2 dy/dx = y^2$ だが，後者は変数分離形で $\int (1/y^2)dy = \int (1/x^2)dx$ から $(1/y) = (1/x) - C_1$ で，合わせて $y = 0$ または $y = x/(1 - C_1 x)$ となる．

さらに $y = dx/dt$ であるから，後者は $\int((1/x) - C_1)dx = \int dt$ により

$$\log x - C_1 x = t + C_2$$

となる（これは初等函数のみでは x に関して解けない）．$y = 0$ のほうは，$x = \widetilde{C}_1$ と書ける．

c. 同次方程式

F が未知函数 x, 独立変数 t に関して多項式である場合を考える．多項式 F が同次式であるとき，つまり同じ次数の単項式の和で表されているとき，同次方程式であるといわれる．ただし，次数の数え方については，いろいろ

あった（次数の数え方については用語・記号の xi ページを見よ）.

① まず，未知函数 x についての同次式の場合に考えよう．この場合，$\boxed{x = \exp y}$ と置いて y についての微分方程式と見ればよい．実際

$$\frac{dx}{dt} = e^y \frac{dy}{dt}, \quad \frac{d^2x}{dt^2} = e^y \left(\frac{d^2y}{dt^2} + \left(\frac{dy}{dt} \right)^2 \right),$$
$$\frac{d^3x}{dt^3} = e^y \left(\frac{d^3y}{dt^3} + 3\frac{d^2y}{dt^2}\frac{dy}{dt} + \left(\frac{dy}{dt} \right)^3 \right), \dots \tag{2.6}$$

などと書け，各項には $\exp y$ が次数乗だけ現れ，これで式全体を割っておくと，a. の場合に帰着される．

計算例 2.3　微分方程式 $x(d^2x/dt^2) - (dx/dt)^2 - x^2/t = 0$ を解く．

これは未知函数について 2 次の方程式である．$x = \exp y$ と置いて代入すると $e^{2y}\left(\frac{d^2}{dt^2}y + \left(\frac{d}{dt}y\right)^2 - \left(\frac{d}{dt}y\right)^2 - \frac{1}{t}\right) = 0$ で，$d^2y/dt^2 = 1/t$ が求まる．

2 回積分すると $y = t\log t + \widetilde{C}_1 t + \widetilde{C}_2$ と書ける．$x = \exp y$ であったから，$x = C_2(C_1 t)^t$.

② 次に，独立変数 t についての同次式を考える．この場合，$\boxed{t = \exp\tau}$ と置けばよい．実際，$\dfrac{d}{dt} = \dfrac{d\tau}{dt}\dfrac{d}{d\tau} = e^{-\tau}\dfrac{d}{d\tau}$ だから

$$\frac{dx}{dt} = e^{-\tau}\frac{dx}{d\tau}, \quad \frac{d^2x}{dt^2} = e^{-\tau}\frac{d}{d\tau}\left(e^{-\tau}\frac{dx}{d\tau}\right) = e^{-2\tau}\left(\frac{d^2x}{d\tau^2} - \frac{dx}{d\tau}\right),$$
$$\frac{d^3x}{dt^3} = e^{-3\tau}\left(\frac{d^3x}{d\tau^3} - 3\frac{d^2x}{d\tau^2} + 2\frac{dx}{d\tau}\right), \dots \tag{2.7}$$

などと書け，各項には $\exp\tau$ が次数乗だけ現れ，これで式全体を割っておくと，b. 自励的な場合に帰着される．

計算例 2.4　微分方程式 $tx(d^2x/dt^2) - t(dx/dt)^2 + x(dx/dt) = 0$ を解く．

これは独立変数に関する同次 (-1) 次の式である．$t = \exp\tau$ と置くと，$e^{-\tau}\left(x\frac{d^2}{d\tau^2}x - x\frac{d}{d\tau}x - \left(\frac{d}{d\tau}x\right)^2 + x\frac{d}{d\tau}x\right) = 0$ で，自励的な場合に帰着される．

$y = dx/d\tau$ と置くと，$d^2x/d\tau^2 = y dy/dx$ より変数分離形 $dy/dx = y/x$

が得られる．これを解くと $y = C_1 x$.

$y = dx/d\tau = C_1 x$ から，$x = C_2 e^{C_1 \tau}$ で結局 $x = C_2 t^{C_1}$ と求まった．

問題 2.1　計算例 2.4 は未知函数についても同次式である．① の方法でも解いてみよう．

③ 一般に，未知函数 x に重み l, 独立変数 t に重み k をつけて数えたとき同次式になる場合を考える．つまり，x は l 次式，t は k 次式として考えたとき同次式になる場合である．

この場合，$\boxed{y = t^{-l/k} x}$ と置けばよい．こう置くと，y は次数 0 であり，

$$\begin{aligned}\frac{dx}{dt} &= t^{\frac{l}{k}} \frac{dy}{dt} + \frac{l}{k} t^{\frac{l}{k}-1} y, \quad \frac{d^2x}{dt^2} = t^{\frac{l}{k}} \frac{d^2y}{dt^2} + 2\frac{l}{k} t^{\frac{l}{k}-1} \frac{dy}{dt} + \frac{l}{k}\left(\frac{l}{k}-1\right) t^{\frac{l}{k}-2} y,\\ \frac{d^3x}{dt^3} &= t^{\frac{l}{k}} \frac{d^3y}{dt^3} + 3\frac{l}{k} t^{\frac{l}{k}-1} \frac{d^2y}{dt^2}\\ &\quad + 3\frac{l}{k}\left(\frac{l}{k}-1\right) t^{\frac{l}{k}-2} \frac{dy}{dt} + \frac{l}{k}\left(\frac{l}{k}-1\right)\left(\frac{l}{k}-2\right) t^{\frac{l}{k}-3} y, \dots \end{aligned} \tag{2.8}$$

などと書けて，方程式は ② の t に関する同次式に帰着される．

計算例 2.5　微分方程式 $t^3(d^2x/dt^2) - (t+2x)(t(dx/dt) - x) = 0$ を解く．

これは x, t の重みをそれぞれ 1 としたときの同次 2 次式で $x = ty$ と置くと，$dx/dt = tdy/dt + y$, $d^2x/dt^2 = t(d^2y/dt^2) + 2(dy/dt)$ を代入して t の同次 (-1) 次式 $t(d^2y/dt^2) + (dy/dt) - 2y(dy/dt) = 0$ が得られる．

$t = \exp\tau$ と置くと，$e^{-\tau}\left(\frac{d^2}{d\tau^2}y - \frac{d}{d\tau}y + \frac{d}{d\tau}y - 2y\frac{d}{d\tau}y\right) = 0$ となる．

括弧の中身は式全体が積分できて，$dy/d\tau = y^2 + {C_1}^2$. これは変数分離形だから解が計算できて $\frac{1}{C_1}\arctan(y/C_1) = \tau + C_2$ で結局 $y = C_1 \tan C_1(\tau + C_2)$. 変数を戻して x, t で書くと, $x = C_1 t \tan C_1(\log t + C_2)$.

注意 2.3　ここでは F は多項式であるとしたが，多項式でなくとも

$$x = \lambda^l y, \quad t = \mu^k \tau \tag{2.9}$$

のような尺度 (scale) の変換をしたとき，F が

$$F\left(\lambda^k\tau, \lambda^l y, \lambda^{l-k}\frac{dy}{d\tau}, \ldots, \lambda^{l-nk}\frac{d^n y}{d\tau^n}\right) = \lambda^m F\left(\tau, y, \frac{dy}{d\tau}, \ldots, \frac{d^n y}{d\tau^n}\right) \tag{2.10}$$

のような対称性を持っていればよい. □

d. 完全微分方程式

微分方程式

$$F\left(t, x, \frac{dx}{dt}, \ldots, \frac{d^n x}{dt^n}\right) = 0 \tag{2.11}$$

に対して, 函数 F がある函数 $G\left(t, x, \frac{d}{dt}x, \ldots, \frac{d^{n-1}}{dt^{n-1}}x\right)$ の微分になっているとき, つまり, $\frac{d}{dt}G = F$ と書けるとき, 方程式は $G = C$ (C は任意定数) という $n-1$ 階の微分方程式に帰着される. このとき方程式 (2.11) のことを**完全微分方程式** (exact differential equation) と呼ぶ.

微分方程式 $F = 0$ 自身は完全微分方程式ではないが, 両辺に適当な函数 $\lambda\left(t, x, \frac{d}{dt}x, \ldots, \frac{d^n}{dt^n}x\right)$ を掛けた微分方程式が完全微分方程式になることがある. このとき λ を**積分因子** (integrating factor) という[3].

計算例 2.6 微分方程式 $\dfrac{d^2x}{dt^2} = \left(\dfrac{1}{2x} + \dfrac{1}{x+1}\right)\left(\dfrac{dx}{dt}\right)^2$ を解く.

積分因子として $1/(dx/dt)$ をとる. このとき方程式は

$$\left(\frac{dx}{dt}\right)^{-1}\frac{d^2x}{dt^2} = \left(\frac{1}{2x} + \frac{1}{x+1}\right)\frac{dx}{dt}$$

で完全微分方程式である. 積分すると $\log(dx/dt) = \frac{1}{2}\log x + \log(x+1) + \widetilde{C}$ であるから $dx/dt = C_1\sqrt{x}(x+1)$ と変数分離形に書ける.

変数分離の方程式は $\int dx/(\sqrt{x}(x+1)) = \int C_1 dt = C_1 t + C_2$ と書けるが, 左辺は $x = y^2$ と置くと積分できて $2\arctan y = C_1 t + C_2$ となる. 結局, $x = \tan^2\dfrac{C_1 t + C_2}{2}$ と求まった.

ここでは特に, 1 階の正規形方程式 $dx/dt = f(t, x)$ の場合に, 完全微分方程式になる条件を考えてみたい. 積分因子はいくらでも可能性があるわけだが, まずひとつ固定して $F = a(t,x)(dx/dt) + b(t,x)$ $(f = -b/a)$ が完全であ

3) 積分因子は一意的ではない. 方程式 $t(dx/dt) - 2x = 0$ に対して, $1/t^3$ を掛けると $G = x/t^2$ となり, t/x^2 を掛けると $G = -t^2/x$ となる.

るための条件を考えよう[4)].

函数 $G = G(t,x)$ が存在して $\frac{d}{dt}G = F$ となるとする．係数 a, b が連続な偏導函数を持つと仮定すれば

$$\frac{\partial a}{\partial t} = \frac{\partial^2 G}{\partial t \partial x}, \quad \frac{\partial b}{\partial x} = \frac{\partial^2 G}{\partial x \partial t}$$

であるから，条件

$$\frac{\partial a}{\partial t} = \frac{\partial b}{\partial x} \tag{2.12}$$

が成り立つ．逆にこの条件が成り立つとすれば，G を構成できることを見よう．$\varphi(t,x) = \int b(t,x)dt$ と置く．このとき

$$\frac{\partial}{\partial t}\left(\frac{\partial \varphi}{\partial x} - a(t,x)\right) = \frac{\partial b}{\partial x} - \frac{\partial a}{\partial t} = 0$$

より，$(\partial\varphi/\partial x) - a$ は x のみの函数である．これを $\psi(x)$ と置いて，$G = \varphi - \int \psi(x)dx$ とすればよい：

$$\frac{d}{dt}G = \left(\frac{\partial \varphi}{\partial x} - \psi\right)\frac{dx}{dt} + \frac{\partial \varphi}{\partial t} = a\frac{dx}{dt} + b = F.$$

注意 2.4　$a = -t/(x^2+t^2)$, $b = x/(x^2+t^2)$ のとき，$\partial a/\partial t = \partial b/\partial x$ は成り立っている．このとき $G = \arctan(t/x)$ と置くと，

$$\frac{d}{dt}G = -\frac{1}{1+\frac{t^2}{x^2}}\frac{t}{x^2}\frac{dx}{dt} + \frac{1}{1+\frac{t^2}{x^2}}\frac{1}{x} = -\frac{t}{x^2+t^2}\frac{dx}{dt} + \frac{x}{x^2+t^2}$$

となり，積分になっている．ただし，この函数は $x=0$ では定義されていない．実は，$(x,t) \in \mathbb{R}^2 \setminus \{(0,0)\}$ 全体で定義される函数 G を構成することはできないことが知られていて，このことは幾何学の問題として重要である[5)]．□

では $\partial a/\partial t = \partial b/\partial x$ が成り立たなかったとき，うまく積分因子 λ が見つかるか考えてみよう．必要十分条件 (2.12) から，λ は 1 階偏微分方程式

$$a\frac{\partial \lambda}{\partial t} - b\frac{\partial \lambda}{\partial x} + \left(\frac{\partial a}{\partial t} - \frac{\partial b}{\partial x}\right)\lambda = 0 \tag{2.13}$$

の特殊解であればよい．

4) 微分形式の言葉では $adx + bdt$ という微分形式が完全形式である条件を考えている．
5) 詳しくは，坪井俊著，幾何学 III 微分形式，東京大学出版会 (2008) などを参照．

一般の偏微分方程式の解の構成はここで見ている有限的なものどころか，1章で見たような無限の操作を使うものでさえ難しいのであるが，後述するように，1階の偏微分方程式の解法は（1章で見たような）常微分方程式の解法に帰着される（228ページ参照）．しかし，それを使って解 λ が構成できても本末転倒である．

それでも，特殊解が簡単に求まる場合もあるので，それを見ておこう．

① $\lambda = \lambda(t)$ となる積分因子がとれるとき．このときは (2.13) の第2項は消えるので，λ は変数分離形の常微分方程式を満たすことになる．ただし，仮定からこの方程式の係数は x に依ってはいけないので，$\varphi = \left(\frac{\partial a}{\partial t} - \frac{\partial b}{\partial x}\right)/a$ は t のみの函数でなくてはいけない．これが満たされているときは，$\lambda(t) = \exp\left(-\int \varphi(t)dt\right)$ とすればよい．

② $\lambda = \lambda(x)$ となる積分因子がとれるとき．このときは (2.13) の第1項は消えるので，λ は変数分離形の常微分方程式を満たすことになる．ただし，仮定からこの方程式の係数は t に依ってはいけないので，$\psi = \left(\frac{\partial a}{\partial t} - \frac{\partial b}{\partial x}\right)/b$ は x のみの函数でなくてはいけない．これが満たされているときは，$\lambda(x) = \exp\left(\int \psi(x)dx\right)$ とすればよい．

③ $\lambda = \lambda(\zeta)$, $\zeta = tx$ となる積分因子がとれるとき．これが可能なのは，$\left(\frac{\partial a}{\partial t} - \frac{\partial b}{\partial x}\right)/(ax - bt)$ が $\zeta = tx$ のみの函数であるときで，$\lambda(x) = \exp\left(\int \left(\left(\frac{\partial a}{\partial t} - \frac{\partial b}{\partial x}\right)/(ax - bt)\right)(\zeta)\, d\zeta\right)\Big|_{\zeta=tx}$ が積分因子．

また，$\lambda = \lambda(\zeta), \zeta = t + x$ や $\zeta = t^2 + x^2$ などでも同様の議論ができる．

計算例 2.7 微分方程式 $dx/dt = 2tx/(t^2 - x^2)$ を解く．

$a = t^2 - x^2, b = -2tx$ と置くと，$\psi = \left(\frac{\partial a}{\partial t} - \frac{\partial b}{\partial x}\right)/b = -2/x$ となり，これは x のみの函数であるから，積分因子は $\lambda = e^{\int -(2/x)dx} = 1/x^2$ となる．

よって $\left(\frac{t^2}{x^2} - 1\right)\frac{d}{dt}x - \frac{2t}{x} = 0$ の左辺は積分でき，$\frac{t^2}{x} + x = C$ と書ける．

注意 2.5 変数分離形の方程式など，いろいろな方法で求積を考えてきたが，それらは，この積分因子と完全積分の方法でも理解できたりする．

例えば，変数分離形 $dx/dt = f(t)g(x)$ のとき，$1/g(x)$ が積分因子である．後述の1階線型方程式のとき，積分因子はどうなるかなども考えてみよう． □

e. 階数低下法

微分方程式の 2 つの解の間に関係式（求積可能な微分代数的関係）が成り立つかどうかは，一般には分からない．よって，微分方程式の特殊解が分かっていても，そこから一般解を構成することは難しい．

しかし，同次[6]線型方程式の場合は特殊解がひとつわかっていると，方程式の階数がひとつ下げられる．この方法を d'Alembert の**階数低下法** (method of reduction of order) という．

2 階の線型方程式 $(d^2x/dt^2)+a(t)(dx/dt)+b(t)x=0$ を見てみよう．$x=\varphi$ がこの方程式を満たしているとして，$\boxed{x=\varphi(t)y}$ と置くと

$$\varphi\frac{d^2y}{dt^2}+2\frac{d\varphi}{dt}\frac{dy}{dt}+\frac{d^2\varphi}{dt^2}y+a\varphi\frac{dy}{dt}+a\frac{d\varphi}{dt}y+b\varphi y=0$$

となる．ここで，φ が元の方程式を満たすので，y は方程式

$$\varphi\frac{d^2y}{dt^2}+\left(2\frac{d\varphi}{dt}+a\varphi\right)\frac{dy}{dt}=0$$

の解となり，これは dy/dt に関する 1 階方程式である．

この方法は n 階方程式でも同様に使えて，階数をひとつ下げることができる．得られた $n-1$ 階方程式も線型であることに注意しよう．特に 2 階の場合は 1 階線型方程式に帰着されるが，次に見る通り，これは求積可能なので，2 階同次線型方程式は特殊解を構成できれば求積可能になることが分かる．

注意 2.6 非同次方程式 $(d^2x/dt^2)+a(t)(dx/dt)+b(t)x=u(t)$ の場合は，この方程式ではなく，同次方程式 $(d^2x/dt^2)+a(t)(dx/dt)+b(t)x=0$ の特殊解 $x=\varphi$ が分かると求積可能になる．同様に $x=\varphi(t)y$ と置けばよい． □

それでは，函数を決めて，それが解になるための 2 階同次線型方程式の条件を求めてみよう．方程式を

$$\frac{d^2x}{dt^2}+a(t)\frac{dx}{dt}+b(t)x=0 \tag{2.14}$$

とする．① まず，$x=t$ が解となるための条件を見てみると，$a(t)+tb(t)=0$ という条件が得られる．② また，$x=e^{\lambda t}$ が解になるのは，$\lambda^2+\lambda a(t)+b(t)=0$ のときである．

6) 未知函数に関して同次 1 次である．

2.1.2　1階線型方程式の解法

階数を低下させていって1階の微分方程式に帰着させても，一般に求積可能とは限らないのであるが，線型の1階方程式は求積可能である．

一般の線型方程式についても，定数係数などの特別な場合でなければ，求積可能とはならないが，1階の場合は求積可能なのである．

1階線型微分方程式

$$\frac{dx}{dt} + p(t)x = q(t) \tag{2.15}$$

を考える．特に $q(t) \equiv 0$ の場合を，同次（あるいは斉次）線型方程式と呼ぶ．

同次方程式の場合は変数分離形なので，これはすぐ計算できる：

$$\int \frac{dx}{x} + \int p(t)dt = 定数$$

となるので，解は次のように書ける：

$$x = C \exp\left(-\int p(t)dt\right) \quad (C\ は任意定数). \tag{2.16}$$

次に非同次の場合を考える．この場合には Lagrange の**定数変化法** (method of variation of constants) といわれる方法がある．同次方程式の場合の解 $x = C\exp(-\int p(t)dt)$ の C の部分を，定数でなく t の函数 y に置き換えて代入すると y に関する微分方程式が現れて，それが積分できるのだ：

$$\begin{aligned}\frac{dx}{dt} + p(t)x =& \frac{dy}{dt}e^{-\int p(t)dt} - p(t)ye^{-\int p(t)dt} + p(t)ye^{-\int p(t)dt} \\ =& \frac{dy}{dt}\exp\left(-\int p(t)dt\right) = q(t).\end{aligned}$$

よって $dy/dt = q(t)\exp\left(\int^t p(s)ds\right)$ で，これから

$$y = \int^t q(t_2)\exp\left(\int^{t_2} p(t_1)dt_1\right)dt_2 + C \quad (C\ は任意定数)$$

となり，解 x は，次のように書ける[7]：

$$x = \left(\int^t q(t_2)\exp\left(\int^{t_2} p(t_1)dt_1\right)dt_2 + C\right)\exp\left(-\int^t p(t_3)dt_3\right). \tag{2.17}$$

7)　不定積分を繰り返すので分かりやすいように変数を明示したが，今までの記法では $x = (\int q(t)\exp(\int p(t)dt)\,dt + C)\exp(-\int p(t)dt)$ と書けばよい．

計算例 2.8 微分方程式 $t(dx/dt)+x=t\log t$ を解く．

まず右辺が 0 の場合には解は Ct^{-1} となる．定数の部分を函数 y とし，$x=y/t$ と置いて，y の満たす方程式を見よう．これは $t(dx/dt)+x=dy/dt=t\log t$ となる．積分して，$y=\frac{1}{2}t^2\log t-\frac{1}{4}t^2+C$ となった．

結局，解は $x=\frac{1}{2}t\log t-\frac{1}{4}t+\frac{C}{t}$ と求まる．

見た目に非線型の方程式であっても，線型方程式の解法に帰着できる例がある．見てみよう．

a. Bernoulli の微分方程式

微分方程式

$$\frac{dx}{dt}+p(t)x=q(t)x^n \tag{2.18}$$

を Bernoulli の微分方程式と呼ぶ．$n=0,1$ のときはすでに線型なので，$n\neq 0,1$ とする．変形して

$$(1-n)x^{-n}\frac{dx}{dt}+(1-n)p(t)x^{1-n}=(1-n)q(t)$$

となり，$y=x^{1-n}$ と置くと，$d(x^{1-n})/dt=(1-n)x^{-n}dx/dt$ より

$$\frac{dy}{dt}+(1-n)p(t)y=(1-n)q(t) \tag{2.19}$$

で，線型方程式に帰着された．

b. Riccati の微分方程式

微分方程式

$$\frac{dx}{dt}=a(t)x^2+b(t)x+c(t) \tag{2.20}$$

を Riccati の微分方程式と呼ぶ．この方程式を線型方程式に帰着させる．

まず $x=y/a$ と置くと

$$\frac{dy}{dt}=y^2+\left(b+\frac{1}{a}\frac{da}{dt}\right)y+ac$$

と変形できるので，最初から $a=1$ としてよい．次に $dx/dt=x^2+p(t)x+q(t)$

において，$x = -\frac{d}{dt}\log z$ (i.e., $z = C\exp\left(-\int x(t)dt\right)$)[8] と置くと

$$\frac{d^2 z}{dt^2} + p(t)\frac{dz}{dt} - q(t)z = 0 \tag{2.21}$$

となり，2 階同次線型方程式に帰着された[9]．これは一般には求積可能でないが，特殊解が見つかったならば階数低下法によって求積できることが分かる．

2.1.3 非正規形微分方程式

非正規形の微分方程式は最高階の導函数について無理に解くと，Lipschitz 条件を満たさないことがあり，その場合，解が一意的でないかもしれない．このとき，任意定数を必要なだけ持つ一般解以外に，特異解（xiv ページ参照）が現れることがある．これは非正規形に特徴的なことである．

求積法の立場から見ても，1 階の非正規形方程式は変数分離形などに持ち込みにくい．単純に，正規形の方程式に帰着させるのは，求積法における常套手段である．

a. 未知函数，あるいは独立変数について 1 次の場合

微分方程式 $F(t, x, dx/dt, \dots, d^n x/dt^n) = 0$ が未知函数 x について 1 次であれば，x について解けた形に書き直せるので，これを $x = f(t, dx/dt, \dots, d^n x/dt^n)$ と書こう．第 $k+1$ 変数を $p_k = d^k x/dt^k$ と置いておく．微分すると

$$\frac{dx}{dt} = \frac{\partial f}{\partial t} + \frac{\partial f}{\partial p_1}\frac{d^2 x}{dt^2} + \cdots + \frac{\partial f}{\partial p_n}\frac{d^{n+1} x}{dt^{n+1}}$$

を得る．この方程式には x は陽には含まれていないから，$p_1 = dx/dt$ に関する n 階正規形方程式が得られた．特に，この正規形方程式の解が求まれば，解 p_1 を $x = f(t, p_1, dp_1/dt, \dots, d^{n-1}p_1/dt^{n-1})$ に代入すれば x が求まるので，さらなる積分を必要としない．

方程式が独立変数 t について 1 次である場合も上の議論に帰着できる．というのも，$dx/dt = 1/(dt/dx)$ であるので，t を未知函数，x を独立変数と思い直せば，1 階の場合，同じ論法から 1 階正規形方程式に帰着できるわけだ．

---

8) i.e. はラテン語の id est の略．すなわち，換言すれば，という意味．英語では that is.

9) 実は，これは，未知函数に関する同次方程式の階数をひとつ下げる方法の逆を行ったことになっている．ここでは線型方程式に帰着はされたが，階数はひとつ上がってしまった．

2 階以上の場合も，$q = dt/dx$ と置いておくと

$$\frac{d^2x}{dt^2} = \frac{d}{dt}\left(\frac{1}{q}\right) = \frac{dx}{dt}\frac{d}{dx}\left(\frac{1}{q}\right) = -\frac{1}{q^3}\frac{dq}{dx}$$

などと計算できて，結局，正規形に帰着できる[10]．

計算例 2.9 微分方程式 $x^3\left(\frac{d^2x}{dt^2}\right)^2 - \left(\frac{dx}{dt}\right)^5\left(t\frac{dx}{dt} - x\right) = 0$ を解く．

まず t について解ける式であることに目をつけ，$q = dt/dx$ と置いて $d^2x/dt^2 = -q^{-3}dq/dx$ から，方程式を $t = x^3(dq/dx)^2 + xq$ と書き直す．

両辺を x で微分し正規化すると，

$$q = 2x^3\frac{dq}{dx}\frac{d^2q}{dx^2} + 3x^2\left(\frac{dq}{dx}\right)^2 + x\frac{dq}{dx} + q$$

となるが，整理すると $2x^2(d^2q/dx^2) + 3x(dq/dx) + 1 = 0$ となり，非同次 1 階線型方程式に帰着される．同次方程式の解は $Cx^{-3/2}$ であるから，定数の部分を y とし，$dq/dx = yx^{-3/2}$ と置いて代入すると，$dy/dx = -1/(2\sqrt{x})$ という条件が得られ，積分すると $y = -\sqrt{x} + C_1$ と求まる．

結局 $dq/dx = -x^{-1} + C_1x^{-3/2}$ となり，積分すると $q = -\log x - 2C_1x^{-1/2} + C_2$ が得られる．元の式 $t = x^3(dq/dx)^2 + xq$ から得られる

$$t = (\sqrt{x} - C_1)^2 - 2C_1\sqrt{x} + C_2x - x\log x$$

という式が求積で得られる関係式である．ただし，これ以外に $x = \widetilde{C_1}$ あるいは $x = \widehat{C_1}t$ という解がある．

① d'Alembert の微分方程式

上の方法を用いて，求積可能な正規形方程式に帰着できる例として，次に挙げる **d'Alembert の微分方程式**がある：

$$x = tg\left(\frac{dx}{dt}\right) + f\left(\frac{dx}{dt}\right). \tag{2.22}$$

これは Lagrange の方程式と呼ばれることもある．

上で見たように $p = dx/dt$ と置いて，方程式を微分すると

10) 正規形に直せることは，求積法の意味で簡単になるということとは，別問題である．

$$p = g(p) + \left(t\frac{dg}{dp} + \frac{df}{dp}\right)\frac{dp}{dt}$$

となる．これは（$g(p) \neq p$ のとき）t を未知函数，p を独立変数とした1階の線型方程式で，求積できる：

$$(g(p) - p)\frac{dt}{dp} + \frac{dg}{dp}t + \frac{df}{dp} = 0.$$

p を t について解いて，式 (2.22) に代入すると，解 x の表示が求まるが，求積で求まった t と p の式と (2.22) から p を消去して，t と x の関係式を求めると思ったほうがよいかもしれない[11)].

このようにして一般解が求まるのだが，$p = p_0$ が $g(p) - p$ の根であるとき，$x = p_0 t + f(p_0)$ を考えると，これも解になっている．これは特異解である．

計算例 2.10　微分方程式 $x = \left(t + \frac{1}{3}\frac{dx}{dt}\right)\left(\frac{dx}{dt}\right)^2$ を解く．

これは d'Alembert の方程式で $x = tp^2 + (p^3/3)$ と書ける．微分して $p = p^2 + p(2t+p)(dp/dt)$ から，1階線型方程式 $(p-1)(dt/dp) + 2t + p = 0$ を得る．同次方程式の解は $\widetilde{C}(p-1)^{-2}$ であるので，$t = y(p-1)^{-2}$ と置くと，$dy/dp = p(1-p)$ という条件が得られ，結局 $(p-1)^2 t = (p^2/2) - (p^3/3) + C$ と求積できた．

元の方程式と合わせて，適当に足し引きして，ふたつの関係式は

$$P = \frac{p^3}{3} + tp^2 - x = 0, \quad Q = \frac{p^2}{2} + 2tp - x - t = 0$$

と書ける．p を消去するには終結式が使えて，求めたかった x と t の関係式は次のように書ける：

$$R(P, Q) = \det\begin{pmatrix} \frac{1}{3} & t & 0 & -x & 0 \\ 0 & \frac{1}{3} & t & 0 & -x \\ \frac{1}{2} & 2t & -x-t & 0 & 0 \\ 0 & \frac{1}{2} & 2t & -x-t & 0 \\ 0 & 0 & \frac{1}{2} & 2t & -x-t \end{pmatrix} = 0.$$

この一般解の他に，$p(p-1) = 0$ のふたつの解に対応して $x = 0, t + \frac{1}{3}$

11)　特にふたつの関係式が p に関して多項式になっているなら，計算例で見るように，終結式の計算が使える．終結式については線型代数の教科書，例えば，足助太郎著，線型代数学，東京大学出版会 (2012) などを見てもらいたい．

という特異解がある．

② Clairaut の微分方程式

d'Alembert の微分方程式において，$g(p) \equiv p$ としたものが，**Clairaut の微分方程式**である：

$$x = t\frac{dx}{dt} + f\left(\frac{dx}{dt}\right). \tag{2.23}$$

これは微分すると

$$\left(t + \frac{df}{dp}\right)\frac{dp}{dt} = 0$$

となる．これから，$dp/dt = 0$ または $t + df/dp = 0$ だが，前者から得られるのは $p = C$ で，方程式に代入すると一般解

$$x = Ct + f(C) \tag{2.24}$$

が求まる．一方で，$t + df/dp = 0$ とすると，これと $x = tp + f(p)$ を連立させて，p を消去すると，これが解になっている．これは特異解で，一般解 (2.24) の包絡線 (envelope) になっている[12) 13)]．

③ 一般化された Clairaut の微分方程式

Clairaut の微分方程式を一般化した

$$x = t\frac{dx}{dt} - \frac{1}{2!}t^2\frac{d^2x}{dt^2} + \cdots + (-1)^{n+1}\frac{1}{n!}t^n\frac{d^nx}{dt^n} + f\left(\frac{d^nx}{dt^n}\right) \tag{2.25}$$

の形の方程式は求積可能である．

問題 2.2 $n = 3$ のとき，この方程式の解を求めよ．

b. 媒介変数を使う方法

未知函数や独立変数について解けない場合でも，媒介変数を使ってそれらの変数が表せるときがある．

① 自励的な場合

1 階の非正規形方程式を考える．方程式が $F(x, dx/dt) = 0$ と書けていて，

12) 変数 α によって径数付けられた曲線族 $f(t, x; \alpha) = 0$ の包絡線は $f(t, x; \alpha) = 0$ と $\partial f/\partial\alpha = 0$ から α を消去することで得られる．

13) さらに，一般解と特異解を連続につないだものも解になる．

$F=0$ という式が，媒介変数で

$$x=\varphi(u), \quad \frac{dx}{dt}=\psi(u) \tag{2.26}$$

と表示できたとしよう．

第1式を微分して $dx/dt=(d\varphi/du)(du/dt)$ が得られるが，第2式と比べて，$(d\varphi/du)(du/dt)=\psi$ となるが，これは変数分離形なので積分できて

$$t=\int\frac{1}{\psi(u)}\frac{d\varphi}{du}(u)du+C \tag{2.27}$$

が得られる．これと $x=\varphi(u)$ から u を消去すれば，一般解が得られる．

② 未知函数を陽に含まないとき

方程式が $F(t,dx/dt)=0$ と書けていて，$F=0$ という式が，媒介変数で

$$t=\phi(u), \quad \frac{dx}{dt}=\psi(u) \tag{2.28}$$

と表示できたとしよう．

第1式を微分して $dt/dx=(d\phi/du)(du/dx)$ が得られるが，第2式と比べて，$(d\phi/du)(du/dx)=1/\psi$ となるが，これは変数分離形なので積分できて

$$x=\int\frac{d\phi}{du}(u)\psi(u)du+C \tag{2.29}$$

が得られる．これと $t=\phi(u)$ から u を消去すれば，一般解が得られる．

計算例 2.11　微分方程式 $(dx/dt)^2+a^2x^2=b^2$ を解く．

方程式は，媒介変数 u を用いて，$dx/dt=b\cos u$, $x=(b/a)\sin u$ と表される．後者を t で微分して，前の式と比べると $dx/dt=(b/a)(\cos u)(du/dt)=b\cos u$ で $u=at-C$ と書ける．よって一般解は $x=(b/a)\sin(at-C)$ であり，他に $x=\pm b/a$ という特異解がある．

注意 2.7　2変数函数 f により，座標 x, y の間に $f(x,y)=0$ という関係を与えると，これは平面曲線を表している．

曲線 $f=0$ がふたつの有理函数 φ, ψ を用いて，$x=\varphi(u)$, $y=\psi(u)$ のように媒介変数表示可能だったとき，$f=0$ を**有理曲線** (rational curve) と呼ぶ．

函数 f が2次の2変数多項式であるとき，曲線は2次曲線と呼ばれ，これ

は有理曲線である．f が 3 次式以上であれば，一般には，有理曲線にはならないが，特殊な場合には有理曲線になることもある．145 ページの注意 2.33 も参照のこと． □

2.2 定数係数線型方程式の解法

定数係数の線型方程式は，物理学や工学など様々なところで現れるので，これが求積可能なことは，応用上も非常に大切である．

2.2.1 線型方程式の解空間の構造

a. 重ね合わせの原理

ここでは，定数係数に限らず一般に線型方程式の解のなす空間について言えることをまとめておこう．

まず，ふたつの形で線型方程式を書くことにする．ひとつは単独高階の方程式の形で，もうひとつは連立 1 階方程式の形である．

$$(\sharp\sharp)\quad \frac{d^n x}{dt^n} + a_1(t)\frac{d^{n-1}x}{dt^{n-1}} + \cdots + a_{n-1}(t)\frac{dx}{dt} + a_n(t)x = u(t),$$

$$(\sharp)\quad \frac{dx}{dt} = A(t)x + u(t).$$

ただし，$A(t)$ は $n \times n$ 行列，$u(t)$ は $(\sharp)$ においては n ヴェクトルである．さらに，u がゼロのとき**同次**（あるいは斉次）(homogenious) 線型方程式と呼び，ゼロでないとき**非同次**（あるいは非斉次）(inhomogenious) 線型方程式と呼ぶ．つまり，次は同次線型方程式である：

$$(\natural\natural)\quad \frac{d^n x}{dt^n} + a_1(t)\frac{d^{n-1}x}{dt^{n-1}} + \cdots + a_{n-1}(t)\frac{dx}{dt} + a_n(t)x = 0,$$

$$(\natural)\quad \frac{dx}{dt} = A(t)x, \quad A(t) \text{ は } n \times n \text{ 行列}.$$

ここで，独立変数 t は実数のある区間 I を動くと思うが，係数 A, a_j, u は $K = \mathbb{R}, \mathbb{C}$ に対し K 値函数を考えることにする．この場合，解 x も K 値函数となる．実数係数の場合でも，複素数値函数解も考えておくと，後の解法において便利だからである．

方程式 ($\sharp\sharp$) は，$x_1 = x,\, x_2 = dx/dt, \ldots, x_n = d^{n-1}x/dt^{n-1}$ と置くことで

$$\frac{dx}{dt} = \begin{pmatrix} 0 & 1 & 0 & \cdots & 0 \\ 0 & 0 & 1 & \ddots & \vdots \\ \vdots & \vdots & \ddots & \ddots & 0 \\ 0 & 0 & \cdots & 0 & 1 \\ -a_n & -a_{n-1} & -a_{n-2} & \cdots & -a_1 \end{pmatrix} x + \begin{pmatrix} 0 \\ \vdots \\ 0 \\ u \end{pmatrix} \tag{2.30}$$

という ($\sharp$) の形の方程式に帰着されるので，少なくとも一般論に関しては，($\sharp$) の形の方程式について論ずればよい．

係数 $a_j,\ j = 1, \ldots, n,\ u$ あるいは $A,\ u$ が区間 I で連続ならば，解は I で存在して連続微分可能である．C^1 級の K^n 値函数で，($\sharp$) を満たす函数の集合を V_u とする．この V_u は ($\sharp$) の解空間と呼ばれる．また $u = 0$ のとき，つまり，($\natural$) の解空間を $V\ (= V_0)$ と書く．このとき次の定理が成り立つ．

定理 2.8（重ね合わせの原理）　（ア）V は線形空間で，$\dim V = n$.
（イ）非同次方程式 ($\sharp$) の特殊解のうちひとつを x^* としたとき，解空間 V_u は $V_u = \{\tilde{x} + x^* \,;\, \tilde{x} \in V\}$ と書ける．

この定理は**重ね合わせの原理** (superposition principle) と呼ばれる．この定理は，単独高階方程式の場合に述べると次の系のようになる．

系 2.9　方程式 ($\sharp\sharp$) の解空間を $V_u = \{x \in C^n(I) \,;\, x$ は ($\sharp\sharp$) を満たす $\}$ と置くと[14)]，$V = V_0$ としたとき，（ア）V は線形空間で，$\dim V = n$,
（イ）非同次方程式 ($\sharp\sharp$) の特殊解のうちひとつを x^* としたとき，解空間 V_u は $V_u = \{\tilde{x} + x^* \,;\, \tilde{x} \in V\}$ と置ける．

証明.　（ア）まず，V が線型空間であること，つまり $x^{[1]}, x^{[2]} \in V$ に対して，任意の $\alpha, \beta \in K$ について $\alpha x^{[1]} + \beta x^{[2]} \in V$ が成り立つのはすぐに分かる．

次元については，任意に $t_0 \in I$ を固定して写像 $V \ni x \mapsto x(t_0) \in K^n$ をとると，これは全単射線型写像になっているので，$\dim V = n$ が言える．全射性は解の存在定理，単射性は解の一意性定理の帰結である．

14)　$C^n(I)$ は区間 I 上の C^n 級函数のなす空間とする．

（イ）$x \in V_u$ とすると，$x - x^* \in V$ で，$V_u = \{\tilde{x} + x^* \,;\, \tilde{x} \in V\}$ となる．　□

重ね合わせの原理から次のことが分かる．

（ア）同次方程式の場合，線型独立な n 個の解を見つければ，それらの解の線型結合ですべての解が構成できる．

（イ）非同次方程式の場合，一般解の構成は，特殊解をひとつ構成することと，対応する同次方程式の一般解を構成することのふたつに帰着できる．

これは，非線型の方程式の解と比べ，著しい特徴となる．非線型方程式の場合，初期値の違う解に対して何らかの関係を見いだすのは，一般には難しい．

b. 解の線型独立性と Wronskian

次に，与えられた n 個の解の線型独立性を判定する方法を考える．連立方程式 (♮) の場合，その解となる K^n 値函数 $x^{[1]}, \ldots, x^{[n]}$ を並べて得られる行列値函数の行列式を $W(t)$ とする：

$$W(t) = \det\left(x^{[1]}(t), x^{[2]}(t), \ldots, x^{[n]}(t)\right). \tag{2.31}$$

ある実数 t_0 に対して $W(t_0)$ が 0 でなければ，函数 $x^{[1]}, \ldots, x^{[n]}$ は線型独立である．また $W(t_0) = 0$ であれば，すべてが 0 ではない $C_k \in K$, $k = 1, \ldots, n$ があって，$\displaystyle\sum_{k=1}^{n} C_k x^{[k]}(t_0) = 0$ となる．このとき，K^n 値函数 $\displaystyle\sum_{k=1}^{n} C_k x^{[k]}(t)$ は初期条件 $x(t_0) = 0$ を満たす解だから解の一意性より，恒等的に 0 となる．ここで言えたことを定理の形にまとめておこう．

定理 2.10　$W(t)$ は I 上，けっして 0 にならないか，恒等的に 0 であるかのいずれかであり，前者になることが n 個の解 $x^{[1]}, \ldots, x^{[n]}$ が線型独立であることと同値である．

特に，W は 1 階方程式 $dW/dt = (\mathrm{tr} A(t))W$ の解であるから[15)]

---

15)　$X_k = (x_k^{[1]}, \ldots, x_k^{[n]})$ と置くと

$$\frac{d}{dt}W = \frac{d}{dt}\det\begin{pmatrix} X_1 \\ \vdots \\ X_n \end{pmatrix} = \det\begin{pmatrix} \frac{d}{dt}X_1 \\ \vdots \\ X_n \end{pmatrix} + \cdots + \det\begin{pmatrix} X_1 \\ \vdots \\ \frac{d}{dt}X_n \end{pmatrix}$$

$$W(t) = W(t_0)\exp\left(\int_{t_0}^{t} (\mathrm{tr}A(s))ds\right) \tag{2.32}$$

と書けることに注意しよう．

それでは，単独高階方程式のときにはどのように考えればよいだろうか？単独高階方程式 (ㅂ) に対して，解となる n 個の函数 $x^{[1]}, x^{[2]}, \ldots, x^{[n]}$ をとり

$$W\left(x^{[1]}, \ldots, x^{[n]}\right)(t) = \det\begin{pmatrix} x^{[1]} & x^{[2]} & \cdots & x^{[n]} \\ \frac{d}{dt}x^{[1]} & \frac{d}{dt}x^{[2]} & \cdots & \frac{d}{dt}x^{[n]} \\ \vdots & \vdots & & \vdots \\ \frac{d^{n-1}}{dt^{n-1}}x^{[1]} & \frac{d^{n-1}}{dt^{n-1}}x^{[2]} & \cdots & \frac{d^{n-1}}{dt^{n-1}}x^{[n]} \end{pmatrix} \tag{2.33}$$

と定義し，**Wronskian** と呼ぶ．Wronskian を使って，定理 2.10 を書くと次のようになる：

系 2.11　$W(x^{[1]}, \ldots, x^{[n]})(t)$ は I 上，けっして 0 にならないか，恒等的に 0 であるかのいずれかであり，前者になることが n 個の解 $x^{[1]}, \ldots, x^{[n]}$ が線型独立であることと同値である．

また，Wronskian は 1 階方程式 $dW/dt = -a_1 W$ の解で

$$W\left(x^{[1]}, \ldots, x^{[n]}\right)(t) = W\left(x^{[1]}, \ldots, x^{[n]}\right)(t_0)\exp\left(\int_{t_0}^{t} -a_1(s)ds\right) \tag{2.34}$$

と書ける．

c. 与えられた函数を解に持つ線型方程式

Wronskian を使うと，適当にとってきた n 個の函数を解に持つような線型方程式が簡単に得られる．与えられた n 個の函数を $x^{[1]}, \ldots, x^{[n]}$ とすると，

$$= \det\begin{pmatrix} \sum_{k=1}^{n} a_{1,k}X_k \\ \vdots \\ X_n \end{pmatrix} + \cdots + \det\begin{pmatrix} X_1 \\ \vdots \\ \sum_{j=k}^{n} a_{n,k}X_k \end{pmatrix}$$

$$= a_{11}\det\begin{pmatrix} X_j \\ \vdots \\ X_n \end{pmatrix} + \cdots + a_{nn}\det\begin{pmatrix} X_1 \\ \vdots \\ X_n \end{pmatrix} = (\mathrm{tr}A(t))W.$$

求めたい線型方程式は

$$W\left(x, x^{[1]}, \ldots, x^{[n]}\right) = 0 \tag{2.35}$$

と書かれる．ただし，未知函数は x であり，この式を x に関して展開すると x とその導函数に関して 1 次同次式になっていることが分かるだろう．また，$x = x^{[k]}$ が解になっていることは代入してみれば分かる．

最高次の導函数 $d^n x/dt^n$ の係数は，$W\left(x^{[1]}, \ldots, x^{[n]}\right)(t)$ となるので，これが 0 になる点は方程式の特異点となる．

計算例 2.12 $C_1(t^2-1) + C_2 e^{t^2+t}$ を一般解に持つ線型方程式を求めよう．

これは $x^{[1]} = t^2 - 1$, $x^{[2]} = e^{t^2+t}$ と置いて

$$W(x, x^{[1]}, x^{[2]}) = \det \begin{pmatrix} x & t^2-1 & e^{t^2+t} \\ \frac{d}{dt}x & 2t & (2t+1)e^{t^2+t} \\ \frac{d^2}{dt^2}x & 2 & (4t^2+4t+3)e^{t^2+t} \end{pmatrix} = 0$$

と書ける．全体を e^{t^2+t} で割って整理すると次が得られる：

$$(2t^3+t^2-4t-1)\frac{d^2x}{dt^2} - (4t^4+4t^3-t^2-4t-5)\frac{dx}{dt} + 2(4t^3+4t^2+t-1)x = 0.$$

2.2.2 同次線型方程式の解法

a. 単独高階方程式

まず，定数係数の場合に，単独高階同次線型方程式

$$(\text{卌}) \quad \frac{d^n x}{dt^n} + a_1 \frac{d^{n-1}x}{dt^{n-1}} + \cdots + a_{n-1}\frac{dx}{dt} + a_n x = 0$$

について考える．重ね合わせの原理から，n 個の線型独立な解を見つければ，それらの線型結合ですべての解が表せる．

多項式 $P(X) = X^n + a_1 X^{n-1} + \cdots + a_{n-1}X + a_n$ を考えよう．これを (卌) の**特性多項式** (characteristic polynomial) と呼ぶ．微分の記号を $D = d/dt$ のように略記すると，方程式 (卌) は

$$P(D)x = 0 \tag{2.36}$$

のように書ける．多項式 $P(X)$ は，代数学の基本定理から，複素数の範囲で，重複を含めて n 個の根を持ち，次のように因数分解される：

$$P(X) = (X-\lambda_1)^{m_1}(X-\lambda_2)^{m_2}\cdots(X-\lambda_p)^{m_p}, \quad \sum_{k=1}^{p} m_k = n. \tag{2.37}$$

このとき，次の定理が成り立つ．

定理 2.12　特性多項式が (2.37) のように因数分解されるとき，定数係数の同次線型方程式 (卝) の解は

$$t^l e^{\lambda_k t} \quad (0 \le l \le m_k - 1,\ 1 \le k \le p) \tag{2.38}$$

の線型結合で書かれる．

実際，函数 $e^{\lambda t}$ に関しては，$De^{\lambda t} = \lambda e^{\lambda t}$ より，$P(D)e^{\lambda t} = P(\lambda)e^{\lambda t}$ であるから，$e^{\lambda_k t}$, $k = 1, \ldots, p$ が解となる．

また，$t^l e^{\lambda t}$ に関しても，$(D-\lambda)t^l e^{\lambda t} = lt^{l-1}e^{\lambda t}$ から，繰り返して，解となることが分かる．

問題 2.3　これらの解が線型独立であることを示せ．

ところで，λ が虚根であるときは，$t^l e^{\lambda t}$ は実函数にならないが，方程式の係数 a_i, $i = 1, \ldots, n$ が実数の場合には，初期値問題の解は実函数の範囲で存在するので，これを求めたいときにはどうすればよいだろうか？

特性多項式が実多項式の場合には，実根以外の根は共軛複素数の組で現れる．つまり，因数分解 (2.37) は

$$P(X) = \prod_{i=1}^{p_1}(X-\alpha_i)^{m_i}\prod_{j=1}^{p_2}\{(X-(\beta_j+\sqrt{-1}\gamma_j))(X-(\beta_j-\sqrt{-1}\gamma_j))\}^{n_j} \tag{2.39}$$

のように表される ($\alpha_i, \beta_j, \gamma_j \in \mathbb{R}$)．

ここで実函数にならない $t^l e^{(\beta_j \pm \sqrt{-1}\gamma_j)t}$ に対して，

$$\frac{t^l e^{(\beta_j+\sqrt{-1}\gamma_j)t}+t^l e^{(\beta_j-\sqrt{-1}\gamma_j)t}}{2}=t^l e^{\beta_j t}\cos\gamma_j t,$$
$$\frac{t^l e^{(\beta_j+\sqrt{-1}\gamma_j)t}-t^l e^{(\beta_j-\sqrt{-1}\gamma_j)t}}{2\sqrt{-1}}=t^l e^{\beta_j t}\sin\gamma_j t \tag{2.40}$$

をとると，これは実函数になる．結局，次が成り立つ．

定理 2.13　特性多項式が (2.39) のように因数分解されるとき，定数係数の同次線型方程式 (♮♮) の解は

$$t^l e^{\alpha_i t}\quad (0\le l\le m_i-1,\ 1\le i\le p_1),$$
$$t^k e^{\beta_j t}\cos\gamma_j t,\qquad t^k e^{\beta_j t}\sin\gamma_j t\qquad (0\le k\le n_j,\ 1\le j\le p_2) \tag{2.41}$$

の線型結合で書かれる．

計算例 2.13　次の定数係数線型微分方程式の解を求めよう：
(1) $\left(\frac{d^3}{dt^3}-6\frac{d^2}{dt^2}+11\frac{d}{dt}-6\right)x=0$,　(2) $\left(\frac{d^3}{dt^3}-4\frac{d^2}{dt^2}+5\frac{d}{dt}-2\right)x=0$,
(3) $\left(\frac{d^2}{dt^2}-4\frac{d}{dt}+5\right)x=0$.

作用素の部分において，d/dt を X と書いて因数分解すると，それぞれ $(X-1)(X-2)(X-3)$, $(X-1)^2(X-2)$, $(X-2+\sqrt{-1})(X-2-\sqrt{-1})$ となる．よって一般解は次のように書かれる：
(1) $C_1e^t+C_2e^{2t}+C_3e^{3t}$,　(2) $C_1e^t+C_2te^t+C_3e^{2t}$,
(3) $C_1e^{2t}\cos t+C_2e^{2t}\sin t$.

b. 連立 1 階方程式

次に，連立 1 階方程式の場合，つまり

(♮)　$$\frac{dx}{dt}=Ax,\quad A\ は\ n\times n\ 定数行列$$

の解についても見てみよう．

係数の A が 1×1 行列，つまりスカラーだったら簡単で，$x=\exp(tA)$ が解になるのであった．これが解になるのは冪級数を考えてみれば分かる．

一般の行列 A に対しても，冪級数で行列 $\exp(tA)$ を定義すれば，定数ヴェクトル c に対して，$x=\exp(tA)c$ を解にするようにできる．

定義 2.14　正方行列 $X \in M_n(K)$ に対して，行列の指数函数を次のように定義する：

$$e^X = \exp X = \sum_{j=0}^{\infty} \frac{1}{j!} X^j = 1_n + X + \frac{1}{2} X^2 + \frac{1}{6} X^3 + \cdots . \tag{2.42}$$

この函数の値が，任意の X について定まることを見ておこう．部分和 $S_N = \sum_{j=1}^{N} X^j/(j!)$ を考えると，$\|S_N - S_M\| = \left\| \sum_{M<j\leq N} X^j/(j!) \right\| \leq \sum_{M<j\leq N} \|X\|^j/(j!)$ となり[16)]，最右辺は 0 に収束するので $(N, M \to 0)$，行列の各成分は基本列となり絶対収束する．

また，収束冪級数であるので項別微分ができて，行列微分方程式 $\frac{d}{dt}\exp(tA) = A\exp(tA)$ も示せる．

行列の指数函数の簡単な性質をまとめておこう．

命題 2.15　（ア）$\frac{d}{dt} e^{tA} = A e^{tA}$,

（イ）$AB = BA$ ならば[17)]，$e^A e^B = e^{A+B}$,

（ウ）$e^{O_n} = 1_n$, $(e^A)^{-1} = e^{-A}$　$(\because e^A e^{-A} = e^{-A} e^A = 1_n)$,

（エ）${}^t(e^A) = e^{{}^tA}$,　$Pe^A P^{-1} = e^{PAP^{-1}}$,　$\det e^A = e^{\mathrm{tr} A}$.

定理 2.16　ヴェクトル e_j を j 番目の成分が 1 で，残りの成分が 0 であるヴェクトルとする．このとき

$$\exp(tA)e_j, \quad j = 1, 2, \ldots, n \tag{2.43}$$

は微分方程式 (♮) $dx/dt = Ax$ の n 個の線型独立な解である．また，初期条件が $x(t_0) = \xi$ のときの初期値問題の解は $x = \exp((t - t_0)A)\xi$ となる．

行列の指数函数の計算

行列 $A \in M_n(\mathbb{C})$ が，可逆行列 $P \in GL(n, \mathbb{C})$ による相似変換で $P^{-1}AP = J_{m_1}(\lambda_1) \oplus \cdots \oplus J_{m_l}(\lambda_l)$ のように Jordan 標準形に書けたとしよう（記号の意味などは xviii ページ参照）．

16)　xvii ページの式 (14) を参照．
17)　$AB = BA$ でなければ，一般には成り立たないことに注意．

これを使って，$\exp(tA)$ を計算しよう：

$$\begin{aligned}\exp(tA) &= \exp(tP(J_{m_1}(\lambda_1) \oplus \cdots \oplus J_{m_l}(\lambda_l))P^{-1}) \\ &= P\exp(t(J_{m_1}(\lambda_1) \oplus \cdots \oplus J_{m_l}(\lambda_l)))P^{-1} \\ &= P(\exp(tJ_{m_1}(\lambda_1)) \oplus \cdots \oplus \exp(tJ_{m_l}(\lambda_l)))P^{-1}\end{aligned}$$

となるが，さらに（${N_m}^m = 0$ に注意すると）

$$\begin{aligned}\exp(tJ_m(\lambda)) &= \exp(t(\lambda 1_m + N_m)) = \exp(\lambda t)\exp(tN_m) \\ &= \exp(\lambda t)\left(1_m + tN_m + \frac{t^2}{2!}{N_m}^2 + \cdots + \frac{t^{m-1}}{(m-1)!}{N_m}^{m-1}\right) \\ &= \begin{pmatrix} e^{\lambda t} & te^{\lambda t} & \frac{t^2}{2!}e^{\lambda t} & \cdots & \frac{t^{m-1}}{(m-1)!}e^{\lambda t} \\ & e^{\lambda t} & te^{\lambda t} & \cdots & \frac{t^{m-2}}{(m-2)!}e^{\lambda t} \\ & & e^{\lambda t} & \ddots & \vdots \\ & & & \ddots & te^{\lambda t} \\ O & & & & e^{\lambda t} \end{pmatrix}.\end{aligned}$$

注意 2.17 この計算では，行列 A が実行列でも，途中で複素数の計算が出てくることがあるが，その場合にも最終的な $\exp(tA)$ は実行列である．

これは，例 1（1 ページ）にあるように，三角函数を用いて計算することもできる．実行列は $J_{r_1}(\alpha_1) \oplus \cdots \oplus J_{r_l}(\alpha_l) \oplus K_{s_1}(\beta_1, \gamma_1) \oplus \cdots \oplus K_{s_k}(\beta_k, \gamma_k)$ に実可逆行列で相似変形できる．$K_s(\beta, \gamma) = K^{\oplus s} + {N_{2s}}^2$ で，$K = \begin{pmatrix} \beta & \gamma \\ -\gamma & \beta \end{pmatrix}$ であった（xviii ページ）．

普通の Jordan 標準形との対応を見てみよう．実行列では実でない Jordan ブロックは $J_m(\alpha) \oplus J_m(\bar{\alpha})$ のようにその共軛と必ず組で現れる．これは行と列の入れ替えで $\mathrm{diag}(\alpha, \bar{\alpha}, \ldots, \alpha, \bar{\alpha}) + {N_{2m}}^2$ の形に書き換えられる[18]．固有値を $\alpha = \beta + \sqrt{-1}\gamma$ と置くと，次のように計算できる：

$$\begin{pmatrix} 1 & -1 \\ 1 & 1 \end{pmatrix}^{-1} \begin{pmatrix} \alpha & \\ & \bar{\alpha} \end{pmatrix} \begin{pmatrix} 1 & -1 \\ 1 & 1 \end{pmatrix} = \frac{1}{2}\begin{pmatrix} \alpha + \bar{\alpha} & -\alpha + \bar{\alpha} \\ -\alpha + \bar{\alpha} & \alpha + \bar{\alpha} \end{pmatrix},$$

18) 記号 $\mathrm{diag}(\theta_1, \ldots, \theta_m)$ は，$\theta_1, \ldots, \theta_m$ を対角成分に持つ対角行列を表す．

$$\frac{1}{2}\begin{pmatrix} 1 & \\ & \sqrt{-1} \end{pmatrix}^{-1}\begin{pmatrix} \alpha+\bar{\alpha} & -\alpha+\bar{\alpha} \\ -\alpha+\bar{\alpha} & \alpha+\bar{\alpha} \end{pmatrix}\begin{pmatrix} 1 & \\ & \sqrt{-1} \end{pmatrix} = \begin{pmatrix} \beta & \gamma \\ -\gamma & \beta \end{pmatrix}.$$

さて，このとき，$\exp(tK_s(\beta,\gamma))$ は $R = \begin{pmatrix} \cos\gamma t & \sin\gamma t \\ -\sin\gamma t & \cos\gamma t \end{pmatrix}$ と置くと

$$\begin{aligned}
\exp(tK_s(\beta,\gamma)) &= \exp(t(K^{\oplus s} + {N_{2s}}^2)) = \exp(\beta t)(R^{\oplus s})\exp(t{N_{2s}}^2)x \\
&= \exp(\beta t)(R^{\oplus s})\left(1_{2s} + t{N_{2s}}^2 + \frac{t^2}{2!}{N_{2s}}^4 + \cdots + \frac{t^{s-1}}{(s-1)!}{N_{2s}}^{2(s-1)}\right) \\
&= \begin{pmatrix} e^{\beta t}R & te^{\beta t}R & \frac{t^2}{2!}e^{\beta t}R & \cdots & \frac{t^{s-1}}{(s-1)!}e^{\beta t}R \\ & e^{\beta t}R & te^{\beta t}R & \cdots & \frac{t^{s-2}}{(s-2)!}e^{\beta t}R \\ & & e^{\beta t}R & \ddots & \vdots \\ & & & \ddots & te^{\beta t}R \\ O & & & & e^{\beta t}R \end{pmatrix}
\end{aligned}$$

となる．複素固有値のまま計算しても $e^{\sqrt{-1}t} = \cos t + \sqrt{-1}\sin t$ を使うと，$\exp(tA)$ の計算結果は同じものになるはずである． □

上では Jordan 標準形を使った計算法を述べたが，行列の射影行列分解に基づく計算も知られている．これも見ておこう．

行列の指数函数の計算（射影行列を使う方法）

行列 A の固有多項式を $\varphi_A(\lambda) = \det(\lambda 1_m - A)$ と置く．この多項式を因数分解して $\varphi_A(\lambda) = \prod_{k=1}^{l}(\lambda - \lambda_k)^{m_k}$ と書けたとして，$1/\varphi_A(\lambda)$ を部分分数展開したものが

$$\frac{1}{\varphi_A(\lambda)} = \sum_{k=1}^{l}\sum_{i=1}^{m_k}\frac{c_{k,i}}{(\lambda-\lambda_k)^i} = \sum_{k=1}^{l}\frac{g_k(\lambda)}{(\lambda-\lambda_k)^{m_k}} \tag{2.44}$$

と書けるとしよう．ここで，g_k は高々 $m_k - 1$ 次の多項式である．

行列 A に付随する射影行列 P_k を

$$P_k = \left(\prod_{i\neq k}(A - \lambda_i 1_m)^{m_i}\right)g_k(A) \tag{2.45}$$

で定義する．このとき，Cayley-Hamilton の定理より $\varphi_A(A)=0$ であるから

$$(A-\lambda_k 1_m)^{m_k}P_k=\varphi_A(A)g_k(A)=0$$

となる．また，$P_1+\cdots+P_l=(\varphi_A(\lambda)/\varphi_A(\lambda))|_{\lambda=A}=1_m$ にも注意しよう．

では，指数函数 e^{tA} を求めてみよう．ここで $e^{tA}P_k=e^{\lambda_k t}e^{t(A-\lambda_k 1_m)}P_k$ で

$$e^{t(A-\lambda_k 1_m)}P_k=\sum_{i=0}^{\infty}\frac{t^i}{i!}(A-\lambda_k 1_m)^i P_k=\sum_{i=0}^{m_k-1}\frac{t^i}{i!}(A-\lambda_k 1_m)^i P_k$$

と書ける．よって，高々 m_k-1 次の多項式を $h_k(t,\lambda)=\sum_{i=0}^{m_k-1}\frac{t^i}{i!}(\lambda-\lambda_k)^i$ と置くと，次のように計算できた：

$$e^{tA}=e^{tA}(P_1+\cdots+P_l)=e^{\lambda_1 t}h_1(t,A)P_1+\cdots+e^{\lambda_l t}h_l(t,A)P_l. \quad (2.46)$$

少し行列の計算が長くなってしまったが，線型代数の応用としても手頃なので，簡単な例を計算しておこう．

計算例 2.14　次の行列 A に対し，$\exp(tA)$ を計算しよう：

$$(1)\ A=\begin{pmatrix}0&1\\-1&0\end{pmatrix},\quad (2)\ A=\begin{pmatrix}1&1\\0&1\end{pmatrix},\quad (3)\ A=\begin{pmatrix}3&3&1\\-1&0&0\\1&1&1\end{pmatrix}.$$

まず (1) については，固有多項式の根は $\pm\sqrt{-1}$ で，それぞれの固有値に対応する固有ヴェクトルは ${}^t(1,\pm\sqrt{-1})$ となる．式

$$\begin{pmatrix}0&1\\-1&0\end{pmatrix}\begin{pmatrix}1&1\\\sqrt{-1}&-\sqrt{-1}\end{pmatrix}=\begin{pmatrix}1&1\\\sqrt{-1}&-\sqrt{-1}\end{pmatrix}\begin{pmatrix}\sqrt{-1}&\\&-\sqrt{-1}\end{pmatrix}$$

から A は対角化できて，特に $\exp(tA)$ は次のように計算できる：

$$\begin{aligned}e^{tA}&=\begin{pmatrix}1&1\\\sqrt{-1}&-\sqrt{-1}\end{pmatrix}\begin{pmatrix}e^{\sqrt{-1}t}&0\\0&e^{-\sqrt{-1}t}\end{pmatrix}\begin{pmatrix}1&1\\\sqrt{-1}&-\sqrt{-1}\end{pmatrix}^{-1}\\&=\begin{pmatrix}\cos t&\sin t\\-\sin t&\cos t\end{pmatrix}.\end{aligned}$$

特に $B = \begin{pmatrix} a & b \\ -b & a \end{pmatrix}$ の形の行列は，$e^{tB} = e^{t(a1_m + bA)} = e^{at}e^{btA}$ で

$$\exp(tB) = \exp\begin{pmatrix} at & bt \\ -bt & at \end{pmatrix} = \begin{pmatrix} e^{at}\cos bt & e^{at}\sin bt \\ -e^{at}\sin bt & e^{at}\cos bt \end{pmatrix}$$

と計算できることに注意しよう．

(2) はそのまま，$\exp\begin{pmatrix} t & t \\ 0 & t \end{pmatrix} = \begin{pmatrix} e^t & te^t \\ 0 & e^t \end{pmatrix}$ である．

(3) の固有多項式は $\varphi_A(\lambda) = \det(\lambda 1_3 - A) = (\lambda - 2)(\lambda - 1)^2$ である．この情報だけからでは Jordan 標準形は分からないが，固有値 2, 1 に対応する固有ヴェクトルはそれぞれ ${}^t(2, -1, 1)$, ${}^t(1, -1, 1)$ で，特に固有値 1 に対応する固有空間も 1 次元なことから，Jordan 標準形は確定する．広義固有空間の元で $(A - 1_3)v = {}^t(1, -1, 1)$ を満たす v として，$v = {}^t(0, 1, -2)$ がとれ

$$\begin{pmatrix} 3 & 3 & 1 \\ -1 & 0 & 0 \\ 1 & 1 & 1 \end{pmatrix}\begin{pmatrix} 2 & 1 & 0 \\ -1 & -1 & 1 \\ 1 & 1 & -2 \end{pmatrix} = \begin{pmatrix} 2 & 1 & 0 \\ -1 & -1 & 1 \\ 1 & 1 & -2 \end{pmatrix}\begin{pmatrix} 2 & & \\ & 1 & 1 \\ & & 1 \end{pmatrix}$$

と書ける．結局，$\exp(tA)$ は次のように計算できる：

$$e^{tA} = \begin{pmatrix} 2 & 1 & 0 \\ -1 & -1 & 1 \\ 1 & 1 & -2 \end{pmatrix}\begin{pmatrix} e^{2t} & & \\ & e^t & te^t \\ & & e^t \end{pmatrix}\begin{pmatrix} 2 & 1 & 0 \\ -1 & -1 & 1 \\ 1 & 1 & -2 \end{pmatrix}^{-1}.$$

(1), (3) は射影行列分解の方法でも計算してみよう．(1) では

$$\frac{1}{\varphi_A(\lambda)} = \frac{1}{\lambda^2 + 1} = \frac{1}{2\sqrt{-1}}\left(\frac{1}{\lambda - \sqrt{-1}} - \frac{1}{\lambda + \sqrt{-1}}\right)$$

と部分分数展開できるので，$\lambda^2 + 1$ を掛けて $1 = \dfrac{\lambda + \sqrt{-1}}{2\sqrt{-1}} - \dfrac{\lambda - \sqrt{-1}}{2\sqrt{-1}}$ という式が手に入る．これを使うと

$$P_1 = \frac{A + \sqrt{-1}\cdot 1_2}{2\sqrt{-1}} = \frac{1}{2}\begin{pmatrix} 1 & -\sqrt{-1} \\ \sqrt{-1} & 1 \end{pmatrix},$$

$$P_2 = \frac{-A+\sqrt{-1}\cdot 1_2}{2\sqrt{-1}} = \frac{1}{2}\begin{pmatrix} 1 & \sqrt{-1} \\ -\sqrt{-1} & 1 \end{pmatrix}$$

と置いて，$e^{tA} = e^{tA}(P_1+P_2) = e^{\sqrt{-1}t}P_1 + e^{-\sqrt{-1}t}P_2$ となる．

(3) は同様に $\varphi_A{}^{-1} = (\lambda-2)^{-1}(\lambda-1)^{-2}$ の部分分数展開から

$$1 = (\lambda-2)(\lambda-1)^2\left(\frac{1}{\lambda-2} - \frac{\lambda}{(\lambda-1)^2}\right) = (\lambda-1)^2 - \lambda(\lambda-2)$$

が得られる．射影行列を

$$P_1 = (A-1_2)^2 = \begin{pmatrix} 6 & 10 & 4 \\ -3 & -4 & -1 \\ 3 & 4 & 1 \end{pmatrix},\ P_2 = -A(A-2\cdot 1_3) = \begin{pmatrix} -1 & -4 & -2 \\ 1 & 3 & 1 \\ -1 & -2 & 0 \end{pmatrix}$$

として，$e^{tA} = e^{tA}(P_1+P_2) = e^{2t}P_1 + e^t(1+t(A-1_3))P_2$ となる．結局

$$e^{tA} = \begin{pmatrix} 6e^{2t}-e^t & 10e^{2t}-4e^t-te^t & 4e^{2t}-2e^t-te^t \\ -3e^{2t}+e^t & -4e^{2t}+3e^t-7te^t & -2e^{2t}+e^t+te^t \\ 3e^{2t}-e^t & 2e^{2t}-2e^t-te^t & e^{2t}-te^t \end{pmatrix}.$$

問題 2.4　1 階の方程式 $dx/dt = ax$ の解 $x = Ce^{at}$ の類似で，$dx/dt = Ax$ の解を $x = e^{At}c$ と置いたらうまく解が構成できた．しかし，行列 A が t の函数のときは $x = \exp\left(\int A(t)dt\right)c$ は，一般には $dx/dt = A(t)x$ の解にはならない．理由を考えよ．

2.2.3　非同次線型方程式の解法

a. ここでは，1 階線型方程式の解法（2.1.2 項）で出てきた定数変化法を使って，同次方程式の一般解が求まっているという仮定のもとに，非同次方程式の解を求めてみよう．

まず次の連立 1 階の方程式系について考えてみよう：

$$(\sharp)\qquad \frac{dx}{dt} = A(t)x + u(t).$$

方程式系 $(\sharp)$ に対して，対応した同次方程式 $(\natural)$ $dx/dt = A(t)x$ をとり，$(\natural)$ の n 個の独立な解 $x^{[1]}, \ldots, x^{[n]}$ を並べて作った行列 $X(t) = \left(x^{[1]}, \ldots, x^{[n]}\right)$

を考える．これを (♮) の**基本系行列**と呼ぶ．

方程式系 (♮) の一般解は定数ヴェクトル c を用いて，$x(t) = X(t)c$ と表せるが，この c をヴェクトル値函数と見ることで (♯) の特殊解を得たい．

方程式 (♯) に代入することで，条件 $dc/dt = X^{-1}u$ が得られる．これから，特殊解として $x^*(t) = X(t)\int^t X^{-1}(s)u(s)ds$ が得られる．結果，次が分かる．

定理 2.18　非同次方程式 (♯) の一般解は，対応する同次方程式 (♮) の基本系行列を X とすると

$$x(t) = X(t)\left(c + \int^t X^{-1}(s)u(s)ds\right), \quad c \text{ は定数ヴェクトル} \tag{2.47}$$

となる．特に，初期条件が $x(t_0) = \xi$ のときの初期値問題の解は

$$x(t) = X(t)\left(X(t_0)^{-1}\xi + \int_{t_0}^t X^{-1}(s)u(s)ds\right). \tag{2.48}$$

また，単独高階方程式

$$(♯♮) \quad \frac{d^n x}{dt^n} + a_1(t)\frac{d^{n-1}x}{dt^{n-1}} + \cdots + a_{n-1}(t)\frac{dx}{dt} + a_n(t)x = u(t)$$

についても，上の定理から次が出る．

系 2.19　非同次方程式 (♯♮) の一般解は，$u = 0$ とした対応する同次方程式の n 個の線型独立な解を $x^{[1]}, \ldots, x^{[n]}$ とすると

$$x(t) = \sum_{k=1}^n x^{[k]}(t)\left(C_k + \int^t \frac{W_k\left(x^{[1]}, \ldots, x^{[n]}\right)(s)}{W\left(x^{[1]}, \ldots, x^{[n]}\right)(s)}u(s)ds\right), \quad C_k \in K \tag{2.49}$$

の形で与えられる．ただし，W は Wronskian で，W_k は W を定める行列の (n, k) 余因子．

証明.　方程式 (♯♮) は，$x_1 = x$, $x_2 = dx/dt, \ldots, x_n = d^{n-1}x/dt^{n-1}$ と置くことで

$$\frac{dx}{dt} = \begin{pmatrix} 0 & 1 & 0 & \cdots & 0 \\ 0 & 0 & 1 & \ddots & \vdots \\ \vdots & \vdots & \ddots & \ddots & 0 \\ 0 & 0 & \cdots & 0 & 1 \\ -a_n(t) & -a_{n-1}(t) & -a_{n-2}(t) & \cdots & -a_1(t) \end{pmatrix} x + \begin{pmatrix} 0 \\ \vdots \\ 0 \\ u \end{pmatrix} \tag{2.50}$$

という (♯) の形の方程式に帰着される．これを定理 2.18 に当てはめると系が得られる．特に，Cramer の公式から W_k/W は基本系行列の逆行列の (k,n) 成分であることに注意．□

これで，原理的に，同次方程式の一般解が求まっていれば（定数係数のときこれは求まる），非同次方程式の解が計算できる．

b. しかし，ここにある一般解の計算は，行列式の計算などもあり，大変である．一方で，非同次方程式の場合の解法は，同次方程式の n 個の線型独立な解を見つけることと特殊解のひとつを見つけることのふたつに帰着されるのだが，比較的簡単な特殊解が見つかることも多い．単独高階方程式で係数 $a_k(t)$ が定数の場合の解を求める，より簡単なレシピを見ていこう．

具体的な計算には次に定義する畳み込みの計算に慣れておくと便利である．このような演算が便利なのは，定数変化法を使った上の定理からも見てとれる．

定義 2.20　2 つの連続函数 f, g に対して，函数 $f*g$ を

$$f*g(t)=\int_0^t f(t-s)g(s)ds \tag{2.51}$$

と定義し，f と g の**畳み込み** (convolution) と呼ぶ．

畳み込みの簡単な性質をまとめておこう．

命題 2.21　（ア）$f*g=g*f,\quad f*(g*h)=(f*g)*h,$
（イ）$(cf)*g=f*(cg)=cf*g,\quad c$ は定数．

証明． まず（イ）は明らか．（ア）は $r=t-s$ と置いて $\int_0^t f(t-s)g(s)ds=\int_0^t f(r)g(t-r)dr$ より $f*g=g*f$ が言える．また

$$\int_0^t f(t-s)\left(\int_0^s g(s-r)h(r)dr\right)ds=\int_{0\le r\le s\le t} f(t-s)g(s-r)h(r)drds$$
$$=\int_0^t\left(\int_r^t f(t-s)g(s-r)ds\right)h(r)dr=\int_0^t\left(\int_0^{t-r} f(t-r-s)g(s)ds\right)h(r)dr$$

から，$f*(g*h)=(f*g)*h$ も言えた．□

それではこの畳み込みを使って非同次方程式の特殊解を求めてみよう．

定理 2.22　$P(X) = \prod_{k=1}^{n}(X - \lambda_k)$ のとき，函数

$$x = x^*(t) = e^{\lambda_1 t} * \cdots * e^{\lambda_n t} * u \tag{2.52}$$

は微分方程式 $P(D)x = u(t)$ の特殊解となる．ただし $D = d/dt$ で λ_k には重複があってもよい．

これは，定数変化法で $x^* = e^{\lambda t} * u$ が $(D - \lambda)x = u$ の特殊解であることを見ておけば，同じ議論を繰り返すことで理解できる．

あとは畳み込みの計算ができればうれしい．下の命題は計算に使える．

命題 2.23　（ア）　$e^{\lambda t} * e^{\mu t} = (e^{\lambda t} - e^{\mu t})/(\lambda - \mu)$　$(\lambda \neq \mu)$,

（イ）　$e^{\lambda t} * e^{\lambda t} = te^{\lambda t}$, 一般に $e^{\lambda t} * \left(\frac{t^k}{k!}e^{\lambda t}\right) = \frac{t^{k+1}}{(k+1)!}e^{\lambda t}$.

証明.　（ア）　$\int_0^t e^{\lambda(t-s)} e^{\mu s} ds = \frac{e^{\lambda t + (\mu - \lambda)s}}{\mu - \lambda}\Big|_{s=0}^{t} = (e^{\lambda t} - e^{\mu t})/(\lambda - \mu)$.

（イ）　$\int_0^t e^{\lambda(t-s)} \left(\frac{s^k}{k!}e^{\lambda s}\right) ds = e^{\lambda t}\int_0^t (s^k/k!)ds = t^{k+1}e^{\lambda t}/(k+1)!$.　□

計算例 2.15　微分方程式 $(d^2x/dt^2) + \omega^2 x = u(t)$ を解く．これは例 1 で扱った強制振動の例である（4 ページ）．

まず，$u = 0$ のときの解は $C_1 \cos\omega t + C_2 \sin\omega t$ である．よって，特殊解 x^* が求まれば一般解は求まるが，$(D - \omega\sqrt{-1})(D + \omega\sqrt{-1})x = u$ であるから $x^* = e^{\omega\sqrt{-1}t} * e^{-\omega\sqrt{-1}t} * u$ とすればよかった．$e^{\omega\sqrt{-1}t} * e^{-\omega\sqrt{-1}t} = (e^{\omega\sqrt{-1}t} - e^{-\omega\sqrt{-1}t})/(2\omega\sqrt{-1})$ から，一般解は

$$x = C_1 \cos\omega t + C_2 \sin\omega t + \frac{e^{\omega\sqrt{-1}t} - e^{-\omega\sqrt{-1}t}}{2\omega\sqrt{-1}} * u$$

と求まる．特に $u = u_0 \sin\Omega t$ のときは

$$\begin{aligned} x^* &= -\frac{u_0}{4\omega}\left(e^{\omega\sqrt{-1}t} - e^{-\omega\sqrt{-1}t}\right) * \left(e^{\Omega\sqrt{-1}t} - e^{-\Omega\sqrt{-1}t}\right) \\ &= -\frac{u_0}{4\omega}\left\{\frac{e^{\omega\sqrt{-1}t} - e^{\Omega\sqrt{-1}t}}{(\omega - \Omega)\sqrt{-1}} - \frac{e^{-\omega\sqrt{-1}t} - e^{-\Omega\sqrt{-1}t}}{(\omega - \Omega)\sqrt{-1}}\right. \end{aligned}$$

$$+\frac{e^{-\omega\sqrt{-1}t}-e^{\Omega\sqrt{-1}t}}{(\omega+\Omega)\sqrt{-1}}-\frac{e^{\omega\sqrt{-1}t}-e^{-\Omega\sqrt{-1}t}}{(\omega+\Omega)\sqrt{-1}}\Bigg\}$$
$$=-\frac{u_0}{2\omega}\left\{\left(\frac{1}{\omega-\Omega}-\frac{1}{\omega+\Omega}\right)\sin\omega t-\left(\frac{1}{\omega-\Omega}+\frac{1}{\omega+\Omega}\right)\sin\Omega t\right\}.$$

ここで，$\sin\omega t$ の項は C_2 のほうに組み込めばいいので，結局一般解は

$$x=C_1\cos\omega t+C_2\sin\omega t+\frac{u_0}{\omega^2-\Omega^2}\sin\Omega t$$

と求まった．

既に今まで述べた内容で定数係数非同次方程式の求積法による解は構成できるのだが，より簡単に計算することを目指して，もう少し，非同次方程式の解法を見ておこう．

① 多項式 $P(X)$ に対して $1/P(X)$ を部分分数展開したものが

$$\frac{1}{P(X)}=\sum_{k=1}^{l}\sum_{i=1}^{m_k}\frac{c_{k,i}}{(X-\lambda_k)^i} \tag{2.53}$$

であれば，方程式 $P(D)x=u$ の特殊解として $x^*=\sum_{k=1}^{l}\sum_{i=1}^{m_k}c_{k,i}x_{k,i}$ が得られる．ただし $x_{k,i}$ は，方程式 $(D-\lambda_k)^i x_{k,i}=u$ を満たす函数とする．

$\because$ $P_{k,i}(X)=\dfrac{c_{k,i}P(X)}{(X-\lambda_k)^i}$ と置くと，$\displaystyle\sum_{k,i}P_{k,i}(X)=\frac{P(X)}{P(X)}=1$ となる．

$$P(D)x^*=\sum_{k,i}P_{k,i}(D)(D-\lambda_k)^i x_{k,i}=\sum_{k,i}P_{k,i}(D)u=u$$

から，解となることが分かる． □

これから，一般の定数係数方程式の解が $(D-\lambda)^i x=u$ の解に帰着された．

② $P(D)x=e^{\lambda t}u$ の解 x は，$P(D+\lambda)y=u$ の解 y に対し，$x=e^{\lambda t}y$ と置くことで得られる．これは $e^{-\lambda t}P(D)e^{\lambda t}y=P(D+\lambda)y$ のようにも書ける．

畳み込みの計算でも，$e^{\mu t}*(e^{\lambda t}u)=e^{\lambda t}(e^{(\mu-\lambda)t}*u)$ となることが分かる．

③ 冪級数の $1=(1-X)(1+X+X^2+\cdots)$ という計算が使えることがある．$x=(1+D+D^2+\cdots)u$ と置けば，形式的には $(1-D)x=u$ となることが分かる．X に $D=d/dt$ を代入したが，D の多項式で定数項が 0 である

ようなものを代入しても同様なことができる．

ただし，無限階微分作用素を使っているので，u に作用させて得られた函数がうまく定義できていなくてはならない．特に u が多項式であるときにはうまくいっていて，この場合は十分大きな階数の微分の項は無視してもよい．

注意 2.24　ここで見た計算法は，$P(D)x = u$ の解を $x = \frac{1}{P(D)}u$ と表記することで，通常の有理函数の計算のアナロジーで理解できる．ただし，方程式の解は一意ではないので，記号に整合的な意味をつけるのには少し工夫がいる．Mikusiński による演算子法が有名である．□

計算例 2.16　$(D+1)^2(D+2)x = (t^2+t+1)e^{-3t}$, $D = d/dt$ を解く．

$x = e^{-3t}y$ と置くと，y は $(D-2)^2(D-1)y = t^2+t+1$ を満たす．

$$\frac{1}{(X-2)^2(X-1)} = \frac{1}{X-1} + \frac{1}{(X-2)^2} - \frac{1}{X-2}$$

と部分分数展開できるから，$u = t^2+t+1$ に対して $(D-1)y_1 = u$, $(D-2)^2y_2 = u$, $(D-2)y_3 = u$ とすると，$x^* = e^{-3t}y = e^{-3t}(y_1+y_2-y_3)$ は解となる．y_1, y_2, y_3 は

$$\begin{aligned}
y_1 &= -(1+D+D^2)u = -t^2-3t-4, \\
y_2 &= \frac{1}{4}\left(1+\frac{1}{2}D+\frac{1}{4}D^2\right)^2 u = \frac{1}{4}t^2+\frac{3}{4}t+\frac{7}{8}, \\
y_3 &= -\frac{1}{2}\left(1+\frac{1}{2}D+\frac{1}{4}D^2\right)u = -\frac{1}{2}t^2-t-1
\end{aligned}$$

と計算できるので，一般解は次のように計算される：

$$x = C_1te^{-t} + C_2e^{-t} + C_3e^{-2t} - \left(\frac{1}{4}t^2+\frac{5}{4}t+\frac{17}{8}\right)e^{-3t}.$$

2.2.4　求積可能な変数係数線型方程式

2 階以上の線型方程式は，変数係数であれば，一般には求積可能ではない．ここでは，求積可能であるような特別な場合を見てみよう．

a. Euler 型方程式

係数 a_k を t に依らない定数としたとき

$$t^n \frac{d^n x}{dt^n} + a_1 t^{n-1} \frac{d^{n-1} x}{dt^{n-1}} + \cdots + a_{n-1} t \frac{dx}{dt} + a_n x = u(t) \tag{2.54}$$

の形の線型微分方程式を **Euler 型微分方程式**と呼ぶ.

この形の方程式は定数係数の線型方程式の解法を使って初等函数で解ける.

まず $\vartheta = td/dt$ と置くと，$t^k d^k/dt^k = \vartheta(\vartheta-1)\cdots(\vartheta-k+1)$ が成り立っている[19]. これを使って方程式を書き換えると

$$[\vartheta(\vartheta-1)\cdots(\vartheta-n+1)+a_1\vartheta\cdots(\vartheta-n+2)+\cdots+a_{n-1}\vartheta+a_n]x = f(t) \tag{2.55}$$

となる. 変数変換 $t = \exp s$ を使うと，$\vartheta = td/dt = d/ds$ とでき，方程式は，s に関しての定数係数 n 階線型常微分方程式になる. こうやって，Euler 型方程式の解法は，定数係数線型方程式の解法に帰着された. 特に，$u = 0$ の同次型の場合，$t^\lambda(\log t)^l$ の形の解の基底がとれる.

計算例 2.17 方程式 $(t+3)^2(d^2x/dt^2)-(t+3)(dx/dt)+x=t$ を解く.

この方程式の同次部分は，そのままでは Euler 型に見えないが，$t+3$ を変数と思えば，Euler 型である. $t+3=\exp s$ と変数変換すると，定数係数方程式 $\{D(D-1)-D+1\}x = e^s - 3$ になる. ただし，$D = d/ds$.

特殊解は $x^* = e^s * e^s * (e^s - 3) = \frac{s^2}{2}e^s - 3e^s*(e^s*1) = \frac{s^2}{2}e^s - 3se^s + 3e^s - 3$. よって，一般解は $x = C_1 se^s + C_2 e^s + \frac{s^2}{2}e^s - 3$ である. $s = \log(t+3)$ だから，$x = (t+3)\left\{C_1 \log(t+3) + C_2 + \frac{1}{2}\log^2(t+3)\right\} - 3$ と求まる.

注意 2.25 2B 章で見る言葉を使えば，Euler 型方程式は，$\mathbb{P}^1 = \mathbb{C} \cup \{\infty\}$ 上確定特異点をふたつだけ持つ Fuchs 型方程式と定義することができる（161 ページ参照）. 例では，$t=-3$ と $t=\infty$ にあったふたつの特異点を 0 と ∞ に移す変数変換をすると (2.54) の形になる. □

b. 線型微分作用素の因数分解

線型微分作用素の因数分解を，作用素が 2 階のときに見てみると

$$L = a_0(t)\frac{d^2}{dt^2} + a_1(t)\frac{d}{dt} + a_2(t) = \left(b_0^{[1]}(t)\frac{d}{dt} + b_1^{[1]}(t)\right)\left(b_0^{[2]}(t)\frac{d}{dt} + b_1^{[2]}(t)\right) \tag{2.56}$$

19) $D = d/dt$ と置いて，$\vartheta(\vartheta-1) = tD(tD-1) = t^2D^2 + tD - tD = t^2D^2$. また，$t^{k-1}D^{k-1}(\vartheta - k + 1) = t^k D^k + (k-1)t^{k-1}D^{k-1} - (k-1)t^{k-1}D^{k-1} = t^k D^k$.

のように，微分作用素が，他の 2 つの作用素の積に書けることをいうわけである．このときには，$y = b_0^{[2]}(t)\frac{dx}{dt} + b_1^{[2]}(t)x$ と置くと，同次方程式 $Lx = 0$, あるいは非同次方程式 $Lx = u(t)$ は 1 階の方程式の解法に帰着され，解くことができる．

ただし，一般の微分作用素が因数分解可能なわけではないことに注意しよう．むしろ，ほとんどの作用素は 1 階の微分作用素の積で表せない．また，微分作用素の積は可換性が成り立たないことにも注意しよう．

例えば，$(D+t)(tD+1)x = (tD^2+(t^2+2)D+t)x$ だが，$(tD+1)(D+t)x = (tD^2+(t^2+1)D+2t)x$ で，これは一致しない．ただし，$D = d/dt$ と置いた．これは，x に t を掛けることと D を作用させることの順番が交換可能ではないからである．

c. Laplace 形方程式

係数が独立変数の 1 次多項式である高階単独線型方程式を **Laplace 形線型微分方程式**と呼ぶ．これは，次のように書ける：

$$(a_0t+b_0)\frac{d^nx}{dt^n} + \cdots + (a_{n-1}t+b_{n-1})\frac{dx}{dt} + (a_nt+b_n)x = 0. \tag{2.57}$$

この形の方程式は一般には求積可能ではないのだが，Laplace 変換によって 1 階線型の方程式に移されるので，そちらのほうは求積法で解くことができる．よって，Laplace 形の方程式は求積法で得られた函数の積分によって記述される．この定積分は，求積法で許されている（簡単な微分方程式の解としての）原始函数を求める操作とは違うもので，求積法の範囲に含めない．このような表示を持つとき，解は**積分表示を持つ**という[20]．変数係数線型方程式は，一般には求積可能ではないので，いつ解が積分表示を持つかという問題も重要な問題である．

後の 2B 章で扱う Kummer の合流超幾何方程式，Hermite-Weber 方程式，Airy 方程式などは Laplace 形である．一方で超幾何微分方程式は Laplace 形ではないが，解は積分表示を持つ．

それではまず Laplace 変換の定義を見てみよう．

20)　いくつかの積分表示について 2B 章で少し見ることになる．

定義 2.26 広義積分

$$F(t) = \int_0^\infty \exp(-ts)f(s)ds \tag{2.58}$$

が収束するとき，これを **Laplace 積分** (Laplace integral) と呼ぶ．ここで t は複素数であってもよい．また，これを函数 f に t の函数 F を対応させる変換と見なすとき **Laplace 変換** (Laplace transform) と呼ぶ．

ここで $\mathcal{L}(f(s))(t) = F(t)$ という記号を導入しよう．

Laplace 積分が収束するかが問題だ．任意の $T > 0$ に対し $|f|$ は $[0, T]$ で積分可能とする．$-\infty \leq \rho \leq \infty$ なる ρ が存在し，$\rho < \mathrm{Re}\, t$ を満たす t で収束し，$\mathrm{Re}\, t < \rho$ を満たす t で発散する．半平面 $\mathrm{Re}\, t > \rho$ を**収束半平面**と呼ぶ．

このことは次の命題から分かる．

命題 2.27 任意の $T > 0$ に対し $|f|$ は $[0, T]$ で積分可能とする．ある t_0 に対して Laplace 積分が収束するなら，$\mathrm{Re}\, t_0 < \mathrm{Re}\, t$ を満たす任意の t で Laplace 積分は収束する．

証明. 任意の $\varepsilon > 0$ に対して，ある T_0 がとれて，任意の $T_2 > T_1\ (> T_0)$ に対して $|\int_{T_1}^{T_2} \exp(-ts)f(s)ds| < \varepsilon$ が成り立つことが広義積分の収束のための必要十分条件である．ここで

$$\begin{aligned}
\int_{T_1}^{T_2} e^{-ts} f(s)ds &= \int_{T_1}^{T_2} e^{-(t-t_0)s} e^{-t_0 s} f(s)ds \\
&= \left[e^{-(t-t_0)s} g(s)\right]_{s=T_1}^{T_2} + (t - t_0) \int_{T_1}^{T_2} e^{-(t-t_0)s} g(s)ds
\end{aligned}$$

のように部分積分ができる．ただし，$g(s) = \int_0^s e^{-t_0 u} f(u)du$ と置いた．

仮定から $\mathcal{L}(f)(t_0) = \lim_{s\to\infty} g(s)$ が収束するので，g は $0 \leq s < \infty$ で有界で，ある正の数 K に対し $|g(s)| < K$ とできる．よって $\lim_{s\to\infty} |e^{-(t-t_0)s} g(s)| = 0$ で，第 2 項目も $T_1, T_2 \to \infty$ で

$$\begin{aligned}
\left|\int_{T_1}^{T_2} e^{-(t-t_0)s} g(s)ds\right| &\leq K \int_{T_1}^{T_2} e^{-(\mathrm{Re}\, t - \mathrm{Re}\, t_0)s} ds \\
&= \frac{K}{\mathrm{Re}\, t - \mathrm{Re}\, t_0} \left[e^{-(\mathrm{Re}\, t - \mathrm{Re}\, t_0)s}\right]_{s=T_1}^{T_2} \to 0
\end{aligned}$$

が言えるので，Laplace 積分の収束が言えた． □

次の命題は収束半平面を求めるのに使える．

命題 2.28 f を $0 < s < \infty$ において区分的に連続で，定数 $M, \lambda > 0$ が存在して，ある T に対し $T < s < \infty$ において $|f(s)| \leq M \exp \lambda s$ を満たすとする．このとき $\mathrm{Re}\, t < \lambda$ を満たす任意の t において $\mathcal{L}(f(s))(t)$ は収束する．

証明. 複素変数を $t = \xi + \sqrt{-1}\eta$ とする．$\mathrm{Re}\, t = \xi > \lambda$ のとき，任意の T_1, T_2 $(T < T_1 < T_2)$ に対して

$$
\begin{aligned}
\left| \int_{T_1}^{T_2} e^{-ts} f(s) ds \right| \leq \int_{T_1}^{T_2} |e^{-ts}||f(s)| ds \leq \int_{T_1}^{T_2} e^{-\xi s} M e^{\lambda s} ds \\
= M \int_{T_1}^{T_2} e^{-(\xi-\lambda)s} ds = \frac{M}{\xi - \lambda} \left(e^{-(\xi-\lambda)T_1} - e^{-(\xi-\lambda)T_2} \right)
\end{aligned}
$$

となる．任意の $\varepsilon > 0$ に対し，$T_0 = \max\{T, -\frac{1}{\xi-\lambda} \log \frac{(\xi-\lambda)\varepsilon}{M}\}$ と置けば，任意の $T_0 < T_1 < T_2$ に対して，右辺を ε より小さくできる．これより，広義積分 $\mathcal{L}(f)(t)$ の収束が言えた． □

Laplace 変換の性質をいくつか挙げておこう．

命題 2.29 f を $0 < s < \infty$ において区分的に連続で，$T < s < \infty$ において $|f(s)| \leq M \exp \lambda s$ とする．

（ア） f は $0 < s < \infty$ で連続かつ区分的に C^1 級，$\lim_{s \to +0} f(s) = f(+0)$ が存在するとする．このとき，$\mathcal{L}(df/ds) = t\mathcal{L}(f) - f(+0)$, $\mathrm{Re}\, t > \lambda$,

（イ） $\mathcal{L}\left(\int_0^s f(u) du\right) = \mathcal{L}(f)/t$, $\mathrm{Re}\, t > \max\{0, \lambda\}$,

（ウ） $\mathcal{L}(sf(s)) = -d(\mathcal{L}(f))/dt$, $\mathrm{Re}\, t > \lambda$,

（エ） $\lim_{s \to 0}(f(s)/s)$ が存在するなら $\mathcal{L}(f(s)/s) = \int_t^\infty \mathcal{L}(f)(\sigma) d\sigma$, $t > \lambda$,

（オ） $\mathcal{L}(e^{\mu s} f)(t) = \mathcal{L}(f)(t - \mu)$, $\mathrm{Re}\,(t - \mu) > \lambda$,

（カ） $\mathcal{L}(f(\mu s))(t) = \frac{1}{\mu}\mathcal{L}(f)(t/\mu)$, $\mathrm{Re}\, t > \mu\lambda$,

（キ） $\mathcal{L}(f * g) = \mathcal{L}(f)\mathcal{L}(g)$.

証明. （ア） 部分積分で

$$\int_0^T e^{-ts}\frac{df}{ds}(s)ds = e^{-tT}f(T) - f(+0) + t\int_0^T e^{-ts}f(s)ds$$

となり，仮定から $\lim_{T\to\infty}|e^{-tT}f(T)| = 0$ となるので示せた．

（イ） $\lambda > 0$ であれば

$$\left|\int_T^s f(u)du\right| \le \int_T^s |f(u)|du \le \int_T^s Me^{\lambda u}du < \frac{M}{\lambda}e^{\lambda s},$$

$\lambda < 0$ であれば $|f(s)| \le Me^{\lambda s} \le M$ より $|\int_T^s f(u)du| < Ms$ で，$\mathcal{L}(\int_0^s f(u)du)$ は $\mathrm{Re}\,t > \max\{0,\lambda\}$ で収束している．また

$$\begin{aligned}\int_0^T e^{-ts}\left(\int_0^s f(u)du\right)ds &= \left[-\frac{1}{t}e^{-ts}\int_0^s f(u)du\right]_{s=0}^T + \frac{1}{t}\int_0^T e^{-ts}f(s)ds\\ &= -\frac{1}{t}e^{-tT}\int_0^T f(u)du + \frac{1}{t}\int_0^T e^{-ts}f(s)ds\end{aligned}$$

となるが，第 1 項は

$$\left|e^{-tT}\int_0^T f(u)du\right| \le e^{-T\mathrm{Re}\,t}\left|\int_0^{T_1} f(u)du\right| + e^{-T\mathrm{Re}\ t}\left|\int_{T_1}^T f(u)du\right|$$

となって，この 1 項目は $T\to\infty$ で 0 に収束し，また 2 項目も $\lambda > 0$ なら $\frac{M}{\lambda}e^{-(\mathrm{Re}\,t-\lambda)T}$, $\lambda < 0$ なら $e^{-T\mathrm{Re}\,t}MT$ でおさえられるので，$\mathrm{Re}\,t > \max\{0,\lambda\}$ なら 0 に収束し，公式が示せる．

（ウ）
$$\begin{aligned}&\left|\frac{\mathcal{L}(f)(t+h) - \mathcal{L}(f)(t)}{h} + \int_0^\infty e^{-ts}sf(s)ds\right|\\ &= \left|\int_0^\infty \left(\frac{e^{-hs}-1}{h} + s\right)e^{-ts}f(s)\right| \le \int_0^\infty \left|\frac{e^{-hs}-1}{h} + s\right|e^{-s\mathrm{Re}\,t}|f(s)|ds\end{aligned}$$

となるが，右辺は $\left|\frac{e^{-hs}-1}{h} + s\right| = \left|\frac{1}{h}\sum_{k=2}^\infty(-hs)^k/k!\right| \le |h|s^2\exp(|h|s)$ より

$$|h|\int_0^T s^2e^{|h|s}e^{-s\mathrm{Re}\,t}|f(s)|ds + M|h|\int_T^\infty s^2e^{|h|s}e^{-s(\mathrm{Re}\,t-\lambda-|h|)}ds$$

でおさえられる．h を $\mathrm{Re}\,t > \lambda + |h|$ となるように小さくとっておけば，積分は収束している．$h\to 0$ の極限をとると，第 1 項，第 2 項ともに 0 に収束し，$\mathcal{L}(sf(s)) = -d(\mathcal{L}(f))/dt$ が言えた．

（エ）
$$\int_t^\infty \mathcal{L}(f)(\sigma)d\sigma = \int_t^\infty d\sigma\int_0^\infty e^{-\sigma s}f(s)ds = \int_0^\infty dsf(s)\int_t^\infty e^{-\sigma s}d\sigma$$

$$= \int_0^\infty f(s) \left[-\frac{e^{-\sigma s}}{s} \right]_{\sigma=t}^\infty ds = \int_0^\infty e^{-ts} \frac{f(s)}{s} ds = \mathcal{L}(f(s)/s).$$

（オ） $\mathcal{L}(e^{\mu s} f(s))(t) = \int_0^\infty e^{-(t-\mu)s} f(s) ds.$

（カ） $\mathcal{L}(f(\mu s))(t) = \int_0^\infty e^{-ts} f(\mu s) ds = \frac{1}{\mu} \int_0^\infty e^{-(t/\mu)u} f(u) du.$

（キ） $\mathcal{L}(f)\mathcal{L}(g) = \int_{u,v>0} e^{-t(u+v)} f(u) g(v) du dv$

となるが，$s = u + v$ と置くと，これは

$$\int_0^\infty e^{-ts} \left(\int_0^s f(s-v) g(v) dv \right) ds = \mathcal{L}(f * g)$$

と計算できる． □

Laplace 変換の計算

（ア） $\mathcal{L}(s^\alpha) = \int_0^\infty e^{-ts} s^\alpha ds = \int_0^\infty e^{-\zeta} \frac{\zeta^\alpha}{t^\alpha} \frac{d\zeta}{t} = \Gamma(\alpha+1)/t^{\alpha+1}$,　$t > 0$. 特に $\mathcal{L}(1) = 1/t$, $\mathcal{L}(s) = 1/t^2$． また $\mathcal{L}(e^{as}) = 1/(t-a)$.

（イ） $\mathcal{L}(\sin \omega s) = \int_0^\infty e^{-ts} \sin \omega s ds = [-\frac{e^{-ts}}{t} \sin \omega s]_{s=0}^\infty + \frac{\omega}{t} \int_0^\infty e^{-ts} \cos \omega s ds$ で，第 1 項は 0． また $\int_0^\infty e^{-ts} \cos \omega = [-\frac{e^{-ts}}{t} \cos \omega s]_{s=0}^\infty - \frac{\omega}{t} \int_0^\infty e^{-ts} \sin \omega s ds$. これから $\mathcal{L}(\sin \omega s) = \omega/(t^2 + \omega^w)$． 同様に $\mathcal{L}(\cos \omega s) = t/(t^2 + \omega^2)$, $\mathrm{Re}\, t > 0$.

そろそろ Laplace 形方程式に戻ろう．方程式

$$(a_0 t + b_0) \frac{d^n}{dt^n} x + \cdots + (a_{n-1} t + b_{n-1}) \frac{d}{dt} x + (a_n t + b_n) x = 0 \tag{2.59}$$

に対して

$$A(s) = \sum_{j=0}^n a_{n-j} s^j = a_0 \prod_{j=1}^n (s - \alpha_j), \quad B(s) = \sum_{j=0}^n b_{n-j} s^j$$

と置いておく．ただし，簡単のため，A の根 α_j はどれも単根であるとしておこう．ここで方程式 (2.59) の t を d/ds に，d/dt を $-s$ に置き換えた 1 階線型方程式

$$\frac{d}{ds} (A(-s) f(s)) + B(-s) f(s) = 0 \tag{2.60}$$

を解こう．これは整理すると，$A(-s) df/ds + (B(-s) - (dA/ds)(-s)) f = 0$

となる．係数を部分分数展開すると

$$\frac{1}{A(-s)}\left(-B(-s)+\frac{dA}{ds}(-s)\right)=\beta+\sum_{j=1}^{n}\frac{\gamma_j}{s+\alpha_j} \tag{2.61}$$

と書け，このとき

$$\beta=-\frac{b_0}{a_0},\quad \gamma_j=\frac{B(\alpha_j)}{\frac{dA}{ds}(\alpha_j)}-1 \tag{2.62}$$

となる．また，解として次がとれる：

$$f=e^{\beta s}\prod_{j=1}^{n}(s+\alpha_j)^{\gamma_j}. \tag{2.63}$$

次に，f の Laplace 変換を考えて，Laplace 形方程式の解を構成したいのだが，命題 2.29 の（ア）で $f(+0)$ の項が残らないように，積分の始点を f が零となる点に置きたい．Laplace 積分の積分路を変えて，次のような記号を導入しよう：

$$\mathcal{L}_{\alpha}^{(\tau)}(f(s))(t)=\int_{\alpha}^{\infty\cdot e^{\sqrt{-1}\tau}}\exp(-ts)f(s)ds. \tag{2.64}$$

ただし，積分区間は α を始点として，実軸と角 τ をなす半直線とする．τ_j をうまくとって

$$x^{[j]}=\mathcal{L}_{-\alpha_j}^{(\tau_j)}(f),\quad j=1,\ldots,n \tag{2.65}$$

と置くと，これは Laplace 形方程式 (2.59) の解となる．

さて，Laplace 形方程式は一般には求積できるとは限らなかったが，Laplace 積分が初等函数で書けるような場合には求積可能となる．具体例で見てみよう．

計算例 2.18 微分方程式 $t(d^2x/dt^2)-(t-4)(dx/dt)-2x=0$ を解く．

函数 f を，d/dt を $-s$, t を d/ds で置き換えた方程式 $\frac{d}{ds}((s^2+s)f(s))-(4s+2)f(s)=0$，つまり $s(s+1)\frac{d}{ds}f(s)-(2s+1)f(s)=0$ の解とする．これは $f=Cs(s+1)$ と書けるので，$x=\mathcal{L}(Cs(s+1))=C\left(\frac{2}{t^3}+\frac{1}{t^2}\right)$ となり，元の方程式の解が得られた．

もうひとつの解は Laplace 積分の始点を変えて，

$$\mathcal{L}_{-1}(s(s+1))=\int_{-1}^{\infty}e^{-st}s(s+1)ds=\int_{0}^{\infty}e^{-(\zeta-1)t}(\zeta-1)\zeta d\zeta$$

を計算して，$e^t\left(\dfrac{2}{t^3}-\dfrac{1}{t^2}\right)$ と求まる．

結局 $x=C_1\left(\dfrac{2}{t^3}+\dfrac{1}{t^2}\right)+C_2e^t\left(\dfrac{2}{t^3}-\dfrac{1}{t^2}\right)$ が一般解である．

計算

以下の微分方程式を求積法で解け．

2.1（自励的方程式）

(1) $x\dfrac{d^2x}{dt^2}=\left(1-\left(\dfrac{dx}{dt}\right)^2\right)\dfrac{dx}{dt}$,　(2) $\dfrac{d^2x}{dt^2}=\dfrac{2x-1}{x(x-1)}\left(\dfrac{dx}{dt}\right)^2-x(x-1)\dfrac{dx}{dt}$.

2.2（同次方程式）

(1) $\left(\dfrac{dx}{dt}\right)^3-(1+t+t^2)x\left(\left(\dfrac{dx}{dt}\right)^2-tx\left(\dfrac{dx}{dt}\right)\right)-t^3x^3=0$,

(2) $tx\dfrac{d^2x}{dt^2}+t^2\left(\dfrac{dx}{dt}\right)^3+(x-1)\dfrac{dx}{dt}=0$,　(3) $t^3\dfrac{d^2x}{dt^2}=\left(x-t\dfrac{dx}{dt}\right)^2$,

(4) $\dfrac{dx}{dt}=\dfrac{17x^5+7t^2}{30x^5+5t^2}\dfrac{x}{t}$,　(5) $\dfrac{dx}{dt}=\dfrac{7x+3t-11}{3x+7t+1}$,　(6) $\dfrac{dx}{dt}=\left(\dfrac{7x+3t-11}{3x+7t+1}\right)^2$.

2.3（完全微分方程式）

(1) $\dfrac{d^2x}{dt^2}=\left(1+\dfrac{dx}{dt}\right)e^{t+x}$,　(2) $t(\log x)\dfrac{d^2x}{dt^2}+\dfrac{t}{x}\left(\dfrac{dx}{dt}\right)^2+(\log x)\dfrac{dx}{dt}=1$,

(3) $2tx\dfrac{dx}{dt}-(t^2-2)tx^2=t^2-1$,　(4) $\dfrac{dx}{dt}=\dfrac{t^2x^4}{1-t^3x^3}$.

2.4（階数低下法）

(1) $t^2(1-t)\dfrac{d^2x}{dt^2}+t(t^2+2t-2)\dfrac{dx}{dt}-(t^2+2t-2)x=0$,

(2) $t\dfrac{d^2x}{dt^2}+(2t+1)\dfrac{dx}{dt}-(3t+1)x=e^{-3t}$,　(3) $t\dfrac{dx}{dt}=-tx^2+\dfrac{(1+3t)x-1}{2(1-t)}$.

2.5（1 階線型方程式）

(1) $t(t-1)\dfrac{dx}{dt}=(2t-1)x-t^2(t-1)^2e^t$,　(2) $\dfrac{dx}{dt}-x\cos t=te^{\sin t}$,

(3) $t(t-1)\dfrac{dx}{dt}=(1-2t)x+t^2(t-1)^2e^tx^3$,　(4) $e^x\dfrac{dx}{dt}-e^x\cos t=te^{\sin t}$.

2.6（非正規方程式）

$$(1)\ \frac{dx}{dt} = \exp\left(t\frac{dx}{dt} - x\right), \quad (2)\ \left(\frac{dx}{dt}\right)^2 - t^2\left(1 + \frac{dx}{dt}\right)^3 = 0.$$

2.7（定数係数線型方程式）

$$(1)\ \frac{d^3x}{dt^3} - 7\frac{d^2x}{dt^2} + 14\frac{dx}{dt} - 8x = 0, \quad (2)\ \frac{d^3x}{dt^3} - 6\frac{d^2x}{dt^2} + 9\frac{dx}{dt} - 4x = 0,$$

$$(3)\ \frac{d^3x}{dt^3} - 4\frac{d^2x}{dt^2} + 8\frac{dx}{dt} - 8x = 0, \quad (4)\ \frac{d^3x}{dt^3} - 6\frac{d^2x}{dt^2} + 9\frac{dx}{dt} - 4x = te^{4t},$$

$$(5)\ \frac{dx}{dt} = \begin{pmatrix} 3 & 1 & 0 \\ 0 & 2 & 0 \\ -1 & -2 & 2 \end{pmatrix} x, \quad (6)\ \frac{dx}{dt} = \begin{pmatrix} -6 & -4 & -10 \\ -4 & 0 & -5 \\ 8 & 4 & 12 \end{pmatrix} x,$$

$$(7)\ \frac{dx}{dt} = \begin{pmatrix} 0 & b_3 & -b_2 \\ -b_3 & 0 & b_1 \\ b_2 & -b_1 & 0 \end{pmatrix} x + \begin{pmatrix} e_1 \\ e_2 \\ e_3 \end{pmatrix}.$$

2.8（求積可能変数係数線型方程式）

$$(1)\ (1+t)^2\frac{d^2x}{dt^2} + 4(1+t)\frac{dx}{dt} + 2x = (\log(1+t))^2,$$

$$(2)\ \left(t\frac{d}{dt} - 1 - t\cos t\right)\left(\frac{d}{dt} - \cos t\right)x = t^2 e^{\sin t},$$

$$(3)\ t\frac{d^3x}{dt^3} + 6\frac{d^2x}{dt^2} - t\frac{dx}{dt} - 2x = 0.$$

2B. 変数係数線型方程式を満たす特殊函数†

工学や物理学など，解析学を応用する場面で繰り返し現れる函数が数多く知られている．これらを一般に**特殊函数** (special function) と呼ぶが，特殊函数自体に定義があるわけではない．特殊函数の登場の仕方も様々で，級数を使って定義されたり，定積分を使って定義されたり，微分方程式の解として定義されたりする．

ここでは，常微分方程式を満たす函数として特徴づけられる特殊函数を扱う．特に，変数係数線型方程式の解を見ていこう．定数係数の線型方程式は求積可能であったが，変数係数の場合は線型であっても一般には求積可能であるとは限らない．ただし，1 階単独線型方程式の場合は，変数係数であっても求積可能であった．

2A 章で見たような，初等函数による記述から，一歩踏み出すことになる．

知っている函数を増やす

ある微分方程式の解を使うと，その解を使って別の方程式が解けるということはよくある．よって，使い勝手のよい特殊函数を構成するために，解けないとされている微分方程式の中でも性質のよいものを詳しく調べて，その解で記述される函数を知っている函数の仲間に繰り入れて研究するということはあってもよい．もちろん，よく使われる特殊函数のすべてが微分方程式に関係しているわけではない．例えば，ガンマ函数は代数的微分方程式を満たさないことが Hölder によって証明されている．

知っている函数を増やすことで解ける微分方程式の範囲を拡げようと考えると，初等函数の次に重要なものは，楕円函数と変数係数線型常微分方程式の解のふたつである．

これらに対応する函数のクラスとして梅村による古典函数の概念がある．

定義 2.30　有理函数から始めて，(a1) 四則演算，(a2) 導函数をとる操作，(b) 代数方程式を解く操作，(c1) 既知函数 g に対して $dx/dt = g$ の解 x をとる操作（原始函数），(c2′) 既知函数 g_i, $i=0,\dots,n-1$ に対して同次線型方程式 $(d^n x/dt^n)+g_{n-1}(d^{n-1}x/dt^{n-1})+\cdots+g_0 x=0$ の解 x をとる操作，(c3) Abel 函数との合成をとる操作を，有限回繰り返して得られる函数を（梅村の）**古典函数** (classical function) という．

ここで，Able 函数とは楕円函数の多変数函数への一般化であるが，詳しくは述べない．この古典函数というクラスは，Galois 群が代数群で統制されるクラスになっていて，微分体の理論からは自然なものとなっている．

このように既知函数の範囲を増やしていったとしても，解けない微分方程式はもちろん存在する．例えば次の方程式は Painlevé の第 1 微分方程式と呼ばれるが，古典函数解を持たない．

定理 2.31（西岡-梅村）　2 階非自励非線型方程式

$$\frac{d^2x}{dt^2}=6x^2+t \tag{2.66}$$

は古典函数解を持たない．

2B 章では，初等函数に続く函数として，変数係数線型方程式の解を扱う．楕円函数は，微分方程式の解としてよりも複素解析函数の理論で扱うほうが理解しやすいので詳述はしないが，重要な函数なのでここで簡単に触れておこう．

楕円函数も線型方程式の解となる特殊函数も，ここで扱うものは，複素変数で考えたほうが性質を理解しやすい．実変数での結果が知りたいときも，複素変数の制限と思ったほうがよい．2B 章では複素変数の理論を扱う．

a. 楕円函数と楕円函数の満たす微分方程式

楕円函数は非線型微分方程式の解を記述するという意味で，非常に特徴的な特殊函数である．特殊函数の多くは，線型方程式で規定されている．

まず，**テータ函数**を次で定義する：

$$\theta(s;\tau)=(z;p)_\infty(p/z;p)_\infty(p;p)_\infty,\quad p=e^{2\pi\sqrt{-1}\tau},\quad z=e^{2\pi\sqrt{-1}s}. \tag{2.67}$$

ただし $(\alpha;q)_\infty=\prod_{j=0}^{\infty}(1-\alpha q^j)$ とした．テータ函数は $\operatorname{Im}\tau>0$ とすると，

$|p|<1$ となり，$0<|z|<\infty$ で絶対収束することが分かる[21]．

函数 $\theta(s;\tau)$ は s に関して周期 1 を持つ周期函数である．さらに，函数 $x(s)=(z;p)_\infty$ は差分方程式 $x(s)=(1-z)x(s+\tau)$ を満たすので，$\theta(s;\tau)$ は，$(1-z^{-1})/(1-z)=-z^{-1}$ より，次の差分方程式を満たす：

$$\theta(s+\tau;\tau)=-\frac{1}{z}\theta(s;\tau). \tag{2.68}$$

このテータ函数をうまく組み合わせると，変換 $s\mapsto s+\tau$ で不変な函数が構成できる．まず，テータ函数の仲間を次で定める：

$$\vartheta_1(s;\tau)=\sqrt{-1}p^{\frac{1}{8}}z^{-\frac{1}{2}}\theta(s;\tau),\quad \vartheta_2(s;\tau)=\vartheta_1\left(s+\frac{1}{2};\tau\right), \tag{2.69}$$

$$\vartheta_3(s;\tau)=p^{\frac{1}{8}}z^{\frac{1}{2}}\vartheta_1\left(s+\frac{1}{2}+\frac{\tau}{2};\tau\right),\quad \vartheta_0(s;\tau)=-\sqrt{-1}p^{\frac{1}{8}}z^{\frac{1}{2}}\vartheta_1\left(s+\frac{\tau}{2};\tau\right). \tag{2.70}$$

これを使って，Jacobi の **sn 函数**，**cn 函数**，**dn 函数**を

$$\operatorname{sn}t=\frac{1}{\sqrt{k}}\frac{\vartheta_1(t/2K;\tau)}{\vartheta_0(t/2K;\tau)},\quad \operatorname{cn}t=\frac{\sqrt{k'}}{\sqrt{k}}\frac{\vartheta_2(t/2K;\tau)}{\vartheta_0(t/2K;\tau)},\quad \operatorname{dn}t=\sqrt{k'}\frac{\vartheta_3(t/2K;\tau)}{\vartheta_0(t/2K;\tau)} \tag{2.71}$$

で定義しよう．ただし，$k=\vartheta_2(0;\tau)^2/\vartheta_3(0;\tau)^2$, $k'=\vartheta_0(0;\tau)^2/\vartheta_3(0;\tau)^2$, $2K=\pi\vartheta_3(0;\tau)^2$ とした．

楕円函数を一般的に定義する．函数 f が $f(t+\omega)=f(t)$ をある $\omega\in\mathbb{C}$ に対して満たすとき，ω を**周期** (period) といい，0 以外の周期を持つ函数を周期函数という．複素数平面上の有理型函数[22]の周期の全体が，商が実数でないふたつの複素数 ω_1,ω_2 を使い，$\Omega=\{m_1\omega_1+m_2\omega_2\ ;\ m_1,m_2\in\mathbb{Z}\}$ と書けるとき，この函数を 2 重周期函数あるいは**楕円函数** (elliptic function) と呼ぶ．

複素数 a を適当にとったとき，a, $a+\omega_1$, $a+\omega_2$, $a+\omega_1+\omega_2$ を頂点とする平行四辺形を**周期平行四辺形**と呼ぶ．楕円函数は，周期平行四辺形内における値が決まると全複素数平面における値が決まる．

周期平行四辺形内にある極の位数の和を，**楕円函数の位数**とする．

---

21)　証明には Weierstrass の M 判定法（無限積版）を使えばよい：領域 D で解析的な函数の列 $u_j(t)$ が，D 上 $|u_j(t)|\le M_j$, $\sum_{j=1}^\infty M_j<\infty$ を満たすならば，無限積 $\prod_{j=1}^\infty(1+u_j(t))$ は D 上で絶対収束して，解析的な函数となる．

22)　有理型函数とは，極以外の特異点を持たない函数のこと．ここでいう特異点とは，解析的でない点のこととする．

Jacobiの sn 函数，cn 函数，dn 函数は，$\sqrt{-1}K' = K\tau$ と置くと，t に関して，それぞれ $4K$ と $2\sqrt{-1}K'$, $4K$ と $2K + 2\sqrt{-1}K'$, $2K$ と $4\sqrt{-1}K'$ を周期に持つ楕円函数である．

函数論の初等的な議論から，次のようなことが言える：

(1) 周期平行四辺形内に極を持たない楕円函数は定数である．

(2) 周期平行四辺形内の楕円函数の極の留数の和は 0 である．

(3) k 位の楕円函数は周期平行四辺形の中で，任意の値を，重複を込めて数えて，k 回ずつとる．

(4) 周期平行四辺形内における楕円函数の零点の和と極の和の差はひとつの周期に等しい．

問題 2.5 上の主張を示せ．

注意 2.32 函数を同定することは，非常に重要な問題だが，例えば常微分方程式の初期値問題の解の存在と一意性定理は，そのための道具に使える．同様に，複素解析で，Liouville の定理[23)]は，もうひとつの重要な道具である．Liouville の定理から，上の (1) や楕円函数の様々な性質を示すことができる．

例えば，函数 f と g が同じ周期平行四辺形を持つ楕円函数であるとしよう．このとき，$f - g$ がこの平行四辺形内に極を持たないならば，これは定数になってしまう．また，f と g が平行四辺形内の同じ位置に同じ位数の極と零点を持つならば，f/g は定数となる．これは，楕円函数論において非常に重要な証明の技法である． □

注意で述べたことを使っていくつか関係式を示したい．まず，使いやすいように各函数の極や零点についてまとめておこう：

函数	周期	零点	極
$\mathrm{sn}\,t$	$4K,\ 2\sqrt{-1}K'$	$2m_1K+2m_2\sqrt{-1}K'$	$2m_1K+(2m_1+1)\sqrt{-1}K'$
$\mathrm{cn}\,t$	$4K,\ 2K+2\sqrt{-1}K'$	$(2m_1+1)K+2m_2\sqrt{-1}K'$	$2m_1K+(2m_1+1)\sqrt{-1}K'$
$\mathrm{dn}\,t$	$2K,\ 4\sqrt{-1}K'$	$(2m_1+1)K+(2m_2+1)\sqrt{-1}K'$	$2m_1K+(2m_1+1)\sqrt{-1}K'$

ただし，$m_1, m_2 \in \mathbb{Z}$ であった．さらに，いくつか特殊値なども挙げておこう：

23) Liouville の定理：有界な整函数は定数函数に限る．整函数とは複素数平面全体で解析的な函数のこと．

	$t=0$	K	$2K$	$2\sqrt{-1}K'$	$K+\sqrt{-1}K'$	$s+2K$	$s+2\sqrt{-1}K'$
$\mathrm{sn}\,t$	0	1	0	0	$1/k$	$-\mathrm{sn}\,s$	$\mathrm{sn}\,s$
$\mathrm{cn}\,t$	1	0	-1	-1	$-\sqrt{-1}k'/k$	$-\mathrm{cn}\,s$	$-\mathrm{cn}\,s$
$\mathrm{dn}\,t$	1	k'	1	-1	0	$\mathrm{dn}\,s$	$-\mathrm{dn}\,s$

また，$\mathrm{sn}\,t$ は奇函数，$\mathrm{cn}\,t, \mathrm{dn}\,t$ は偶函数であることに注意．

問題 2.6　これらのデータを確認せよ．

次の関係式が成り立つ：

$$\mathrm{sn}^2 t + \mathrm{cn}^2 t = 1, \quad \mathrm{dn}^2 t + k^2 \mathrm{sn}^2 t = 1. \tag{2.72}$$

∵　$\mathrm{sn}^2 t$, $1-\mathrm{cn}^2 t$ はともに $2K$, $2\sqrt{-1}K'$ という周期を持ち，周期平行四辺形内，極は $\sqrt{-1}K'$, 零点は 0 でともに 2 位である．よって，Liouville の定理から $C\mathrm{sn}^2 t = 1-\mathrm{cn}^2 t$ を満たす定数 C が存在するが，例えば $t=K$ を代入すると $C=1$ が分かる．2 番目の関係式も同様．□

2 番目の式に $t=K$ を代入すると，$k^2+k'^2=1$ も分かる．

さらに Jacobi の楕円函数は次の微分方程式を満たす：

$$\frac{d}{dt}\mathrm{sn}\,t = \mathrm{cn}\,t\,\mathrm{dn}\,t, \quad \frac{d}{dt}\mathrm{cn}\,t = -\mathrm{sn}\,t\,\mathrm{dn}\,t, \quad \frac{d}{dt}\mathrm{dn}\,t = -k^2\mathrm{sn}\,t\,\mathrm{cn}\,t. \tag{2.73}$$

それぞれの函数で閉じた形に書き直すと，微分方程式は，次のように表せる：

$$\left(\frac{d}{dt}\mathrm{sn}\,t\right)^2 = (1-\mathrm{sn}^2 t)(1-k^2\mathrm{sn}^2 t), \quad \left(\frac{d}{dt}\mathrm{cn}\,t\right)^2 = (1-\mathrm{cn}^2 t)(k'^2+k^2\mathrm{cn}^2 t),$$
$$\left(\frac{d}{dt}\mathrm{dn}\,t\right)^2 = -(1-\mathrm{dn}^2 t)(k'^2-\mathrm{dn}^2 t). \tag{2.74}$$

∵　一般に，周期平行四辺形内に 1 位の極をふたつ持ち，ω_1, ω_2 を周期とする楕円函数 f が，微分方程式 $(df/dt)^2 = C(f-e_1)(f-e_2)(f-e_3)(f-e_4)$ を満たすことを見よう．ただし，$e_k = f(t_k)$,

$$t_1 = \frac{p_1+p_2}{2}, \quad t_2 = t_1 + \frac{\omega_1}{2}, \quad t_3 = t_1 + \frac{\omega_2}{2}, \quad t_4 = t_1 + \frac{\omega_1+\omega_2}{2}$$

で，p_1, p_2 は極の位置である．これが言えると，得られているデータか

ら (2.74) が分かり，(2.72) から (2.73) も示せる．

示したい式の左辺も右辺も 8 位の楕円函数である．左辺も右辺もともに，$t = p_1, p_2$ に位数 4 の極を持つ．

さて，注意 2.32 の上の (4) から，$f(t) - c$ のふたつの零点の和は $p_1 + p_2$ なので，一方を z とすると他方は $p_1 + p_2 - z$ に周期を足したものとなる．$c = f(z) = f(p_1 + p_2 - z)$ を z で微分すると $f'(z) = -f'(p_1 + p_2 - z)$ なので，$z = t_1$ を代入すると $f'(t_1) = 0$ が分かる．ただし $c = f(t_1) = e_1$ とした．$f'(t_1) = 0$ から $f(t) - e_1$ は $t = t_1$ を 2 位の零点に持つことも分かる．$t = t_2, t_3, t_4$ についても同様で，結局，左辺も右辺も $t = t_1, t_2, t_3, t_4$ に位数 2 の零点を持つ．

Liouville の定理から，このような定数 C の存在が言える． □

ここで，sn 函数の満たす微分方程式をもう少し見ておこう．曲線の式

$$y^2 = (1 - x^2)(1 - k^2 x^2) \tag{2.75}$$

は，微分方程式から $y = d(\operatorname{sn} t)/dt$, $x = \operatorname{sn} t$ と置くことで得られるが，これは xy 平面上の楕円曲線と呼ばれる曲線を表している．一般に代数曲線は種数と呼ばれる数で分類されるが，種数が 1 の曲線を**楕円曲線**と呼ぶ[24]．

注意 2.33 種数が 0 の曲線 $f(x, y) = 0$ は，有理曲線と呼ばれるが，これは有理的に径数付けができる．つまり，ある変数 t がとれて，ふたつの有理函数 $x = x(t)$, $y = y(t)$ を使って，$f(x(t), y(t)) = 0$ を満たすようにできる．

例えば，曲線 $x^2 + y^2 = 1$ に関しては $x = (1 - t^2)/(1 + t^2)$, $y = 2t/(1 + t^2)$ などと置けばよい．これを使うと，有理式 g と $f(x, y) = 0$ で規定される y に対して，有理曲線上の原始関数 $\int g(x, y) dx$ などが初等函数で表されることが分かる[25]．今の例では，$\int g\left(x, \sqrt{1 - x^2}\right) dx$ が計算できるということだ．

楕円曲線 $f(x, y) = 0$ の場合は，有理的に径数付けはできない．しかし，適当な τ による楕円函数を使うと，ふたつの 2 変数有理式 $x(\xi, \eta)$, $y(\xi, \eta)$ をとって，$f\left(x\left(\operatorname{sn} t, \frac{d\operatorname{sn} t}{dt}\right), y\left(\operatorname{sn} t, \frac{d\operatorname{sn} t}{dt}\right)\right) = 0$ とすることができる．楕円函数が重要であることの理由のひとつである． □

24) 代数曲線の種数は，対応するコンパクト Riemann 面上の，大域的 1 形式のなす線型空間の次元として定義される．種数 g は，例えば，a_k が相異なる複素数のとき，$y^2 = (x - a_1) \cdots (x - a_n)$ に関して n が偶数のとき $g = (n - 2)/2$, n が奇数のとき $g = (n - 1)/2$ となる．

25) 変数 t の，有理函数の積分となる．

例 11（双 2 次式による Hamilton 系）

楕円函数で解ける特徴的な微分方程式系を見ておこう．Hamilton 系というのは，Hamiltonian と呼ばれる未知函数 q, p の函数 $H(q,p)$ に対して与えられる微分方程式系

$$\frac{dq}{dt}=\frac{\partial H}{\partial p},\quad \frac{dp}{dt}=-\frac{\partial H}{\partial q} \tag{2.76}$$

のことである．この場合は，H は $dH/dt=(\partial H/\partial q)(dq/dt)+(\partial H/\partial p)(dp/dt)=0$ で保存量になり，その意味で可積分になる．本当に興味があるのは，次元がもっと高い場合だが，一般論は 2C 章で扱うことにして，今は 2 次元[26)]で特に H が q に対しても p に対しても 2 次式で与えられている場合を考えよう．このような H を q, p の双 2 次式 (biquadratic polynomial) と呼ぶ．

保存量を表す式 $H=C$ は 3×3 行列 $M=(m_{k,l})_{k,l=1}^{3}$ を用いて

$$0=H(q,p)-C=(p^2,p,1)\,M\begin{pmatrix} q^2 \\ q \\ 1 \end{pmatrix} \tag{2.77}$$

と書くことができる．双 2 次式は，有理曲線になってしまう特殊な場合を除いて，一般的には，楕円曲線を与えることが知られている．

楕円函数による表示を見てみよう．方程式 $dq/dt=\partial H/\partial p$ から

$$\frac{dq}{dt}=(2p,1,0)\,M\begin{pmatrix} q^2 \\ q \\ 1 \end{pmatrix}=2(m_{11}q^2+m_{12}q+m_{13})p+m_{21}q^2+m_{22}q+m_{23}$$

となるので，$p=-\frac{1}{2}(m_{21}q^2+m_{22}q+m_{23}-dq/dt)/(m_{11}q^2+m_{12}q+m_{13})$ と書ける．これを使って，保存量の式から p を消去すると

$$\left(\frac{dq}{dt}\right)^2=(m_{21}q^2+m_{22}q+m_{23})^2-(m_{11}q^2+m_{12}q+m_{13})(m_{31}q^2+m_{32}q+m_{33}) \tag{2.78}$$

となる．簡単のため，右辺は q の 4 次式で，$m(q-a)(q-b)(q-c)(q-d)$ のように書け，重根は持たないとしておこう．

今, 1 次分数変換 $g(z)=(\alpha z+\beta)/(\gamma z+\delta)$ を考え, (a,b,c,d) を $\left(1,-1,\frac{1}{k},-\frac{1}{k}\right)$

26) Hamilton 系は一般に $2n$ 次元の 1 階連立系であるが，2 階の n 次元系と対応していて，この次元をとって n 自由度と呼ぶことが多い．今の場合，1 自由度で 2 次元である．

に移したい．よく知られているように，g は 4 つの複素数の複比 $[a:b:c:d] = \frac{(c-a)(d-b)}{(c-b)(d-a)}$ を変えない．$[a:b:c:d] = \left[1:-1:\frac{1}{k}:-\frac{1}{k}\right]\ \left(= \frac{(k-1)^2}{(k+1)^2}\right)$ を満たすように k をとり，$g^{-1}(a) = 1$, $g^{-1}(b) = -1$, $g^{-1}(c) = 1/k$ となるように g を定めると，自動的に $g^{-1}(d) = -1/k$ となる．$q = g(Q)$ と置くと

$$\begin{aligned}\left(\frac{dq}{dt}\right)^2 &= \frac{(\alpha\beta-\beta\gamma)^2}{(\gamma Q+\delta)^4}\left(\frac{dQ}{dt}\right)^2 \\ &= m(g(Q)-g(1))(g(Q)-g(-1))\left(g(Q)-g\left(\frac{1}{k}\right)\right)\left(g(Q)-g\left(-\frac{1}{k}\right)\right)\end{aligned}$$

となるが，$g(Q) - g(\eta) = \frac{(\alpha\delta-\beta\gamma)(Q-\eta)}{(\gamma Q+\delta)(\gamma\eta+\delta)}$ から，$A = \frac{(\alpha\delta-\beta\gamma)^2 m}{(\delta^2-\gamma^2)(\delta^2-k^2\gamma^2)k^2}$ と置くと

$$\left(\frac{dQ}{dt}\right)^2 = A(1-Q^2)(1-k^2Q^2) \tag{2.79}$$

を得る．t の尺度変換で A が 1 のときに帰着でき，Q は sn 函数で表される．

2.3 超幾何函数と超幾何微分方程式

超幾何函数は，すでに例 5 で現れているが (15 ページ)，変数係数の線型方程式を満たす特殊函数のうちで最も基本的なもので，応用範囲も，物理学から整数論まで幅広い．よく知られている Bessel 函数や Airy 函数なども，超幾何函数の極限として理解できる．

2.3.1 Trinity: 冪級数/微分方程式/積分表示

超幾何函数は，微分方程式，冪級数，積分表示などいろいろな方法で定義づけられるのだが，ここでは冪級数を使って導入しよう．

初等函数を冪級数で書き表すというのは，初等的な演習問題でよく見るものであるが，これらの級数を一般化したものとして，超幾何級数は定義される．初等函数の冪級数表示のうち，幾何級数 (geometric series)（無限等比級数）

$$\frac{1}{1-t} = 1 + t + t^2 + t^3 + \cdots = \sum_{j=0}^{\infty} t^j, \quad |t| < 1 \tag{2.80}$$

は基本的で，この級数の微分積分など各種操作から多くの初等函数の冪級数表示が得られる：

$$-\log(1-t)=\sum_{j=1}^{\infty}\frac{t^j}{j}, \qquad \frac{1}{(1-t)^2}=\sum_{j=0}^{\infty}(j+1)t^j,$$

$$\frac{1}{1+t^2}=\sum_{j=0}^{\infty}(-1)^j t^{2j}, \qquad \arctan t=\sum_{j=0}^{\infty}(-1)^j\frac{t^{2j+1}}{2j+1}, \qquad |t|<1.$$

では，超幾何級数を与えよう．

定義 2.34 Gauss の**超幾何級数** (hypergeometric series) を冪級数

$$F\left(\begin{matrix}\alpha,\beta\\ \gamma\end{matrix};t\right)=1+\frac{\alpha\beta}{\gamma}t+\frac{\alpha(\alpha+1)\beta(\beta+1)}{2\gamma(\gamma+1)}t^2+\cdots$$
$$=\sum_{j=0}^{\infty}\frac{(\alpha)_j(\beta)_j}{(\gamma)_j j!}t^j \tag{2.81}$$

で定義する．ただし，$\gamma\neq 0,-1,-2,\ldots$ とし，$(\alpha)_j=\alpha(\alpha+1)\cdots(\alpha+j-1)$ などの記号を使った．これは $(\alpha)_j=\Gamma(\alpha+j)/\Gamma(\alpha)$ とも書ける．

超幾何級数を用いて，多くの初等函数の冪級数表示が記述できる[27]：

$$F\left(\begin{matrix}\alpha,\beta\\ \beta\end{matrix};t\right)=(1-t)^{-\alpha}, \quad tF\left(\begin{matrix}1,1\\ 2\end{matrix};t\right)=-\log(1-t),$$

$$tF\left(\begin{matrix}\frac{1}{2},\frac{1}{2}\\ \frac{3}{2}\end{matrix};t^2\right)=\arcsin t, \quad tF\left(\begin{matrix}\frac{1}{2},1\\ \frac{3}{2}\end{matrix};-t^2\right)=\arctan t.$$

冪級数に対して最初に見ておきたいのは収束域についてであるが，これについては次が成り立つ．

命題 2.35 Gauss の超幾何級数は $(\alpha,\beta,\gamma,t)\in\mathbb{C}\times\mathbb{C}\times(\mathbb{C}\setminus\{0,-1,-2,\ldots\})\times\{t\in\mathbb{C}\mid |t|<1\}$ で広義一様収束する．

冪級数で定義される特殊函数は複素領域で考えるのがよい．級数の収束域は絶対値が 1 未満の開円板で，少し小さいような気がするのであるが，解析接続によって定義域を拡大すれば，$\mathbb{P}^1\setminus\{0,1,\infty\}$ ($\mathbb{P}^1=\mathbb{C}\cup\{\infty\}$) 上の（多価）函数に拡張できる．これを**超幾何函数** (hypergeometric function) と呼ぶ．

27) もちろん，このような特別な場合を除いて，超幾何級数は初等函数に含まれない函数を定義している．

このような大域的な性質は，級数を見ているだけでは理解するのが難しいが，級数が満たす線型微分方程式を見ることで分かる．

Gauss の超幾何級数の満たす線型微分方程式を求めてみよう．冪級数の係数 $\Phi_j = (\alpha)_j(\beta)_j/((\gamma)_j j!)$ の満たす漸化式を考える．次が成り立っている：

$$(\gamma + j)(j+1)\Phi_{j+1} = (\alpha + j)(\beta + j)\Phi_j. \tag{2.82}$$

ここで両辺に t^{j+1} を掛けて，$\vartheta t^j = j t^j$ $(\vartheta = td/dt)$ を使うと[28)]

$$(\vartheta + \gamma - 1)\,\vartheta\Phi_{j+1}t^{j+1} - t\,(\vartheta + \alpha)\,(\vartheta + \beta)\,\Phi_j t^j = 0 \tag{2.83}$$

が得られる．j に関する和をとって，$F\left({\alpha,\beta \atop \gamma};t\right)$ に関する微分方程式

$$\begin{aligned}
0 &= (\vartheta + \gamma - 1)\,\vartheta \sum_{j=0}^{\infty} \Phi_{j+1}t^{j+1} - t\,(\vartheta + \alpha)\,(\vartheta + \beta) \sum_{j=0}^{\infty} \Phi_j t^j \\
&= \{(\vartheta + \gamma - 1)\,\vartheta - t\,(\vartheta + \alpha)\,(\vartheta + \beta)\}\, F\begin{pmatrix}\alpha,\beta \\ \gamma\end{pmatrix};t\Big) \\
&= t\left\{t(1-t)\frac{d^2}{dt^2} + (\gamma - (\alpha + \beta + 1)t)\frac{d}{dt} - \alpha\beta\right\} F\left(\begin{matrix}\alpha,\beta \\ \gamma\end{matrix};t\right)
\end{aligned}$$

が得られる．

定義 2.36　線型微分方程式

$$\left\{t(t-1)\frac{d^2}{dt^2} - (\gamma - (\alpha + \beta + 1)t)\frac{d}{dt} + \alpha\beta\right\} x = 0 \tag{2.84}$$

を Gauss の**超幾何微分方程式** (hypergeometric differential equation) という．

注意 2.37　逆に $x = \sum_{j=0}^{\infty} \Phi_j t^j$ と置いて，微分方程式の解であるという条件から級数の係数を決定していくと，係数 Φ_j は定数倍を除いて超幾何級数に帰着されてしまうことが分かる．

Cauchy の定理 1.1 からは 2 階方程式には 2 次元の解空間が存在することが言えるが，ここでは $t = 0$ が超幾何微分方程式 (2.84) の特異点であるために，解析的解は 1 次元しか存在せず，もうひとつの解は分岐する解となる．　□

28)　作用素 $\vartheta = td/dt$ を Euler 作用素と呼ぶ．

さらに積分表示についても見ておこう．ここで，次のベータ函数の積分表示とガンマ函数との関係式を使う：

$$B(p,q)=\int_0^1 s^{p-1}(1-s)^{q-1}ds=\frac{\Gamma(p)\Gamma(q)}{\Gamma(p+q)}. \tag{2.85}$$

命題 2.38　$\mathrm{Re}(\alpha)>0, \mathrm{Re}(\gamma-\alpha)>0$ のとき，$|t|<1$ で

$$F\left(\begin{matrix}\alpha,\beta\\ \gamma\end{matrix};t\right)=\frac{\Gamma(\gamma)}{\Gamma(\alpha)\Gamma(\gamma-\alpha)}\int_0^1 s^{\alpha-1}(1-s)^{\gamma-\alpha-1}(1-ts)^{-\beta}ds \tag{2.86}$$

が成り立つ．ただし，被積分函数の分枝は $\arg(s)=0$, $\arg(1-s)=0$, $|\arg(1-ts)|<\pi/2$ とする．この積分表示を **Euler の積分表示**という．

証明.

$$\begin{aligned}F\left(\begin{matrix}\alpha,\beta\\ \gamma\end{matrix};t\right)&=\sum_{j=0}^{\infty}\frac{(\alpha)_j(\beta)_j}{(\gamma)_j j!}t^j=\frac{\Gamma(\gamma)}{\Gamma(\alpha)\Gamma(\gamma-\alpha)}\sum_{j=0}^{\infty}\frac{\Gamma(\alpha+j)\Gamma(\gamma-\alpha)}{\Gamma(\gamma+j)}\frac{(\beta)_j}{j!}t^j\\
&=\frac{\Gamma(\gamma)}{\Gamma(\alpha)\Gamma(\gamma-\alpha)}\sum_{j=0}^{\infty}\left(\int_0^1 s^{\alpha+j-1}(1-s)^{\gamma-\alpha-1}ds\right)\frac{(\beta)_j}{j!}t^j\\
&=\frac{\Gamma(\gamma)}{\Gamma(\alpha)\Gamma(\gamma-\alpha)}\int_0^1 s^{\alpha-1}(1-s)^{\gamma-\alpha-1}\left(\sum_{j=0}^{\infty}\frac{(\beta)_j}{j!}(ts)^j\right)ds\\
&=\frac{\Gamma(\gamma)}{\Gamma(\alpha)\Gamma(\gamma-\alpha)}\int_0^1 s^{\alpha-1}(1-s)^{\gamma-\alpha-1}(1-ts)^{-\beta}ds.\end{aligned}$$

最後の等式で冪級数展開 $(1-t)^{-\beta}=1+\beta t+\frac{\beta(\beta+1)}{2}t^2+\frac{\beta(\beta+1)(\beta+2)}{3!}t^3+\cdots$ を使った． □

注意 2.39　命題の $\mathrm{Re}(\alpha)>0, \mathrm{Re}(\gamma-\alpha)>0$ という条件は，積分の収束のために必要であった．しかし，ガンマ函数やベータ函数のときにそうであったように，積分で定義される函数は，$\alpha\in\mathbb{Z}_{\le 0}$ にある α の極などを除いて，複素数平面全体に解析接続が可能である[29]．このような広義積分の収束条件を必要としない定式化として，2 重結びの積分路（Pochhammer の積分路）を使う方法などがある[30]． □

29)　積分に現れる α の極に関しては，分母のガンマ函数の極と打ち消し合っている．
30)　犬井鉄郎著，特殊函数，岩波書店 (1962) などを参照．

例 12（楕円曲線の周期と超幾何函数）

楕円函数の紹介のところで，与えられた τ を使ってテータ函数を定義し，そこから楕円函数を構成した．では，楕円曲線が与えられたときに，その情報から τ や K は分かるだろうか？　これを超幾何函数を使って計算してみよう．

楕円曲線が，適当な変換で $y^2 = (1-x^2)(1-k^2x^2)$ の形に直されたとしておく．つまり，与えられているのは k である．$y = dx/dt$ として，微分方程式と思ったとき，これは変数分離形の形で

$$\int dt = \int \frac{dx}{\sqrt{(1-x^2)(1-k^2x^2)}}$$

と書ける．ところで，k に対応したある τ を使って $x = \operatorname{sn} t$ と書けているので，この式は $t = \operatorname{sn}^{-1} x$ と見なせ，$\operatorname{sn} 0 = 0, \operatorname{sn} K = 1$ から

$$K = \int_0^1 \frac{dx}{\sqrt{(1-x^2)(1-k^2x^2)}} = \frac{1}{2}\int_{-1}^1 \frac{dx}{\sqrt{(1-x^2)(1-k^2x^2)}} \tag{2.87}$$

が分かる．右辺はいわゆる楕円積分であるが，変数変換 $\xi = \dfrac{1+k}{2}\dfrac{x+1}{kx+1}$ で

$$K = \frac{1}{2(1+k)}\int_0^1 \frac{d\xi}{\sqrt{\xi(1-\xi)\left(1-\frac{4k}{(1+k)^2}\xi\right)}} = \frac{\pi}{2(1+k)} F\left(\begin{matrix}\frac{1}{2}, \frac{1}{2} \\ 1\end{matrix}; \frac{4k}{(1+k)^2}\right)$$

と Euler の積分に帰着できる．さらに Gauss の 2 次変換公式[31)]を用いて

$$K = \frac{\pi}{2} F\left(\begin{matrix}\frac{1}{2}, \frac{1}{2} \\ 1\end{matrix}; k^2\right) \tag{2.88}$$

となる[32)]．また，$\operatorname{sn} K = 1$ と $\operatorname{sn}(K + \sqrt{-1}K') = 1/k$ から

$$\sqrt{-1}K' = \int_1^{1/k} \frac{dx}{\sqrt{(1-x^2)(1-k^2x^2)}} = \int_0^1 \frac{\sqrt{-1}d\eta}{\sqrt{(1-\eta^2)(k^2+k'^2\eta^2)}}$$

となる．ただし，$k'^2\eta^2 = k^2 - (k^2/x^2)$, $k'^2 = 1-k^2$ と置いた．結局 $K' = \frac{\pi}{2}F\left(\begin{matrix}1/2, 1/2 \\ 1\end{matrix}; k'^2\right)$ で[33)]，$\tau = \sqrt{-1}K'/K = \sqrt{-1}F\left(\begin{matrix}1/2, 1/2 \\ 1\end{matrix}; k'^2\right) / F\left(\begin{matrix}1/2, 1/2 \\ 1\end{matrix}; k^2\right)$ と計算される．

---

31)　$(1+t)^{2\alpha} F\left(\begin{matrix}\alpha, \alpha+\gamma-\frac{1}{2} \\ \gamma+\frac{1}{2}\end{matrix}; t^2\right) = F\left(\begin{matrix}\alpha, \gamma \\ 2\gamma\end{matrix}; \frac{4t}{(1+t)^2}\right)$.

32)　この式は $\int_0^1 \frac{dx}{\sqrt{(1-x^2)(1-k^2x^2)}} = \int_0^{\pi/2} \frac{d\theta}{\sqrt{1-k^2\sin^2\theta}} = \sum_{j=0}^{\infty} \binom{-1/2}{j} (-k^2)^j \int_0^{\pi/2} \sin^{2j}\theta d\theta$ を直接計算しても求まる．

33)　156 ページで見る Kummer の関係式のうち，(7) = (24) を使った．

2.3.2　超幾何函数の大域的な挙動

微分方程式を見ることで，超幾何函数の大域的性質が分かると述べた．ここではそれを詳しく見ていこう．

a. 確定特異点を 3 つ持つ Fuchs 型方程式

まず，超幾何微分方程式 (2.84) を連立 1 階方程式に書き換えておこう．従属変数を $y_1 = x$, $y_2 = \vartheta x/\beta$ ($\vartheta = td/dt$) と置くと，方程式系

$$S\begin{pmatrix}\alpha, \beta \\ \gamma\end{pmatrix}: \qquad \frac{d}{dt}\begin{pmatrix} y_1 \\ y_2 \end{pmatrix} = \left(\frac{A_0}{t} + \frac{A_1}{t-1}\right)\begin{pmatrix} y_1 \\ y_2 \end{pmatrix} \tag{2.89}$$

を満たす．このような形の 1 階連立方程式系を Schlesinger 形の線型方程式系と呼ぶ（170 ページ参照）．ただし，今，係数は

$$A_0 = \begin{pmatrix} 0 & \beta \\ 0 & 1-\gamma \end{pmatrix}, \quad A_1 = \begin{pmatrix} 0 & 0 \\ -\alpha & \gamma-\alpha-\beta-1 \end{pmatrix} \tag{2.90}$$

と書ける．この方程式を $\mathbb{C}$ 上のみではなく，$\mathbb{P}^1 = \mathbb{C} \cup \{\infty\}$ 上で考えたい．座標 ζ を $t = 1/\zeta$ として，方程式を書き直すと $d/dt = -\zeta^2 d/d\zeta$ より

$$\begin{aligned} \frac{d}{d\zeta}\begin{pmatrix} y_1 \\ y_2 \end{pmatrix} &= \left(-\frac{A_0}{\zeta} + \frac{A_1}{\zeta(\zeta-1)}\right)\begin{pmatrix} y_1 \\ y_2 \end{pmatrix} \\ &= \left(-\frac{A_0 + A_1}{\zeta} + \frac{A_1}{\zeta-1}\right)\begin{pmatrix} y_1 \\ y_2 \end{pmatrix} \end{aligned} \tag{2.91}$$

と書ける．方程式は $t = 0, 1, \infty$ を特異点に持つ．特に，係数の各特異点における主要項（この場合は留数行列）が重要だ．各行列 $A_0, A_1, A_\infty = -A_0 - A_1$ の固有値を，各特異点における**特性冪数** (characteristic exponent)[34)]，それらを並べたものを方程式系 (2.89) の **Riemann 図式** (Riemann scheme) と呼ぶ[35)]：

$$\left\{\begin{matrix} t=0 & t=1 & t=\infty \\ \theta_1^0 & \theta_1^1 & \kappa_1 \\ \theta_2^0 & \theta_2^1 & \kappa_2 \end{matrix}\right\} = \left\{\begin{matrix} t=0 & t=1 & t=\infty \\ 0 & 0 & \alpha \\ 1-\gamma & \gamma-\alpha-\beta-1 & \beta \end{matrix}\right\}.$$

34)　後で定義する単独高階方程式の特性冪数とはほとんど同じだが，整数差のズレがある．注意 2.45（163 ページ）参照．

35)　行列 A_∞ の固有値は $\mathrm{tr}A_\infty = \alpha + \beta$, $\det A_\infty = \alpha\beta$ からすぐ分かる．

超幾何微分方程式の 3 つの特異点は確定特異点と呼ばれるものになっている．定義は次節で見る．$\mathbb{P}^1$ においてすべての特異点が確定のとき Fuchs 型方程式と呼ぶ．Gauss の超幾何微分方程式は $\mathbb{P}^1$ 上 3 点の特異点を持つ 2 階 Fuchs 型方程式である．

では，逆に確定特異点を 3 つ持つ Fuchs 型方程式は超幾何微分方程式であろうか？　ここでは，特異点を 3 つ持つ Schlesinger 形の方程式が超幾何方程式系 (2.89) の解法に帰着されることを見よう[36)]．つまり 3 つの 2 次正方行列 B_0, B_1, B_∞ を適当に与えたとき，方程式系 $\frac{d}{dt}y = \left(\frac{B_0}{t} + \frac{B_1}{t-1}\right)y$ を超幾何函数で解きたい．ただし，$B_0 + B_1 + B_\infty = 0$ とする．

行列 B_0, B_1, B_∞ の固有値をそれぞれ $\theta_1^0, \theta_2^0, \theta_1^1, \theta_2^1, \kappa_1, \kappa_2$ とすると

$$\theta_1^0 + \theta_2^0 + \theta_1^1 + \theta_2^1 + \kappa_1 + \kappa_2 = 0 \tag{2.92}$$

が成り立つ．この関係式は **Fuchs 関係式** (Fuchs relation) と呼ばれている．

まず従属変数の変換 ① $y = Pz$, P: 定数行列，を考える．このとき z は $\frac{d}{dt}z = \left(\frac{P^{-1}B_0P}{t} + \frac{P^{-1}B_1P}{t-1}\right)z$ を満たす．適当に P をとれば，$P^{-1}B_0P$ を上三角行列にできる．同様の変換で $P = \begin{pmatrix} 1 & \lambda \\ 0 & 1 \end{pmatrix}$ と置くと，$t = 0$ での行列は上三角のままに，$t = 1$ の行列を

$$\begin{pmatrix} 1 & -\lambda \\ 0 & 1 \end{pmatrix}\begin{pmatrix} a & b \\ c & d \end{pmatrix}\begin{pmatrix} 1 & \lambda \\ 0 & 1 \end{pmatrix} = \begin{pmatrix} a - \lambda c & b + (a-d)\lambda - c\lambda^2 \\ c & d + \lambda c \end{pmatrix}$$

のように変換できる．条件 $(c, a-d) \neq (0,0)$ を満たしているとき[37)]は λ に関する 2 次方程式 $b + (a-d)\lambda - c\lambda^2 = 0$ の解を用いれば，これを下三角行列に変換できる[38)]．この時点で方程式は $\frac{d}{dt}z = \left(\frac{B_0}{t} + \frac{B_1}{t-1}\right)z$ で B_0 は上三角，B_1 は下三角という場合に帰着された．

さらに変換 ② $z = t^\mu(t-1)^\nu w$ を考える．このとき方程式は $\frac{d}{dt}w = \left(\frac{B_0 - \mu 1_2}{t} + \frac{B_1 - \nu 1_2}{t-1}\right)w$ に変換される．この変換で μ, ν をそれぞれ B_0, B_1 の $(1,1)$ 成分とすると，方程式は

36)　3 つの確定特異点を持つ 2 階 Fuchs 型方程式が Schlesinger 形に書けることは，注意 2.50（170 ページ）で見る．

37)　$c = 0, a = d$ のときは B_0, B_1 を同時上三角化できるので，このとき z の第 2 成分は 1 階の線型方程式を満たし求積できる．このような場合，線型方程式は可約であるといわれる．

38)　複素数の範囲で考えていることに注意．2 次方程式は複素数の範囲で解を持つ．

$$\frac{d}{dt}w = \left(\frac{B_0}{t} + \frac{B_1}{t-1}\right)w, \quad B_0 = \begin{pmatrix} 0 & b_{12}^0 \\ 0 & \theta^0 \end{pmatrix}, \quad B_1 = \begin{pmatrix} 0 & 0 \\ b_{21}^1 & \theta^1 \end{pmatrix}$$

に帰着される．ここで，A_∞ の行列式から $\kappa_1\kappa_2 = -b_{12}^0 b_{21}^1$ が成り立っている．変換 ① で $P = \begin{pmatrix} 1 & 0 \\ 0 & \rho \end{pmatrix}$ と置くと，B_0 の $(1,2)$ 成分，B_1 の $(2,1)$ 成分はそれぞれ ρb_{12}^0, $\rho^{-1} b_{21}^1$ に移される．ρ をうまくとることで，これらを κ_2, $-\kappa_1$ とできる．ここで $\alpha = \kappa_1, \beta = \kappa_2, \gamma = 1 - \theta^0$ と置くことで，この方程式系は超幾何方程式系 (2.89) に帰着できた．

b. 特異点での局所解

以下，この 2.3 節では，簡単のために，各特異点における特性冪数の差が整数でないと仮定しよう．この条件は非整数条件と呼ばれ

$$\alpha,\ \beta,\ \gamma,\ \alpha-\beta,\ \beta-\gamma,\ \gamma-\alpha,\ \alpha+\beta-\gamma \notin \mathbb{Z} \tag{2.93}$$

と表される．整数差の場合は 2.4 節で一般的に見る．また，特に超幾何方程式の場合は，例 13 でも扱う（169 ページ）.

微分方程式の解の大域的な挙動を調べようとするときには，係数が解析的な点での局所解よりも，特異点での局所解を見たほうがよい．

まず，$t = 0$ での局所解で，上に述べたものと 1 次独立なものを見つけよう．線型方程式であるから，2 つの線型独立な解があれば，すべての解はその 2 つの線型結合で表される．

ここで使えるのは従属変数の変換 $y = t^\mu Pz$ である．特異点 $t = 0$ で解析的な解は既に見た解の定数倍のみだったが，これは A_0 の零固有値に対応したものなのだ．そこで $\mu = 1-\gamma$ と置こう．これは A_0 の固有値を $(\theta_1^0, \theta_2^0) = (0, 1-\gamma)$ から $(\gamma-1, 0)$ へと移す変換になる．この変換で新しい従属変数はまた解析的な解を持つことになる．これが超幾何級数で表せるのである．行列 P を

$$P = \begin{pmatrix} 0 & 1 \\ 1 & 0 \end{pmatrix} \begin{pmatrix} 1 & 0 \\ \frac{\beta}{1-\gamma} & 1 \end{pmatrix} \begin{pmatrix} 1 & \frac{\gamma-1}{\beta} \\ 0 & 1 \end{pmatrix} \begin{pmatrix} (1-\gamma)^2 & 0 \\ 0 & \beta(\gamma-1-\beta) \end{pmatrix}$$

と置くと

$$\widetilde{A_0} = P^{-1}A_0P - (1-\gamma)1_2 = \begin{pmatrix} 0 & \beta-\gamma+1 \\ 0 & \gamma-1 \end{pmatrix},$$

$$\widetilde{A_1} = P^{-1}A_1P = \begin{pmatrix} 0 & 0 \\ -\alpha+\gamma-1 & \gamma-1-\alpha-\beta \end{pmatrix}$$

として，z は微分方程式

$$\frac{d}{dt}z = \left(\frac{\widetilde{A_0}}{t} + \frac{\widetilde{A_1}}{t-1}\right)z \tag{2.94}$$

を満たす．この方程式は超幾何微分方程式系 (2.89) で $S\left(\begin{smallmatrix}\alpha-\gamma+1,\beta-\gamma+1\\2-\gamma\end{smallmatrix}\right)$ としたものに一致し，$z = {}^t(z_1, z_2)$, $z_1 = F\left(\begin{smallmatrix}\alpha-\gamma+1,\beta-\gamma+1\\2-\gamma\end{smallmatrix}; t\right)$, $z_2 = \vartheta z_1/(\beta-\gamma+1)$ を解析的解に持つことが分かる．これから y を求めると，既に見たのと合わせ

$$y = \begin{pmatrix} F\left(\begin{smallmatrix}\alpha,\beta\\\gamma\end{smallmatrix}; t\right) \\ \vartheta F\left(\begin{smallmatrix}\alpha,\beta\\\gamma\end{smallmatrix}; t\right)/\beta \end{pmatrix},$$

$$y = (1-\gamma)t^{1-\gamma}\begin{pmatrix} \beta F\left(\begin{smallmatrix}\alpha-\gamma+1,\beta-\gamma+1\\2-\gamma\end{smallmatrix}; t\right) \\ (1-\gamma)F\left(\begin{smallmatrix}\alpha-\gamma+1,\beta-\gamma+1\\2-\gamma\end{smallmatrix}; t\right) + \vartheta F\left(\begin{smallmatrix}\alpha-\gamma+1,\beta-\gamma+1\\2-\gamma\end{smallmatrix}; t\right) \end{pmatrix} \tag{2.95}$$

のふたつの解が得られた[39]．ふたつ目の解は $t=0$ が分岐点となり解析的でない．

今は 1 階連立方程式のほうで見たが，元の単独高階方程式 (2.84) で見ると，y_2 のほうの変換を考えなくてよいので計算が易しい．超幾何微分方程式 (2.84) を Euler 作用素 $\vartheta = td/dt$ を使って書いた方程式

$$E\begin{pmatrix}\alpha,\beta\\\gamma\end{pmatrix}; t\Bigr): \qquad \{(\vartheta+\gamma-1)\vartheta - t(\vartheta+\alpha)(\vartheta+\beta)\}x = 0 \tag{2.96}$$

のほうで見てみると[40]，従属変数の変換 $x = t^{1-\gamma}\xi$ で $\vartheta x = t^{1-\gamma}(\vartheta+1-\gamma)\xi$ であるから，方程式

$$\{\vartheta(\vartheta+1-\gamma) - t(\vartheta+\alpha-\gamma+1)(\vartheta+\beta-\gamma+1)\}\xi = 0$$

に変換されるが，これは方程式 $E\left(\begin{smallmatrix}\alpha-\gamma+1,\beta-\gamma+1\\2-\gamma\end{smallmatrix}; t\right)$ に一致するので，連立のときの計算と同様に，$x = t^{1-\gamma}F\left(\begin{smallmatrix}\alpha-\gamma+1,\beta-\gamma+1\\2-\gamma\end{smallmatrix}; t\right)$ が元の超幾何微分方程式の解になっていることが分かる．

39) $1-\gamma \notin \mathbb{Z}$ であれば，このふたつは線型独立である．
40) 超幾何微分方程式 (2.84) の導出のところを参照．

さて，$t=0$ 以外に $t=1,\infty$ が特異点であった．$t=1$ の近くでの局所解を調べるために，$t=1-\zeta$ と置いて，座標 ζ を使って方程式を表してみよう．方程式 (2.84) を $d/dt=-d/d\zeta$ を使って書き換えると

$$\begin{aligned}&t(t-1)\frac{d^2}{dt^2}-(\gamma-(\alpha+\beta-1)t)\frac{d}{dt}+\alpha\beta\\=&\zeta(\zeta-1)\frac{d^2}{d\zeta^2}-(\alpha+\beta-\gamma+1-(\alpha+\beta+1)\zeta)\frac{d}{d\zeta}+\alpha\beta\end{aligned}$$

で，これは方程式 $E\left(\begin{matrix}\alpha,\ \ \beta\\\alpha+\beta-\gamma+1\end{matrix};\zeta\right)$ となる．これから $t=0$ における解と比べ

$$x=F\left(\begin{matrix}\alpha,\quad\beta\\\alpha+\beta-\gamma+1\end{matrix};1-t\right),\quad(1-t)^{\gamma-\alpha-\beta}F\left(\begin{matrix}\gamma-\alpha,\gamma-\beta\\\gamma-\alpha-\beta+1\end{matrix};1-t\right)\tag{2.97}$$

というふたつの解が得られる．

次に，無限遠点 $t=\infty$ における局所解を見よう．無限遠点での座標を $\zeta=1/t$ と置いて，方程式 (2.96) $E\left(\begin{matrix}\alpha,\beta\\\gamma\end{matrix};t\right)$ を書き換えると，$\vartheta=-\zeta d/d\zeta$ を使って

$$\begin{aligned}&\frac{1}{t}(\vartheta+\gamma-1)\vartheta-(\vartheta+\alpha)(\vartheta+\beta)\\=&\zeta\left(\zeta\frac{d}{d\zeta}-\gamma+1\right)\zeta\frac{d}{d\zeta}-\left(\zeta\frac{d}{d\zeta}-\alpha\right)\left(\zeta\frac{d}{d\zeta}-\beta\right)\end{aligned}$$

が得られる．従属変数の変換 $x=\zeta^{\alpha}\xi$ および $x=\zeta^{\beta}\xi$ によって，方程式 $E\left(\begin{matrix}\alpha,\alpha-\gamma+1\\\alpha-\beta+1\end{matrix};\zeta\right)$, $E\left(\begin{matrix}\beta-\gamma+1,\beta\\\beta-\alpha+1\end{matrix};\zeta\right)$ が得られる．よってふたつの解が得られた：

$$x=t^{-\alpha}F\left(\begin{matrix}\alpha,\alpha-\gamma+1\\\alpha-\beta+1\end{matrix};\frac{1}{t}\right),\quad t^{-\beta}F\left(\begin{matrix}\beta-\gamma+1,\beta\\\beta-\alpha+1\end{matrix};\frac{1}{t}\right).\tag{2.98}$$

注意 2.40（Kummer の 24 の解）　3 点 $0,1,\infty$ のなす集合を変えない 1 次分数変換は

$$t,\quad 1-t,\quad \frac{1}{t},\quad \frac{1}{1-t},\quad \frac{t}{t-1},\quad \frac{t-1}{t}$$

に限る．上で求めた解は，各特異点でふたつずつの全部で 6 個であるが，これらの変換を使って，Kummer は超幾何微分方程式 (2.84) の解の級数表示を 24 個求めている:

(1) $F\left(\begin{matrix}\alpha,\beta\\\gamma\end{matrix};t\right)$,　(2) $(1-t)^{\gamma-\alpha-\beta}F\left(\begin{matrix}\gamma-\alpha,\gamma-\beta\\\gamma\end{matrix};t\right)$,

$$(3)\ t^{1-\gamma}F\left(\begin{matrix}\alpha-\gamma+1,\beta-\gamma+1\\2-\gamma\end{matrix};t\right),\quad (4)\ t^{1-\gamma}(1-t)^{\gamma-\alpha-\beta}F\left(\begin{matrix}1-\alpha,1-\beta\\2-\gamma\end{matrix};t\right),$$

$$(5)\ F\left(\begin{matrix}\alpha,\beta\\\alpha+\beta-\gamma+1\end{matrix};1-t\right),\quad (6)\ t^{1-\gamma}F\left(\begin{matrix}\alpha-\gamma+1,\beta-\gamma+1\\\alpha+\beta-\gamma+1\end{matrix};1-t\right),$$

$$(7)\ (1-t)^{\gamma-\alpha-\beta}F\left(\begin{matrix}\gamma-\alpha,\gamma-\beta\\\gamma-\alpha-\beta+1\end{matrix};1-t\right),$$

$$(8)\ t^{1-\gamma}(1-t)^{\gamma-\alpha-\beta}F\left(\begin{matrix}1-\alpha,1-\beta\\\gamma-\alpha-\beta+1\end{matrix};1-t\right),\quad (9)\ t^{-\alpha}F\left(\begin{matrix}\alpha,\alpha-\gamma+1\\\alpha-\beta+1\end{matrix};\frac{1}{t}\right),$$

$$(10)\ t^{-\beta}F\left(\begin{matrix}\beta,\beta-\gamma+1\\\beta-\alpha+1\end{matrix};\frac{1}{t}\right),\quad (11)\ t^{\alpha-\gamma}(1-t)^{\gamma-\alpha-\beta}F\left(\begin{matrix}1-\alpha,\gamma-\alpha\\\beta-\alpha+1\end{matrix};\frac{1}{t}\right),$$

$$(12)\ t^{\beta-\gamma}(1-t)^{\gamma-\alpha-\beta}F\left(\begin{matrix}1-\beta,\gamma-\beta\\\alpha-\beta+1\end{matrix};\frac{1}{t}\right),$$

$$(13)\ (1-t)^{-\alpha}F\left(\begin{matrix}\alpha,\gamma-\beta\\\alpha-\beta+1\end{matrix};\frac{1}{1-t}\right),\quad (14)\ (1-t)^{-\beta}F\left(\begin{matrix}\beta,\gamma-\alpha\\\beta-\alpha+1\end{matrix};\frac{1}{1-t}\right),$$

$$(15)\ t^{1-\gamma}(1-t)^{\gamma-\alpha-1}F\left(\begin{matrix}\alpha-\gamma+1,1-\beta\\\alpha-\beta+1\end{matrix};\frac{1}{1-t}\right),$$

$$(16)\ t^{1-\gamma}(1-t)^{\gamma-\beta-1}F\left(\begin{matrix}\beta-\gamma+1,1-\alpha\\\beta-\alpha+1\end{matrix};\frac{1}{1-t}\right),$$

$$(17)\ (1-t)^{-\alpha}F\left(\begin{matrix}\alpha,\gamma-\beta\\\gamma\end{matrix};\frac{t}{1-t}\right),\quad (18)\ (1-t)^{-\beta}F\left(\begin{matrix}\beta,\gamma-\alpha\\\gamma\end{matrix};\frac{t}{1-t}\right),$$

$$(19)\ t^{1-\gamma}(1-t)^{\gamma-\alpha-1}F\left(\begin{matrix}\alpha-\gamma+1,1-\beta\\2-\gamma\end{matrix};\frac{t}{1-t}\right),$$

$$(20)\ t^{1-\gamma}(1-t)^{\gamma-\beta-1}F\left(\begin{matrix}\beta-\gamma+1,1-\alpha\\2-\gamma\end{matrix};\frac{t}{1-t}\right),$$

$$(21)\ t^{-\alpha}F\left(\begin{matrix}\alpha,\alpha-\gamma+1\\\alpha+\beta-\gamma+1\end{matrix};\frac{t-1}{t}\right),\quad (22)\ t^{-\beta}F\left(\begin{matrix}\beta,\beta-\gamma+1\\\alpha+\beta-\gamma+1\end{matrix};\frac{t-1}{t}\right),$$

$$(23)\ t^{\alpha-\gamma}(1-t)^{\gamma-\alpha-\beta}F\left(\begin{matrix}1-\alpha,\gamma-\alpha\\\gamma-\alpha-\beta+1\end{matrix};\frac{t-1}{t}\right),$$

$$(24)\ t^{\beta-\gamma}(1-t)^{\gamma-\alpha-\beta}F\left(\begin{matrix}1-\beta,\gamma-\beta\\\gamma-\alpha-\beta+1\end{matrix};\frac{t-1}{t}\right). \tag{2.99}$$

解の次元は 2 であるから，これらの級数には関係式が存在し，特に

$$(1)=(2)=(17)=(18),\quad (3)=(4)=(19)=(20),\quad (5)=(6)=(21)=(22),$$

$$(7)=(8)=(23)=(24),\quad (9)=(12)=(13)=(15),\quad (10)=(11)=(14)=(16)$$

となることが示せる．これを Kummer の関係式と呼ぶ． □

c. 接続係数とモノドロミー

各特異点の周りでの局所解が求まったが，次に，これらの間の関係を調べよう．各特異点での局所解を

$$v^{(0)} = \left(F\begin{pmatrix}\alpha,\beta\\ \gamma\end{pmatrix};t\right), t^{1-\gamma}F\begin{pmatrix}\alpha-\gamma+1,\beta-\gamma+1\\ 2-\gamma\end{pmatrix};t\right)\right),$$

$$v^{(1)} = \left(F\begin{pmatrix}\alpha,\beta\\ \alpha+\beta-\gamma+1\end{pmatrix};1-t\right), (1-t)^{\gamma-\alpha-\beta}F\begin{pmatrix}\gamma-\alpha,\gamma-\beta\\ \gamma-\alpha-\beta+1\end{pmatrix};1-t\right)\right),$$

$$v^{(\infty)} = \left(t^{-\alpha}F\begin{pmatrix}\alpha,\alpha-\gamma+1\\ \alpha-\beta+1\end{pmatrix};\frac{1}{t}\right), t^{-\beta}F\begin{pmatrix}\beta-\gamma+1,\beta\\ \beta-\alpha+1\end{pmatrix};\frac{1}{t}\right)\right) \tag{2.100}$$

とすると，これらの間には $v^{(0)} = v^{(1)}C_{10}$, $v^{(0)} = v^{(\infty)}C_{\infty 0}$ の関係がある．

行列 C_{10}, $C_{\infty 0}$ を**接続行列** (connection matrix)，行列の成分を**接続係数**と呼ぶ．ここで，行列 C_{10}, $C_{\infty 0}$ は，助変数に関する適当な条件のもとで，次のように書ける：

$$C_{10} = \begin{pmatrix} \frac{\Gamma(\gamma)\Gamma(\gamma-\alpha-\beta)}{\Gamma(\gamma-\alpha)\Gamma(\gamma-\beta)} & \frac{\Gamma(2-\gamma)\Gamma(\gamma-\alpha-\beta)}{\Gamma(1-\alpha)\Gamma(1-\beta)} \\ \frac{\Gamma(\gamma)\Gamma(\alpha+\beta-\gamma)}{\Gamma(\alpha)\Gamma(\beta)} & \frac{\Gamma(2-\gamma)\Gamma(\alpha+\beta-\gamma)}{\Gamma(\alpha-\gamma+1)\Gamma(\beta-\gamma+1)} \end{pmatrix},$$

$$C_{\infty 0} = \begin{pmatrix} \frac{\Gamma(\gamma)\Gamma(\beta-\alpha)}{\Gamma(\gamma-\alpha)\Gamma(\beta)} & e^{\pi\sqrt{-1}(1-\gamma)}\frac{\Gamma(2-\gamma)\Gamma(\beta-\alpha)}{\Gamma(1-\alpha)\Gamma(\beta-\gamma+1)} \\ \frac{\Gamma(\gamma)\Gamma(\alpha-\beta)}{\Gamma(\gamma-\beta)\Gamma(\alpha)} & e^{\pi\sqrt{-1}(1-\gamma)}\frac{\Gamma(2-\gamma)\Gamma(\alpha-\beta)}{\Gamma(1-\beta)\Gamma(\alpha-\gamma+1)} \end{pmatrix}. \tag{2.101}$$

これを示すには，超幾何級数の収束円上での値の極限を計算する次の定理を使えばよい．

定理 2.41（**Gauss-Kummer**）　条件 $\mathrm{Re}(\gamma-\alpha-\beta) > 0$ および，非整数条件 (2.93) のもとで，次の式が成り立つ：

$$\lim_{\substack{t\to 1\\ 0<t<1}} F\begin{pmatrix}\alpha,\beta\\ \gamma\end{pmatrix};t\right) = \frac{\Gamma(\gamma)\Gamma(\gamma-\alpha-\beta)}{\Gamma(\gamma-\alpha)\Gamma(\gamma-\beta)}. \tag{2.102}$$

定理の証明を見る前に，Gauss と Kummer の定理を使って，接続行列を求めてみよう．ここでは，$t=0$ と $t=1$ の間の接続問題[41]を解いてみる．接続行列を $C_{10} = \begin{pmatrix} a & b \\ c & d \end{pmatrix}$ と置こう．関係式

41)　接続係数を求める問題を接続問題と呼ぶ．

$$F\left(\begin{matrix}\alpha,\beta\\\gamma\end{matrix};t\right)=aF\left(\begin{matrix}\alpha,\beta\\\alpha+\beta-\gamma+1\end{matrix};1-t\right)+c(1-t)^{\gamma-\alpha-\beta}F\left(\begin{matrix}\gamma-\alpha,\gamma-\beta\\\gamma-\alpha-\beta+1\end{matrix};1-t\right)$$

において，$t\to 1$ とすると，Gauss と Kummer の定理 2.41 から

$$a=\frac{\Gamma(\gamma)\Gamma(\gamma-\alpha-\beta)}{\Gamma(\gamma-\alpha)\Gamma(\gamma-\beta)}$$

と書ける．ただし，$\mathrm{Re}(\gamma-\alpha-\beta)>0$ とした．また，解の分枝は $0<t<1$ において，$\arg(t)=0$, $\arg(1-t)=0$ と考えている．

係数 c を計算するためには，F の別の表現が必要である．注意 2.40 の Kummer の関係式のうち，(1) = (2):

$$F\left(\begin{matrix}\alpha,\beta\\\gamma\end{matrix};t\right)=(1-t)^{\gamma-\alpha-\beta}F\left(\begin{matrix}\gamma-\alpha,\gamma-\beta\\\gamma\end{matrix};t\right)$$

を使い，$(1-t)^{\alpha+\beta-\gamma}$ を掛けて $t\to 1$ とすると

$$c=\frac{\Gamma(\gamma)\Gamma(\alpha+\beta-\gamma)}{\Gamma(\alpha)\Gamma(\beta)}$$

と求まる．次に b, d であるが，Kummer の関係式 (5) = (6), (7) = (8) を使い，さらに $t^{1-\gamma}$ で割ると

$$\begin{aligned}&F\left(\begin{matrix}\alpha-\gamma+1,\beta-\gamma+1\\2-\gamma\end{matrix};t\right)\\&=bF\left(\begin{matrix}\alpha-\gamma+1,\beta-\gamma+1\\\alpha+\beta-\gamma+1\end{matrix};1-t\right)+d(1-t)^{\gamma-\alpha-\beta}F\left(\begin{matrix}1-\alpha,1-\beta\\\gamma-\alpha-\beta+1\end{matrix};1-t\right)\end{aligned}$$

と書ける．これは先程の a, c の計算に帰着され，次のように求まる：

$$b=\frac{\Gamma(2-\gamma)\Gamma(\gamma-\alpha-\beta)}{\Gamma(1-\alpha)\Gamma(1-\beta)},\quad d=\frac{\Gamma(2-\gamma)\Gamma(\alpha+\beta-\gamma)}{\Gamma(\alpha-\gamma+1)\Gamma(\beta-\gamma+1)}.$$

問題 2.7　同様にして，$t=0$ と $t=\infty$ の間の接続係数を導出せよ．

Gauss と Kummer の定理の証明には，Stirling の公式[42]と，冪級数に関する Abel の定理[43]を用いる．

証明 (Gauss-Kummer).　超幾何級数の係数を $\Phi_j=(\alpha)_j(\beta_j)/((\gamma_j)j!)$ と置

42)　Stirling の公式：$\Gamma(s)=\sqrt{2\pi/s}(s/e)^s(1+O(1/s))$　$(|\arg s|<\pi-\varepsilon, s\to\infty)$.

43)　Abel の定理：収束半径が 1 の冪級数 $\sum a_jt^j$ に対し，$\sum a_j$ が収束するとき，$\sum a_jt^j\to\sum a_j$　$(0<t<1, t\to 1)$.

く．Stirling の公式を使って，$j \to \infty$ での Φ_j の漸近挙動を調べると

$$|\Phi_j| = \left|\frac{\Gamma(\gamma)}{\Gamma(\alpha)\Gamma(\beta)}\right| \left|\frac{\Gamma(\alpha+j)\Gamma(\beta+j)}{\Gamma(\gamma+j)\Gamma(j+1)}\right| \sim \left|\frac{\Gamma(\gamma)}{\Gamma(\alpha)\Gamma(\beta)}\right| j^{\mathrm{Re}(\alpha+\beta-\gamma)-1} \quad (j \to \infty)$$

となる．定理の仮定から $\mathrm{Re}(\gamma-\alpha-\beta) > 0$ で，$\sum_{j=0}^{\infty} \Phi_j$ は収束する．

よって Abel の定理が使えて，$F\left({\alpha,\beta \atop \gamma};t\right)$ の $0 < t < 1, t \to 1$ の極限での値は，級数で $t = 1$ としたときの値に等しい．ここで，Euler の積分表示を求めたとき（150 ページ）と同様に，$\sum_{j=0}^{\infty} \Phi_j$ は

$$\begin{aligned}
\sum_{j=0}^{\infty} \Phi_j &= \frac{\Gamma(\gamma)}{\Gamma(\alpha)\Gamma(\gamma-\alpha)} \sum_{j=0}^{\infty} \frac{\Gamma(\alpha+j)\Gamma(\gamma-\alpha)}{\Gamma(\gamma+j)} \frac{(\beta)_j}{j!} \\
&= \frac{\Gamma(\gamma)}{\Gamma(\alpha)\Gamma(\gamma-\alpha)} \sum_{j=0}^{\infty} \left(\int_0^1 s^{\alpha+j-1}(1-s)^{\gamma-\alpha-1} ds\right) \frac{(\beta)_j}{j!} \\
&= \frac{\Gamma(\gamma)}{\Gamma(\alpha)\Gamma(\gamma-\alpha)} \int_0^1 s^{\alpha-1}(1-s)^{\gamma-\alpha-1} \left(\sum_{j=0}^{\infty} \frac{(\beta)_j}{j!} s^j\right) ds \\
&= \frac{\Gamma(\gamma)}{\Gamma(\alpha)\Gamma(\gamma-\alpha)} \int_0^1 s^{\alpha-1}(1-s)^{\gamma-\alpha-\beta-1} ds = \frac{\Gamma(\gamma)B(\alpha,\gamma-\alpha-\beta)}{\Gamma(\alpha)\Gamma(\gamma-\alpha)} \\
&= \frac{\Gamma(\gamma)\Gamma(\gamma-\alpha-\beta)}{\Gamma(\gamma-\alpha)\Gamma(\gamma-\beta)}
\end{aligned}$$

と計算でき，定理が導かれた． □

さて，接続行列が求まったわけであるが，これを用いるとモノドロミー行列が計算できる（モノドロミーについては 55 ページ参照）．方程式の定義域は $\mathbb{P}^1 \setminus \{0,1,\infty\}$ $(\mathbb{P}^1 = \mathbb{C} \cup \{\infty\})$ であるから，p を適当な点として，基本群 $\pi_1(\mathbb{P}^1 \setminus \{0,1,\infty\}, p)$ を考える．$\gamma_0, \gamma_1, \gamma_\infty$ をそれぞれ特異点 0,1, ∞ を反時計回りに一周する道としたとき，この基本群は，ホモトピー同値類 $[\gamma_0], [\gamma_1], [\gamma_\infty]$ で生成され，これらの間の基本関係式は $[\gamma_0] \cdot [\gamma_1] \cdot [\gamma_\infty] = 1$ で与えられる．

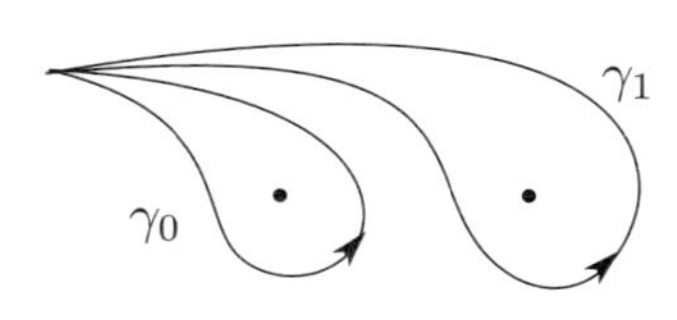

よって，モノドロミー表現 ρ: $\pi_1(\mathbb{P}^1 \setminus \{0,1,\infty\}, p) \to GL_2(\mathbb{C})$ は，行列 $M_0 = \rho([\gamma_0])$, $M_1 = \rho([\gamma_1])$ から決定される $(M_\infty = \rho([\gamma_\infty]) = M_1{}^{-1}M_0{}^{-1})$．

まず，特異点の周りを一周したときの多価性は次のように計算できる：

$$v^{(0)} \mapsto v^{(0)} \begin{pmatrix} 1 & 0 \\ 0 & e^{2\pi\sqrt{-1}(1-\gamma)} \end{pmatrix}, \quad v^{(1)} \mapsto v^{(1)} \begin{pmatrix} 1 & 0 \\ 0 & e^{2\pi\sqrt{-1}(\gamma-\alpha-\beta)} \end{pmatrix}.$$

ここで現れる行列を**局所モノドロミー** (local monodromy) と呼ぶ.

基点 p を $v^{(0)}$ の収束域内にとって, γ_0, γ_1 に沿った解析接続を考えると

$$M_0 = \begin{pmatrix} 1 & 0 \\ 0 & e^{2\pi\sqrt{-1}(1-\gamma)} \end{pmatrix}, \quad M_1 = {C_{10}}^{-1} \begin{pmatrix} 1 & 0 \\ 0 & e^{2\pi\sqrt{-1}(\gamma-\alpha-\beta)} \end{pmatrix} C_{10} \tag{2.103}$$

と計算できる.

超幾何函数に関して, 各特異点における局所解とそれらがどのように対応するのかを見てきた. 解の, 限られた領域における解析的表現を求めるような問題を**局所的問題**, 局所的にしか表現されない解の表示を相互に結びつけるような関係式を求める問題を**大域的問題**と呼ぶ. 超幾何函数で見た理論を一般論に拡張しようとするとき, 局所的問題は比較的容易でも, 接続係数やモノドロミーを求めるような大域的問題は, 難しい場合が多い.

2.4 Fuchs 型微分方程式

この節では, Gauss の超幾何微分方程式を含む, 線型微分方程式の一般的なクラスとし, Fuchs 型微分方程式を定義して, その性質を調べよう.

2.4.1 Fuchs 型方程式と特異点における局所解

定義 2.42 (ア) $t = p$ の近傍で, $t \neq 0$ で定義された多価解析函数[44]である φ が, $t = p$ を**確定特異点** (regular singular point) に持つとは, ある正数 N が存在して, 任意の $\underline{\theta}, \overline{\theta} \in \mathbb{R}$, $\underline{\theta} < \overline{\theta}$ に対して

$$\lim_{\substack{t \to p \\ \underline{\theta} < \arg(t-p) < \overline{\theta}}} |t-p|^N |\varphi(t)| = 0 \tag{2.104}$$

が成り立つことをいう[45]. $t = p$ で解析的でもなく, 確定特異点にもならないとき**不確定特異点** (irregular singular point) であるという.

44) より正確には, $B = \{0 < |t-c| < r\}$ の普遍被覆上の解析函数.

45) Euler 型方程式 (130 ページ) の解 t^λ のような函数を想定している. 極限で角度を制限するのは, この冪函数では, 特異点周りの n 回の回転で $t^\lambda \to e^{2n\pi\sqrt{-1}\lambda} t^\lambda$ のように $e^{2n\pi\sqrt{-1}\lambda}$ がかかり, 回転しながら $t \to 0$ と近づくと, 多項式増大が言えないことがあるからである.

（イ）　微分方程式が $t=p$ を**確定特異点**として持つとは，その任意の解が $t=p$ を確定特異点に持つことである．**不確定特異点**であるとは，$t=p$ に不確定特異点を持つ解が存在することである．

定義 2.43　線型常微分方程式が $\mathbb{P}^1=\mathbb{C}\cup\{\infty\}$ の特異点を除いた領域において定義されていて，特異点がすべて確定特異点であるとき，この方程式を $\mathbb{P}^1$ 上の **Fuchs 型方程式**と呼ぶ．

この節では Fuchs 型方程式を，単独高階の方程式と 1 階連立の方程式の 2 通りについて見ていく．特に 1 階連立系では Schlesinger 形方程式を調べる．

a. 単独高階 Fuchs 型方程式

確定特異点と不確定特異点を見た目で区別するという意味では，単独高階方程式が分かりやすい．方程式

$$Lx=\left(\frac{d^n}{dt^n}+a_1(t)\frac{d^{n-1}}{dt^{n-1}}+\cdots+a_{n-1}(t)\frac{d}{dt}+a_n(t)\right)x=0 \tag{2.105}$$

に対し，見た目で分かる特異点の区別を次のように定義すると，これが確定特異点，不確定特異点の区別と同値であることが分かる．

定義 2.44　方程式 $Lx=0$ (2.105) が $t=p$ で**第 1 種特異点**を持つとは，$(t-p)^k a_k(t)$, $k=1,\ldots,n$ が $t=p$ ですべて解析的であることをいう．特異点が第 1 種でないとき，**第 2 種特異点**と呼ぶ．

第 1 種特異点というのは，その特異点の周りにおいて，130 ページで見た Euler 型方程式で近似できるという意味を持っている．作用素 L に $(t-p)^n$ を掛けておくと，$D=d/dt$ として

$$\begin{aligned}(t-p)^nL=&(t-p)^nD^n+(t-p)a_1(t)(t-p)^{n-1}D^{n-1}+\cdots\\&+(t-p)^{n-1}a_{n-1}(t)(t-p)D+(t-p)^na_n(t)\end{aligned}$$

で，さらに $(t-p)^kD^k=\vartheta(\vartheta-1)\cdots(\vartheta-k+1)$, $\vartheta=(t-p)d/dt$ を使うと[46)]

46)　式 $(t-p)^kD^k=\vartheta(\vartheta-1)\cdots(\vartheta-k+1)$ は 131 ページ脚注参照．

$$(t-p)^n L = b(\vartheta) + (t-p)B(t,\vartheta) \tag{2.106}$$

の形に書けることが分かる．ただし，b は定数係数 n 次多項式，$B = \sum_{j=0}^{n-1} B_j(t)\vartheta^j$ で各 B_j は $t=p$ で解析的である．ここで，$b(\vartheta)$ の部分だけなら Euler 型方程式で，$x=(t-p)^\mu, (\log(t-p))^l(t-p)^\mu$ の形の函数で解空間が作られる．多項式 b を**決定多項式** (indicial polynomial) と呼び，その根を**特性冪数** (characteristic exponent) と呼ぶ．

注意 2.45　特性冪数は超幾何の Schlesinger 形の方程式系でも出てきた．ほぼ同じものになるが，行列に書き直す仕方によって整数差のズレがでる．例えば，超幾何方程式 (2.84) は特異点 $t=1$ において特性指数 $0, \gamma-\alpha-\beta$ を持ち，方程式系 (2.89) の Riemann 図式のものとは違っている．

また，Fuchs 関係式が違うことにも注意しよう．Schlesinger 形の場合，特性冪数の和は 0 になって簡単だったが，単独高階の場合，∞ 以外の特異点の数を r，階数を n としたとき，特性冪数の和は $(r-1)n(n-1)/2$ となる．　□

定理 2.46（L. Fuchs）　線型方程式 $Lx=0$ (2.105) が $t=p$ で確定特異点を持つことと，第 1 種特異点を持つことは同値である．

ここではこの Lazarus Fuchs の定理の証明を見る．特異点は $t=0$ となるよう独立変数をとり直しておく．証明の詳細に入る前に，少し準備が必要だ．

未知函数の簡単な変換で，確定特異点および第 1 種特異点という性質がどうなるか見ておこう．今考えるのは，① $x=\varphi(t)\tilde{x}$, ただし φ は $t=0$ で解析的，$\varphi(0)\neq 0$, ② $x=t^\mu\tilde{x}$ というふたつの変換であるが，これらふたつの変換で x の確定特異点 $t=0$ は $\tilde{x}$ の確定特異点に，第 1 種特異点は第 1 種特異点になることが分かる．

確定特異点であるということが変わらないのは解函数の性質から決まるものだからすぐに分かるが，第 1 種特異点のほうは確認しておこう．

$\because$　$x, \tilde{x}$ をそれぞれ $Lx=0$, $\widetilde{L}\tilde{x}=0$ (① $\widetilde{L}=\varphi^{-1}L\varphi$, ② $\widetilde{L}=t^{-\mu}Lt^\mu$) の解として，$t=0$ が $Lx=0$ の第 1 種特異点であると仮定すると，$\widetilde{L}\tilde{x}=0$ の第 1 種特異点でもあることを示す．

① $\varphi^{-1}\vartheta\varphi = \vartheta + \frac{t}{\varphi}\frac{d\varphi}{dt}$ となるが，$\varphi(0) \neq 0$ より，第 2 項は $t=0$ で $t \times (t$ の解析的函数) と書ける．ϕ, ψ を $t=0$ で解析的な函数とすると，$(\vartheta + t\phi)(\vartheta + t\psi) = \vartheta^2 + t(\phi+\psi)\vartheta + t\psi + t^2(\frac{d\psi}{dt} + \phi\psi)$ となる．よって，$\varphi^{-1}\vartheta^n\varphi = (\vartheta + \frac{t}{\varphi}\frac{d\varphi}{dt})^n$ は $\vartheta^n + t\sum_{j=0}^{n-1} c_j(t)\vartheta^j$（$c_j$ は $t=0$ で解析的）の形に書ける．よって $t^n\widetilde{L} = \varphi^{-1}(b(\vartheta) + tB(t,\vartheta))\varphi = b(\vartheta) + t\widetilde{B}(t,\vartheta)$ のように書け，$t=0$ は $\widetilde{L}\tilde{x} = 0$ の第 1 種特異点であることが分かる．

② $t^{-\mu}\vartheta t^{\mu} = \vartheta + \mu$ から，$t^n\widetilde{L} = t^{-\mu}(b(\vartheta) + tB(t,\vartheta))t^{\mu} = b(\vartheta+\mu) + tB(t, \vartheta+\mu)$ となり，やはり第 1 種特異点である．□

以上の準備の下に Fuchs の定理を証明しよう．確定特異点が第 1 種特異点になることと，その逆に分けて示す．

証明（確定特異点は第 1 種特異点）．階数に関する帰納法で示そう．

1 階の場合．$(D + a_1(t))x = 0$ のゼロでない解 $x = \varphi(t)$ が $t=0$ で確定特異点を持つとしたとき，$a_1(t)$ が $t=0$ で高々 1 位の極を持つことを示せばよい．

$\varphi(t)$ を $t=0$ の周りを反時計回りに一周した解析接続を $\varphi(te^{2\pi\sqrt{-1}})$ と書くと，これも同じ線型方程式の解だから，$\varphi(te^{2\pi\sqrt{-1}}) = c\varphi(t)$ となる $c \in \mathbb{C}\setminus\{0\}$ がとれる．$c = e^{2\pi\sqrt{-1}\mu}$ となる $\mu \in \mathbb{C}$ をとると $t^{-\mu}\varphi(t)$ は $\{t\,;\,|t| < r\}$ で一価で，（もし真性特異点を持つとすると φ が不確定になってしまうので）$t=0$ は高々極になる．μ は整数差ずらしてとり直してもよいので，適当にとり直して，$\varphi(t) = t^{\mu}(\varphi_0 + \varphi_1 t + \varphi_2 t^2 + \cdots)$ のように級数展開できる．このとき

$$a_1(t) = -\frac{D\varphi(t)}{\varphi(t)} = -\frac{\mu t^{\mu-1}\left(\varphi_0 + \frac{\mu+1}{\mu}\varphi_1 t + \cdots\right)}{t^{\mu}(\varphi_0 + \varphi_1 t + \cdots)} = -\frac{\mu}{t} + (\text{解析的部分}).$$

よって，a_1 は $t=0$ で高々 1 位の極を持つ．

$n-1$ 階のとき成り立つとして n 階のときを示す．まず示したいのは $Lx=0$ の解で $x = \varphi(t) = t^{\mu}(\varphi_0 + \varphi_1 t + \cdots)$ の形のものがとれること (①) である．

これが示されたとしたとき，階数低下法で $x = \varphi(t)\tilde{x}$ と変換すると，$\tilde{x}$ の満たすべき方程式 $\widetilde{L}\tilde{x} = 0$ は，$n-1$ 階の線型作用素 $\widehat{L}$ を使って $\widetilde{L} = \widehat{L}D$ の形に書ける．函数 ψ が $t=0$ で確定特異点を持つとき，$D\psi$ も $t=0$ に確定特異点を持つこと (②) が示されると，$\widehat{L}$ は $n-1$ 階で帰納法の仮定から $t=0$ を第 1 種特異点に持つことが言え，よって $\widetilde{L}\tilde{x} = 0$ も $t=0$ を第 1 種特異点

に持ち，さらに $Lx=0$ も $t=0$ を第 1 種特異点に持つ．

①の証明．特異点 $t=0$ の近傍で，方程式が解析的な点をとり，その点での解の基本系 $X=(x^{[1]},\dots,x^{[n]})$ をとる．$t=0$ の周りを正の向きに一周する閉曲線 γ に沿った解析接続は元の解から次の線型変換によって得られる：$X^\gamma = XM,\ M\in GL_n(\mathbb{C})$（$X^\gamma$ は X の γ に沿った解析接続）．

解 $x^{[k]}$ の適当な線型和 φ をとって，M の固有空間の元が作れる．つまり，$\varphi^\gamma=\varphi c$（$c\in\mathbb{C}\setminus\{0\}$ は M の固有値）とできる．

$c=\exp(2\pi\sqrt{-1}\mu)$ となる $\mu\in\mathbb{C}$ をとると，$t^{-\mu}\varphi$ は $t=0$ の近傍で一価，必要ならば μ を整数差ずらすことで φ は ① の形に書ける．

②の証明．$\displaystyle\lim_{\substack{t\to 0\\ \underline{\theta}<\arg t<\overline{\theta}}} |t|^N|\psi(t)|=0$ とする．

$$\left|t^{N+1}\frac{d\psi}{dt}\right| = \left|\frac{d}{dt}(t^{N+1}\psi)-(N+1)t^N\psi\right| \le \left|\frac{d}{dt}(t^{N+1}\psi)\right| + (N+1)|t|^N|\psi|$$

で，右辺の第 1 項は，Cauchy の積分公式（の微分）（xx ページ参照）から

$$\begin{aligned}\left|\frac{d}{dt}(t^{N+1}\psi)\right| &= \left|\int_{|\zeta-t|=\rho}\frac{\zeta^{N+1}\psi(\zeta)}{(\zeta-t)^2}\frac{d\zeta}{2\pi\sqrt{-1}}\right|\\ &\le \int_{|\zeta-t|=\rho}\frac{|\zeta|^{N+1}|\psi(\zeta)|}{\rho^2}\frac{|d\zeta|}{2\pi} \le \frac{3\rho\varepsilon}{\rho^2}\frac{2\pi\rho}{2\pi} = 3\varepsilon\end{aligned}$$

となる．ただし，$r=|t|/2,\ r<\rho$ とし，$|\zeta|\le\rho+2r<3\rho,\ |\zeta|^N|\psi|<\varepsilon$ を使った．結局，$\displaystyle\lim_{\substack{t\to 0\\ \underline{\theta}<\arg t<\overline{\theta}}} |t|^{N+1}|d\psi/dt|=0$ となり，確定特異点になる． □

逆向きの，第 1 種特異点が確定特異点になることの証明は，実際に解の基底の挙動を調べることで示される．次の定理を示せばよい．

定理 2.47 線型方程式 $Lx=0$ が $t=0$ で第 1 種特異点を持つとする．決定多項式 $b(s)$ の根を考え，これらを次のように並べる：

$$\begin{matrix}\mu_1^{(1)},\mu_2^{(1)},\dots,\mu_{m_1}^{(1)}\\ \mu_1^{(2)},\mu_2^{(2)},\dots,\mu_{m_2}^{(2)}\\ \vdots\\ \mu_1^{(l)},\mu_2^{(l)},\dots,\mu_{m_l}^{(l)}\end{matrix}\ ;\quad \begin{matrix}\text{各 } i,j \text{ について } \mu_j^{(i)}-\mu_{j+1}^{(i)} \text{ は非負整数,}\\ \mu_{j_1}^{(i_1)}-\mu_{j_2}^{(i_2)}\notin\mathbb{Z}\quad (i_1\ne i_2).\end{matrix}$$

このとき，解の基底として

$$\varphi^{i,r} = t^{\mu_1^{(i)}}\left(\sum_{j=0}^{r}(\log t)^j u_{ij}^{[r]}(t)\right), \qquad 1 \leq i \leq l, \quad 0 \leq r \leq m_i - 1 \qquad (2.107)$$

の形のものがとれる．ただし，$u_{ij}^{[r]}$ は $t=0$ で解析的な函数．

証明.　次の主張を順に示す．① $b(\mu)=0$, $b(\mu+m)\neq 0$ $(m\in\mathbb{Z}_{\geq 1})$ ならば $x=\varphi(t)=t^{\mu}(1+\varphi_1 t+\cdots)$ の形の解がただひとつある．ただし，$1+\varphi_1 t+\cdots$ は $t=0$ で解析的な函数を表しているとする．② この φ を用いて，$n-1$ 階の場合に帰着できる．

これが言えると，1階のときに成り立つことは ① で示せているので，階数に関する帰納法で定理が従う．以下証明を見てみよう．

①の証明．形式冪級数解の存在と一意性．$t^n L = b(\vartheta) + tB(t,\vartheta) = \sum_{j=0}^{\infty} t^j b_j(\vartheta)$ $(b_0=b)$ と置く．冪級数解を $x=\varphi(t)=t^{\mu}\sum_{j=0}^{\infty}\varphi_j t^j$ $(\varphi_0=1)$ とすると

$$0 = t^n L\varphi = \sum_{j=0}^{\infty} t^j b_j(\vartheta)\varphi = t^{\mu}\sum_{j=0}^{\infty}\sum_{k=0}^{\infty} b_j(k+\mu)\varphi_k t^{j+k}$$

で t^{j+k} の係数は 0 だから $\sum_{k=0}^{l} b_{l-k}(\mu+k)\varphi_k = 0$．これは $l=0$ のとき $b_0(\mu)\varphi_0 = 0$ $(\varphi_0=1)$ と書けるが，$b_0(\mu)=b(\mu)=0$ から成り立つ．また $l\neq 0$ のときは $b_0(\mu+l)=b(\mu+l)\neq 0$, $l=1,2,\ldots$ から φ_l について解け，$\varphi_l = -\frac{1}{b(\mu+l)}\sum_{k=0}^{l-1} b_{l-k}(\mu+k)\varphi_k$ と一意的に決まり，冪級数解を定義する．

級数解の収束．正の数 ρ を十分小さくとったとき，任意の k について $|\varphi_k| \leq 1/\rho^k$ とできれば，$|t|<\rho$ において，冪級数は収束する．

ρ を十分小さくとると，$j\leq k-1$ なる j に関して $|\varphi_j|\leq 1/\rho^j$ が成り立つという仮定のもと，$|\varphi_k|\leq 1/\rho^k$ を示せることを見よう．今，b は n 次多項式で，$b(k)\neq 0$ であるから，ある $c>0$ がとれて $|b(k)|\geq ck^n$, $k=1,2,\ldots$ とできる．$b_j(s)=\sum_{i=0}^{n-1} b_j^{(i)} s^i$ と置くと，$\sum_{j=1}^{\infty} b_j^{(i)} t^j$ が収束することから，$|b_j^{(i)}|\leq M/\rho^{j-1}$ となるように ρ がとれることが分かる．このとき

$$|b_j(s)| \leq \sum_{i=0}^{n-1} |b_j^{(i)}||s|^i \leq \frac{M}{\rho^{j-1}}\sum_{i=0}^{n-1}|s|^i = \frac{M}{\rho^{j-1}}\frac{1-|s|^n}{1-|s|} \leq \frac{M}{\rho^{j-1}}(1+|s|)^{n-1}$$

となり，これより

$$|\varphi_k| = \left|\frac{1}{b(k)}\sum_{j=0}^{k-1} b_{k-j}(j)\varphi_j\right|$$
$$\leq \frac{1}{ck^n}\sum_{j=0}^{k-1}\frac{M}{\rho^{k-j-1}}\frac{(j+1)^{n-1}}{\rho^j} \leq \frac{M}{ck^n}\frac{\sum_{j=0}^{k-1} k^{n-1}}{\rho^{k-1}} = \frac{M}{c\rho^{k-1}}$$

が分かる．結局，$i = 0, \ldots, n-1$ に対して $|b_j^{(i)}| \leq M/\rho^{j-1}$ かつ $\rho < c/M$ が成り立つようにとればよいことが分かった．

②の証明．$n-1$ 階のときは定理の主張が成り立っていると仮定する．

階数低下法で $x = \varphi(t)\tilde{x}$ と変換すると，$\widetilde{L} = \varphi^{-1}L\varphi = \widehat{L}D$ と書ける．ただし $\widehat{L}$ は $n-1$ 階で $t=0$ を第 1 種特異点に持つ．このとき $\widetilde{L}, \widehat{L}$ の決定多項式をそれぞれ $\tilde{b}, \hat{b}$ とすると，$b(s) = \tilde{b}(s) = \hat{b}(s-1)s$ となる[47]．よって $\widehat{L}\hat{x} = 0$ は解の基底として $t^{\mu_1^{(i)}-\mu-1}\Big(\sum_{j=0}^{r}(\log t)^j v_{ij}^{[r]}(t)\Big)$ の形のものを持つ．

解の対応を見ると $x = \varphi(t)\tilde{x} = \varphi(t)\int \hat{x}(t)dt$ となるので，この形の積分を計算しよう．級数は項別積分をすればよいが，各項は $\int t^\nu (\log t)^k dt$ となる．これは $\nu \neq -1$ なら $\frac{1}{\nu+1}t^{\nu+1}(\log t)^k - k\int \frac{1}{\nu+1}t^\nu(\log t)^{k-1}dt$ で，$\nu = -1$ なら $\frac{1}{k+1}(\log t)^{k+1}$ と計算できるので，これらからできる函数と $x = \varphi$ を合わせて，$Lx = 0$ に関しても，定理の形の解の基底がとれる． □

この定理で $\varphi_{i,0} = t^{\mu_1^{(i)}}u_{i0}^{[0]}(t)$ の形の級数解は証明内の ① で与えた方法で構成できる．特に特性冪数が重根や整数差のものを含まなければ，これらが解の基底を構成する．証明中では，他の解は帰納法で存在を示したが，具体的に構成する方法として Frobenius の方法と呼ばれるものが知られている．

級数解の計算（Frobenius の方法）

まず，$b(\mu+m) \neq 0,\ m \in \mathbb{Z}_{\geq 1}$ を満たす特性冪数 μ に対する $\varphi = t^\mu(1 + \varphi_1 t + \cdots)$ の形の解の構成から確認しておこう．これは

$$\varphi_l = -\frac{1}{b(\mu+l)}\sum_{k=0}^{l-1} b_{l-k}(\mu+k)\varphi_k, \quad ただし\ t^n L = \sum_{j=0}^{\infty} t^j b_j(\vartheta) \quad (2.108)$$

---

47) $t^n\widehat{L}D = t^{n-1}\cdot t(\hat{b}(\vartheta) + t\hat{B}(t,\vartheta))D = t^{n-1}(\tilde{b}(\vartheta-1) + t\tilde{B}(t,\vartheta-1))tD = t^n\widetilde{L}$.

と計算できた．この φ は s の多項式 b および b_j があれば，μ と t の値によって決まると思えるので，$\varphi = \varphi(t, \mu)$ と書こう．定理の仮定のように特性冪数を並べると，$\varphi^{i,0} = \varphi\left(t, \mu_1^{(i)}\right)$, $i = 1, \ldots, l$ は解である．

特性冪数が重根や整数差のものを含まなければ，この方法で解の基底を構成できるのだが，そうでないとき足りない分の解を作る方法を考えたい．

まず問題なのは，整数差の場合は $\mu = \mu_j^{(i)}$, $j \geq 2$ は極となる項があって代入できないことである．各係数 φ_l は $\frac{(\mu \text{ の多項式})}{b(\mu+1)\cdots b(\mu+l)}$ と書ける．そこで

$$\psi^{[i]}(t, \mu) = b(\mu+1)b(\mu+2)\cdots b\big(\mu + \mu_1^{(i)} - \mu_{m_i}^{(i)}\big)\varphi(t, \mu) \tag{2.109}$$

と置くと $\psi^{[i]}$ の $t^{\mu+l}$ の項の各係数は $\mu = \mu_j^{(i)}$ に極を持たない．

できた解が1次独立になるように，$\psi^{[i]}$ を μ で微分しよう．導函数

$$\varphi^{i,j} = \frac{\partial^h}{\partial \mu^h}\bigg|_{\mu=\mu_j^{(i)}} \psi^{[i]} \tag{2.110}$$

を考えると，適当な h に対し，これが解になるのは

$$t^n L \psi^{[i]} = b(\mu+1)\cdots b\big(\mu + \mu_1^{(i)} - \mu_{m_i}^{(i)}\big)b(\mu) \tag{2.111}$$

と，L と $\partial/\partial\mu$ が交換可能なことから分かる．h としては，$\mu_j^{(i)}$ に重複がない場合は，式 (2.111) の右辺における $\mu - \mu_j^{(i)}$ の因子の重複度を σ としたとき $h = \sigma - 1$ ととればよい．$\mu_j^{(i)}$ に重複があって，$\mu_j^{(i)} = \cdots = \mu_{j+r}^{(i)}$ で他に一致するものがないときは，$h = \sigma-1, \sigma-2, \ldots, \sigma-r-1$ ととる．

解の形を見ておこう．$\psi^{[i]} = t^\mu \sum_{j=0}^{\infty} \psi_j(\mu) t^j$ と書くと

$$\frac{\partial^h}{\partial \mu^h}\psi^{[i]}(t, \mu) = t^\mu \sum_{j=0}^{\infty} \left(\sum_{k=0}^{h} \binom{h}{k} \frac{\partial^{h-k}\psi_j}{\partial \mu^{h-k}} (\log t)^k \right) t^j \tag{2.112}$$

となり，対数項が現れる．

注意 2.48 μ に関する偏導函数が確定特異点型の解をなすことは，φ の μ に関する一様収束性を見なくてはいけないが，ここでは省略する． □

例 13（非整数条件を満たさないときの超幾何方程式の局所解）

2.3 節では，超幾何方程式の局所解を $1-\gamma \notin \mathbb{Z}$ などの非整数条件を仮定して求めたが，ここでは，非整数条件が満たされない場合の，$t=0$ における局所解を求めてみよう．

$t=0$ における超幾何微分方程式の特性冪数は 0 と $1-\gamma$ であるが，$x=t^{\mu}\tilde{x}$ の形の未知函数の変換で大きいほうを 0 にしておけば，$1-\gamma \in \mathbb{Z}_{\leq 0}$ のときの計算に帰着できることが分かる．① $1-\gamma=0$ の場合と，② $1-\gamma \in \mathbb{Z}_{\leq -1}$ の場合に分けて考える．

① $1-\gamma=0$ の場合．第 1 の解として $F\left({\alpha,\beta \atop \gamma};t\right)$ がとれる．さらに

$$\varphi(t,\mu)=\sum_{j=0}^{\infty} c_j t^{\mu+j}, \quad c_j=\frac{(\alpha+\mu)_j(\beta+\mu)_j}{(\gamma+\mu)_j(1+\mu)_j} \tag{2.113}$$

と置き，μ に関して偏微分した $\partial\varphi/\partial\mu$ に $\mu=0$ を代入したものがもうひとつの解である．ここで

$$\frac{\partial c_j}{\partial\mu}=\frac{(\alpha+\mu)_j(\beta+\mu)_j}{(\gamma+\mu)_j(1+\mu)_j}\sum_{i=0}^{j-1}\left(\frac{1}{\alpha+\mu+i}+\frac{1}{\beta+\mu+i}-\frac{1}{\gamma+\mu+i}-\frac{1}{1+\mu+i}\right)$$

と計算することで，ふたつ目の解は次のように書けることが分かる：

$$\left.\frac{\partial\varphi}{\partial\mu}\right|_{\mu=0}=F\left({\alpha,\beta \atop 1};t\right)\log t+\sum_{j=0}^{\infty} t^j\frac{(\alpha)_j(\beta)_j}{(j!)^2}\sum_{i=0}^{j-1}\left(\frac{1}{\alpha+i}+\frac{1}{\beta+i}-\frac{2}{1+i}\right). \tag{2.114}$$

② $1-\gamma=-m \in \mathbb{Z}_{\leq -1}$ の場合．第 1 の解として $F\left({\alpha,\beta \atop \gamma};t\right)=F\left({\alpha,\ \beta \atop m+1};t\right)$ がとれる．$b(\mu)=\mu(\mu+m)$ であるから，もうひとつの解は $\psi(t,\mu)=(\mu+1)_m(\mu+m+1)_m\varphi(t,\mu)=(\mu+1)_{2m}\varphi(t,\mu)$ と置いて，偏微分した $\partial\psi/\partial\mu$ に $\mu=-m$ を代入したものである．このとき，次のように書ける：

$$\begin{aligned}\left.\frac{\partial\psi}{\partial\mu}\right|_{\mu=-m}=&(\alpha-m)_m(\beta-m)_m\left\{F\left({\alpha,\beta \atop m+1};t\right)\log t\right.\\&\left.+\sum_{j=0}^{\infty} t^j\frac{(\alpha)_j(\beta)_j}{(m+1)_j j!}\sum_{i=0}^{j-1}\left(\frac{1}{\alpha+i}+\frac{1}{\beta+i}-\frac{1}{m+1+i}-\frac{1}{1+i}\right)\right\}\\&-\sum_{j=1}^{m}(0)_j(-m)_j(\alpha-m)_j(\beta-m)_j t^{-j}.\end{aligned} \tag{2.115}$$

b. Schlesinger 形方程式

最初に Schlesinger 形の連立方程式系を定義しておこう．

定義 2.49 微分方程式系

$$\frac{d}{dt}y = \left(\sum_{k=1}^{r} \frac{A_k}{t-p_k}\right) y \tag{2.116}$$

を **Schlesinger 形**の 1 階 Fuchs 型方程式系と呼ぶ．ただし $p_k \in \mathbb{C}$ で $A_k \in M_m(\mathbb{C})$ とした．

Schlesinger 形の方程式は 1 階で，係数は 1 位の極しか持たないから，その意味ですべての特異点は第 1 種であるが，単独高階方程式で見たことから類推して，確定特異点ならば係数は 1 位の極であると思うと間違いである．実際，$g_k(t)$ を $t=0$ で解析的として，$t=0$ に確定特異点を持つ単独高階方程式

$$Lx = \left(\frac{d^n}{dt^n} + \frac{g_1(t)}{t}\frac{d^{n-1}}{dt^{n-1}} + \cdots + \frac{g_{n-1}(t)}{t^{n-1}}\frac{d}{dt} + \frac{g_n(t)}{t^n}\right)x = 0$$

を普通に書き直すと，$y_1 = x, y_2 = dx/dt, \ldots, y_n = d^{n-1}x/dt^{n-1}$ として

$$\frac{d}{dt}y = \begin{pmatrix} 0 & 1 & 0 & \cdots & 0 \\ 0 & 0 & 1 & \ddots & \vdots \\ \vdots & \vdots & \ddots & \ddots & 0 \\ 0 & 0 & \cdots & 0 & 1 \\ -t^{-n}g_n(t) & -t^{1-n}g_{n-1}(t) & -t^{2-n}g_{n-2}(t) & \cdots & -t^{-1}g_1(t) \end{pmatrix} y$$

となるが，この係数は $t=0$ に n 位の極を持つ．

注意 2.50 ひとつの確定特異点に関しては，係数が 1 位の極になるように連立方程式に書き直すことは簡単にできる．例えば，今見た $t=0$ については，$y = {}^t(x, \vartheta x, \vartheta^2 x, \ldots, \vartheta^{n-1}x)$, $\vartheta = td/dt$ のようにとればよい．

2 階 3 点特異点の場合に，すべての特異点での係数が 1 位の極になるようにして，Schlesinger 形に書き直す計算を見てみよう．

まず，特異点は $t = 0, 1, \infty$ であるとしてよい．各特異点で，Fuchs の定理（定理 2.46）を適用すると，方程式は

$$\frac{d^2}{dt^2}x = \left(\frac{a}{t} + \frac{b}{t-1}\right)\frac{d}{dt}x + \left(\frac{c}{t^2} + \frac{d}{(t-1)^2} + \frac{e}{t(t-1)}\right)x$$

と書ける．まず，$\xi = t(t-1)\frac{d}{dt}x$ と置くと，$\frac{d}{dt}\xi = \left(c+d+e-\frac{c}{t}+\frac{d}{t-1}\right)x + \left(\frac{a+1}{t}+\frac{b+1}{t-1}\right)\xi$ となる．さらに $\eta = \xi + \alpha x$ と置くと

$$\begin{aligned}\frac{d}{dt}\eta = &\left(c+d+e-\frac{c+(a+1)\alpha-\alpha^2}{t}+\frac{d-(b+1)\alpha-\alpha^2}{t-1}\right)x\\ &+\left(\frac{a+1}{t}+\frac{b+1}{t-1}+\frac{\alpha}{t(t-1)}\right)\eta\end{aligned}$$

であり，α を $c+(a+1)\alpha-\alpha^2=0$ となるようにとり，$y = {}^t(tx,\eta)$ と置くと

$$\frac{d}{dt}y = \begin{pmatrix} \frac{\alpha}{t(t-1)}+\frac{1}{t} & \frac{1}{t-1} \\ \frac{c+d+e}{t}+\frac{d-(b+1)\alpha-\alpha^2}{t(t-1)} & \frac{a+1}{t}+\frac{b+1}{t-1}+\frac{\alpha}{t(t-1)} \end{pmatrix} y$$

となり，これは Schlesinger 形である．

既に，この形の系は超幾何の方程式に帰着できることを見ているので（2.3.2 項の a. を参照），3 点特異点を持つ 2 階 Fuchs 型方程式は，1 階の方程式に帰着され求積可能な場合を除き，超幾何方程式に帰着されることが分かった． □

逆に，第 1 種の特異点は，連立系でも確定特異点である．これは特異点における局所解の構成により示すことができる．

定理 2.51 行列函数 A が $t=p$ で高々 1 位の極を持つとする．このとき，$t=p$ において解析的な行列函数 P と定数行列 Λ がとれて，方程式

$$\frac{d}{dt}y = A(t)y \tag{2.117}$$

の解の基本系行列として $P(t)(t-p)^{\Lambda}$ がとれる．特に，$A_p = \lim_{t\to p}(t-p)A(t)$ の，どのふたつの固有値の差も 0 以外の整数に等しくなければ，Λ として A_p がとれる．ただし，$(t-p)^{\Lambda} = \exp((\log(t-p))\Lambda)$ である．

この方程式は 1.2 節で見た Briot-Bouquet の方程式になっているので（50 ページ参照），特別な場合を除けば，級数解の存在は言えているのであるが，この

定理はより一般の場合を含むものになっている[48]．

証明.　形式解の構成．特異点 p を 0 とする．そうでないときの計算もこの場合に帰着できる．方程式の係数を $A = A^{(0)}t^{-1} + A^{(1)} + A^{(2)}t + \cdots$, 解を $y = P(t)z$, $P = P^{(0)} + P^{(1)}t + P^{(2)}t^2 + \cdots$ と置こう．ここで $A^{(0)}$ は, 未知函数の線型変換で, あらかじめ Jordan 標準形とできる（43 ページの Briot-Bouquet 型方程式の変換 ① 参照）．$A^{(0)}$ を次のように表す：

$$A^{(0)} = \begin{pmatrix} \theta_1 & d_1 & & 0 \\ & \theta_2 & \ddots & \\ & & \ddots & d_{m-1} \\ 0 & & & \theta_m \end{pmatrix}, \qquad d_k = 0 \text{ あるいは } 1. \tag{2.118}$$

このとき，z の満たす方程式を $t(dz/dt) = B(t)z$, $B = \sum_{j=0}^{\infty} B^{(j)}t^j$ とすると

$$t\frac{dP}{dt} = tA(t)P(t) - P(t)B(t) \tag{2.119}$$

を満たすことから，各係数を比べて

$$\begin{aligned} A^{(0)}P^{(0)} - P^{(0)}B^{(0)} =& O_m, \\ A^{(0)}P^{(1)} - P^{(1)}B^{(0)} - P^{(1)} =& -A^{(1)}P^{(0)} + P^{(0)}B^{(1)}, \\ &\vdots \\ A^{(0)}P^{(j)} - P^{(j)}B^{(0)} - jP^{(j)} =& -A^{(j)}P^{(0)} - \cdots - A^{(1)}P^{(j-1)} \\ &+ P^{(0)}B^{(j)} + \cdots + P^{(j-1)}B^{(1)} \end{aligned}$$

が成り立つ．$B^{(0)} = A^{(0)}$, $P^{(0)} = 1_m$ とする．$P^{(j)}$ の (k,l) 成分を $p_{k,l}^{(j)}$ と書くことにすれば，左辺の (k,l) 成分は次のように書ける：

$$(\theta_k - \theta_l - j)p_{k,l}^{(j)} + d_k p_{k+1,l}^{(j)} - d_{l-1}p_{k,l-1}^{(j)}. \tag{2.120}$$

① $j \in \mathbb{Z} \setminus \{0\}$ に対して，$\theta_k - \theta_l - j \neq 0$, $k, l = 1, \ldots, m$ のとき．$B^{(j)} = O_m$, $j \geq 1$ とすると，方程式を満たす $P(t)$ が一意に決まる[49]．$B^{(0)} = A^{(0)} =$

48)　Briot-Bouquet の場合には，条件 $(\star 1)$, $(\star 2)$, $(\star 3)$ を仮定したが，今は仮定しない．

49)　$p_{k,l}^{(j)}$ を j が小さい順に，また (k,l) は $(m,1), (m-1,1), (m,2), \ldots$ のように左下から右上に順に決めていけばよい．

$\lim_{t\to 0} tA(t) = \Lambda$ として，形式解の基本系行列 $P(t)t^{\Lambda}$ が求まった．

② $j \in \mathbb{Z}\setminus\{0\}$ に対して，$\theta_k - \theta_l - j = 0$ となる k, l が存在するとき[50)]．固有値 θ_k を差が整数という同値関係で類別する．固有値 θ_k に対して，それが属する同値類の中で実部が最小の固有値を θ_k^0 と置く．$d_k = \theta_k - \theta_k^0$ とする．

$\theta_k - \theta_l \notin \mathbb{Z}\setminus\{0\}$ であるときには B の (k,l) 成分は 0 にでき，そのための $p_{k,l}^{(j)}$, $j = 1, 2, \ldots$ は一意に決まる．$\theta_k - \theta_l \in \mathbb{Z}_{\geq 1}$ のとき，$\theta_k - \theta_l = d_k - d_l$ で，B の (l,k) 成分および $B^{(j)}$, $j \neq d_k - d_l$ の (k,l) 成分は 0 にでき，そのための $p_{l,k}^{(j)}$ および $p_{k,l}^{(j)}$ は一意に決まるが，$B^{(d_k - d_l)}$ の (k,l) 成分は 0 にできない．このときは，$p_{k,l}^{(d_k - d_l)} = 0$ としておこう．

この変換で $t(dz/dt) = Bz$ としたとき，B は $B^{(0)} = A^{(0)}$ で，$\theta_k - \theta_l \notin \mathbb{Z}_{\geq 1}$ のとき (k,l) 成分は 0, $\theta_k - \theta_l \in \mathbb{Z}_{\geq 1}$ のとき (k,l) 成分は $c_{kl} t^{d_k - d_l}$ ($c_{kl} \in \mathbb{C}$) となっている．

さらに $L = \mathrm{diag}(d_0, \ldots, d_m)$ と置き，変数変換 $z = t^L w$ を行うと，$t(dw/dt) = (t^{-L}Bt^L - L)w$ のように変換される．ここで，係数 $C = t^{-L}Bt^L - L$ は定数行列である．よって w の解の基本行列は $t^C = t^{t^{-L}Bt^L - L}$ で表され，x の解の基本行列は $\Lambda = t^{-L}Bt^L = L + C$ として，$P(t)t^{\Lambda}$ と求まった．

形式解の収束．冪級数行列 P は方程式 (2.119) の解である．$\widetilde{P} = tP$ と置くと $\widetilde{P}$ は方程式

$$t\frac{d\widetilde{P}}{dt} = \widetilde{P} + tA\widetilde{P} - \widetilde{P}B$$

を満たすが，これも Briot-Bouquet の方程式で，$\widetilde{P}$ は定数項が 0 の形式冪級数解であるから，定理 1.13（48 ページ）により，収束冪級数となっていることが分かる．収束は，定理を使わず，直接示すことも難しくない． □

注意 2.52 定理 2.47 は，連立方程式系に書き直して，この定理に帰着させて示すこともできる． □

簡単な場合に，Schlesinger 形の連立微分方程式系を単独高階方程式に書き直す計算を見てみよう．2 連立の Schlesinger 形の方程式を

$$\frac{d}{dt}\begin{pmatrix} y_1 \\ y_2 \end{pmatrix} = \begin{pmatrix} a_{11}(t) & a_{12}(t) \\ a_{21}(t) & a_{22}(t) \end{pmatrix}\begin{pmatrix} y_1 \\ y_2 \end{pmatrix} \tag{2.121}$$

50) 50 ページの Briot-Bouquet の形式解の計算ではこの場合は除外されていた．

のように書く．y_2 を消去して y_1 の単独方程式を求めたい．まず

$$\begin{aligned}\frac{d^2}{dt^2}y_1 =& a_{11}\frac{dy_1}{dt}+\frac{da_{11}}{dt}y_1+a_{12}\frac{dy_2}{dt}+\frac{da_{12}}{dt}y_2\\ =& a_{11}\frac{dy_1}{dt}+\frac{da_{11}}{dt}y_1+a_{12}(a_{21}y_1+a_{22}y_2)+\frac{da_{12}}{dt}y_2\end{aligned}$$

と計算できるが，第1式 $a_{12}y_2=(dy_1/dt)-a_{11}y_1$ を使って

$$\begin{aligned}\frac{d^2}{dt^2}y_1 =& \left(a_{11}+a_{22}-\frac{1}{a_{12}}\frac{da_{12}}{dt}\right)\frac{dy_1}{dt}\\ &+\left(\frac{da_{11}}{dt}-\frac{a_{11}}{a_{12}}\frac{da_{12}}{dt}+a_{12}a_{21}-a_{11}a_{22}\right)y_1\end{aligned} \tag{2.122}$$

の形の単独方程式を得る．

ここで，得られた方程式の特異点を考えると，元の方程式の特異点である $a_{11}, a_{12}, a_{21}, a_{22}$ の極以外にも，a_{12} の零点も特異点となることが分かる．しかし，y_1 は方程式 (2.121) の解であったから，a_{12} の零点では解析的である．

このように方程式の特異点において，すべての解が解析的であるようなことは起こり得る．このような特異点を，微分方程式の**見かけの特異点** (apparent singular point) と呼ぶ．

Schlesinger 形の方程式に対応する Fuchs 型単独方程式を与えるには，一般には元の特異点以外に，見かけの特異点を持つものを許さなくてはならない．

2.4.2　固有値型と剛性指数

超幾何函数の一般化を考えよう．**一般超幾何級数**を次で定義する：

$${}_nF_m\left(\begin{matrix}\alpha_1,\ldots,\alpha_n\\ \beta_1,\ldots,\beta_m\end{matrix};t\right)=\sum_{j=0}^{\infty}\frac{(\alpha_1)_j\cdots(\alpha_n)_j}{(\beta_1)_j\cdots(\beta_m)_j j!}t^j. \tag{2.123}$$

ここで，$(n,m)=(2,1)$ のとき，Gauss の超幾何級数になる．

$m=n-1$ のとき，この級数 $x={}_nF_{n-1}$ は Fuchs 型微分方程式

$$\left\{\left(\prod_{k=1}^{n-1}(\vartheta+\beta_k-1)\right)\frac{d}{dt}-\prod_{k=1}^{n}(\vartheta+\alpha_k)\right\}x=0 \tag{2.124}$$

を満たす $(\vartheta=td/dt)$．

この方程式を1階連立方程式系に書き直そう．従属変数を $y={}^t(y_1,\ldots,y_n)$, $y_1=x$, $y_{k+1}=(\vartheta+\beta_k-1)y_k$, $k=1,\ldots,n-1$ と置く．このとき

$$\frac{d}{dt}y = \left(\frac{A_0}{t} + \frac{A_1}{t-1}\right) y \tag{2.125}$$

という方程式が成り立つ．ただし，$A_0 = \mathrm{diag}(1-\beta_1, \ldots, 1-\beta_{n-1}, 0) + N_n$,

$$A_1 = \begin{pmatrix} 0 \\ \vdots \\ 0 \\ 1 \end{pmatrix} \left(v_1, \ldots, v_{n-1}, \sum_{k=1}^{n-1}\beta_k - \sum_{k=1}^{n}\alpha_k + 1 - n\right)$$

と書ける．v_k は複雑だが $v_k = -\sum_{\substack{h_1+\cdots+h_n=k-1 \\ h_l \in \{0,1\}}} \prod_{l=1}^{n} (\alpha_l - \beta_{1+h_1+\cdots+h_l} + 1)^{1-h_l}$ となる．計算すれば，$A_\infty = -A_0 - A_1$ の固有値は $\alpha_1, \ldots, \alpha_n$ で，Riemann 図式は次のように書ける：

$$\left\{\begin{matrix} t=0 & t=1 & t=\infty \\ 1-\beta_1 & 0 & \alpha_1 \\ \vdots & \vdots & \vdots \\ 1-\beta_{n-1} & 0 & \alpha_{n-1} \\ 0 & \sum_{k=1}^{n-1}\beta_k - \sum_{k=1}^{n}\alpha_k + 1 - n & \alpha_n \end{matrix}\right\}. \tag{2.126}$$

前に，$\mathbb{P}^1$ 上特異点を 3 つ持つ行列サイズが 2 の既約[51)]な Schlesinger 形の方程式は，Gauss の超幾何方程式に帰着できることを見た（152 ページ）．

今の場合，特異点 3 つ，サイズ n の既約な Schlesinger 形の方程式が，一般超幾何方程式に帰着できるわけではないが，3 つの特異点のうちのひとつの特異点の n 個の特性冪数のうち，$n-1$ 個が同じ値を持つならば[52)]，一般超幾何 ${}_nF_{n-1}$ に帰着できることが示せる．

問題 2.8 上の主張を示せ．

階数と特異点の位置の情報以外に，各特異点での特性冪数の重複度が，方程式系を特徴づける重要な指標になっていることが分かる．

一般に，Schlesinger 形の方程式を考えよう．簡単のため，各特異点に置け

51) Schlesinger 形の方程式が既約であることを，係数行列の組が非自明な不変部分空間を持たないことと定義する．つまり，部分空間 $V \subset \mathbb{C}^m$ が，任意の k に対し，$A_k V \subset V$ を満たすなら，$V = \{0\}$ または $V = \mathbb{C}^m$.

52) 行列 A_0, A_1, A_∞ が対角化可能であることは仮定する．

る行列 A_j は対角化可能であるとしておく．A_j の固有値，つまり特性冪数の重複度を行列サイズ n の分割[53]で表す．

特異点の数だけ行列サイズ n の分割を並べたデータを**固有値型** (spectral type) と呼ぶ．例えば Gauss の超幾何微分方程式は 11, 11, 11 で表される固有値型を持ち，${}_3F_2$ は 111, 21, 111 という固有値型，${}_4F_3$ は 1111, 31, 1111 という固有値型を持つ．

もうひとつ，Gauss の超幾何方程式の拡張を考えよう．

次の Schlesinger 形の方程式は **Jordan-Pochhammer の方程式**と呼ばれる：

$$\frac{d}{dt}y = \left(\frac{A_1}{t-p_1} + \cdots + \frac{A_n}{t-p_n}\right)y. \tag{2.127}$$

ただし，各係数行列 A_k は次で与えられる：

$$A_k = k > \begin{pmatrix} 0 \\ \vdots \\ 1 \\ \vdots \\ 0 \end{pmatrix} (\alpha_1, \ldots, \alpha_k + \lambda, \ldots, \alpha_n). \tag{2.128}$$

実は，Jordan-Pochhammer の方程式は，積分表示のほうで見ると，Gauss の超幾何方程式の自然な拡張になっていることが分かるが，これについては，次の 2.4.3 項で見ることにしよう．

Jordan と Pochhammer の方程式は固有値型として，$n+1$ 個の n の分割の組 $n-11, n-11, \ldots, n-11$ を持つ．特に，JP_3 は 21, 21, 21, 21, JP_4 は 31, 31, 31, 31, 31 となる．ただし，サイズが n の Jordan-Pochhammer の方程式を JP_n と書いた．

Riemann 図式は次のように書ける：

$$\left\{\begin{matrix} t=p_1 & \cdots & t=p_n & t=\infty \\ 0 & \cdots & 0 & -\lambda \\ \vdots & & \vdots & \vdots \\ 0 & \cdots & 0 & -\lambda \\ \alpha_1+\lambda & \cdots & \alpha_n+\lambda & -\sum_{k=1}^{n}\alpha_k - \lambda \end{matrix}\right\}. \tag{2.129}$$

この Jordan-Pochhammer の方程式に関しても，一般超幾何方程式のと

53)　n の分割とは和が n になるような 1 以上の自然数の組のことである．例えば，5 の分割は 5, 41, 32, 311, 221, 2111, 11111 の 7 つ存在する．

きと同様なことが言える．つまり，$n+1$ 個の特異点を持つ，固有値型が $n-11, n-11, \ldots, n-11$ となる既約な Schlesinger 形の方程式は，Jordan と Pochhammer の方程式に帰着できる．

ところで，一般超幾何方程式も Jordan-Pochhammer 方程式も，助変数はすべて特性冪数に対応している．これから，これらの方程式は，固有値型と，特異点の位置，各特異点における特性冪数を与えると特定されてしまうことになる．このような方程式を**剛的な** (rigid) 方程式と呼ぶ．

剛的でない方程式も見ておこう．Gauss の超幾何方程式に特異点をひとつ加えてみる．つまり，固有値型でいうと，11,11,11,11 で表される方程式である．方程式の既約性は仮定しておこう．Gauss の方程式のときに見たように (152 ページ)，未知函数の変換 $y = t^{\omega_1}(t-1)^{\omega_2}(t-p)^{\omega_3}\tilde{y}$ により，方程式系

$$\frac{d}{dt}y = \left(\frac{A_0}{t} + \frac{A_1}{t-1} + \frac{A_p}{t-p}\right)y \tag{2.130}$$

において，各 A_0, A_1, A_p の固有値のひとつを 0 とできる．Riemann 図式は

$$\left\{\begin{array}{cccc} t=0 & t=1 & t=p & t=\infty \\ 0 & 0 & 0 & \kappa_1 \\ \theta^0 & \theta^1 & \theta^p & \kappa_2 \end{array}\right\}$$

となる．Fuchs の関係式 $\theta^0 + \theta^1 + \theta^p + \kappa_1 + \kappa_2 = 0$ が成り立っていることに注意しよう．さらに未知函数の変換 $y = C\tilde{y}$ は，係数の一斉相似変換 $C^{-1}A_\xi C$, $\xi = 0, 1, p, \infty$ を引き起こす．Gauss の方程式のときに見たように (152 ページ)，方程式系が既約であれば，これにより A_0, A_1, A_p, A_∞ のうちのひとつを上三角，ひとつを下三角にできる．これを A_0, A_∞ にしておこう．また，A_0, A_1, A_p は階数 1 であるから，結局次のように書ける：

$$A_0 = \begin{pmatrix} 1 \\ 0 \end{pmatrix}(\theta^0, a^0), \quad A_1 = \begin{pmatrix} b_1^1 \\ b_2^1 \end{pmatrix}(c_1^1, c_2^1),$$

$$A_p = \begin{pmatrix} b_1^p \\ b_2^p \end{pmatrix}(c_1^p, c_2^p), \quad A_\infty = \begin{pmatrix} \kappa_1 & 0 \\ a^\infty & \kappa_2 \end{pmatrix}.$$

既約性から，$b_1^1 = b_1^p = 0$ であったり，$c_2^1 = c_2^p = 0$ であったりすることはない．まず，$b_1^1 b_1^p \neq 0$ のときを考えると，$b_1^1 = b_1^p = 1$ としてよい．

ここで，固有値に関して $\theta^1 = c_1^1 + b_2^1 c_2^1$，$\theta^p = c_1^p + b_2^p c_2^p$ が成り立つ[54]．

54) 固有値のひとつが 0 なので，もうひとつはトレースから簡単に求まる．

これから，c_1^1, c_1^p は他の助変数で記述できる．c_2^1, c_2^p のどちらかは 0 でないから，0 でないほうを c_2^1 にとって，$\hat{y} = \mathrm{diag}(1, c_2^1)\tilde{y}$ と変換すると，係数 A_ξ, $\xi = 0, 1, p$ は A_ξ に相似変換される．また，$A_0 + A_1 + A_p + A_\infty = 0$ から

$$a^0 + c_2^1 + c_2^p = 0, \quad b_2^1 c_1^1 + b_2^p c_1^p + a^\infty = 0, \quad b_2^1 c_2^1 + b_2^p c_2^p + \kappa_2 = 0$$

となるので，$\lambda = -c_2^p/c_2^1$, $\mu = b_2^p c_2^1$ と置くことで，次のように書ける：

$$\begin{aligned} \hat{A}_0 &= \begin{pmatrix} 1 \\ 0 \end{pmatrix} (\theta^0, \lambda - 1), \quad \hat{A}_1 = \begin{pmatrix} 1 \\ \lambda\mu - \kappa_2 \end{pmatrix} (\theta^1 + \kappa_2 - \lambda\mu, 1), \\ \hat{A}_p &= \begin{pmatrix} 1 \\ \mu \end{pmatrix} (\theta^p + \lambda\mu, -\lambda). \end{aligned} \tag{2.131}$$

また，$b_1^p = 0, b_1^1 \neq 0$ の場合も同様に次に帰着できる：

$$\begin{aligned} \hat{A}_0 &= \begin{pmatrix} 1 \\ 0 \end{pmatrix} (\theta^0, \theta^p + \kappa_2), \quad \hat{A}_1 = \begin{pmatrix} 1 \\ 1 \end{pmatrix} (\theta^1 + \theta^p + \kappa_2, -\theta^p - \kappa_2), \\ \hat{A}_p &= \begin{pmatrix} 0 \\ \theta^p \end{pmatrix} (\nu, 1). \end{aligned} \tag{2.132}$$

ここで，λ, μ や ν は固有値からは決まらない助変数である．このような，固有値に依らない助変数を**装飾助変数**（あるいはアクセサリー・パラメータ）(accessory parameter) と呼ぶ．この用語を使うと，装飾助変数を持たない方程式が剛的な方程式ということになる．

一般に，モノドロミー表現などは，固有値のみでなくこれらの助変数にも依存しているので，装飾助変数を持つ方程式は大域的解析が難しい．剛的であるかどうかをすぐに判定できるとうれしいが，これには次の剛性指数を計算すればよい．

定義 2.53　係数 $(A_1, A_2, \ldots, A_r, A_{r+1})$ $\left(A_{r+1} = A_\infty = -\sum_{k=1}^{r} A_k,\ A_k \in M_m(\mathbb{C})\right)$ を持つ Schlesinger 形線型方程式 E を考える．この方程式に対し

$$\mathrm{idx}_E = (1 - r)m^2 + \sum_{k=1}^{r+1} \dim Z(A_k) \tag{2.133}$$

と置き[55]，これを方程式 E の**剛性指数** (rigidity index) と呼ぶ．ただし，$Z(A_k)$ を A_k と可換な行列全体のなす線型空間とする．

注意 2.54 行列 A が対角化可能で，$m_1m_2\ldots m_l$ という固有値型を持つとき，$\dim Z(A) = {m_1}^2 + {m_2}^2 + \cdots + {m_l}^2$ となる． □

問題 2.9 上の注意を証明せよ．

固有値型が与えられたときに，その固有値型を持つ Schlesinger 形方程式が，特別な場合を除き既約であると仮定する．この仮定のもと，idx_E が 2 であることと，方程式系が剛的であることは同値である．また，$2 - \mathrm{idx}_E$ が一般的な場合の装飾助変数の数を与える．上で計算したサイズ 2 の 4 点特異点の系は，11, 11, 11, 11 だから，$\mathrm{idx}_E = -2 \times 2^2 + 1 \times 8 = 0$ で，一般的な場合の装飾助変数の数は 2 となる．

このことの説明は残念ながら省略する．詳しくは，東京大学数理科学レクチャーノート 11，大島利雄述，廣惠一希記，特殊関数と代数的線型常微分方程式，およびそこで引用されている参考文献を見てほしい．

2.4.3 Euler 変換

2.2.4 項で Laplace 変換を扱った（133 ページ）．線型微分方程式の解を積分変換して，より簡単な方程式に帰着させるという発想は有効なことが多いのだが，Laplace 変換は一般に，Fuchs 型方程式を Fuchs 型でない方程式に移してしまう．そこで，Fuchs 型であるという性質を保つ積分変換を考えたい．

定義 2.55 積分

$$I_\gamma^\lambda(f)(t) = \frac{1}{\Gamma(\lambda)} \int_\gamma (t-s)^{\lambda-1} f(s)ds \tag{2.134}$$

を **Riemann-Liouville 積分** (Riemann-Liouville integral) と呼ぶ．また，これを関数 f に関数 $I_\gamma^\lambda(f)$ を対応させる変換と見なすとき **Euler 変換** (Euler transform) と呼ぶ．

55) 特異点の数は，∞ を含めると，r でなく，$r+1$ であることに注意．

注意 2.56　積分路 γ を区間 $[a,t]$ としたものを考え，I_a^λ と書くことにしよう．$\lambda = n \in \mathbb{Z}_{\geq 1}$ のとき，Cauchy の補題[56]

$$\int_a^t \int_a^{t_1} \cdots \int_a^{t_{n-1}} f(t_n) dt_n dt_{n-1} \cdots dt_1 = \frac{1}{(n-1)!} \int_a^t (t-s)^{n-1} f(s) ds \quad (2.135)$$

を見ると，I_a^n が n 回の反復積分であることが分かる．

これは $-n$ 階微分と見なすことができる．では I_a^{-n} は n 階微分と見なせるだろうか？　f を確定特異点の近くでの級数解の形で，$f(t) = (t-a)^\mu \sum_{j=0}^\infty c_j (t-a)^j$ と与えておこう．積分 I_a^λ が定義できるのは $\mathrm{Re}\,\lambda > 0$, $\mathrm{Re}\,\mu > -1$ のときで

$$\begin{aligned} I_a^\lambda(f)(t) =& \sum_{j=0}^\infty \frac{c_j}{\Gamma(\lambda)} \int_a^t (t-s)^{\lambda-1} (s-a)^{\mu+j} ds \\ =& (t-a)^{\mu+\lambda} \sum_{j=0}^\infty \frac{c_j (t-a)^j}{\Gamma(\lambda)} \int_0^1 (1-\sigma)^{\lambda-1} \sigma^{\mu+j} d\sigma \\ =& (t-a)^{\mu+\lambda} \sum_{j=0}^\infty \frac{\Gamma(\mu+j+1) c_j (t-a)^j}{\Gamma(\mu+j+\lambda+1)} \end{aligned}$$

と計算される．ただし，$s = (t-a)\sigma + a$ と置いた．$\lambda = -n$ のときには広義積分が定義されないのであるが[57]，最右辺は n 階微分に一致している[58]．

よって Riemann-Liouville 積分は微分の一般化と見なせ，特に，非整数階微分と呼ばれることもある．　□

Euler 変換を Schlesinger 形の方程式に施してみよう．函数 y を Schlesinger 形の 1 階 m 連立方程式

$$\text{(A)} \qquad \frac{d}{dt} y = \left(\sum_{k=1}^r \frac{A_k}{t-p_k} \right) y \quad (2.136)$$

の解とする．適当な積分路 γ をとり，y に対し

$$\tilde{z} = {}^t\left({}^tI_\gamma^{\lambda+1}\left(\frac{y(t)}{t-p_1} \right), {}^tI_\gamma^{\lambda+1}\left(\frac{y(t)}{t-p_2} \right), \ldots, {}^tI_\gamma^{\lambda+1}\left(\frac{y(t)}{t-p_r} \right) \right) \quad (2.137)$$

56)　n 回の反復積分が 1 回の積分で書けるという式．帰納法で簡単に示せる．
57)　広義積分の収束条件についてはガンマ函数やベータ函数のときにそうであったように，解析接続を考えることで外すことができる．注意 2.39（150 ページ）も参照．
58)　特に，$\lambda = 0$ のときには恒等変換になっていることに注意．

と置くと $\tilde{z}$ は次の Schlesinger 形の方程式を満たす：

$$(\widetilde{\mathrm{B}}) \qquad \frac{d}{dt}\tilde{z} = \left(\sum_{k=1}^{r} \frac{\widetilde{B}_k}{t - p_k}\right)\tilde{z}. \tag{2.138}$$

ただし，係数 $\widetilde{B}_k$ は $mr \times mr$ 行列で

$$\widetilde{B}_k = \left(\delta_{i,k}(A_j + \delta_{i,j}\lambda 1_m)\right)_{i,j} \tag{2.139}$$

$$= \begin{pmatrix} & & & O & & & \\ A_1 & A_2 & \cdots & A_k + \lambda 1_m & A_{k+1} & \cdots & A_r \\ & & & O & & & \end{pmatrix} < k \tag{2.140}$$

と書ける．ここで，この方程式は一般には (A) が既約であっても既約とは限らない（既約性の定義は 175 ページの脚注）．$(\widetilde{B}_k)_{k=1}^r$ は不変部分空間として

$$\mathcal{K} = \left\{ \begin{pmatrix} v_1 \\ \vdots \\ v_r \end{pmatrix} ; \ v_k \in \ker A_k \right\}, \quad \mathcal{L} = \cap_{k=1}^r \ker \widetilde{B}_k \tag{2.141}$$

を持つ．各 $\widetilde{B}_k$ は $\mathbb{C}^{mp}/(\mathcal{K}+\mathcal{L})$ 上の線型変換を引き起こすので，これらを行列 B_k と表すことにすると，方程式系

$$(\mathrm{B}) \qquad \frac{d}{dt}z = \left(\sum_{k=1}^{r} \frac{B_k}{t - p_k}\right)z \tag{2.142}$$

が得られる．ここで得られた Schlesinger 形の方程式の変換 mc_λ : (A) $\mapsto$ (B) を**中間畳み込み** (middle convolution) と呼ぶ．

まず，$(\widetilde{\mathrm{B}})$ の方程式 (2.138) を確認しておこう．しかし，Euler 変換は Schlesinger 形よりも大久保形と呼ばれる形の方程式のほうが見やすいので，方程式を書き直しておきたい．

定義 2.57　微分方程式系

$$(t1_m - T)\frac{d}{dt}y = Ay \tag{2.143}$$

を**大久保形の方程式**と呼ぶ．ただし $T, A \in M_m(\mathbb{C})$ で T は対角行列．

大久保形方程式はただちに Schlesinger 形方程式に書き換えることができる．対角行列 T を $T = p_1 1_{m_1} \oplus p_2 1_{m_2} \oplus \cdots \oplus p_r 1_{m_r}$ と置いて，行列 A を T

に現れた分割 $(m_1, \ldots, m_r)$ に応じて,

$$A = \begin{pmatrix} A_{11} & A_{12} & \ldots & A_{1r} \\ A_{21} & A_{22} & \ldots & A_{2r} \\ \vdots & \vdots & \ddots & \vdots \\ A_{r1} & A_{r2} & \ldots & A_{rr} \end{pmatrix} \tag{2.144}$$

のようにブロック分割する. このとき, A_j を第 j 行ブロックだけ A_{ji}, $i = 1, \ldots, r$ を並べて, ほかを 0 とした行列

$$A_k = \begin{pmatrix} O & O & \ldots & O \\ & \cdots & \cdots & \\ A_{k1} & A_{k2} & \ldots & A_{kr} \\ & \cdots & \cdots & \\ O & O & \ldots & O \end{pmatrix} \tag{2.145}$$

とすると, 大久保形 (2.143) は次の Schlesinger 形の方程式に書き換えられる:

$$\frac{d}{dt}y = \left(\sum_{k=1}^{r} \frac{A_k}{t - p_k} \right) y. \tag{2.146}$$

逆に Schlesiger 形 (2.146) の方程式が与えられているとしよう. $w = {}^t\left(\frac{{}^t y}{t-p_1}, \ldots, \frac{{}^t y}{t-p_r}\right) = {}^t({}^t w_1, \ldots, {}^t w_r)$ と置くと

$$\frac{dw_k}{dt} = \frac{1}{t-p_k}\frac{dy}{dt} - \frac{y}{(t-p_k)^2} = \frac{1}{t-p_k}(A_1 w_1 + \cdots + (A_k - 1_m)w_k + \cdots A_r w_r)$$

となるので, w は行列 T, A を $T = p_1 1_m \oplus p_2 1_m \oplus \cdots \oplus p_r 1_m$,

$$A = \begin{pmatrix} A_1 & A_2 & \ldots & A_r \\ A_1 & A_2 & \ldots & A_r \\ \vdots & \vdots & \ddots & \vdots \\ A_1 & A_2 & \ldots & A_r \end{pmatrix} = \begin{pmatrix} 1_m \\ 1_m \\ \vdots \\ 1_m \end{pmatrix} (A_1, A_2, \ldots, A_r) \tag{2.147}$$

と置くと, 大久保形の方程式 $(t1_{mr} - T)(dw/dt) = (A - 1_{mr})w$ を満たす.

しかし, こちらの対応は一般には, 方程式の連立の数 (行列のサイズ) を保存せず, 増やしてしまうことに注意が必要である.

あとは大久保形の方程式系が Euler 変換でどのように移るかを見ればよい. 大久保形の方程式 $(t1_m - T)(dy/dt) = Ay$ の解 y に対し, 適当な積分路 γ をとって, $w = I_\gamma^\lambda(y)$ と置くと, w は大久保形の方程式 $(t1_m - T)(dw/dt) = (A + \lambda 1_m)w$ の解となる.

∵ まず

$$(t1_m - T)\frac{dw}{dt} = \int_\gamma ((t-s)1_m + s1_m - T)\frac{d}{dt}\left((t-s)^{\lambda-1}y(s)\right)ds$$
$$= (\lambda-1)I_\gamma^\lambda(y) + (\lambda-1)\int_\gamma (s1_m - T)(t-s)^{\lambda-2}y(s)ds$$

と計算できる．最右辺の 2 項目を計算したいが，$(s1_m - T)(t-s)^\lambda y(s)$ の値が γ の端点で等しいように γ をとっておけば[59]

$$0 = \int_\gamma \frac{d}{ds}(s1_m - T)(t-s)^\lambda y(s)ds$$
$$= I_\gamma^\lambda(y) - (\lambda-1)\int_\gamma (s1_m - T)(t-s)^{\lambda-2}y(s)ds$$
$$+ \int_\gamma (s1_m - T)\frac{dy}{ds}(s)(t-s)^{\lambda-1}ds$$

という計算が使える．これから $(s1_m - T)(dy/ds) = Ay$ を用いて

$$(t1_m - T)\frac{dw}{dt} = (\lambda-1)I_\gamma^\lambda(y) + I_\gamma^\lambda(y) + AI_\gamma^\lambda(y) = (A + \lambda 1_m)w$$

と計算できた． □

この変換公式から $(\widetilde{\mathrm{B}})$ の方程式 (2.138) が確認できる．

さて，前項で見た Jordan と Pochhammer の方程式 (2.127) を思い出してみよう（176 ページ）．この方程式系は 1 階単独の Fuchs 型方程式

$$\frac{d}{dt}x = \left(\sum_{k=1}^{r}\frac{a_k}{t-p_k}\right)x \tag{2.148}$$

の mc_λ による像になっていることが分かる．1 階単独の線型方程式は求積でき，解は $x = C\prod_{k=1}^{n}(t-p_k)^{a_k}$ と求まる．

この函数の積分変換で，Jordan-Pochhammer の方程式の解が構成できるわけである．つまり

$$y = {}^t(y_1, \ldots, y_n), \quad y_k = C\int_\gamma (t-s)^\lambda \prod_{i=1}^{n}(s-p_i)^{a_i - \delta_{ik}}ds \tag{2.149}$$

の形の解が見つかる．ただし，積分路 γ としては，方程式の $n+1$ 個の特異

59) 例えば，0 になるようにとればよい．

点 $p_1, p_2, \ldots, p_n, \infty$ を自己交差がないように順に結んだとき，これはふたつの特異点を結ぶ n 個の部分に分かれるが，一般にはこれらのふたつの特異点を結ぶ道が独立な n 個の解を与えることが分かる．

この積分表示を見ると，Gauss の超幾何函数の積分表示（命題 2.38）の一般化になっていることが分かる．Jordan-Pochhammer の方程式のようなことは，一般の剛的な既約 Fuchs 型方程式に言えて，1 階の方程式の解から有限回の Euler 変換によって解が構成できることが知られている（N. Katz の定理）．

2.5 不確定特異点を持つ線型方程式

特殊函数の満たす変数係数線型方程式を扱っていると，不確定特異点を持つ微分方程式が頻繁に現れる．特に Bessel 函数など，Gauss の超幾何函数の仲間にも多く現れ，これらの満たす方程式は Fuchs 型ではない．Fuchs 型にはない困難とはどのようなものか？　それらにどのように対処するのかを見る．

2.5.1 超幾何微分方程式の退化

超幾何微分方程式の仲間で Fuchs 型方程式にならないものが，Gauss の超幾何微分方程式の極限から得られる．これを見てみよう．

$$t\frac{d^2}{dt^2}x + (\gamma - t)\frac{d}{dt}x - \alpha x = 0 \qquad \text{(Kummer)}, \tag{2.150}$$

$$t\frac{d^2}{dt^2}x + \gamma\frac{d}{dt}x - x = 0 \qquad ({}_0F_1), \tag{2.151}$$

$$\frac{d^2}{dt^2}x - t\frac{d}{dt}x - \alpha x = 0 \qquad \text{(Hermite-Weber)}, \tag{2.152}$$

$$\frac{d^2}{dt^2}x - tx = 0 \qquad \text{(Airy)}. \tag{2.153}$$

極限のとり方を図式で書いてみると以下のようになる：

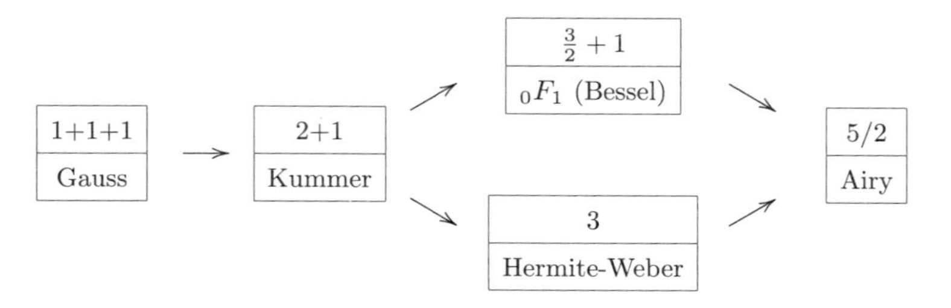

これを退化図式と呼ぶ．最初の枠が Gauss の超幾何微分方程式である．図に含まれる数字は，各特異点における "Poincaré の階数+1" をプラスの記号で区切って並べたものである[60]．Poincaré の階数の説明は次の 2.5.2 項漸近展開（190 ページ）のところで見ることにして，極限のとり方から説明しよう．

図中の矢印のうち Gauss から Kummer，さらに Hermite-Weber へという矢印と，${}_0F_1$ から Airy への矢印は，特異点の合流という操作に対応している．

まず Gauss の超幾何微分方程式から始める．方程式は

$$t(t-1)\frac{d^2}{dt^2}x - \{\gamma - (\alpha+\beta+1)t\}\frac{d}{dt}x + \alpha\beta x = 0 \tag{2.154}$$

と書けた．ここに $t = \tilde{t}/\beta$ を代入しよう．ただし，毎回新しい変数の記号を用意すると記号が足りなくなるので，˜は省略してまた t と書く．このような代入と記号の変更を，合わせて，$t \to t/\beta$ と表すことにしよう．

$$\begin{aligned}
0 =& \frac{t}{\beta}\left(\frac{t}{\beta}-1\right)\beta^2\frac{d^2}{dt^2}x - \left\{\gamma - (\alpha+\beta+1)\frac{t}{\beta}\right\}\beta\frac{d}{dt}x + \alpha\beta x \\
=& \beta\left[t\left(\frac{t}{\beta}-1\right)\frac{d^2}{dt^2}x - \left\{\gamma - t - \frac{(\alpha+1)t}{\beta}\right\}\frac{d}{dt}x + \alpha x\right].
\end{aligned}$$

こうすると，方程式の特異点は $\{0, \beta, \infty\}$ になって，$\beta \to \infty$ という極限をとると，ふたつの特異点が合流する．

得られる方程式は

$$t\frac{d^2}{dt^2}x + (\gamma - t)\frac{d}{dt}x - \alpha x = 0 \tag{2.155}$$

で，これは **Kummer の合流型超幾何微分方程式** (confluent hypergeometric differential equation) と呼ばれる．特異点は $t = 0, \infty$ のふたつで，$t = 0$ は確定特異点だが，∞ のほうは不確定である．

次に合流型超幾何微分方程式で $t \to (1/\varepsilon^2) + t/\varepsilon$, $\gamma = 1/\varepsilon^2$ として，$\varepsilon \to \infty$ とすると

$$\frac{d^2}{dt^2}x - t\frac{d}{dt}x - \alpha x = 0 \tag{2.156}$$

が得られる．これは **Hermite-Weber 方程式**と呼ばれる．この操作は，特異点を $\{-1/\varepsilon, \infty\}$ に移してから極限をとるので，ふたつの特異点が合流して ∞ のみに不確定特異点を持つ．

60) Poincaré の階数に +1 しているのは確定特異点を "1" にするためである．

さらに方程式

$$t\frac{d^2}{dt^2}x+\gamma\frac{d}{dt}x-x=0 \tag{2.157}$$

を**合流型超幾何 $_0F_1$ の微分方程式**,

$$\frac{d^2}{dt^2}x-tx=0 \tag{2.158}$$

を **Airy の微分方程式**と呼ぶ.

$_0F_1$ の方程式から Airy の方程式への退化を考えよう．まず $_0F_1$ の方程式から1階の導函数を消すために未知函数の変換 $x\to t^{-\gamma/2}x$ という変換をすると，方程式は $t^2(d^2x/dt^2)+((\gamma/2)^2-t)x=0$ となる[61]．さらに $t\to(1/\varepsilon^3)+t/\varepsilon^2$, $\gamma=\varepsilon^{-3/2}$ と変換をして，$\varepsilon\to 0$ という極限をとると Airy の方程式が得られる．これもやはり特異点の合流となっている．

ふたつの合流型超幾何方程式については，$t=0$ が確定特異点になっているので，そこでの級数解を求めると，それぞれ

$$\text{(Kummer)}:\quad x={}_1F_1\left(\begin{matrix}\alpha\\ \gamma\end{matrix};t\right),\quad t^{1-\gamma}{}_1F_1\left(\begin{matrix}\alpha+1-\gamma\\ 2-\gamma\end{matrix};t\right), \tag{2.159}$$

$$({}_0F_1):\quad x={}_0F_1\left(\begin{matrix}-\\ \gamma\end{matrix};t\right),\quad t^{1-\gamma}{}_0F_1\left(\begin{matrix}-\\ 2-\gamma\end{matrix};t\right) \tag{2.160}$$

が得られる．ただし，級数は次のように書けている：

$${}_1F_1\left(\begin{matrix}\alpha\\ \gamma\end{matrix};t\right)=\sum_{j=1}^{\infty}\frac{(\alpha)_j}{(\gamma)_j j!}t^j,\quad {}_0F_1\left(\begin{matrix}-\\ \gamma\end{matrix};t\right)=\sum_{j=1}^{\infty}\frac{1}{(\gamma)_j j!}t^j. \tag{2.161}$$

注意 2.58 $_0F_1$ の方程式は **Bessel の微分方程式**に帰着できる．実際 $t=-s^2/4, x=s^{1-\gamma}\xi$ と置くと

$$s^2\frac{d^2\xi}{ds^2}+s\frac{d\xi}{ds}+(s^2-(1-\gamma)^2)\xi=0 \tag{2.162}$$

となるが，これは Bessel の微分方程式である．$\nu=1-\gamma$ と置くと，$s=0$ における級数解はよく知られた **Bessel 函数**になる：

$$\xi=J_{\pm\nu}(s)=\left(\frac{s}{2}\right)^{\pm\nu}\sum_{j=0}^{\infty}\frac{(-1)^j}{\Gamma(\pm\nu+j+1)j!}\left(\frac{s}{2}\right)^{2j}. \tag{2.163}$$

---

61) 2階線型方程式 $x''+px'+qx=0$ は未知函数の変換 $x\to x\exp(-(\int p(t)dt)/2)$ で，$x''+(q-(p/2)^2-p'/2)x=0$ に変換される．1階導函数の項がない方程式 $x''+qx=0$ はトレースが0の係数の連立方程式で書けることから，$\mathfrak{sl}$ 型と呼ばれる．

$t=-s^2/4$ と置いたのが大きな違いであるが，これは ${}_0F_1$ の方程式が，2.5.2 項で述べるように無限遠点での形式級数解に Puiseux 級数[62]が必要であるため，あらかじめ $t^{1/2}$ を変数にとったのが Bessel 函数と考えるのが妥当だろう． □

さて，残った Kummer から ${}_0F_1$, Hermite-Weber から Airy という極限操作を見てみよう．

まず Kummer の方程式において，$t \to t/\alpha$ として，$\alpha \to \infty$ という極限をとると ${}_0F_1$ の方程式が得られる．

また，Hermite-Weber の方程式において，未知函数の変換 $x \to \exp(t^2/4)x$ で 1 階導函数の項を消すと，方程式は

$$\frac{d^2}{dt^2}x + \left(\frac{1}{2} - \alpha - \frac{t^2}{4}\right)x = 0 \tag{2.164}$$

と書き換えられる[63]．さらに $t \to (2/\varepsilon^3) + \varepsilon t,\ \alpha = (1/2) - (1/\varepsilon^6)$ と置いて $\varepsilon \to 0$ とすると Airy の方程式が得られる．

これらの極限操作は，特異点の合流とは見なせない．操作の一般的な意味を理解するには，単独方程式よりも 1 階連立方程式で見たほうがわかりやすいだろう．まず Kummer の方程式と ${}_0F_1$ の方程式だが，$dy/dt = \left(A_0 t^{-1} + A_\infty^{(-1)}\right) y$ の形に書け，係数行列はそれぞれ次のようになる：

$$(\mathrm{Kummer}):\quad A_0 = \begin{pmatrix} 0 & 0 \\ \alpha & -\gamma \end{pmatrix},\quad A_\infty^{(-1)} = \begin{pmatrix} 0 & 1 \\ 0 & 1 \end{pmatrix}, \tag{2.165}$$

$$({}_0F_1):\quad A_0 = \begin{pmatrix} 0 & 0 \\ 1 & -\gamma \end{pmatrix},\quad A_\infty^{(-1)} = \begin{pmatrix} 0 & 1 \\ 0 & 0 \end{pmatrix}. \tag{2.166}$$

また Hermite-Weber と Airy は $dy/dt = \left(A_\infty^{(-1)} + A_\infty^{(-2)} t\right) y$ の形に書け，係数は次のようになる：

$$(\mathrm{H\text{-}W}):\quad A_\infty^{(-1)} = \begin{pmatrix} 0 & 1 \\ \alpha & 0 \end{pmatrix},\quad A_\infty^{(-2)} = \begin{pmatrix} 0 & 0 \\ 0 & 1 \end{pmatrix}, \tag{2.167}$$

62) 変数 t に関する $t=p$ を中心とした Puiseux 級数とは，ある自然数 $q \in \mathbb{Z}_{\geq 1}$ についての $(t-p)^{1/q}$ に関する冪級数 $\sum_{j=0}^{\infty} a_j (t-p)^{j/q}$ のことである．

63) 方程式 $x'' + (\lambda - t^2)x = 0$ を Weber の方程式と呼ぶ．

$$(\mathrm{Airy}):\quad A_\infty^{(-1)} = \begin{pmatrix} 0 & 1 \\ 0 & 0 \end{pmatrix},\quad A_\infty^{(-2)} = \begin{pmatrix} 0 & 0 \\ 1 & 0 \end{pmatrix}. \tag{2.168}$$

観察してみると，このふたつは不確定特異点 $t=\infty$ における主要項の Jordan 標準形の対角化不可能な場合への退化に対応していることが分かる．

次に，これらの方程式の不確定特異点 $t=\infty$ での級数解を求めたいのだが，これには確定のときにはなかった困難が現れる．

2.5.2　漸近展開

確定特異点のときにはなかった困難というのは形式的に級数を求めると，それらが収束しないということである．まずは，形式的に級数解を作るところから見てみよう．

a. 形式級数解

1 階連立線型方程式が $t=\infty$ で不確定特異点を持っているとき，方程式の係数を t^{-1} で展開して

$$\frac{d}{dt}y = A(t)y,\quad A(t) = A^{(-r)}t^{r-1} + A^{(-r+1)}t^{r-2} + \cdots + A^{(0)}t^{-1} + \cdots \tag{2.169}$$

と書けたとしよう ($r \geq 0$)．ただし

$(\star\star)$　主要項の係数 $A^{(-r)}$ の固有値は相異なる

と仮定する．$A^{(-r)}$ は相似変換で $A^{(-r)} = \mathrm{diag}(a_1,\ldots,a_n)$ と正規化しておこう．このとき，次の形を仮定して解を求める：

$$y(t) = \hat{y}(t)e^{\Lambda(t)},\quad \Lambda(t) = -\sum_{j=1}^{r}\frac{\lambda^{(-j)}}{j}t^j + \lambda^{(0)}\log\left(\frac{1}{t}\right). \tag{2.170}$$

ただし，$\lambda^{(j)}, j=0,\ldots,r$ は対角行列で，$\hat{y} = y^{(0)} + y^{(1)}t^{-1} + \cdots$ は t^{-1} に関する形式冪級数行列．このように置くと，$y^{(0)} = 1_n$ とした形式解が構成できて，しかも一意的であることが分かる．

$\because$　方程式に $y = \hat{y}e^{\Lambda(t)}$ を代入すると，$d\hat{y}/dt = A(t)\hat{y} - \hat{y}d\Lambda(t)/dt$ が得られる．これを満たす $\hat{y} = 1_n + y^{(0)}t^{-1} + \cdots$ と $\Lambda(t)$ が一意的に決まる

ことを示したい．

まず，$\hat{y} = 1_n + \sum_{j=1}^{\infty} y^{(j)} t^{-j}$ は，次の形に一意的に書ける：

$$\hat{y}(t) = F(t)D(t), \quad F(t) = 1_n + \sum_{j=1}^{\infty} F_j t^{-j}, \quad D(t) = 1_n + \sum_{j=1}^{\infty} D_j t^{-j}.$$

ただし F_j は対角成分が 0, D_j は対角行列とする ($j \in \mathbb{Z}_{\geq 1}$)．$\hat{y}$ に対し，F_j と D_j が一意的に決まることは，次数の小さいほうから確認できる．

代入して，右から D^{-1} を掛けると，$(dF/dt) + Fd(\log D + \Lambda)/dt = AF$ となる．ここで記号を導入する．行列 X の対角部分を X_D と書こう．

方程式の対角部分を見ると，$F_D = 1_n$ から，$d(\log D + \Lambda)/dt = (AF)_D$ が得られる．元の式に代入すると，$(dF/dt) + F(AF)_D = AF$ となる．

ここで $A(t) = A^{(-r)} t^{r-1} + \widetilde{A}(t)$ と主要項とそれ以外に分けて書くと，$A^{(-r)}$ が対角行列であることと $F_D = 1_n$ から $(AF)_D = A^{(-r)} t^{r-1} + (\widetilde{A}F)_D$ で，方程式は $[F, A^{(-r)} t^{r-1}] = -(dF/dt) - F(\widetilde{A}F)_D + \widetilde{A}F$ となる．

対角成分は $0 = 0$ で成り立つ．非対角部分の (i, j) 成分を見ると，左辺は F の (i, j) 成分を $(a_j - a_i) t^{r-1}$ 倍したものになる．$A^{(-r)}$ の固有値 a_k は相異なるから，F は t^{-1} の次数の低い項から順に一意的に決まる．

さらに $\Lambda(t)$ と $D(t)$ も $d(\log D + \Lambda)/dt = (AF)_D$ により，やはり次数の低い項から順に，一意的に決まる． □

これで形式級数解が求まるのだが，問題はここで現れる級数 $\hat{y}$ が一般には発散級数で，真の解を定義しないことである．Poincaré は，漸近級数の概念を導入することで，この発散級数に重要な意味づけができることを示した．

ここでは具体例として，超幾何方程式の退化から得られたものに関して，まずは，形式級数解を構成してみよう．

上に見た計算では (⋆⋆) 主要項の係数の固有値は相異なる，という条件を仮定していた．この条件を満たしているのは Kummer, ${}_0F_1$, Hermite-Weber, Airy のうち，Kummer と Hermite-Weber のふたつだけである．このふたつの方程式の $t = \infty$ における形式級数解を見てみよう．ただし 1 階連立にしたものでなく単独方程式の解を見る：

$$\text{(Kummer)}: \ x = t^{-\alpha} {}_2F_0\left(\begin{matrix}\alpha, \alpha - \gamma + 1 \\ - \end{matrix}; \frac{-1}{t}\right), \ e^t t^{\alpha-\gamma} {}_2F_0\left(\begin{matrix}1 - \alpha, \gamma - \alpha \\ - \end{matrix}; \frac{1}{t}\right), \tag{2.171}$$

$$(\text{H-W}): \quad x = t^{-\alpha}{}_2F_0\left(\begin{matrix}\frac{\alpha}{2}, \frac{\alpha+1}{2} \\ -\end{matrix}; \frac{-2}{t^2}\right), \quad e^{t^2/2}t^{\alpha-1}{}_2F_0\left(\begin{matrix}\frac{1-\alpha}{2}, \frac{2-\alpha}{2} \\ -\end{matrix}; \frac{2}{t^2}\right). \tag{2.172}$$

級数は ${}_2F_0\left(\begin{matrix}\alpha/2, (\alpha+1)/2 \\ -\end{matrix}; \frac{-2}{t^2}\right) = \sum_{j=0}^{\infty} \frac{(-1)^j(\alpha)_{2j}}{j!2^j t^{2j}}$ などの簡単な級数だが，一般超幾何級数で書いた．${}_2F_0$ は一般には収束半径 0 の冪級数である．

なお，退化図式（184 ページ）において，Poincaré の階数という言葉を使ったが，ここで定義しておこう．不確定特異点において，形式級数解は指数函数に多項式を代入した形の因子を持っているが，この多項式の最大次数をその特異点の **Poincaré 階数** (Poincaré rank) と呼ぶ．

Kummer と Hermite-Weber の方程式は，$t = \infty$ をそれぞれ，Poincaré 階数 1 および 2 の不確定特異点として持っている．

b. 剪断変換

では ${}_0F_1$ や Airy 方程式の $t = \infty$ における形式解はどうすればよいだろうか？ このような場合には**剪断変換** (shearing transformation) という方法が知られている．

これは，独立変数を $t = u^2$, 未知函数を $y \to Gy$ と置き直す変換である．ただし，$G = \mathrm{diag}(u, 1)$ あるいは $G = \mathrm{diag}(1, u)$ とする．

この変換で方程式 $dy/dt = A(t)y$ は

$$\frac{d}{du}y = B(u)y, \quad B(u) = 2uG^{-1}A(u^2)G - G^{-1}\frac{d}{du}G \tag{2.173}$$

に移る．まず ${}_0F_1$ の方程式を見てみよう．$G = \mathrm{diag}(u, 1)$ とすると

$$B(u) = 2s\begin{pmatrix} A_{11}(u^2) & u^{-1}A_{12}(u^2) \\ uA_{21}(u^2) & A_{22}(u^2) \end{pmatrix} - \begin{pmatrix} 1/u & \\ & 0 \end{pmatrix}$$

で，(2.166) を見ると主要項は $2\begin{pmatrix} 0 & 1 \\ 1 & 0 \end{pmatrix}$ となり固有値は相異なるので，$u = \infty$ における形式級数解が構成できる．同様に $G = \mathrm{diag}(1, u)$ と置くと，Airy 方程式も主要項が $2u^2\begin{pmatrix} 0 & 1 \\ 1 & 0 \end{pmatrix}$ となり，$u = \infty$ における形式級数解が構成できる．

このようにして，主要項の係数が対角化可能でない場合も形式級数解が構成できるのだが，冪級数の部分は u の冪級数で，t についての級数と思うと一般には Puiseux 級数になる[64]．

${}_0F_1$ と Airy の $t=\infty$ における級数解は $t=u^2$ として，次のようになる：

$$({}_0F_1):\quad e^{-2u}u^{\frac{1}{2}-\gamma}{}_2F_0\left(\begin{matrix}\frac{3}{2}-\gamma,\gamma-\frac{1}{2}\\ -\end{matrix};\frac{-1}{4u}\right),\quad x=e^{2u}u^{\frac{1}{2}-\gamma}{}_2F_0\left(\begin{matrix}\frac{3}{2}-\gamma,\gamma-\frac{1}{2}\\ -\end{matrix};\frac{1}{4u}\right),\tag{2.174}$$

$$(\mathrm{Airy}):\quad x=e^{-(2/3)u^3}u^{-1/2}{}_2F_0\left(\begin{matrix}\frac{1}{6},\frac{5}{6}\\ -\end{matrix};\frac{-3}{4u^3}\right),\quad e^{(2/3)u^3}u^{-1/2}{}_2F_0\left(\begin{matrix}\frac{1}{6},\frac{5}{6}\\ -\end{matrix};\frac{3}{4u^3}\right).\tag{2.175}$$

ここでは，${}_2F_0\left(\begin{matrix}\frac{1}{6},\frac{5}{6}\\ -\end{matrix};\frac{3}{4u^3}\right)=\sum_{j=0}^{\infty}\frac{(1/2)_{3j}}{(2j)!(9u^3)^j}$ などとより簡単な級数で書けるが，一般超幾何級数による記述で統一した．

ふたつの方程式において $t=\infty$ の Poincaré 階数は，u を t の 1/2 次式と思うことで，それぞれ 1/2 および 3/2 と思うことができる．

このように形式級数解において，Puiseux 級数を必要とするとき，この特異点を**分岐** (ramified) 特異点と呼ぶ．逆に，分岐特異点でない場合は**不分岐** (unramified) 特異点と呼ぶ．

c. 漸近展開

漸近展開を定義するために，記号を導入しよう．$t=\infty$ を頂点とする開角領域 $S=S(\underline{\theta},\overline{\theta},r)$ を次で定義する[65]：

$$S(\underline{\theta},\overline{\theta},r)=\{t\in\mathbb{C}\ ;\ \underline{\theta}<\arg t<\overline{\theta},\quad |t|>r\}.\tag{2.176}$$

ただし，$r=0$ のときは r を省略して書く．閉角領域 $\overline{S}$ は S の閉包とする．

定義 2.59 無限遠点を頂点とする閉角領域 $\overline{S}$ で定義された函数 f が $|t|\to\infty$ のとき級数 $\widehat{f}=\sum_{j=0}^{\infty}a_jt^{-j}$ によって**漸近展開** (asymptotic expansion) されると

64) 今の場合，2 階の方程式であることから $u=\sqrt{t}$ の級数ですんだが，一般には Poincaré の階数は半整数とは限らない有理数となる．

65) ここでは複素数平面内の角領域としたが，$\overline{\theta}-\underline{\theta}>2\pi$ のときも考えたい．この場合は，$\log t$ の Riemann 面上の領域と見なされる．

は，任意の正の自然数 N に対して，定数 C_N, r_N が存在して

$$\left| f(t) - \sum_{j=0}^{N-1} a_j t^{-j} \right| \le C_N |t|^{-N}, \qquad t \in \overline{S}, \quad |t| > r_N \tag{2.177}$$

が成り立つことをいう．このとき $\widehat{f}$ を**漸近級数** (asymptotic series) と呼ぶ．また，開角領域 S の任意の部分閉角領域 $\overline{S'}$ ($\overline{S'} \subset S$) において，f が $|t| \to \infty$ で $\widehat{f}$ に漸近展開されるとき，S で**広義漸近展開**されるという．

級数は，たとえ発散級数であっても，漸近級数としての役割は果たし得る．ただし，注意するべきなのは，収束級数が t を固定したときに級数の項数を増やすほど近似の精度が上がるのに対して，発散級数の場合は，t を固定した場合にはある程度で近似をやめたほうが正しい値に近いということである．このことは，項を増やしていけば発散してしまうのだから，当たり前だろう．

ところで，線型方程式の解の形式解は，冪級数に $e^{\Lambda(t)}$ の因子が掛かっている．少し一般化して $\widehat{f} = \sum_{j=0}^{\infty} a_j \phi_j(t)$ という函数項級数を考える場合には

$$\left| \frac{f(t) - \sum_{j=0}^{N-1} a_j \phi_j(t)}{\phi_N(t)} \right| \le C_N \tag{2.178}$$

と条件を書き換えてやればよい．線型方程式の解の場合は，$e^{\Lambda(t)}$ の因子を除いた冪級数の部分で考えると思っても同じである．

ここで，少し記号を整理しておこう．角領域 $S(\underline{\theta}, \overline{\theta}, r)$ 上の解析函数の集合を $\mathcal{O}(\underline{\theta}, \overline{\theta}, r)$ と書こう．また，複素係数の t^{-1} の形式冪級数の集合を $\mathbb{C}[[t^{-1}]]$ と書く．$f \in \mathcal{O}(\underline{\theta}, \overline{\theta}, r)$ に対して，$S(\underline{\theta}, \overline{\theta}, r)$ における広義漸近展開 $\widehat{f} \in \mathbb{C}[[t^{-1}]]$ が得られたとする．これを $\mathrm{asp}(f) = \widehat{f}$ と書く．

任意の $f \in \mathcal{O}(\underline{\theta}, \overline{\theta}, r)$ に対して，$\mathrm{asp}(f)$ が定義されているわけではない．例えば，$f(t) = e^{-t}$ は $S(-\pi/2, \pi/2)$ で $\mathrm{asp}(f) = 0$ となるが[66]，$S(\pi/2, 3\pi/2)$ では漸近展開されない．asp が定義される $\mathcal{O}(\underline{\theta}, \overline{\theta}, r)$ の部分集合を $\mathcal{A}(\underline{\theta}, \overline{\theta}, r)$ と書くことにする．asp は $\mathcal{A}(\underline{\theta}, \overline{\theta}, r)$ から $\mathbb{C}[[t^{-1}]]$ への写像として定義される．

66)　$f(t) = e^{-t}$ は $S(-\pi/2, \pi/2)$ において 0 に広義漸近展開される．$\mathrm{asp}(e^{-t}) = \sum_{j=0}^{\infty} a_j t^{-j}$ と置き，$t \in S(-\pi/2, \pi/2)$ とすると，$a_0 = \lim_{|t|\to\infty} e^{-t} = 0$，$a_1 = \lim_{|t|\to\infty} t(e^{-t} - a_0) = 0, \ldots$ などと $\lim_{|t|\to\infty} t^j e^{-t} = 0$ により漸近展開が計算できる．

つまり，$f \in \mathcal{A}(\underline{\theta}, \overline{\theta}, r)$ に対し，$\mathrm{asp}(f) \in \mathbb{C}[[t^{-1}]]$ が一意的に決まる．

式 $\mathrm{asp}(f+g) = \mathrm{asp}(f) + \mathrm{asp}(g)$, $\mathrm{asp}(fg) = \mathrm{asp}(f)\mathrm{asp}(g)$ などが成り立つ．

注意 2.60 ふたつの異なる函数が同一の漸近級数を持つような例はすぐに作れる．例えば，$S(-\pi/2, \pi/2)$ では $\mathrm{asp}(e^{-t}) = 0$ だから，$f \in \mathcal{A}(-\pi/2, \pi/2, r)$ のとき $\mathrm{asp}(f + e^{-t}) = \mathrm{asp}(f)$. □

例 14（誤差函数の漸近展開）

誤差函数

$$\mathrm{Erfc}(t) = \frac{2}{\sqrt{\pi}} \int_t^\infty e^{-s^2} ds \tag{2.179}$$

の $t = \infty$ における漸近展開を求めてみよう．このような積分の漸近評価は，単に部分積分で計算できることが多い．そのまま部分積分してもよいが，ここでは変数変換 $s^2 = \zeta$ を行って

$$\mathrm{Erfc}(t) = \frac{1}{\sqrt{\pi}} \int_{t^2}^\infty e^{-\zeta} \zeta^{-1/2} d\zeta = \frac{1}{\sqrt{\pi}} \Gamma(1/2, t^2), \qquad t > 0 \tag{2.180}$$

の計算に帰着させよう．ここで右辺 $\Gamma(\lambda, r) = \int_r^\infty e^{-\zeta} \zeta^{\lambda-1} d\zeta$ は不完全ガンマ函数と呼ばれる．部分積分の式から

$$\Gamma(\lambda, r) = \left[-e^{-\zeta}\zeta^{\lambda-1}\right]_r^\infty + (\lambda-1)\int_r^\infty \zeta^{\lambda-2} e^{-\zeta} d\zeta = e^{-r} r^{\lambda-1} + (\lambda-1)\Gamma(\lambda-1, r)$$

となり，繰り返すと

$$\Gamma(\lambda, r) = \sum_{j=1}^{l} \frac{\Gamma(\lambda)}{\Gamma(\lambda - j + 1)} e^{-r} r^{\lambda-j} + \frac{\Gamma(\lambda)}{\Gamma(\lambda - l)} \Gamma(\lambda - l, r)$$

が得られる．剰余項 $\Gamma(\lambda - l, r)$ は，$l > \lambda - 1$ および十分大きな $r > 0$ に対し

$$|\Gamma(\lambda - l, r)| \le r^{\lambda-l-1} \int_r^\infty e^{-\zeta} d\zeta = e^{-r} r^{\lambda-l-1}$$

であるから漸近級数の条件を満たしていて，$\Gamma(\lambda, r)$ は $r \to \infty$ において $e^{-r} r^\lambda \sum_{j=1}^\infty \frac{\Gamma(\lambda)}{\Gamma(\lambda - j + 1)} r^{-j}$ という漸近展開を持つ．

結局 $\mathrm{Erfc}(t)$ は $t \to \infty$ において次の漸近展開を持つことが分かった：

$$\mathrm{asp}(\mathrm{Erfc}) = e^{-t^2} \sum_{j=1}^\infty \frac{t^{1-2j}}{\Gamma(\frac{3}{2} - j)}. \tag{2.181}$$

誤差函数は重要な函数で，平均 0，標準偏差 1 の正規分布に従う確率変数 X に対し，$X > t$ である確率は $P\{X > t\} = \mathrm{Erfc}(t)$ である．

d. Borel 総和法

それでは，真の解を構成し，a., b. で求めた級数解が漸近級数となることを示そう．いろいろな構成法が考えられるが，ここでは形式級数から Borel 総和法によってその形式級数を漸近級数に持つ函数を構成する方法を見る．

定義 2.61　$\lambda \neq 0, -1, -2, \ldots$ とする．t^{-1} に関する形式級数

$$\widehat{f} = \exp(-s_0 t) t^{-\lambda} \sum_{j=0}^{\infty} a_j t^{-j} \tag{2.182}$$

に対して

$$f_B(s) = (s - s_0)^{\lambda - 1} \sum_{j=0}^{\infty} \frac{a_j}{\Gamma(\lambda + j)} (s - s_0)^j \tag{2.183}$$

を **Borel 変換** (Borel transform) と呼ぶ．さらに，次の Laplace 積分

$$f = \int_{s_0}^{\infty} \exp(-ts) f_B(s) ds \tag{2.184}$$

を形式級数 $\widehat{f}$ の **Borel 和** (Borel sum) と呼ぶ．

注意 2.62　$\mathrm{Re}\,\lambda \leq 0$ のときには積分は収束しないが，ガンマ函数などがそうであったように，λ に関する解析接続で $\mathrm{Re}\,\lambda \leq 0$ でも定義可能になる．注意 2.39（150 ページ）も参照のこと．　□

Borel 変換は形式級数の形式的逆 Laplace 変換であるから[67]，この Laplace 積分が収束する場合には，Borel 和が真の解を定義することが期待できる．よって，次には，Laplace 積分の収束と漸近挙動について調べたい．

定理 2.63（Watson）　函数 g が，適当な $r, K, \alpha > 0$, $\underline{\theta}, \overline{\theta}$ に対して

(1) 角領域 $\underline{\theta} < \arg s < \overline{\theta}$, $|s| \leq r$ を含む開領域において解析的，

(2) $0 < |s| \leq r$ で $g(s) = \sum_{j=0}^{\infty} b_j s^{\lambda_j - 1}$, $0 < \mathrm{Re}\lambda_0 < \mathrm{Re}\lambda_1 < \cdots$ と展開され，

(3) $s \geq r$ において $\left| g\left(s e^{\sqrt{-1}\tau}\right) \right| \leq K \exp(\alpha s)$ とおさえられる

67)　$\mathcal{L}(s^{\alpha-1}/\Gamma(\alpha)) = t^{-\alpha}$．136 ページ参照．

という 3 条件を満たすとする．このとき $\underline{\theta} < \tau < \overline{\theta}$ に対し，Laplace 積分

$$f(t) = \int_0^{\infty \cdot e^{\sqrt{-1}\tau}} \exp(-ts) g(s) ds \tag{2.185}$$

は，任意の ε に対し，大きな R をとると角領域 $S\left(-\tau - \frac{\pi}{2} + \varepsilon, -\tau + \frac{\pi}{2} - \varepsilon, R\right)$ で収束して，この角領域で漸近展開 $\mathrm{asp}(f) = \sum_{j=0}^{\infty} \Gamma(\lambda_j) b_j t^{-\lambda_j}$ を持つ．

証明． まず $\tau \neq 0$ の場合には，$g(s)$ の代わりに $g\left(se^{\sqrt{-1}\tau}\right)$ をとれば，$\tau = 0$ の場合に帰着できる．よって $\tau = 0$ として証明すればよい．

積分をふたつの部分に分割して

$$I_1 = \int_0^r \exp(-ts) g(s) ds, \quad I_2 = \int_r^{\infty} \exp(-ts) g(s) ds$$

と置こう．積分 I_2 は次のように評価される：

$$|I_2| \leq \int_r^{\infty} \exp^{-(\mathrm{Re}\, t)s} |g(s)|\, ds \leq K \int_r^{\infty} e^{-(\mathrm{Re}\, t - \alpha)s} ds.$$

ここで $t \in S\left(-\frac{\pi}{2} + \varepsilon, \frac{\pi}{2} - \varepsilon, R\right)$ とすると，R を十分大きくとれば $\mathrm{Re}\, t > \alpha$ となるので，Laplace 積分は収束して，特に，I_2 は適当な $\widetilde{K} > 0$ に対し $\widetilde{K} e^{-r \mathrm{Re}\, t}$ でおさえられ，この部分は漸近展開に寄与しない．

次に I_1 であるが，まず $g(s) = \sum_{j=0}^{m-1} b_j s^{\lambda_j - 1} + R_m(s)$ と置こう．$R_m(s)$ は剰余項である．条件から $|R_m(s)| \leq C s^{\mathrm{Re}\, \lambda_m - 1}$ となる $C > 0$ がとれる．

$$I_1 = \int_0^{\infty} e^{-ts} \sum_{j=0}^{m-1} b_j s^{\lambda_j - 1} ds - \int_r^{\infty} e^{-ts} \sum_{j=0}^{m-1} b_j s^{\lambda_j - 1} ds + \int_0^r e^{-ts} R_m(s) ds$$

と書くと，第 1 項は $\sum_{j=0}^{m-1} \Gamma(\lambda_j) b_j t^{-\lambda_j}$ となる．

第 2 項，第 3 項の寄与がないことを示す．第 2 項の各 j 項は

$$\int_r^{\infty} e^{-ts} b_j s^{\lambda_j - 1} ds = b_j \int_{rt}^{\infty} e^{-\zeta} \frac{\zeta^{\lambda_j - 1}}{t^{\lambda_j - 1}} \frac{d\zeta}{t}$$

となり，これは不完全ガンマ函数を用いて，$\Gamma(\lambda_j, rt) b_j t^{-\lambda_j}$ と書けるが，$\Gamma(\lambda_j, rt) = O(e^{-r \mathrm{Re}\, t})$ であるので，この部分の寄与はない．第 3 項は

$$\left|\int_0^r e^{-ts}R_m(s)ds\right| \le C\int_0^r e^{-s\mathrm{Re}\,t}s^{\mathrm{Re}\,\lambda_m-1}ds$$
$$=C(\mathrm{Re}\,t)^{-\mathrm{Re}\,\lambda_m}\{\Gamma(\mathrm{Re}\,\lambda_m)-\Gamma(\mathrm{Re}\,\lambda_m, r\mathrm{Re}\,t)\}$$

となり，これは $O(|t^{-\lambda_m}|)$ であるから，漸近展開が言えた． □

次に定義する Gevrey 次数が 1 の形式級数 $\widehat{f}$ の Borel 変換 f_B は収束域を持ち，(1) の条件が満たすようにできることがすぐに分かる．

定義 2.64　形式級数 $\widehat{f}=\sum_{j=0}^{\infty}a_jt^{-j}$ は，ある定数 C と ρ が存在して

$$|a_j| \le C(j!)^{\sigma}\rho^{-j}, \quad j=0,1,2,\ldots \tag{2.186}$$

となるとき，**Gevrey 次数** σ の **Gevrey 級数**であるという[68]．

Kummer の合流型超幾何方程式，${}_0F_1$，Hermite-Weber (H-W) 方程式，Airy 方程式の $t=\infty$ における形式級数解はどれも，超幾何級数 ${}_2F_0$ を使って記述されたが，これは Gevrey 次数 1 の Gevrey 級数になっている．

それでは，Kummer の方程式の形式解のうちのひとつ

$$\widehat{f}=\sum_{j=0}^{\infty}\frac{(-1)^j(\alpha)_j(\alpha-\gamma+1)_j}{j!}t^{-\alpha-j}$$

に関して Borel 変換を計算してみよう：

$$f_B(s)=\sum_{j=0}^{\infty}\frac{(-1)^j(\alpha)_j(\alpha-\gamma+1)_j}{\Gamma(\alpha+j)j!}s^{\alpha+j-1}$$
$$=\frac{s^{\alpha-1}}{\Gamma(\alpha)}\sum_{j=0}^{\infty}\frac{(-1)^j(\alpha-\gamma+1)_j}{j!}s^j=\frac{s^{\alpha-1}(1+s)^{\gamma-\alpha-1}}{\Gamma(\alpha)}$$

となる．この Laplace 変換で，Kummer の方程式の解の積分表示

$$x=f(t)=\frac{1}{\Gamma(\alpha)}\int_0^{\infty}\exp(-st)s^{\alpha-1}(1+s)^{\gamma-\alpha-1}ds \tag{2.187}$$

68)　通常 Gevrey 級数は，$\left|f(t)-\sum_{j=0}^{m-1}a_jt^{-j}\right| \le C(m!)^{\sigma}\rho^m|t|^{-m}$ を満たす漸近展開として定義されるが，ここでは簡単に形式級数の性質とした．

が得られた．この函数は $S(-\pi/2, \pi/2)$, $t \to \infty$ で $\widehat{f}$ に広義漸近展開され，解になることは実際に方程式に代入すると分かる．

残りの方程式の解についても，ひとつずつ積分表示解を作ってみよう：

$$
\begin{aligned}
\text{(H-W)}: \ \widehat{f} &= v^{-\alpha/2} \sum_{j=0}^{\infty} \frac{(\frac{\alpha}{2})_j (\frac{\alpha+1}{2})_j}{j!} \left(\frac{-2}{v}\right)^j, \quad v = t^2, \\
f_B(s) &= \frac{s^{\frac{\alpha}{2}-1}(1+2s)^{-(\alpha+1)/2}}{\Gamma(\alpha/2)}, \\
f(t) &= \frac{1}{\Gamma(\alpha/2)} \int_0^{\infty} \exp\left(-st^2\right) s^{(\alpha-2)/2}(1+2s)^{-(\alpha+1)/2} ds,
\end{aligned}
$$

$$
({}_0F_1): \quad \widehat{f} = e^{-2u} u^{\frac{1}{2}-\gamma} \sum_{j=0}^{\infty} \frac{\left(\gamma - \frac{1}{2}\right)_j \left(\frac{3}{2} - \gamma\right)_j}{j!(-4u)^j}, \quad f_B(s) = \frac{\{(s^2-4)/4\}^{\gamma - \frac{3}{2}}}{\Gamma\left(\gamma - \frac{1}{2}\right)},
$$

$$
f(t) = \frac{1}{\Gamma(\gamma - \frac{1}{2})} \int_2^{\infty} \exp(-st^{1/2}) \left(\frac{s^2-4}{4}\right)^{\gamma - \frac{3}{2}} ds.
$$

注意 2.65 Hermite と Weber の方程式に関しては，$v = t^2$ と置いて v に関する Borel 変換を考えた．t に関する Borel 変換からも，別の積分表示解が得られる：

$$
\widehat{f} = v^{-\alpha/2} \sum_{j=0}^{\infty} \frac{(\frac{\alpha}{2})_j (\frac{\alpha+1}{2})_j}{j!} \left(\frac{-2}{v}\right)^j = t^{-\alpha} \sum_{j=0}^{\infty} \frac{(-1)^j (\alpha)_{2j}}{j! 2^j t^{2j}},
$$

$$
f_B(s) = \frac{s^{\alpha-1}}{\Gamma(\alpha)} \exp\left(-\frac{s^2}{2}\right), \quad f(t) = \frac{1}{\Gamma(\alpha)} \int_0^{\infty} \exp\left(-st - \frac{s^2}{2}\right) s^{\alpha-1} ds.
$$

この表示も同じ漸近展開を持つが，次の 2.5.3 項において Stokes 係数を計算する際に，元の積分表示のほうが見やすい． □

Airy の方程式に関しては，$u^3 = v$ と置いて，Borel 総和法を考える．

$$
\text{(Airy)}: \quad \widehat{f} = e^{-(2/3)v} v^{-1/6} {}_2F_0\left(\begin{matrix}\frac{1}{6}, \frac{5}{6} \\ - \end{matrix}; \frac{-3}{4v}\right), \quad f_B(s) = \frac{\{(9s^2-4)/12\}^{-5/6}}{\Gamma(1/6)},
$$

$$
f(t) = \frac{1}{\Gamma(1/6)} \int_{2/3}^{\infty} \exp\left(-st^{3/2}\right) \left(\frac{9s^2-4}{12}\right)^{-5/6} ds.
$$

2.5.3　Stokes 現象

Hermite と Weber の微分方程式を例にとって，$t=\infty$ における Stokes 現象を見てみよう．Borel 和として既に計算した積分表示解を f_1 とすると

$$f_1(t)=\frac{1}{\Gamma(\alpha/2)}\int_0^{\infty}\exp\left(-st^2\right)s^{(\alpha-2)/2}(1+2s)^{-(\alpha+1)/2}ds \tag{2.188}$$

であり，この解は定理 2.63 (Watson) により，角領域 $S(-\pi/4,\pi/4)$ で

$$\widehat{f_1}(t)=t^{-\alpha}{}_2F_0\left(\begin{matrix}\frac{\alpha}{2},\frac{\alpha+1}{2}\\ -\end{matrix};\frac{-2}{t^2}\right) \tag{2.189}$$

という広義漸近展開を持つ．同様に，もうひとつの形式解も Borel 和をとって

$$f_2(t)=\frac{1}{\Gamma((1-\alpha)/2)}\int_{-1/2}^{-\infty}\exp\left(-st^2\right)(-2s)^{(\alpha-2)/2}\left(s+\frac{1}{2}\right)^{-(\alpha+1)/2}ds \tag{2.190}$$

となる．この解は角領域 $S(\pi/4,3\pi/4)$ で

$$\widehat{f_2}(t)=e^{t^2/2}t^{\alpha-1}{}_2F_0\left(\begin{matrix}\frac{1-\alpha}{2},\frac{2-\alpha}{2}\\ -\end{matrix};\frac{2}{t^2}\right) \tag{2.191}$$

という広義漸近展開を持つ．

解 f_1 の解析接続を考えよう．角領域 $S(-\pi/4,\pi/4)$ を越えて定義域を拡張するには，積分路をとり替えて

$$f_1^{(\tau)}(t)=\frac{1}{\Gamma(\alpha/2)}\int_0^{\infty\cdot e^{\sqrt{-1}\tau}}\exp\left(-st^2\right)s^{(\alpha-2)/2}(1+2s)^{-(\alpha+1)/2}ds$$

を考えればよい．ただし，積分路は 0 を始点とし，実軸と角 τ をなす半直線であった．この積分は角領域 $S\left(-\frac{\tau}{2}-\frac{\pi}{4},-\frac{\tau}{2}+\frac{\pi}{4}\right)$ で収束し，(2.189) の $\widehat{f_1}$ を広義漸近展開に持つ．

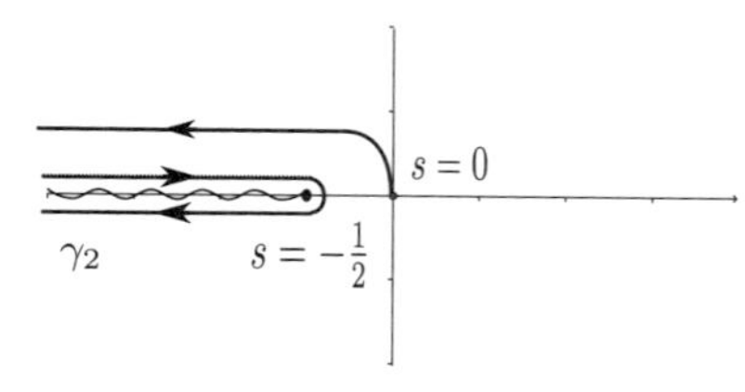

図 2.1　Borel 和の解析接続と積分路

ここで τ が $\tau=-\pi$ を越えて，被積分函数のもうひとつの特異点 $s=-1/2$ を横切るときに，面白い現象が見てとれる．これは図を見ると分かりやすい．

$\tau=-\pi+0$ で定義された函数 f_1 の $\tau=-\pi-0$ への解析接続は

$$\frac{1}{\Gamma\left(\frac{\alpha}{2}\right)}\int_0^{\infty\cdot e^{\sqrt{-1}(-\pi-0)}} e^{-st^2} s^{\frac{\alpha-2}{2}}(1+2s)^{-\frac{\alpha+1}{2}}ds + \frac{1}{\Gamma\left(\frac{\alpha}{2}\right)}\int_{\gamma_2} e^{-st^2} s^{\frac{\alpha-2}{2}}(1+2s)^{-\frac{\alpha+1}{2}}ds$$

のようにふたつの積分の和で表される．ここで第 2 項は

$$\begin{aligned}
&\frac{-e^{(\alpha+1)\pi\sqrt{-1}/2}+e^{-(\alpha+1)\pi\sqrt{-1}/2}}{\Gamma(\alpha/2)}\int_{-1/2}^{-\infty} e^{-st^2} s^{\frac{\alpha-2}{2}}(1+2s)^{-\frac{\alpha+1}{2}}ds \\
=&2^{\frac{1}{2}-\alpha}(-1)^{-\frac{\alpha-2}{2}}\frac{(-2\sqrt{-1})}{\Gamma(\alpha/2)}\sin\frac{(\alpha+1)\pi}{2}\int_{-1/2}^{-\infty} e^{-st^2}(-2s)^{\frac{\alpha-2}{2}}\left(s+\frac{1}{2}\right)^{-\frac{\alpha+1}{2}}ds
\end{aligned}$$

であり，係数は

$$\begin{aligned}
\frac{2^{\frac{3}{2}-\alpha}e^{-\frac{\alpha-1}{2}\pi\sqrt{-1}}}{\Gamma(\alpha/2)}\sin\frac{(\alpha+1)\pi}{2} =&\frac{2^{\frac{3}{2}-\alpha}e^{-\frac{\alpha-1}{2}\pi\sqrt{-1}}}{\Gamma(\alpha/2)}\frac{\pi}{\Gamma\left(\frac{\alpha+1}{2}\right)\Gamma\left(\frac{1-\alpha}{2}\right)} \\
=&\frac{2^{1/2}e^{-\frac{\alpha-1}{2}\pi\sqrt{-1}}\sqrt{\pi}}{\Gamma(\alpha)\Gamma\left(\frac{1-\alpha}{2}\right)}
\end{aligned}$$

と計算されるから[69]，第 2 項は $\sqrt{2\pi}\exp(-\frac{\alpha-1}{2}\pi\sqrt{-1})f_2(t)/\Gamma(\alpha)$ と書ける．

つまり解 f_1 は，角領域 $S(\pi/4, 3\pi/4)$ で，次のような関係式を持つ：

$$f_1^{(-\pi+0)}(t) = f_1^{(-\pi-0)}(t) + \frac{\sqrt{2\pi}}{\Gamma(\alpha)}e^{-\frac{\alpha-1}{2}\pi\sqrt{-1}}f_2(t). \tag{2.192}$$

さて，この函数の漸近展開を求めよう．左辺は $\widehat{f_1}$，右辺は $\widehat{f_1} - A\widehat{f_2}$，$A = \sqrt{2\pi}\exp(-\frac{\alpha+1}{2}\pi\sqrt{-1})/\Gamma(\alpha)$ となるが，$S(\pi/4, 3\pi/4)$ では $\widehat{f_2}$ の指数部分が $\mathrm{asp}(e^{t^2/2}) = 0$ となり，ともに $\widehat{f_1}$ となって一致する．

ここでさらに $\arg t > 3\pi/4$ への解析接続を考えると，右辺のほうは積分路を動かすことで定義域を拡張できるが，漸近展開は今度は，$\widehat{f_1} - A\widehat{f_2} = e^{t^2/2}(-Ae^{-t^2/2}\widehat{f_2} + e^{-t^2/2}\widehat{f_1})$ は $\mathrm{asp}(e^{-t^2/2}) = 0$ で $-A\widehat{f_2}$ と一致する．

こうして $\arg t = 3\pi/4$ を境に，漸近展開の様子が不連続に変わってしまった．これを **Stokes 現象** (Stokes phenomenon) と呼ぶ．ここで，指数部分が重要な役割を果たしていた．一般の場合に向けて，言葉を整理しておこう．

定義 2.66 r 次多項式 $P(t) = p_r t^r + \cdots + p_1 t + p_0$ を考える．

(1) 領域 $\{t \in \mathbb{C}\setminus\{0\}\,;\ \cos(r\arg t + \arg p_r) > 0\}$ の各連結成分を，$\mathrm{Re}(P(t))$ の**正の角領域**という．

69) ここで公式 $\Gamma(\lambda)\Gamma(1-\lambda) = \pi/\sin\lambda\pi$ と $2\sqrt{\pi}\Gamma(2\lambda) = 2^{2\lambda}\Gamma(\lambda)\Gamma\left(\lambda+\frac{1}{2}\right)$ を使った．

(2) 領域 $\{t \in \mathbb{C} \setminus \{0\}\ ;\ \cos(r \arg t + \arg p_r) < 0\}$ の各連結成分を，$\mathrm{Re}(P(t))$ の**負の角領域**という．

(3) $\cos(r\theta + \arg p_r) = 0$ を満たす θ を $\mathrm{Re}(P(t))$ の**特異方向**，方向が特異方向と一致する原点を始点とした半直線を**特異半直線**と呼ぶ．

(4) さらに，r 次多項式の組 $P_1(t), \ldots, P_n(t)$ に対して，開角領域 S が $P_k(t)$ の**固有角領域**であるとは，任意の i $(i \neq k)$ に対して S と交わる $\mathrm{Re}(P_i(t) - P_k(t))$ の正の角領域が高々ひとつなことである．

ここで P_k は指数の肩に現れる多項式で，今の場合は，$P_1 = 0$, $P_2 = t^2/2$ とする．特異方向は，2π を法として，$\theta = \pi/4, 3\pi/4, 5\pi/4, 7\pi/4$ となる．また，$S_1 = S(-\pi/4, 3\pi/4)$，$S_2 = S(\pi/4, 5\pi/4)$，$S_3 = S(3\pi/4, 7\pi/4)$，$S_4 = S(5\pi/4, 9\pi/4)$ と置くと，これらは固有角領域になっている．

さて，今度は逆に，各 S_k 上で $\widehat{f_1}, \widehat{f_2}$ を漸近展開に持つような解を探そう．これには，S_k 上の函数として $\left(f_1^{[k]}, f_2^{[k]}\right) = \left(f_1^{(\tau_1)}, f_2^{(\tau_2)}\right)$ をとる．ただし

$$f_2^{(\tau)}(t) = \frac{1}{\Gamma((1-\alpha)/2)} \int_{-1/2}^{\infty \cdot e^{\sqrt{-1}\tau}} \exp\left(-st^2\right)(-2s)^{(\alpha-2)/2}\left(s + \frac{1}{2}\right)^{-(\alpha+1)/2} ds$$

として[70]，各 S_k において τ_1, τ_2 は次の範囲を動くとする：

$$k = 1\ :\ \tau_1, \tau_2 \in (-\pi, 0), \quad k = 2\ :\ \tau_1, \tau_2 \in (-2\pi, -\pi),$$
$$k = 3\ :\ \tau_1, \tau_2 \in (-3\pi, -2\pi), \quad k = 4\ :\ \tau_1, \tau_2 \in (-4\pi, -3\pi).$$

こう置くと，$f_1^{[k]}, f_2^{[k]}$ は S_k 上の函数で，S_k で $\mathrm{asp}(f_i^{[k]}) = \widehat{f_i}$, $i = 1, 2$ となる．

次に，S_k から S_{k+1} に移ったときの，函数の間の接続関係を見てみよう．すでに見た解析接続の計算 (2.192) から

$$\left(f_1^{[k+1]}(t), f_2^{[k+1]}(t)\right) = \left(f_1^{[k]}(t), f_2^{[k]}(t)\right) C_k, \qquad t \in S_k \cap S_{k+1} \tag{2.193}$$

と置くと，$C_1 = \begin{pmatrix} 1 & 0 \\ A & 1 \end{pmatrix}$, $A = \sqrt{2\pi}\exp(-\frac{\alpha+1}{2}\pi\sqrt{-1})/\Gamma(\alpha)$ と書けることが分かる．同様の計算で，$\rho = \exp((2\alpha - 1)\pi\sqrt{-1})$ としたとき

$$C_2 = \begin{pmatrix} 1 & \rho B \\ 0 & 1 \end{pmatrix}, \quad C_3 = \begin{pmatrix} 1 & 0 \\ \rho^{-1}A & 1 \end{pmatrix}, \quad C_4 = \begin{pmatrix} 1 & \rho^2 B \\ 0 & 1 \end{pmatrix}$$

70) $f_2(t) = f_2^{(-\pi)}(t)$ である．

が分かる．ただし，$B=\sqrt{2\pi}\exp(-\frac{\alpha}{2}\pi\sqrt{-1})/\Gamma(1-\alpha)$ である[71)]．

ここで現れた $A,\ \rho B,\ \rho^{-1}A,\ \rho^2 B$ を **Stokes 係数**と呼ぶ．Stokes 係数は，モノドロミー群と同様に，解函数の大域的挙動を決める重要なデータを与える．ここで，$\rho AB = e^{2\alpha\pi\sqrt{-1}}-1$ であり，$C_1C_2C_3C_4 = \mathrm{diag}\left(e^{-2\alpha\pi\sqrt{-1}}, e^{2\alpha\pi\sqrt{-1}}\right)$ となることに注意しよう．これは，解の局所モノドロミーとなる．

計算

2.9（楕円函数） 次の微分方程式の一般解を，楕円函数を用いて書け．

$$(1)\ \frac{d^2x}{dt^2} = -x - x^3, \qquad (2)\ \frac{d^2x}{dt^2} = -\alpha^2 \sin x,$$
$$(3)\ \frac{dx}{dt} = yz, \quad \frac{dy}{dt} = -zx, \quad \frac{dz}{dt} = -\alpha^2 xy.$$

2.10（超幾何函数） 次の微分方程式の一般解を，超幾何級数を用いて書け．

$$(1)\ t(t-1)\frac{d^2x}{dt^2} - \left(\frac{1}{5} - \frac{11}{6}t\right)\frac{dx}{dt} + \frac{x}{6} = 0,$$
$$(2)\ (t^2-1)\frac{d^2x}{dt^2} - \left(\frac{49}{30} - \frac{11}{6}t\right)\frac{dx}{dt} + \frac{x}{6} = 0,$$
$$(3)\ \frac{d^2x}{dt^2} + \frac{(9t^2+2)x}{36(t^2-1)^2} = 0, \quad (4)\ \frac{dx}{dt} + x^2 + \frac{9t^2+2}{36(t^2-1)^2} = 0.$$

2.11（特性冪数） 次の Fuchs 型方程式の Riemann 図式を求めよ．

$$(1)\ t\frac{d^2x}{dt^2} + \frac{6t-1}{2(t-1)}\frac{dx}{dt} + \frac{x}{2(t-1)^2} = 0,$$
$$(2)\ t(t^2-1)\frac{d^3x}{dt^3} - \frac{3t^2+1}{2}\frac{d^2x}{dt^2} + \frac{9t}{4}\frac{dx}{dt} - \frac{15x}{8} = 0.$$

2.12（漸近展開） 次の函数 f の $t\to+\infty$ における漸近展開を，t^{-1} に関する形式冪級数の形で求めよ．

$$(1)\ f(t) = e^t\int_1^\infty \frac{e^{-ts}}{s^n}ds, \qquad (2)\ f(t) = \int_0^\infty \frac{e^{-ts}}{1+s^7}ds,$$
$$(3)\ f(t) = \sqrt{t}e^t\int_{-\infty}^\infty \exp(-t\cosh\theta)d\theta = \sqrt{2t}\int_{-\infty}^\infty e^{-ts^2}\left(1+\frac{s^2}{2}\right)^{-\frac{1}{2}}ds.$$

---

71) A のときと同様の計算により，$f_2^{(+0)} = f_2^{(-0)} - Bf_1^{(0)}$ が分かり，$f_2^{(-2\pi\pm0)}(t) = e^{(\alpha+1)\pi\sqrt{-1}}f_2^{(\pm0)}(-t)$ と $f_1^{(-2\pi)}(t) = e^{-(\alpha-2)\pi\sqrt{-1}}f_1^{(0)}(-t)$ から計算できる．他も同様．

2C. 解析力学の技法

ここまで，知っている函数を用いて微分方程式の解を記述する方法について見てきた．この2C章では，どのような函数で解を記述するのかということについてはこだわらない．代わりに，導函数を含まない関係式を用いて，軌道が特定できるかということが主要な問題となる．特に，この章では，正準方程式系という特別な形の方程式系の解法を中心に扱うことにする．

17世紀，微分積分学はNewton, Leibnizによって始められ，18世紀，Euler, d'Alembert, Lagrangeらによって確立されていった．これ以降，微分積分学の主要な動機のひとつに古典的な力学の問題を解くといったことが意識されていくのだが，古典力学に由来する微分方程式をシステマティックに解く方法論が，解析力学の名の下に集積されていく．

線型性という性質を仮定した世界を系統的に扱う技術として線型代数があり，その重要性は20世紀以降，十分に理解されてきたと思う．一方で，非線型現象も含めた微分方程式の解を求める技法としての解析力学の重要性は十分に意識されてはこなかったのではないだろうか．

物理学においては，解析力学を量子力学や統計力学への導入として重要視することが多いかと思うのだが，筆者はむしろ常微分方程式の解法理論としての重要性を強調したい．

2B章では複素領域の函数を扱ったが，この章では，実数の世界に戻ろう．

a. Lagrange形式とHamilton形式

古典力学の問題はHamilton形式やLagrange形式で与えられることが多い．特にHamilton形式を中心に見ていこう．

定義 2.67 今，$q_k, p_k, k=1,\ldots,n$ の C^2 級函数 H が与えられているとする．このとき，方程式系

$$\frac{dq_k}{dt} = \frac{\partial H}{\partial p_k}, \quad \frac{dp_k}{dt} = -\frac{\partial H}{\partial q_k}, \quad k=1,\ldots,n \tag{2.194}$$

を**正準方程式系**あるいは**Hamilton系**と呼ぶ．方程式が定義されている q_k, p_k

を座標に持つ $2n$ 次元の空間を**相空間** (phase space) と呼ぶ．また，H を Hamiltonian あるいは Hamilton 函数と呼ぶ．

正準方程式系の特徴として，Hamilton 函数 H が保存量（積分）となることが挙げられる．実際

$$\frac{d}{dt}H = \sum_{k=1}^{n} \left(\frac{\partial H}{\partial q_k}\frac{dq_k}{dt} + \frac{\partial H}{\partial p_k}\frac{dp_k}{dt} \right) = \sum_{k=1}^{n} \left(\frac{\partial H}{\partial q_k}\frac{\partial H}{\partial p_k} - \frac{\partial H}{\partial p_k}\frac{\partial H}{\partial q_k} \right) = 0 \tag{2.195}$$

と計算できる．

注意 2.68　Hamilton 函数が独立変数 t にも依存しているような非自励 Hamilton 系を考えることもある．しかし，この場合は $dH/dt = \partial H/\partial t$ で H は保存量にはならない．非自励な場合も自励的な Hamilton 系に帰着させられることを見ておこう．

Hamilton 系が $H = H(q_1, \ldots, q_n, p_1, \ldots, p_n; t)$ に対して

$$\frac{dq_k}{dt} = \frac{\partial H}{\partial p_k}, \quad \frac{dp_k}{dt} = -\frac{\partial H}{\partial q_k}, \quad k = 1, \ldots, n$$

で与えられているとしよう．

$$\widetilde{H}(q_1, \ldots, q_n, q_{n+1}, p_1, \ldots, p_n, p_{n+1}) = H(q_1, \ldots, q_n, p_1, \ldots, p_n; p_{n+1}) - q_{n+1}$$

と置いて，正準方程式を考えると，この解は元の非自励系の解 $q_1(t), \ldots, q_n(t)$, $p_1(t), \ldots, p_n(t)$, および $q_{n+1}(t) = H(q_1(t), \ldots, q_n(t), p_1(t), \ldots, p_n(t); t) + C_1$, $p_{n+1}(t) = t + C_2$ と置いたものとなる．

ただ，このとき相空間の次元は 2 だけ大きくなっているので，簡単なものに帰着されたとは思えない．　□

2C 章では主にこの正準方程式系を扱うのだが，唐突ではあるので，力が保存力である場合の l 体の運動方程式が正準方程式系に書けることを，最初に見ておこう．一緒に Lagrange 形式との関係も見ておく．

力が保存力である場合の運動方程式を書くと，ポテンシャルを $U = U(x, y, z)$ として次のように書ける：

$$m_k \frac{d^2 x_k}{dt^2} = -\frac{\partial U}{\partial x_k}, \quad m_k \frac{d^2 y_k}{dt^2} = -\frac{\partial U}{\partial y_k}, \quad m_k \frac{d^2 z_k}{dt^2} = -\frac{\partial U}{\partial z_k}, \quad k = 1, \ldots, l. \tag{2.196}$$

これを書き直したい．**Lagrangian** と呼ばれる函数 L を運動エネルギー

$$K = \frac{1}{2} \sum_{k=1}^{l} \left(\left(\frac{dx_k}{dt} \right)^2 + \left(\frac{dy_k}{dt} \right)^2 + \left(\frac{dz_k}{dt} \right)^2 \right)$$

を使って，$L = K - U$ で定義する．$\xi_k = dx_k/dt$, $\eta_k = dy_k/dt$, $\zeta_k = dz_k/dt$ と置いて L を $x_k, y_k, z_k, \xi_k, \eta_k, \zeta_k$ の函数と思うと，運動方程式 (2.196) は

$$\frac{d}{dt} \frac{\partial L}{\partial \xi_k} - \frac{\partial L}{\partial x_k} = 0, \quad \frac{d}{dt} \frac{\partial L}{\partial \eta_k} - \frac{\partial L}{\partial y_k} = 0, \quad \frac{d}{dt} \frac{\partial L}{\partial \zeta_k} - \frac{\partial L}{\partial z_k} = 0, \quad k = 1, \ldots, l \tag{2.197}$$

と書ける．これを **Lagrange の運動方程式**と呼ぶ[72]．

運動方程式を書き換えるにあたって函数 L は（ポテンシャルを決めると）特定の函数であったが，以後これを一般化して，L を変数 $q_k, \chi_k, k = 1, \ldots, n$ の函数としたとき

$$\frac{d}{dt} \frac{\partial L}{\partial \chi_k} - \frac{\partial L}{\partial q_k} = 0, \quad \frac{dq_k}{dt} = \chi_k, \quad k = 1, \ldots, n \tag{2.198}$$

の形に書ける微分方程式系を Lagrange 形式と呼ぶ．

次に Lagrange 形式を Hamilton 形式に書き換えよう．新しい変数 p_k を

$$p_k = \frac{\partial L}{\partial \chi_k} \tag{2.199}$$

で導入し，これを q_k に共軛な**運動量座標**と呼ぶ．この (2.199) を逆に解いて χ_k が $q_k, p_k, k = 1, \ldots, n$ の函数として表せると仮定しよう[73]．このとき，q, p の函数 H を次のように定義する[74]：

$$H = \sum_{k=1}^{n} p_k \chi_k(q, p) - L(q, \chi(q, p)). \tag{2.200}$$

Lagrange の運動方程式は

---

72) $\frac{\partial L}{\partial \xi_k} = \frac{\partial K}{\partial \xi_k} = m_k \frac{dx_k}{dt}$, $\frac{\partial L}{\partial x_k} = -\frac{\partial U}{\partial x_k}$ など．

73) $\det \left(\frac{\partial^2 L}{\partial \chi_k \partial \chi_l} \right) \neq 0$ であれば，陰函数定理が使える．

74) $L = K - U$ で $K = (1/2) \sum m_k {\chi_k}^2$ のときには，$p_k = m_k \chi_k$ で，$H = (1/2) \sum {p_k}^2 / m_k + U (= K + U)$．

$$\frac{dq_k}{dt} = \frac{\partial H}{\partial p_k}, \quad \frac{dp_k}{dt} = -\frac{\partial H}{\partial q_k}, \quad k = 1, \dots, n \tag{2.201}$$

と書き換えられる．この計算を確認しておくと

$$\begin{aligned}\frac{\partial H}{\partial p_k} =& \chi_k + \sum_{j=1}^{n} p_k \frac{\partial \chi_j}{\partial p_k} - \sum_{j=1}^{n} \frac{\partial L}{\partial \chi_j}\frac{\partial \chi_j}{\partial p_k} = \chi_k, \\ \frac{\partial H}{\partial q_k} =& \sum_{j=1}^{n} p_k \frac{\partial \chi_j}{\partial q_k} - \frac{\partial L}{\partial q_k} - \sum_{j=1}^{n} \frac{\partial L}{\partial \chi_j}\frac{\partial \chi_j}{\partial q_k} = -\frac{\partial L}{\partial q_k}\end{aligned}$$

により書き換えられていることが分かる．

2.6 解法のレシピ

方程式系を Lagrange 形式や Hamilton 形式に書く最大の利点は，座標変換に関する不変性であろう．例えば，力が保存力である場合の 1 体の運動方程式を極座標表示 $x = r\sin\theta\cos\phi$, $y = r\sin\theta\sin\phi$, $z = r\cos\theta$ を使って書くと次のようになる：

$$\begin{aligned}& m\frac{d^2 r}{dt^2} - mr\left(\left(\frac{d\theta}{dt}\right)^2 + \left(\frac{d\phi}{dt}\right)^2 \sin^2\theta\right) = -\frac{\partial U}{\partial r}, \\ & \frac{d}{dt}\left(mr^2\frac{d\theta}{dt}\right) - mr^2\left(\frac{d\phi}{dt}\right)^2 \sin\theta\cos\theta = -\frac{\partial U}{\partial \theta}, \\ & \frac{d}{dt}\left(mr^2\frac{d\phi}{dt}\sin^2\theta\right) = -\frac{\partial U}{\partial \phi}.\end{aligned}$$

問題 2.10　Lagrange 形式，正準形式を使わず，直接この計算を確認せよ．

この計算は実際にやってみると結構面倒なものである．ところが，これを Lagrange 形式で見ると，Lagrangian を

$$\begin{aligned}L =& \frac{m}{2}\left(\left(\frac{dx}{dt}\right)^2 + \left(\frac{dy}{dt}\right)^2 + \left(\frac{dz}{dt}\right)^2\right) - U(x, y, z) \\ =& \frac{m}{2}\left(\left(\frac{dr}{dt}\right)^2 + r^2\left(\frac{d\theta}{dt}\right)^2 + r^2\left(\frac{d\phi}{dt}\right)^2 \sin^2\theta\right) \\ & - U(r\sin\theta\cos\phi, r\sin\theta\sin\phi, r\cos\theta)\end{aligned}$$

という計算から $L = (m/2)({\chi_r}^2 + r^2{\chi_\theta}^2 + r^2{\chi_\phi}^2\sin^2\theta) - U$ と書いておくと，方程式の形は次のようで，変わっていない：

$$\frac{d}{dt}\frac{\partial L}{\partial \chi_r} - \frac{\partial L}{\partial r} = 0, \quad \frac{d}{dt}\frac{\partial L}{\partial \chi_\theta} - \frac{\partial L}{\partial \theta} = 0, \quad \frac{d}{dt}\frac{\partial L}{\partial \chi_\phi} - \frac{\partial L}{\partial \phi} = 0.$$

Hamilton 形式のほうも同様に方程式の形を変えない．ただし，$q = q(Q)$ のように変数変換されると，共軛運動量座標は

$$p = {}^t\!\left(\frac{\partial q}{\partial Q}\right)^{-1} P = \begin{pmatrix} \partial q_1/\partial Q_1 & \cdots & \partial q_m/\partial Q_1 \\ \vdots & \ddots & \vdots \\ \partial q_1/\partial Q_m & \cdots & \partial q_m/\partial Q_m \end{pmatrix}^{-1} \begin{pmatrix} P_1 \\ \vdots \\ P_m \end{pmatrix}$$

のように変換する．詳しくは，この後の点変換のところを見てほしい (213 ページ)．正準方程式系に関しては，より一般に正準変換と呼ばれる変換で，方程式の形が変わらないことが言える．

解析力学の技法の中心的部分は，座標変換によって，方程式系をより簡単なものに帰着させるということにある．この章では，まず，2.6.1 項正準変換で，Hamilton 形式に関する正準変換を定義し，座標変換の方法を見る．次の 2.6.2 項 Liouville 可積分では，そのような座標変換によって，どのような系に変換したいのか，その目標を確認する．

ところで，変数変換によって方程式の形が変わらないのは，Lagrange 形式なり Hamilton 形式の方程式が，変分法を用いた問題に書き換えられることから説明できる．少し話が逸れるが，変分原理についても見ておこう．

a. 変分原理

まず変分法で扱われる典型的な問題をいくつか見てみよう．

- **最速降下線問題**　3 次元空間の 2 点が与えられたとき，重力の作用のみを受ける質点がこの 2 点間を移動する場合，どのような曲線に沿って移動したとき移動時間が最小になるか？
- **等周問題**　平面上，与えられた周の長さを持つ図形で，面積が最大になるものを求めよ．
- **極小曲面**　3 次元空間の中の曲面 S で，与えられた曲線 C を境界に持つものの中で ($\partial S = C$)，面積が最小になるものを求めよ．
- **測地線**　与えられた曲面上の曲線で，与えられた 2 点を結ぶものの中で長さが最小のものを求めよ．

これらの問題における解は函数で与えられる．函数の空間から実数への函数を考えて，その最小値を与える函数を求めよという形で問われている．こ

のような問題を変分問題といい，ここで扱われるような函数の函数を**汎函数** (functional) と呼ぶ．

汎函数の極値は，汎函数の“微分”が零になることで定義される[75]．だが，汎函数の微分を定義する前に，われわれの扱っている微分方程式と，このような変分問題がどのように結びつくのかを見ておこう．

われわれは変分問題を微分方程式に書き換えたい．これはもちろん，変分問題を解く立場に立てば，よく知っている微分方程式のほうが扱いやすいということだが[76]，今の場合のように，微分方程式を解く立場に立ってみても，変分問題の形で書かれると，方程式の形が座標のとり方に依らないことが見えてくるということでもある．

汎函数 $\mathcal{F}(\varphi)$ が C^2 級函数 $F(t, q, \chi)$ を用いて

$$\mathcal{F}(\varphi) = \int_a^b F\left(t, \varphi(t), \frac{d\varphi}{dt}(t)\right) dt \tag{2.202}$$

の形で与えられている場合を考える．ただし，$\varphi:\ [a, b] \to \mathbb{R}$ は $\varphi(a) = \xi$, $\varphi(b) = \eta$ を満たす C^2 級函数とする．φ としてヴェクトル値函数を考えるときもある．

実は，函数 φ がこの汎函数の“極値”をとることと，φ が微分方程式

$$\frac{d}{dt}\frac{\partial F}{\partial \chi_k} - \frac{\partial F}{\partial q_k} = 0, \quad q = \varphi(t), \quad \chi = \frac{d\varphi}{dt}(t) \tag{2.203}$$

を満たすことは同値になる．このことを**変分原理** (variational principle)（あるいは最小作用の原理 (principle of least action)）と呼び，微分方程式を **Euler-Lagrange の微分方程式**と呼ぶ．

正確な定式化と正当化は少しおいて，われわれの問題と変分問題との対応を，先に見ておこう．微分方程式の形を見るとすぐ分かるが，$F = L(q, \chi)$ と置いたのが，Lagrange 形式の方程式系で，変分原理から汎函数

$$\mathcal{L}(q) = \int_a^b L\left(q(t), \frac{dq}{dt}(t)\right) dt \tag{2.204}$$

の極値問題に帰着されることが分かる．

---

75) 函数の最大最小問題でも同様だったが，汎函数の最大最小も難しく，ここでもまずは極小極大を考える．

76) 逆に，微分方程式の境界値問題の解の存在を知りたいなどの場合に，変分問題の停留値を直接調べることもある．

Hamilton 形式のほうはそのままではないが, $F(q,p,\chi,\upsilon)=\sum p_k\chi_k-H(q,p)$ と置くと Euler-Lagrange 方程式は

$$\frac{d}{dt}\frac{\partial F}{\partial \chi_k}-\frac{\partial F}{\partial q_k}=\frac{dp_k}{dt}+\frac{\partial H}{\partial q_k}=0,\quad \frac{d}{dt}\frac{\partial F}{\partial \upsilon_k}-\frac{\partial F}{\partial p_k}=-\frac{dq_k}{dt}+\frac{\partial H}{\partial p_k}=0$$

となり，正準方程式系と一致する．よって，この場合も汎函数

$$\mathcal{H}(q,p)=\int_a^b\left(\sum_{k=1}^n p_k(t)\frac{dq_k}{dt}(t)-H(q(t),p(t))\right)dt \tag{2.205}$$

の極値問題に帰着される．

注意 2.69　Lagrange 形式の方程式系に対して，変数変換 $q=\varphi(Q)$ という変数変換を考えてみよう．ここで $\widetilde{L}(Q_k,dQ_k/dt)=L(\varphi(Q),d(\varphi(Q))/dt)$ と置く．Lagrange の方程式の解 q は，汎函数 $\mathcal{L}=\int_a^b L(q,dq/dt)dt=\int_a^b \widetilde{L}(Q,dQ/dt)dt$ の極値を与えるから，対応する $Q=\varphi^{-1}(q)$ は $\widetilde{L}=\widetilde{L}(Q,\tilde{\chi})$ に対して

$$\frac{d}{dt}\frac{\partial \widetilde{L}}{\partial \tilde{\chi}_k}-\frac{\partial \widetilde{L}}{\partial Q_k}=0,\quad \frac{dQ_k}{dt}=\tilde{\chi}_k,\quad k=1,\ldots,n$$

の解となる．Hamilton 系の変数変換については，次の 2.6.1 項で見る．　□

それでは，変分原理の正当化に進もう．

定義 2.70（Fréchet 微分）　V を（有限次元とは限らない）計量線型空間[77]とする．V の開部分集合 U 上定義された函数 $\mathcal{F}$ が，$x\in U$ において **Fréchet 微分可能**であるとは，V 上の有界線型函数 A が存在して

$$\lim_{y\to 0}\frac{|\mathcal{F}(x+y)-\mathcal{F}(x)-Ay|}{\|y\|}=0 \tag{2.206}$$

となることをいう．このとき，A を $\mathcal{F}$ の $x\in U$ における **Fréchet 微分**と呼び，$A=D\mathcal{F}(x)$ と書く．

Fréchet 微分に対し，方向微分にあたるものも定義しておこう．

77)　計量線型空間とは，ノルムの定義された線型空間のこと．

定義 2.71（Gâteaux 微分） 上と同様の設定で，$\mathcal{F}$ が，$x \in U$ において y 方向に **Gâteaux 微分可能**とは，数

$$c = \lim_{\varepsilon \to 0} \frac{1}{\varepsilon} \left(\mathcal{F}(x + \varepsilon y) - \mathcal{F}(x) \right) \tag{2.207}$$

が存在することをいう．このとき, c を $\mathcal{F}$ の $x \in U$ における y 方向の **Gâteaux 微分**と呼び，$c = D_y \mathcal{F}(x)$ と書く．

注意 2.72 Fréchet 微分可能であれば，任意の y について Gâteaux 微分可能であることが言えるが[78]，逆は必ずしも言えない． □

さて，V として，区間 $[a, b]$ 上の C^2 級函数 φ で，$\varphi(a) = \xi$, $\varphi(b) = \eta$ となるもののなす線型空間をとろう．この本では，Fréchet 微分可能性を問わず，Gâteaux 微分を使った "極値" の定義を採用しよう．V 上の汎函数 $\mathcal{F}$ に対して，$x \in V$ が $\mathcal{F}$ の**停留点** (stationary point)（あるいは臨界点 (critical point)）であるとは，任意の $y \in V$ に対して，$D_y \mathcal{F}(x) = 0$ が成り立つことをいう．このとき，$\mathcal{F}(x)$ を**停留値**あるいは**極値**という．

定理 2.73 上で定義した V において, V 上の汎函数 $\mathcal{F}$ が C^2 級函数 $F(t, q, \chi)$ を用いて

$$\mathcal{F}(\varphi) = \int_a^b F\left(t, \varphi(t), \frac{d\varphi}{dt}(t)\right) dt \tag{2.208}$$

で与えられているとする．このとき，φ が $\mathcal{F}$ の停留点であることの必要十分条件は φ が Euler-Lagrange の微分方程式 (2.203) の解となることである．

証明. Gâteaux 微分を計算してみると，$F(t, q, \chi)$ が C^2 級であるから

$$\begin{aligned} D_y \mathcal{F}(x) &= \int_a^b \frac{d}{d\varepsilon}\bigg|_{\varepsilon = 0} F\left(t, x + \varepsilon y, \frac{d(x + \varepsilon y)}{dt}\right) dt \\ &= \int_a^b \sum_{k=1}^n \left\{ \frac{\partial F}{\partial q_k}\left(t, x, \frac{dx}{dt}\right) y_k + \frac{\partial F}{\partial \chi_k}\left(t, x, \frac{dx}{dt}\right) \frac{dy_k}{dt} \right\} dt \end{aligned}$$

となる．第 2 項を部分積分して

78) このとき，$D_y \mathcal{F}(x) = D\mathcal{F}(x) y$ となる．

$$D_y\mathcal{F}(x) = \int_a^b \sum_{k=1}^n \left\{ \frac{\partial F}{\partial q_k}\left(t, x, \frac{dx}{dt}\right) - \frac{d}{dt}\frac{\partial F}{\partial \chi_k}\left(t, x, \frac{dx}{dt}\right) \right\} y_k dt$$

を得る．よって，$x = \varphi(t)$ が Euler-Lagrange の方程式の解ならば，$\varphi(t)$ は $\mathcal{F}$ の停留点である．

逆に，$x = \varphi(t)$ が Euler-Lagrange の方程式を満たさないとする．このとき

$$\frac{\partial F}{\partial q_k}\left(t, \varphi, \frac{d\varphi}{dt}\right) - \frac{d}{dt}\frac{\partial F}{\partial \chi_k}\left(t, \varphi, \frac{d\varphi}{dt}\right)$$

は $[a, b]$ のいずれかの点で正, あるいは負の値をとる．どちらでも同じなので, 正であるとしておこう．またこの函数は連続であるから, ある区間 $(c, d)(\subset [a, b])$ では正となる．

V の元 y を，$t \in (c, d)$ で $y_k(t) > 0$, かつ $t \in [a, b] \setminus (c, d)$ で $y_k(t) = 0$, さらに $y_l = 0, l \neq k$ とすれば，$D_y\mathcal{F}(\varphi) > 0$ で，φ は停留点ではない． □

例 15（**最速降下線**）

先にいくつか挙げた問題のうち，最速降下線問題について考えてみよう．3 次元空間の 2 点が与えられたとき，重力の作用のみを受ける質点がこの 2 点間を移動する場合，移動時間が最小になるような軌跡を求める問題であった．

2 点を含み，鉛直方向を含むような平面上で考えればよい．鉛直方向を下向きに y 軸，水平方向を x 軸として，2 点 $(0, 0)$, (a, b), $a, b > 0$ を結ぶ曲線の軌跡を $x = x(y)$ で表そう．

軌跡の函数 $x(y)$ に対して，移動距離 s は $ds/dy = \sqrt{1 + (dx/dy)^2}$ を満たしている．よって，速度は $v = ds/dt = \sqrt{1 + (dx/dy)^2}(dy/dt)$ と書ける．

一方，位置エネルギーと運動エネルギーの和の保存から，$(0, 0)$ にあるときの速度が 0 だとすると，$v = \sqrt{2gy}$ が言えるので，降下時間は

$$T = \frac{1}{\sqrt{2g}} \int_0^b \frac{1}{\sqrt{y}} \sqrt{1 + \left(\frac{dx}{dy}\right)^2} dy \tag{2.209}$$

という汎函数の形で与えられる．

Euler-Lagrange の微分方程式は $z = dx/dy$ と置いて

$$\frac{d}{dy}\left(\frac{z}{\sqrt{y(1 + z^2)}}\right) = 0 \tag{2.210}$$

と書ける．積分して $z^2 = Cy(1+z^2)$ となるので

$$z = \frac{dx}{dy} = \sqrt{\frac{Cy}{1-Cy}} \tag{2.211}$$

となる．ここで，$Cy = \sin^2\frac{\theta}{2} = \frac{1-\cos\theta}{2}$ と置くと $dy/d\theta = \left(\sin\frac{\theta}{2}\cos\frac{\theta}{2}\right)/C$ で

$$\frac{dx}{d\theta} = \frac{dx}{dy}\frac{dy}{d\theta} = \frac{\sin\frac{\theta}{2}}{\cos\frac{\theta}{2}}\frac{\sin\frac{\theta}{2}\cos\frac{\theta}{2}}{C} = \frac{1-\cos\theta}{2C}$$

であるから，結局

$$x = \frac{\theta-\sin\theta}{2C} + C', \quad y = \frac{1-\cos\theta}{2C} \tag{2.212}$$

と書け，これはサイクロイドと呼ばれる曲線を表している．点 $(0,0)$ と (a,b) を通るようにしたいが，$C'=0$ とすると $(0,0)$ を通り，C を適当に決めることで (a,b) を通るようにすることができる[79]．

問題 2.11　変分原理に関する残りの問題について，考えてみよう．

2.6.1 正準変換

ここでは，正準方程式系の形を変えない変換を直接考察してみよう．正準方程式は $x = {}^t(x_j)_{j=1}^{2n} = {}^t(q_1,\ldots,q_n,p_1,\ldots,p_n)$ と置くと，ヴェクトルの形で

$$\frac{d}{dt}x = J\nabla H \tag{2.213}$$

と書ける．ただし $\nabla = {}^t(\partial/\partial x_1,\ldots,\partial/\partial x_{2n})$ で，$J = \begin{pmatrix} O & 1_n \\ -1_n & O \end{pmatrix}$ とした．

今，$x = \varphi(X)$, $X = {}^t(X_j)_{j=1}^{2n} = {}^t(Q_1,\ldots,Q_n,P_1,\ldots,P_n)$ という未知函数の変数変換に対し，その Jacobi 行列を $D\varphi = (\partial x_i/\partial X_j)_{i,j=1}^{2n}$ と置くと，この変数変換で正準方程式は

$$\frac{d}{dt}X = (D\varphi)^{-1}\frac{d}{dt}x = (D\varphi)^{-1}J\nabla H = (D\varphi)^{-1}J\,{}^t(D\varphi)^{-1}\widetilde{\nabla}H$$

79) 降下時間に関する極小条件を計算しただけで，実際に最小になることを示すのにはもう少し議論が必要であるが，ここでは省略させてもらう．

と書き直される．ただし，$\widetilde{\nabla} = {}^t(\partial/\partial X_1, \ldots, \partial/\partial X_{2n})$．よって変換の Jacobi 行列 $D\varphi$ が $(D\varphi)^{-1} J\, {}^t(D\varphi)^{-1} = J$，逆行列をとって書き換えると

$$ {}^t(D\varphi) J (D\varphi) = J \tag{2.214} $$

を満たすとき，変換後の方程式系も Hamiltonian を $H = H(\varphi(X))$ とした正準方程式になる．

一般に ${}^tMJM = J$ を満たす $2n$ 次正方行列 M を**シンプレクティック行列** (symplectic matrix) と呼び，その全体を $Sp(n)$ と書く．

定義 2.74 座標変換 $x = \varphi(X)$ に対し，その Jacobi 行列がシンプレクティック行列であるとき，この変換を**正準変換** (canonical transformation) と呼ぶ．

さて，条件 ${}^t(D\varphi)J(D\varphi) = J$ を座標を使って書き直してみよう．Jacobi 行列 $D\varphi$ を 4 つのブロックに分けて，

$$ D\varphi = \begin{pmatrix} A & B \\ C & D \end{pmatrix} $$

と置くと，${}^t(D\varphi)J(D\varphi) = J$ は

$$ \begin{pmatrix} {}^tA & {}^tC \\ {}^tB & {}^tD \end{pmatrix} \begin{pmatrix} O_n & 1_n \\ -1_n & O_n \end{pmatrix} \begin{pmatrix} A & B \\ C & D \end{pmatrix} = \begin{pmatrix} {}^tAC - {}^tCA & {}^tAD - {}^tCB \\ {}^tBC - {}^tDA & {}^tBD - {}^tDB \end{pmatrix} $$

から，条件は次のように書ける：

$$ {}^tAC - {}^tCA = {}^tBD - {}^tDB = O_n, \quad {}^tAD - {}^tCB = {}^tDA - {}^tBC = 1_n. \tag{2.215} $$

定義 2.75 相空間上のふたつの函数 F, G に対して，**Poisson 括弧** (Poisson bracket) を次で定義する：

$$ \{F, G\} = \sum_{k=1}^{n} \left(\frac{\partial F}{\partial Q_k} \frac{\partial G}{\partial P_k} - \frac{\partial G}{\partial Q_k} \frac{\partial F}{\partial P_k} \right). \tag{2.216} $$

この記法を使うと，Q, P が正準変換による新しい正準変数である条件 (2.215)

は次のように書ける[80]：

$$\{q_i, q_j\} = 0, \quad \{p_i, p_j\} = 0, \quad \{q_i, p_j\} = \delta_{ij}. \tag{2.217}$$

さて，この記法は偏微分する変数 Q_k, P_k に依っているのだが，実は正準変数での偏微分を考えるのであれば，変数に依らないことが分かる．何故なら

$$\{F, G\} = \sum_{k,i,j} \left\{ \left(\frac{\partial F}{\partial q_j} \frac{\partial q_j}{\partial Q_k} + \frac{\partial F}{\partial p_j} \frac{\partial p_j}{\partial Q_k} \right) \left(\frac{\partial G}{\partial q_i} \frac{\partial q_i}{\partial P_k} + \frac{\partial G}{\partial p_i} \frac{\partial p_i}{\partial P_k} \right) - \left(\frac{\partial G}{\partial q_j} \frac{\partial q_j}{\partial Q_k} + \frac{\partial G}{\partial p_j} \frac{\partial p_j}{\partial Q_k} \right) \left(\frac{\partial F}{\partial q_i} \frac{\partial q_i}{\partial P_k} + \frac{\partial F}{\partial p_i} \frac{\partial p_i}{\partial P_k} \right) \right\}$$

と書けるが，(2.217) より，これは

$$\{F, G\} = \sum_{k=1}^{n} \left(\frac{\partial F}{\partial q_k} \frac{\partial G}{\partial p_k} - \frac{\partial G}{\partial q_k} \frac{\partial F}{\partial p_k} \right)$$

と書けるからである．

この記号を使うと，さらに，正準方程式は次のように書き換えられる：

$$\frac{dq_j}{dt} = \{q_j, H\}, \quad \frac{dp_j}{dt} = \{p_j, H\}. \tag{2.218}$$

また一般に，相空間上の函数 F に対して

$$\frac{dF}{dt} = \sum_{k=1}^{n} \left(\frac{\partial F}{\partial q_k} \frac{dq_k}{dt} + \frac{\partial F}{\partial p_k} \frac{dp_k}{dt} \right) = \{F, H\} \tag{2.219}$$

が成り立つ．よって Φ が保存量であるという条件は，$\{\Phi, H\} = 0$ と書ける．

問題 2.12　Poisson 括弧に対し，Jacobi 恒等式 $\{f, \{g, h\}\} + \{g, \{h, f\}\} + \{h, \{f, g\}\} = 0$ が成り立つことを示せ．

a. 点変換

正準変換 $(q, p) = \varphi(Q, P)$ で，q が Q だけに依っていて P に依らないとき**点変換**という．Lagrange 形式では，通常，点変換のみを考える．しかも対になる変数が $\chi = dq/dt$ であるから，q に関する変換が $q = q(Q)$ と書けるとき，χ は $\chi = dq/dt = (\partial q/\partial Q) dQ/dt$ と書ける．この変換により，Lagrange 形式の運動方程式系はその形を変えない．

80)　この条件は，微分形式の言葉を使うと $\sum_{j=1}^{n} dp_j \wedge dq_j = \sum_{j=1}^{n} dP_j \wedge dQ_j$ と書ける．こちらのほうが，計算が簡明かもしれない．

同様に，Hamilton 形式の場合も点変換

$$q = q(Q), \quad p = {}^t\left(\frac{\partial q}{\partial Q}\right)^{-1} P \tag{2.220}$$

は正準変換であり，Q, P は $H = H(q(Q), {}^t(\partial q/\partial Q)^{-1}P)$ を Hamiltonian として持つ正準方程式を満たしていることが分かる．

∵ 座標変換 $q = q(Q), p = {}^t(\partial q/\partial Q)^{-1}P$ が正準変換であることを示すには，Poisson 括弧を計算すればよい．

$\{q_i, q_j\} = 0$ は $\partial q_l/\partial P_k = 0$ からすぐ分かる．さらに，$p_j = \sum_{k=1}^n \frac{\partial Q_k}{\partial q_j} P_k$ であるから，$\{q_i, p_j\} = \sum_{k=1}^n \frac{\partial q_i}{\partial Q_k}\frac{\partial p_j}{\partial P_k} = \sum_{k=1}^n \frac{\partial q_i}{\partial Q_k}\frac{\partial Q_k}{\partial q_j} = \delta_{ij}$.

$\{p_i, p_j\} = 0$ は少し面倒くさい．これは，$\partial p_i/\partial Q_k = -\partial P_k/\partial q_i$ を使って書き換えると示しやすい[81]．これを認めると，$\{p_i, p_j\} = -\sum_k \left(\frac{\partial P_k}{\partial q_i}\frac{\partial Q_k}{\partial q_j} - \frac{\partial P_k}{\partial q_j}\frac{\partial Q_k}{\partial q_i}\right)$ となるが，$P_k = \sum_l \frac{\partial q_l}{\partial Q_k} p_l$ で

$$\begin{aligned}\{p_i, p_j\} &= -\sum_{k,l}\left(\frac{\partial^2 q_l}{\partial q_i \partial Q_k}\frac{\partial Q_k}{\partial q_j} - \frac{\partial^2 q_l}{\partial q_j \partial Q_k}\frac{\partial Q_k}{\partial q_i}\right) p_l \\ &= -\sum_{k,l}\left(\frac{\partial}{\partial q_i}\left(\frac{\partial q_l}{\partial Q_k}\frac{\partial Q_k}{\partial q_j}\right) - \frac{\partial}{\partial q_j}\left(\frac{\partial q_l}{\partial Q_k}\frac{\partial Q_k}{\partial q_i}\right)\right) p_l\end{aligned}$$

となるが，$\sum_k \frac{\partial q_l}{\partial Q_k}\frac{\partial Q_k}{\partial q_j} = \delta_{l,j}$ などから $\{p_i, p_j\} = 0$ となる．

残った $\partial p_i/\partial Q_k = -\partial P_k/\partial q_i$ を示そう．$\partial p_i/\partial Q_k = \sum_l \frac{\partial^2 Q_l}{\partial Q_k \partial q_i} P_l$ であるが，$\frac{\partial^2 Q_l}{\partial Q_k \partial q_i} = \sum_m \frac{\partial^2 Q_l}{\partial q_m \partial q_i}\frac{\partial q_m}{\partial Q_k} = -\sum_m \frac{\partial^2 q_m}{\partial q_i \partial Q_k}\frac{\partial Q_l}{\partial q_m}$ となる．最後の等式には $0 = \sum_m \frac{\partial}{\partial q_i}\left(\frac{\partial q_m}{\partial Q_k}\frac{\partial Q_l}{\partial q_m}\right)$ を使った．よって，$\partial p_i/\partial Q_k = -\sum_{l,m} \frac{\partial^2 q_m}{\partial q_i \partial Q_k}\frac{\partial Q_l}{\partial q_m} P_l = -\sum_m \frac{\partial^2 q_m}{\partial q_i \partial Q_k} p_m = -\partial P_k/\partial q_i$. □

さらに，q を動かさない座標変換 $q = Q$ に対しては，$p = P + v(Q)$ で $\partial v_i/\partial Q_j = \partial v_j/\partial Q_i$ を満たすものが正準変換となっている．点変換で正準変換となるのは (2.220) とこの座標変換の合成のみである．

問題 2.13 このことを示せ．

---

81) 実は $\partial q_i/\partial Q_k = \partial P_k/\partial p_i$, $\partial p_i/\partial Q_k = -\partial P_k/\partial q_i$, $\partial q_i/\partial P_k = -\partial Q_k/\partial p_i$, $\partial p_i/\partial P_k = \partial Q_k/\partial q_i$ は，一般の正準変換で成り立つ．

b. 正準変換の生成函数

Hamilton 形式の正準変換の理論が優れている点は，点変換のみでなく，共軛運動量変数が混ざったような変換も考えられるところである．

一般の変換を与えられたとき，それが正準変換であるかを判定することは，Poisson 括弧を計算するなどで達成できるのであるが，何もないところから正準変換をうまく構成する方法があるとうれしい．そこで，正準変換の生成函数という概念を導入しよう．

変分原理のところ（208 ページ）で見たように，正準方程式の解は積分

$$\mathcal{H}(q,p) = \int_a^b \left(\sum_{k=1}^n p_k(t) \frac{dq_k}{dt}(t) - H(q(t), p(t)) \right) dt$$

が極値をとるような函数 q, p であった．よって，被積分函数が別の座標で

$$\sum_{k=1}^n p_k \frac{dq_k}{dt} - H = \sum_{k=1}^n P_k \frac{dQ_k}{dt} - H + \frac{d\widetilde{W}}{dt} \tag{2.221}$$

のように書けていたとすると，$\int_a^b (d\widetilde{W}/dt)dt = \left[\widetilde{W}\right]_{t=a}^b$ の部分は定数で，Q, P に関する同様の変分問題と同値になり，正準方程式もそのまま成り立つ．今ここで，少しトリッキーだが，函数 $\widetilde{W}$ を q および Q という座標で書いておくと，$\widetilde{W}(q,Q)$ が

$$\frac{\partial \widetilde{W}}{\partial Q_k} = -P_k, \quad \frac{\partial \widetilde{W}}{\partial q_k} = p_k, \quad k = 1, \ldots, n \tag{2.222}$$

という条件を満たしているならば，被積分函数の条件 (2.221) が成り立ち，変数変換 $(q,p) \mapsto (Q,P)$ は正準変換になる．このとき，函数 $\widetilde{W}(q,P)$ をこの正準変換の**生成函数** (generating function)（あるいは**母函数**）と呼ぶ．

生成函数 $W(= \sum_k P_k Q_k + \widetilde{W}(q,Q))$ を，変数 q, P の函数としたとき

$$\frac{\partial W}{\partial P_k} = Q_k, \quad \frac{\partial W}{\partial q_k} = p_k, \quad k = 1, \ldots, n \tag{2.223}$$

と書けるなら，変数変換 $(q,p) \mapsto (Q,P)$ は正準変換である．$\widehat{W}(= -\sum_k p_k q_k + \widetilde{W}(q,Q))$ を Q, p の函数としたとき

$$\frac{\partial \widehat{W}}{\partial Q_k} = -P_k, \quad \frac{\partial \widehat{W}}{\partial p_k} = -q_k, \quad k = 1, \ldots, n \tag{2.224}$$

なら，これは正準変換となる．最後に，$\overline{W}(=-\sum_k p_k q_k + W(q,P))$ を p, P の函数とすると

$$\frac{\partial \overline{W}}{\partial P_k} = Q_k, \quad \frac{\partial \overline{W}}{\partial p_k} = -q_k, \quad k=1,\dots,n \tag{2.225}$$

であるとき，これも正準変換を与える．

注意 2.76　n 変数函数 $F(\xi)$ を使って，変数 η を $\eta_k = \partial F/\partial \xi_k,\ k=1,\dots,n$ で定義する．ξ から η への変数変換は逆変換を持つと仮定しておこう．この逆変換を，ある n 変数函数 $G(\eta)$ を用いて $\xi_k = \partial G/\partial \eta_k$ となるように，函数 G を決めたい．実は $G = \sum_{k=1}^{n} \xi_k \eta_k - F(\xi)$ とした函数を η のみで表せばよい．このような変換 $\xi \mapsto \eta$ を **Legendre 変換**と呼ぶ[82]．

$\because$　$\dfrac{\partial G}{\partial \eta_k} = \xi_k + \displaystyle\sum_{i=1}^{n}\left(\eta_i - \frac{\partial F}{\partial \xi_i}\right)\frac{\partial \xi_i}{\partial \eta_k}$ であるが，$\eta_i = \partial F/\partial \xi_i$ であるから $\xi_k = \partial G/\partial \eta_k$ となる．□

正準変換の計算

簡単な正準変換の計算について見てみよう．例として，3 次元の直交座標を極座標に移す変換を相空間の変換に拡張する計算をとる．直交座標を Q_1, Q_2, Q_3 で書くと，これは極座標 r, θ, ϕ を使って

$$Q_1 = r\sin\theta\cos\phi, \quad Q_2 = r\sin\theta\sin\phi, \quad Q_3 = r\cos\theta$$

と表される．これから，共軛運動量を

$$\begin{pmatrix} p_r \\ p_\theta \\ p_\phi \end{pmatrix} = \begin{pmatrix} \partial Q_1/\partial r & \partial Q_2/\partial r & \partial Q_3/\partial r \\ \partial Q_1/\partial \theta & \partial Q_2/\partial \theta & \partial Q_3/\partial \theta \\ \partial Q_1/\partial \phi & \partial Q_2/\partial \phi & \partial Q_3/\partial \phi \end{pmatrix} \begin{pmatrix} P_1 \\ P_2 \\ P_3 \end{pmatrix}$$

82) Lagrangian から Hamiltonian を導出する過程は典型的な Legendre 変換であった．Legendre 変換は熱力学的函数の変換にもよく現れる．例えば，3 つの状態変数，エントロピー S, 体積 V, 粒子数 N の函数として内部エネルギー $U=U(S,V,N)$ が与えられたとき，温度は $T=\partial U/\partial S$, 圧力は $p=-\partial U/\partial V$, 化学ポテンシャルは $\mu = \partial U/\partial N$ で与えられる．① 状態を表す変数を (S,p,N) に変換しよう．エンタルピーを $H(S,p,N)=pV+U$ とすると，$T=\partial H/\partial S$, $V=\partial H/\partial p$, $\mu=\partial H/\partial N$ となる．② 状態を表す変数を (T,V,N) としよう．Helmholtz の自由エネルギーを $F(T,V,N)=-TS+U$ とすると，$S=-\partial F/\partial T$, $p=-\partial F/\partial V$, $\mu=\partial F/\partial N$ となる．③ (T,p,N) へ変換する．Gibbs の自由エネルギーを $G(T,p,N)=pV+F$ とすると，$S=-\partial G/\partial T$, $V=\partial G/\partial p$, $\mu=\partial G/\partial N$ となる．

$$= \begin{pmatrix} \sin\theta\cos\phi & \sin\theta\sin\phi & \cos\theta \\ r\cos\theta\cos\phi & r\cos\theta\sin\phi & -r\sin\theta \\ -r\sin\theta\sin\phi & r\sin\theta\cos\phi & 0 \end{pmatrix} \begin{pmatrix} P_1 \\ P_2 \\ P_3 \end{pmatrix}$$

とすれば正準変換となる．同じ変換は，正準変換の生成函数を

$$W = P_1 r\sin\theta\cos\phi + P_2 r\sin\theta\sin\phi + P_3 r\cos\theta$$

と置いても求まる．実際，$Q_k = \partial W/\partial P_k$, $k = 1, 2, 3$, $p_r = \partial W/\partial r$, $p_\theta = \partial W/\partial\theta$, $p_\phi = \partial W/\partial\phi$ となる．

2.6.2 Liouville 可積分

では，目標となる簡単な座標とはどのようなものだろう？　通常 Hamiltonian は $2n$ 個の正準変数の函数であるが，今たまたま q_k に関しては依存していないとしよう．このとき，$dp_k/dt = -\partial H/\partial q_k = 0$ より，p_k は定数になる．

定義 2.77　正準座標の座標変数 q_k に Hamiltonian が依らないとき，q_k を**循環座標** (cyclic coordinate) と呼ぶ．

循環座標がひとつある場合を考える．今，q_n が循環座標であるとすると，$H = H(q_1, \ldots, q_{n-1}, p_1, \ldots, p_n)$ と書け，p_n が保存量であるので，超平面 $p_n = C$ 上に制限して考えればよい．よって $\widetilde{H} = H(q_1, \ldots, q_{n-1}, p_1, \ldots, p_{n-1}, C)$ と置くと，Hamilton 系は

$$\frac{dq_k}{dt} = \frac{\partial \widetilde{H}}{\partial p_k}, \quad \frac{dp_k}{dt} = -\frac{\partial \widetilde{H}}{\partial q_k}, \quad k = 1, \ldots, n-1$$

となり，$2n-2$ 次元の相空間上の正準方程式系に帰着され，この系の時間発展は函数 q_n に依らない．函数 q_n を求めることは，正準方程式系の解 $q_k(t), p_k(t)$, $k = 1, \ldots, n-1$ を使って書ける方程式

$$\frac{dq_n}{dt} = \frac{\partial H}{\partial p_n}(q_1(t), \ldots, q_{n-1}(t), p_1(t), \ldots, p_{n-1}(t), C) \tag{2.226}$$

を解くことに帰着されるが，$q_k(t), p_k(t)$, $k = 1, \ldots, n-1$ が分かっていれば，これは積分で求まる．

このような操作を $n-1$ 回続けられるとすると，最終的には相空間が 2 次元の場合の正準方程式に帰着されることになる．

2 次元の場合，Hamiltonian が保存量であるから可積分である．また陰函数をとる操作を認めると，変数分離法で解ける．実際，$H(q,p)=C_1$ を p について解いて，$p=p(q,C_1)$ と書いたとしよう．このとき

$$\frac{dq}{dt}=\frac{\partial H}{\partial p}(q,p(q,C_1))$$

の右辺は q のみの函数であり

$$\int \frac{dq}{\frac{\partial H}{\partial p}(q,p(q,C_1))}=t-C_2$$

となり q は解ける．また，p はこれを $p=p(q,C_1)$ に代入すればよい．

この解法を，正準変換を使った座標変換と思うこともできる．

$$(Q,P)=\varphi(q,p)=\left(\int \frac{dq}{\frac{\partial H}{\partial p}(q,p(q,C_1))},H(q,p)\right)$$

と置くと，これは正準変換である．変換後の正準方程式は $H=P$ であるから，Q は循環座標で $P=H$ が保存量である．

ここで見たような解法は，常に可能なわけではないが，これを目標とする．

では逆に，このようにして解かれると仮定したらどのようなことが言えるだろうか？　つまり，n 個の循環座標とそれに対応する n 個の保存量があって，正準変換でそれらを正準変数にとれる状況である．正準変換で Poisson 括弧は不変であるから，このとき，これら n 個の保存量はただ函数として独立というだけではなくて，Poisson 可換であるという重要な条件を満たしている．

定義 2.78　正準方程式系が次の条件を満たす n 個の保存量 $I_k, k=1,\ldots,n$ $(I_n=H)$ を持つとき，この系を**Liouville の意味で可積分**あるいは**完全可積分** (completely integrable) であるという．

(1) $I_k, k=1,\ldots,n$ は函数として独立，つまり勾配ヴェクトル

$$\nabla I_k={}^t\left(\frac{\partial I_k}{\partial q_1},\ldots,\frac{\partial I_k}{\partial q_n},\frac{\partial I_k}{\partial p_1},\ldots,\frac{\partial I_k}{\partial p_n}\right),\quad k=1,\ldots,n$$

は 1 次独立，

(2) $\{I_i,I_j\}=0$.

ただし，(1) の条件は相空間のほとんどで成り立っていたとしても，ある点では成り立っていないということはよくある．相空間の稠密な[83]部分集合で (1) が成り立っている場合には可積分であるとしよう．

2 番目の条件を満たすとき，函数列 $I_1, \ldots, I_n$ は**包合系** (involutive system) をなすと言われる．

a. Liouville の解法

Liouville の意味で可積分な場合の正準方程式の解法を考える．包合系をなす保存量 $I_1, \ldots, I_{n-1}$, $H = I_n$ を正準変数の半分に持つような座標に移す正準変換を作ろう．ここで見るのは Liouville による解法である．

保存量自身を新たな変数 P_k と置いた式 $I_1(q,p) = P_1, \ldots, I_{n-1}(q,p) = P_{n-1}$, $I_n(q,p) = H = P_n$ を考え，これを p_k について解いた式を

$$p_k = p_k(q, P), \quad k = 1, \ldots, n \tag{2.227}$$

と書く．さらに生成函数 $W(q, P)$ を次のように定義する：

$$W(q, P) = \int \sum_{k=1}^{n} p_k(q, P) dq_k. \tag{2.228}$$

右辺の式は $\partial W / \partial q_k = p_k$ を満たすような函数という意味である．このような函数が存在することは確認しておかなくてはならない．

$\because$ （$W(q, P)$ が存在すること，well-definedness）

Poincaré の補題より[84]，$\partial p_k(q, P)/\partial q_l = \partial p_l(q, P)/\partial q_k$ が言えればよいが，これは，I_k が包合系をなしていることから示すことができる．実際，恒等式 $p_k = p_k(q, I(q, p))$ を q, p で偏微分すると

$$\delta_{kl} = \sum_{i=1}^{n} \frac{\partial p_k(q, P)}{\partial P_i} \frac{\partial I_i}{\partial p_l}, \quad 0 = \frac{\partial p_k(q, P)}{\partial q_l} + \sum_{i=1}^{n} \frac{\partial p_k(q, P)}{\partial P_i} \frac{\partial I_i}{\partial q_l}$$

---

83) X の部分集合 A が X で稠密（ちゅうみつ，dense）であるというのは，A の閉包が X になることをいう．$X \setminus A$ が内点を持たないといっても同じ．

84) Poincaré の補題：U を $\mathbb{R}^n$ 内の可縮な領域とする．U 上の $r+1$ 次微分形式 ω が $d\omega = 0$ を満たすとき，U 上の r 次微分形式 θ が存在して $d\theta = \omega$ と書ける．

これは，$r = 0$ のとき，$\partial f_k / \partial x_l = \partial f_l / \partial x_k$ であれば，$\partial \theta / \partial x_k = f_k$ を満たす U 上の函数 θ が存在することを言っている．

U が可縮 (contractible) であるとは，C^∞ 級写像 $F : U \times [0, 1] \to U$ が存在し，1 点 $p \in U$ がとれて，任意の $x \in U$ に対して $F(x, 0) = x$, $F(x, 1) = p$ とできることをいう．

を得る．これから，$\partial p_k(q,P)/\partial q_l$ が次のように計算される：

$$\frac{\partial p_k(q,P)}{\partial q_l} = -\sum_{i,r} \frac{\partial p_k(q,P)}{\partial P_i} \frac{\partial I_i}{\partial q_r} \delta_{lr} = -\sum_{i,j,r} \frac{\partial p_k}{\partial P_i} \frac{\partial p_l}{\partial P_j} \frac{\partial I_i}{\partial q_r} \frac{\partial I_j}{\partial p_r}.$$

結局，$\frac{\partial p_k(q,P)}{\partial q_l} - \frac{\partial p_l(q,P)}{\partial q_k} = \sum_{i,j} \frac{\partial p_k}{\partial P_i} \frac{\partial p_l}{\partial P_j} \{I_i, I_j\} = 0$ となる．□

また，保存量に共軛な正準変数は

$$Q_k = \frac{\partial W}{\partial P_k} = \int \sum_{j=1}^{n} \frac{\partial p_j}{\partial P_k}(q,P) dq_j$$

となる．この式の右辺は，書き直すことができる．$I_k(q, p(q,P)) = P_k$ であるが，これを P_l で偏微分すると

$$\sum_{j=1}^{n} \frac{\partial I_k}{\partial p_j} \frac{\partial p_j}{\partial P_l} = \delta_{kl} \tag{2.229}$$

が得られる．逆行列の計算から次のように書ける：

$$Q_k = \int \sum_{j=1}^{n} (-1)^{j+k} \frac{\det \frac{\partial(I_1,\ldots,I_{k-1},I_{k+1},\ldots,I_n)}{\partial(p_1,\ldots,p_{j-1},p_{j+1},\ldots,p_n)}}{\det \frac{\partial(I_1,\ldots,I_n)}{\partial(p_1,\ldots,p_n)}} dq_j. \tag{2.230}$$

このように正準変数をとると，$H = I_n = P_n$ であるから，解は $P_1 = C_1, \ldots, P_n = C_n$, $Q_1 = C_{n+1}, \ldots, Q_{n-1} = C_{2n-1}$, $Q_n = t - C_{2n}$ と解ける．ただし，はじめから得られている $P_1, \ldots, P_n$ と違って，Q_k は一般には一価函数にならない．

Liouville の意味で可積分な方程式系は，解軌道がどのようになるかなど幾何学的な結果が多く知られている．これらについては 3.3.2 項で見る．

例 16（Poincaré 変換）

自由度が 2 の場合の調和振動子を考えよう．相空間の次元は 4 である．

$$H = \frac{\|p\|^2}{2} + \frac{1}{2}({\omega_1}^2 {q_1}^2 + {\omega_2}^2 {q_2}^2) \tag{2.231}$$

とすると，H と独立な保存量として $\Phi = \left({p_1}^2/2\right) + {\omega_1}^2\left({q_1}^2/2\right)$ がとれる．

正準座標の半分を $P_1 = \Phi$, $P_2 = H$ と決めて，残りの座標を計算しよう．まず，$\Phi = P_1 = C_1$, $H = P_2 = C_2$ を p_1, p_2 について解くと，

$$p_1 = \sqrt{2C_1 - {\omega_1}^2{q_1}^2}, \quad p_2 = \sqrt{2(C_2 - C_1) - {\omega_2}^2{q_2}^2}$$

となる．ここで $\det \frac{\partial(\Phi, H)}{\partial(p_1, p_2)} = p_1 p_2$ であるから，

$$Q_1 = \int \frac{p_2 dq_1 - p_1 dq_2}{p_1 p_2} = \int \frac{dq_1}{p_1} - \int \frac{dq_2}{p_2}, \quad Q_2 = \int \frac{dq_2}{p_2}$$

となり，これを計算すると，

$$\begin{aligned} Q_1 =& \frac{1}{\omega_1} \arcsin\left(\frac{\omega_1}{\sqrt{2C_1}} q_1\right) - \frac{1}{\omega_2} \arcsin\left(\frac{\omega_2}{\sqrt{2(C_2 - C_1)}} q_2\right), \\ Q_2 =& \frac{1}{\omega_2} \arcsin\left(\frac{\omega_2}{\sqrt{2(C_2 - C_1)}} q_2\right) \end{aligned}$$

である．$Q_1 = C_3, Q_2 = t - C_4$ とするのだが，Q_1 は一般には無限多価である．ただし，ω_1 と ω_2 の比が有理数の場合は，無限多価ではなくなり，すべての初期値問題の解が周期解になる．元の変数に戻してみると

$$\begin{aligned} q_1 =& \frac{\sqrt{2C_1}}{\omega_1} \sin(\omega_1(t - C_4 + C_3)), \quad q_2 = \frac{\sqrt{2(C_2 - C_1)}}{\omega_2} \sin(\omega_2(t - C_4)), \\ p_1 =& \sqrt{2C_1} \cos(\omega_1(t - C_4 + C_3)), \quad p_2 = \sqrt{2(C_2 - C_1)} \cos(\omega_2(t - C_4)) \end{aligned}$$

となる．さらに，この正準変数の生成函数 $\widetilde{W}$ は変数 q, Q で書くと

$$\widetilde{W}(q, Q) = \frac{\omega_1}{2} {q_1}^2 \cot(\omega_1(Q_1 + Q_2)) + \frac{\omega_2}{2} {q_2}^2 \cot(\omega_2 Q_2)$$

と書ける．このような正準変換を調和振動子の **Poincaré 変換**と呼ぶ．

2.7 保存量を見つける方法

与えられた正準方程式系が Liouville の意味で可積分であるとは限らない．また，Liouville の意味で可積分であるかを判定するのは難しい問題である．それでも Liouville 可積分であると想定して，その方程式系をレシピに従って解こうとするなら，まず行いたいのは保存量を見つけることである．

2.7.1 対称性と可積分性

対称性と保存量には対応がある．保存量を見つけるためには，方程式系の対称性を見つければよい．では，対称性とは何であろうか？

図形の対称性を考える場合，回転なり鏡像変換なりの変換に関して図形が不変であることが重要であった．方程式系に関しても同じで，変数の変換を行ったとき方程式系が同じ形を保っていたならば，その変換に関して方程式系は対称であるという．

ただ，保存量との対応を見るためには，ひとつの変換ではなくて，変換の族，特にパラメタ付けられている変換の族を考える必要がある．

定義 2.79 写像の族 φ^s, $s \in \mathbb{R}$ で次の条件を満たすものを **1 助変数変換群**（あるいは 1 径数変換群）(one-parameter group of transformations) と呼ぶ：

(1) $(s, \xi) \mapsto \varphi^s(\xi)$ は $\mathbb{R} \times \mathbb{R}^m$ から $\mathbb{R}^m$ の中への C^∞ 級写像である，

(2) $\varphi^s \circ \varphi^r = \varphi^{s+r}$, (3) $\xi \in \mathbb{R}^m$ に対して $\varphi^0(\xi) = \xi$.

1 助変数変換群は，付随するヴェクトル場を通して微分方程式と対応している．これを見ておこう．1 助変数変換群に付随するヴェクトル場とは

$$f(x) = \left.\frac{\partial}{\partial s}\right|_{s=0} \varphi^s(x) \tag{2.232}$$

と置いたものである．このとき，$\varphi^s(\xi)$ は微分方程式の初期値問題 $dx/ds = f(x)$, $x(0) = \xi$ の解となる．実際，$x = \varphi^s(\xi)$ と置くと

$$\frac{\partial}{\partial s}\varphi^s(\xi) = \left.\frac{\partial}{\partial \varepsilon}\right|_{\varepsilon=0} \varphi^{\varepsilon+s}(\xi) = \left.\frac{\partial}{\partial \varepsilon}\right|_{\varepsilon=0} \varphi^{\varepsilon}(\varphi^s(\xi)) = f(x)$$

となる．ただし，変換群から微分方程式の対応はこのように作れるが，微分方程式から 1 助変数変換群を構成するには大域解の存在が必要で，これは，微分方程式によっては存在しないことも多い．

そこで，$s \in \mathbb{R}$ 全体で定義されていないものも含めて考えることにも意味がある．任意の点 $\xi \in \mathbb{R}^m$ に対して ξ の周りの開集合 U と正数 ε がとれて，$\varphi^s(x)$ の定義域が $(-\varepsilon, \varepsilon) \times U$ を含み，定義域に含まれる範囲で，定義 2.79 の条件を満たすとき，**局所 1 助変数変換群**と呼ぶ．

微分方程式の解としての 1 助変数変換群は，力学系とも呼ばれ，3 章の定

性理論で再び見ることになる (260 ページ参照).

では，対称性と保存量の対応に関する Emmy Noether の定理を見よう[85].

定理 2.80 (E. Noether) $\mathbb{R}^{2n}$ の単連結領域上の函数 H に対して，次のふたつの条件は同値である．

(1) Hamiltonian H に対応する正準方程式系が定数でない保存量 Φ を持つ，

(2) 正準変換のなす恒等変換でない局所 1 助変数変換群 φ^s で $H \circ \varphi^s = H$ を満たすものが存在する．

証明. φ^s を局所 1 助変数変換群とし，これに付随するヴェクトル場を f とする．次のふたつを示すことで証明する．

① φ^s が正準変換であることと $\nabla\Phi = {}^t\left(\frac{\partial\Phi}{\partial q_1}, \dots, \frac{\partial\Phi}{\partial q_n}, \frac{\partial\Phi}{\partial p_1}, \dots, \frac{\partial\Phi}{\partial p_n}\right) = -Jf$ を満たす函数 Φ が存在することは同値，

② $H \circ \varphi^s = H$ と，Φ が保存量であること，つまり $\{\Phi, H\} = 0$ は同値．

① の証明．このような Φ が単連結領域上存在するための可積分条件は写像 $-Jf(q,p)$ の Jacobi 行列 $D(-Jf) = -J(Df)$ が対称行列であることであり (219 ページの脚注参照)，この条件は $J(Df) + {}^t(Df)J = 0$ と表せる．

一方で，$x = \varphi^s(q,p)$ は $dx/ds = f(x)$ を満たし，Jacobi 行列 $D\varphi^s$ は

$$\frac{\partial}{\partial s} D\varphi^s = \left.\frac{\partial}{\partial \varepsilon}\right|_{\varepsilon=0} D\varphi^{\varepsilon+s} = \left.\frac{\partial}{\partial \varepsilon}\right|_{\varepsilon=0} D\varphi^{\varepsilon} D\varphi^s = (Df)(D\varphi^s)$$

を満たす．$X = D\varphi^s$ と置くと，$\frac{\partial}{\partial s}X = (Df)X$ である．

可積分条件は，$J(Df) + {}^t(Df)J = 0 \Leftrightarrow 0 = {}^tX(J(Df) + {}^t(Df)J)X = \frac{\partial}{\partial s}({}^tXJX)$ と書き換えられるが，$D\varphi^0 = 1$ から，これは ${}^t(D\varphi^s)J(D\varphi^s) = J$ と同値．よって，Φ の存在と φ^s が正準変換であることは同値である．

② の証明．これは次の式から分かる：

$$\left.\frac{\partial}{\partial s}\right|_{s=0} H(\varphi^s(q,p)) = (\nabla H)\cdot f = (\nabla H)\cdot(J\nabla\Phi) = -\{\Phi, H\}\,(=0).$$

①, ② から (1) と (2) が同値なことが分かる． □

対称性から得られた保存量 Φ を 1 助変数変換群 φ^s に対応する**運動量写像**

85) Noether の定理は，Lagrange 形式の方程式系に関する定理として述べられることが多いが，ここでは Hamilton 系に対して成り立つものを見る．

(moment map) と呼ぶ．また，$J\nabla\Phi$ を，函数 Φ に対する **Hamilton ヴェクトル場**と呼ぶ．つまり，変換群 φ^s に対応する運動量写像 Φ とは，φ^s に付随するヴェクトル場を Hamilton ヴェクトル場として持つ函数のことである．

例 17（**3 次元中心力場の運動の回転対称性と角運動量**）

保存力による運動については $H = K + U = (\|p\|^2/2) + U(q)$ と書けるが (204 ページの脚注)，特に U が $\|q\|$ のみの函数であるとき，中心力場における運動と呼ぶ．例 4 で扱った 2 体問題は中心力場の典型的な例となっている．

この場合，方程式は回転対称性を持ち，角運動量が保存することが分かる．これを Noether の定理の観点から見てみよう．

3 次元空間の回転は，行列式が 1 である直交行列 $R \in SO(3)$ によって記述される[86]．このような回転を値に持つ 1 助変数変換群を作りたい．これを $R(s)q,\ R(0) = 1_3$ として，$\frac{\partial}{\partial s}\big|_{s=0} R(s)q = Aq$ としよう．

ここで，${}^tR(s)R(s) = 1_3$ であるから，s で微分して $s=0$ とすると

$$0 = \frac{\partial}{\partial s}\bigg|_{s=0} {}^tR(s)R(s) = \left[\frac{\partial\, {}^tR(s)}{\partial s}R(s) + {}^tR(s)\frac{\partial R(s)}{\partial s}\right]_{s=0} = {}^tA + A$$

となり，A は反対称行列であることが分かる．逆に $R(s) = \exp(As)$ と置くと，A が反対称なら R は直交行列で，また $\mathrm{tr}A = 0$ から $\det R = 1$ でもある．

さて，この変換を相空間上の正準変換に拡張したい．これは点変換だから，$q \mapsto R(s)q,\ p \mapsto {}^tR(s)^{-1}p = R(s)p$ とすればよい．$\|R(s)q\| = \|q\|$, $\|R(s)p\| = \|p\|$ だから H はこの変換で不変である．

それでは，対応する保存量を求めよう．1 助変数変換群に付随するヴェクトル場は $f = \binom{Aq}{Ap}$ で表される．函数 Φ を $\Phi = {}^tpAq = {}^tq\,{}^tAp$ と置くと，A は反対称だから，$J\nabla\Phi = \begin{pmatrix} Aq \\ -{}^tAp \end{pmatrix} = f$ で f を Hamilton ヴェクトル場として持ち，Φ が保存量であることが分かった．

ちなみに $A = \begin{pmatrix} 0 & -c & b \\ c & 0 & -a \\ -b & a & 0 \end{pmatrix}$ と置くと，$\Phi = (a, b, c) \begin{pmatrix} q_2p_3 - q_3p_2 \\ q_3p_1 - q_1p_3 \\ q_1p_2 - q_2p_1 \end{pmatrix}$ と書ける．

ここで少し注意しておくと，方程式系の対称性は，一般には，上の例で見

86) 特殊直交群 (special orthogonal group), $SO(m) = \{R \in GL_m\,;\, {}^tRR = 1_m, \det R = 1\}$.

たように見やすい形で現れるとは限らない．ときに，隠れた対称性を探すのが重要な問題だったりする．可積分系の理論と呼ばれる“解ける”微分方程式の研究において，対称性は，系の代数的な構造の解明と深く結びついている．

2.7.2 1階偏微分方程式と常微分方程式

正準方程式系は Hamilton-Jacobi 方程式と呼ばれる1階単独偏微分方程式と対応がつき，それが方程式系を解くことに使えることがある．ここでは，それを見てみよう．

a. Hamilton-Jacobi 方程式

Hamilton と Jacobi の方法というのは，保存量を見つけるのみではなくて，相空間の次元の半分だけの循環座標と対応する保存量を一挙に求めてしまおうという，いわば解析力学における最終兵器である．この方法では，そのような正準座標がとれると思って，その座標系への正準変換の生成函数を，ある偏微分方程式の解として構成しようとするのである．

正準変換 $(q,p) = (q(Q,P), p(Q,P))$ で，$Q_1, \dots, Q_n$ が循環座標になるように $H(q(Q,P), p(Q,P)) = K(P)$ としたい．函数 $W(q,P)$ がこの正準変換の生成函数であるならば，$p_k = \partial W/\partial q_k$ であるから1階偏微分方程式

$$H\left(q_1, \dots, q_n, \frac{\partial W}{\partial q_1}, \dots, \frac{\partial W}{\partial q_n}\right) = K(P_1, \dots, P_n) \tag{2.233}$$

を満たす．このとき P は助変数と見なされる．K は P の任意の函数でかまわない．この方程式を **Hamilton-Jacobi 方程式**と呼ぶ．

常微分方程式系である正準方程式を解くのに，偏微分方程式を考えるわけだから，これはある意味で本末転倒なことをやっているのである．実際，1階の偏微分方程式を解くことは常微分方程式に帰着できることが知られていて，このほぼ逆を行うことになる．偏微分方程式を解く立場に立ってみると，常微分方程式には初期値問題の解の存在と一意性定理があるので，このことは非常に有効な手段なのである．これについては，後で Lagrange と Charpit の方法のところで見る．

そういうわけで，この1階偏微分方程式を解くことは，正準方程式を 1A 章で見たような方法で解くことに帰着されることになる．われわれは，1A 章で見たような一般的な解法を求めているわけではないので，ここでは，一般

的な Hamilton-Jacobi 方程式の解法ではなくて，偏微分方程式が初等的な方法によって解けてしまうような特殊な場合を見ることになる．

b. 変数分離系

すぐに保存量が見つかる場合を考える．Hamiltonian が

$$H(q,p)=f(g(q_1,\ldots,q_l,p_1,\ldots,p_l),q_{l+1},\ldots,q_n,p_{l+1},\ldots,p_n) \tag{2.234}$$

と書けているとき，$g(q_1,\ldots,q_l,p_1,\ldots,p_l)$ は保存量である．

$$\because\ \{g,H\}=\sum_{k=1}^{l}\frac{\partial g}{\partial q_k}\frac{\partial H}{\partial p_k}-\frac{\partial H}{\partial q_k}\frac{\partial g}{\partial p_k}=\sum_{k=1}^{l}\frac{\partial g}{\partial q_k}\frac{\partial f}{\partial g}\frac{\partial g}{\partial p_k}-\frac{\partial f}{\partial g}\frac{\partial g}{\partial q_k}\frac{\partial g}{\partial p_k}=0. \quad \Box$$

この場合，Hamilton-Jacobi 方程式の解は

$$W(q,P)=W^{[1]}(q_1,\ldots,q_l,P)+W^{[2]}(q_{l+1},\ldots,q_n,P)$$

と置くことで，次のような，次元の低いふたつの方程式の解から構成される：

$$g\Big(q_1,\ldots,q_l,\frac{\partial W^{[1]}}{\partial q_1},\ldots,\frac{\partial W^{[1]}}{\partial q_l}\Big)=K^{[1]}(P), \tag{2.235}$$

$$H\left(K^{[1]}(P),q_{l+1},\ldots,q_n,\frac{\partial W^{[2]}}{\partial q_{l+1}},\ldots,\frac{\partial W^{[2]}}{\partial q_n}\right)=K(P). \tag{2.236}$$

さて，$l=1$ の場合は，方程式 (2.235) は常微分方程式である．生成函数を

$$W(q,P)=\sum_{k=1}^{n}W^{[k]}(q_k,P) \tag{2.237}$$

と置いて，変数をひとつずつ分離し，常微分方程式を順に解くことにより Hamilton-Jacobi 方程式が解ける場合，この系を**変数分離系**（あるいは変数分離可能系 (separable system)）と呼ぼう[87]．また，このときの座標 (q,p) を**分離座標**と呼ぶ．

ただし，このような方法で $W(q,P)$ が求まったとしても，保存量 $P_k=P_k(q,p)$, $k=1,\ldots,n$ は $p_k=\partial W^{[k]}/\partial q_k$ から，陰函数を求めることで得られ

87) 必ずしも $H=f(g(q_1,p_1),q_2,p_2)$ の形でなくとも，適当な函数 $h(q,p)$ を掛けて $h(H-K(P))=f(g(q_1,p_1),q_2,p_2)$ の形にできれば，同様のことができる．この場合も変数分離形と呼ぶ．また，このときも，$g=K^{[1]}(P)$ と書けるので，g は保存量になる．

るので，大域的な函数で書けるとは限らない．

さて，変数 q_1 が最初から循環座標だったとすると，この変数の組 q_1, p_1 に関しては，変数が分離できることはすぐに分かる．Hamiltonian H は q_1 を陽に含まないので，$W = W^{[1]}(q_1, P) + W^{[2]}(q_2, \ldots, q_n, P)$ とすると

$$p_1 = \frac{\partial W^{[1]}}{\partial q_1} = P_1, \quad H\left(q_2, \ldots, q_n, P_1, \frac{\partial W^{[2]}}{\partial q_2}, \ldots, \frac{\partial W^{[2]}}{\partial q_n}\right) = K(P)$$

の解から Hamilton-Jacobi の方程式 (2.233) の解が作れるからである．特に第 2 式が q_1 に無関係なことに注意しよう．

計算例 2.19 次の Hamiltonian で与えられる正準方程式系を解こう：

$$H = {q_1}^2{p_2}^2 - \frac{1 + {p_2}^2}{p_1} + {q_1}^2 + \frac{1}{{q_2}^2}.$$

Hamilton-Jacobi 方程式は

$$K(P_1, P_2) = {q_1}^2\left(\frac{\partial W}{\partial q_2}\right)^2 - \left(1 + \left(\frac{\partial W}{\partial q_2}\right)^2\right)\left(\frac{\partial W}{\partial q_1}\right)^{-1} + {q_1}^2 + \frac{1}{{q_2}^2}$$

と書ける．この問題では，$H = \left({q_1}^2 - \frac{1}{p_1}\right)(1 + {p_2}^2) + \frac{1}{{q_2}^2}$ と p_1, q_1 が出てくる部分を一カ所にまとめることができる．この部分を ${P_1}^2 = -{q_1}^2 + \left(\frac{\partial W}{\partial q_1}\right)^{-1}$ として，$H = K(P)$ の右辺を $K = -{P_1}^2 - {P_2}^2$ とすると

$$\frac{\partial W}{\partial q_1} = \frac{1}{{P_1}^2 + {q_1}^2}, \quad -{P_1}^2\left(\frac{\partial W}{\partial q_2}\right)^2 + \frac{1}{{q_2}^2} = -{P_2}^2$$

を満たせばよいので，計算が簡単になる．変数分離を仮定すると，Hamilton-Jacobi の方程式の解 W は，微分方程式

$$\frac{\partial W^{[1]}}{\partial q_1} = \frac{1}{{P_1}^2 + {q_1}^2}, \quad \frac{\partial W^{[2]}}{\partial q_2} = \frac{1}{P_1 q_2}\sqrt{1 + {P_2}^2{q_2}^2}$$

の解を用いて，$W(q, P) = W^{[1]}(q_1, P_1) + W^{[2]}(q_2, P_1, P_2)$ となり，これは

$$W = \frac{1}{P_1}\arctan\left(\frac{q_1}{P_1}\right) + \frac{1}{P_1}\left(\sqrt{1 + {P_2}^2{q_2}^2} - \operatorname{arcsinh}\left(\frac{1}{P_2 q_2}\right)\right)$$

と書ける．これから，正準変換が

$$p_1 = \frac{\partial W}{\partial q_1} = \frac{1}{{P_1}^2 + {q_1}^2}, \quad p_2 = \frac{\partial W}{\partial q_2} = \frac{1}{P_1 q_2}\sqrt{1 + {P_2}^2 {q_2}^2},$$
$$Q_1 = \frac{\partial W}{\partial P_1} = -\frac{1}{{P_1}^2}\arctan\left(\frac{q_1}{P_1}\right) - \frac{q_1}{P_1({P_1}^2 + {q_1}^2)}$$
$$- \frac{1}{{P_1}^2}\left(\sqrt{1 + {P_2}^2 {q_2}^2} - \operatorname{arcsinh}\left(\frac{1}{P_2 q_2}\right)\right),$$
$$Q_2 = \frac{\partial W}{\partial P_2} = \frac{1}{P_1 P_2}\sqrt{1 + {P_2}^2 {q_2}^2}$$

と求まる．変換後の方程式の解は

$$P_1 = C_1, \quad P_2 = C_2, \quad Q_1 = -2C_1 t + C_3, \quad Q_2 = -2C_2 t + C_4$$

となるから，変換の式を使って，p_1, q_1, p_2, q_2 が計算できる．特に，$P_1 = \sqrt{\frac{1}{p_1} - {q_1}^2}$, $P_2 = \sqrt{{P_1}^2 {p_2}^2 + \frac{1}{{q_2}^2}} = \sqrt{\left(\frac{1}{p_1} - {q_1}^2\right) {p_2}^2 + \frac{1}{{q_2}^2}}$ は保存量で，包合系をなすことに注意しよう．

c. Lagrange-Charpit の方法

ここでやや本筋から外れるが，1 階単独偏微分方程式を常微分方程式に対応付ける方法を見ておこう．一般には，偏微分方程式の解を構成することは非常に難しいが，1 階の場合には常微分方程式の解を用いて，一般的に解を構成することができる[88]．

未知函数を u として，独立変数を $x_1, \ldots, x_n$ とする．偏導函数を $\partial u/\partial x_k = p_k$, $k = 1, \ldots, n$ と置いたとき，関係式

$$F(x_1, \ldots, x_n, u, p_1, \ldots, p_n) = 0 \tag{2.238}$$

を**1 階偏微分方程式**と呼ぶ．u はヴェクトルではなくスカラーで，また $F = 0$ も連立ではなく単独の方程式とする．なお，F は $2n+1$ 変数 C^2 級函数で，$F_{p_k} = \partial F/\partial p_k$ と書いたとき，$F_p = (F_{p_1}, \ldots, F_{p_n}) \neq 0$ を常に満たすとする．

88) 2 階の場合も，Monge-Ampère 方程式など，常微分方程式の解に帰着させて解を構成できるものが知られているが，これらは特別な場合で，一般の 2 階偏微分方程式の解が常微分方程式の解によって構成できるわけではない．

① 連立準線型方程式[89]に帰着させる．

まず，$x_1, \ldots, x_n, u, p_1, \ldots, p_n$ を独立な変数ととらえて方程式

$$F(x, u, p) = 0 \tag{2.239}$$

を考え，その後，その解がいつ $p_k = \partial u/\partial x_k$ を満たすのかを考えるという順に考察していこう．

変数 u, p を x の函数と見なして，方程式 (2.238) を x_l で偏微分すると

$$F_{x_l} + F_u \frac{\partial u}{\partial x_l} + \sum_{k=1}^{n} F_{p_k} \frac{\partial p_k}{\partial x_l} = 0$$

が得られる．ただし，$F_u = \partial F/\partial u$, $F_{x_l} = \partial F/\partial x_l$ と書いた．ここで $p_k = \partial u/\partial x_k$ という条件を満たすとすると，u が C^2 級であれば，$\partial p_k/\partial x_l = \partial p_l/\partial x_k$ である．上に代入すると $\displaystyle\sum_{k=1}^{n} F_{p_k} \partial p_l/\partial x_k = -F_{x_l} - F_u p_l$ となる．

結局，次の，u, p を未知函数とした，主要部[90]の等しい $n+1$ 連立準線型方程式が満たされることが分かった：

$$\sum_{k=1}^{n} F_{p_k} \frac{\partial u}{\partial x_k} = \sum_{k=1}^{n} F_{p_k} p_k, \tag{2.240}$$

$$\sum_{k=1}^{n} F_{p_k} \frac{\partial p_l}{\partial x_k} = -F_{x_l} - F_u p_l, \quad l = 1, \ldots, n. \tag{2.241}$$

② 主要部の等しい連立準線型方程式を，常微分方程式の解を使って解く．

少し一般化して，主要部が共通であるような連立の準線型方程式系を考えよう．係数 $a_k(x, u), b_l(x, u)$ を x, u の C^1 級函数として，偏微分方程式

$$\sum_{k=1}^{n} a_k(x, u) \frac{\partial u_l}{\partial x_k} = b_l(x, u), \quad l = 1, \ldots, m \tag{2.242}$$

を考える．ただし，$a(x, u) = (a_1(x, u), \ldots, a_n(x, u)) \neq 0$ を仮定する．

常微分方程式系

$$\frac{dx_k}{dt} = a_k(x, u), \quad \frac{du_l}{dt} = b_l(x, u) \tag{2.243}$$

---

89) 微分方程式において，最高階の導函数に関して 1 次式で書かれているとき，準線型 (quasi-linear) と呼ぶ．特に，最高階の導函数の係数に未知函数を含まない準線型方程式を半線型 (semi-linear) と呼ぶ．

90) ここでは最高階の導函数を含む項を主要部と呼んだ．

を，偏微分方程式系 (2.242) の**特性微分方程式** (characteristic (ordinary) differential equations) といい，その解曲線 $X(t), U(t)$ を**特性曲線** (characteristic curve) と呼ぶ．領域 $D \subset \mathbb{R}^n$ で定義されたヴェクトル値函数 $u(x) = (u_1(x), \ldots, u_m(x))$ に対して，初期条件 $(X(t_0), U(t_0)) = (\xi, v)$ を満たす特性曲線 (X, U) が，$t = t_0$ の近傍で $U(t) = u(X(t))$ を満たすとき，函数 u は点 $x = \xi$ で**特性曲線** (X, U) **を含む**という．

定理 2.81　領域 D 上の C^1 級函数 $u(x)$ が連立準線型方程式 (2.242) の解である必要十分条件は，任意の点 $\xi \in D$ で $t = t_0$ に $(\xi, u(\xi))$ を通る特性曲線 (X, U) が ξ で u に含まれることである．

証明.　必要性. u を連立準線型偏微分方程式 (2.242) の解としよう．$\widetilde{X}$ を常微分方程式系 $\frac{d}{dt}\widetilde{X}_k = a_k(\widetilde{X}, u(\widetilde{X}))$ $(k = 1, \ldots, n)$, $\widetilde{X}(t_0) = \xi$ の解とする．$\widetilde{U}(t) = u(\widetilde{X}(t))$ と置いたとき，$\widetilde{X}(t), \widetilde{U}(t)$ が特性曲線と一致すれば，定義から，これは u に含まれる．

ここで，u が解であることから

$$\frac{d}{dt}\widetilde{U}_l = \sum_{k=1}^{n} \frac{\partial u_l}{\partial x_k}(\widetilde{X}) a_k(\widetilde{X}, u(\widetilde{X})) = b_l(\widetilde{X}(t), \widetilde{U}(t))$$

となり，特性常微分方程式を満たすから，$\widetilde{X}(t), \widetilde{U}(t)$ は特性曲線と一致する．

十分性. C^1 級函数 u が特性曲線を含んでいると仮定して，解となることを示す．$\xi \in D$ を任意に固定し，$t = t_0$ で $(\xi, u(\xi))$ を通る特性曲線を $X(t), U(t)$ とする．今これが，$t = t_0$ の近傍で $U(t) = u(X(t))$ を満たしているとする．

特性方程式から $\frac{d}{dt}U = b(X, U)$ であったが，左辺を計算すると

$$\frac{d}{dt}U_l(t) = \sum_{k=1}^{n} \frac{\partial u_l}{\partial x_k}(X(t)) a_k(X(t), U(t))$$

となる．ここで $t = t_0, \xi = X(t_0)$ を代入すると

$$b_l(\xi, u(\xi)) = \sum_{k=1}^{n} a_k(\xi, u(\xi)) \frac{\partial u_l}{\partial x_k}(\xi)$$

が得られるが，ξ は任意だから u は偏微分方程式系 (2.242) の解となる．　□

③ 元の 1 階単独偏微分方程式を解く．

元に戻って，元の 1 階偏微分方程式から得られた準線型系 (2.240)–(2.241) に関する特性微分方程式は次のように書ける：

$$\frac{du}{dt} = \sum_{k=1}^{n} F_{p_k} p_k, \tag{2.244}$$

$$\frac{dx_l}{dt} = F_{p_l}, \quad \frac{dp_l}{dt} = -F_{x_l} - F_u p_l, \quad l = 1, \ldots, n. \tag{2.245}$$

特性方程式の解曲線 $X(t)$, $U(t)$, $P(t)$ を**特性帯** (characteristic strip)，$X(t)$, $U(t)$ を**特性曲線**と呼ぶ．

定理 2.82 1 階単独偏微分方程式 (2.238) の領域 D 上の C^2 級の解 $u(x)$ は，任意の点 $\xi \in D$ で，u が $t = t_0$ に $(\xi, u(\xi), \partial u/\partial x(\xi))$ を通る特性帯 $(X(t), U(t), P(t))$ を含む．また，$dF(X(t), U(t), P(t))/dt = 0$ となる．

証明. まず，F に特性方程式の解を代入したものが保存量になることだが

$$\begin{aligned} \frac{d}{dt} F(X(t), U(t), P(t)) &= \sum_{l=1}^{n} F_{x_l} \frac{dX_l}{dt} + F_u \frac{dU}{dt} + \sum_{l=1}^{n} F_{p_l} \frac{dP_l}{dt} \\ &= \sum_{l=1}^{n} F_{x_l} F_{p_l} + F_u \left(\sum_{k=1}^{n} F_{p_k} P_k \right) - \sum_{l=1}^{n} F_{p_l} (F_{x_l} + F_u P_l) = 0 \end{aligned}$$

となり示せた．次に u を C^2 級の解としたとき，$\widetilde{X}$ を常微分方程式系

$$\frac{d}{dt} \widetilde{X}_l = F_{p_l} \left(\widetilde{X}, u(\widetilde{X}), \frac{\partial u}{\partial x}(\widetilde{X}) \right), \quad \widetilde{X}(t_0) = \xi$$

の解としよう．このとき $\widetilde{U}(t) = u(\widetilde{X}(t))$, $\widetilde{P}_k(t) = \frac{\partial u}{\partial x_k}(\widetilde{X}(t))$ と置く．$\widetilde{X}(t)$, $\widetilde{U}(t)$, $\widetilde{P}(t)$ が特性帯と一致することが言えれば，u がこれを含むことが $\widetilde{U}$, $\widetilde{P}$ の定義から言える．

まず，u は解であるから，$F(x, u, \partial u/\partial x) = 0$ であるが，これを x_l で偏微分して，$F_{x_l} + F_u \frac{\partial u}{\partial x_l} + \sum_{k=1}^{n} F_{p_k} \frac{\partial^2 u}{\partial x_k \partial x_j} = 0$ が得られる．これを用いると

$$\frac{d}{dt} \widetilde{P}_l = \sum_{k=1}^{n} \frac{\partial^2 u}{\partial x_k \partial x_l} (\widetilde{X}(t)) F_{p_k} = -F_{x_l} - F_u \widetilde{P}_l$$

となることが分かる．$\widetilde{U}$ のほうは直接微分するだけで，$\displaystyle\frac{d}{dt} \widetilde{U} = \sum_{l=1}^{n} \widetilde{P}_l F_{p_l}$ が言

え，$\widetilde{X}(t), \widetilde{U}(t), \widetilde{P}(t)$ は特性微分方程式を満たし，特性帯と一致する．　□

それでは，特性方程式の解を使って解 u を構成してみよう．

④ 一般初期値問題（Cauchy 問題）

x, u, p の空間 $\mathbb{R}^{2n+1}$ におけるある集合が C^1 級函数で $(x, u, p) = (X(s), U(s), P(s))$ と，助変数 $s = (s_1, \ldots, s_r)$ で径数付けられているとしよう．このとき，ある C^2 級函数 u によって，$U(s) = u(X(s))$, $P_l(s) = (\partial u/\partial x_l)(X(s))$ を満たすとするなら，関係式

$$\frac{\partial U(s)}{\partial s_k} = \sum_{l=1}^{n} P_l(s) \frac{\partial X_l}{\partial s_k}, \quad l = 1, \ldots, r \tag{2.246}$$

を満たさなければならない．これを**成帯条件** (strip condition) と呼ぶ．

$n-1$ 次元初期曲面を $x = \alpha(s)$, $s = (s_1, \ldots, s_{n-1})$, その上での初期値 $u = \beta(s)$ を与えたときの解を求めたいが，x, p を独立な変数ととらえたほうが解くのに便利なので，$p = \gamma(s)$ という径数付けも与えておく．ただし，成帯条件と $F(\alpha, \beta, \gamma) = 0$ は満たされていなくてはならない．このときの $(x, u, p) = (\alpha(s), \beta(s), \gamma(s))$ を**初期帯**と呼ぶ．初期曲面 $x = \alpha(s)$ 上の初期値 $u = \beta(s)$ が与えられたとき，$s = s^0$ で，条件

$$\det \begin{pmatrix} F_{p_1}\left(\alpha(s^0), \beta(s^0), \gamma(s^0)\right) & \frac{\partial \alpha_1}{\partial s_1}(s^0) & \cdots & \frac{\partial \alpha_1}{\partial s_{n-1}}(s^0) \\ \vdots & \vdots & \ddots & \vdots \\ F_{p_n}\left(\alpha(s^0), \beta(s^0), \gamma(s^0)\right) & \frac{\partial \alpha_n}{\partial s_1}(s^0) & \cdots & \frac{\partial \alpha_n}{\partial s_{n-1}}(s^0) \end{pmatrix} \neq 0 \tag{2.247}$$

が成り立っていれば，この近傍で陰函数の定理から初期帯のデータが得られる．

定理 2.83　α, β, γ を $n-1$ 変数 C^1 級函数で，$F(\alpha(s), \beta(s), \gamma(s)) = 0$ および，成帯条件 $\dfrac{\partial \beta}{\partial s_k}(s) = \displaystyle\sum_{l=1}^{n} \gamma_l(s) \frac{\partial \alpha_l}{\partial s_k}$, $l = 1, \ldots, n-1$ が成り立つとする．$s = s^0$ で条件 (2.247) を満たすとすると，$x = \alpha(s^0)$ の近傍で，1 階単独偏微分方程式 (2.238) の C^2 級の解 $u(x)$ が唯一存在し，$u(\alpha(s)) = \beta(s)$ を満たす．

証明.　変数 $s = (s_1, \ldots, s_{n-1})$ を固定して，特性微分方程式 (2.244)–(2.245) の解 $X^s(t), U^s(t), P^s(t)$ で，初期条件 $(X^s(t_0), U^s(t_0), P^s(t_0)) = (\alpha(s), \beta(s), \gamma(s))$ を満たすものをとる．

定理 2.82 より $dF/dt=0$ で，また $F(\alpha(s),\beta(s),\gamma(s))=0$ であったから

$$F(X^s(t),U^s(t),P^s(t))=0.$$

あとは 成帯条件 を確認したいが，特性方程式から，任意の s について $\partial U^s/\partial t=\sum_{k=1}^{n} P^s{}_k\cdot(\partial X^s{}_k/\partial t)$ は成り立っている．s_l に関する偏微分に関しても成り立っていることを見たいので

$$I_l(t,s)=\frac{\partial U^s}{\partial s_l}-\sum_{k=1}^{n} P^s{}_k\frac{\partial X^s{}_k}{\partial s_l}$$

と置く．仮定から $I_l(t_0,s)=0$ である．I_l を t で偏微分すると

$$\frac{\partial I_l}{\partial t}=\frac{\partial^2 U^s}{\partial t\partial s_l}-\sum_{k=1}^{n}\frac{\partial P^s{}_k}{\partial t}\frac{\partial X^s{}_k}{\partial s_l}-\sum_{k=1}^{n} P^s{}_k\frac{\partial^2 X^s{}_k}{\partial t\partial s_l}$$

となるが，一方，特性方程式から出る t に関する成帯条件を s_l で偏微分した式から，$\dfrac{\partial^2 U^s}{\partial s_l\partial t}=\sum_{k=1}^{n}\dfrac{\partial P^s{}_k}{\partial s_l}\dfrac{\partial X^s{}_k}{\partial t}+\sum_{k=1}^{n} P^s{}_k\dfrac{\partial^2 X^s{}_k}{\partial s_l\partial t}$ で

$$\begin{aligned}\frac{\partial I_l}{\partial t}&=\sum_{k=1}^{n}\left\{\frac{\partial P^s{}_k}{\partial s_l}\frac{\partial X^s{}_k}{\partial t}-\frac{\partial P^s{}_k}{\partial t}\frac{\partial X^s{}_k}{\partial s_l}\right\}\\&=\sum_{k=1}^{n}\left\{F_{p_k}\frac{\partial P^s{}_k}{\partial s_l}+(F_{x_k}+F_uP^s{}_k)\frac{\partial X^s{}_k}{\partial s_l}\right\}\\&=\frac{\partial}{\partial s_l}F(X^s,U^s,P^s)+F_u\left\{\sum_{k=1}^{n}P^s{}_k\frac{\partial X^s{}_k}{\partial s_l}-\frac{\partial U^s}{\partial s_l}\right\}=-F_uI_l.\end{aligned}$$

よって，$I_l(t,s)=I(t_0,s)\exp\left(-\int_{t_0}^{t}F_u(X^s(\tau),U^s(\tau),P^s(\tau))d\tau\right)$ と書けて，$I_l(t_0,s)=0$ より，任意の t で $I_l(t,s)=0$ となる．成帯条件は成り立つ．

条件 (2.247) から $x=X^s(t)$ は陰函数の定理で逆に解けて，函数 φ,ψ を使って $(t,s)=(\varphi(x),\psi(x))$ と書ける．

$$u(x)=U^{\psi(x)}(\varphi(x)),\quad p(x)=P^{\psi(x)}(\varphi(x))$$

と置くと，成帯条件から

$$\begin{aligned}\frac{\partial u}{\partial x_l}&=\sum_{k=1}^{n-1}\frac{\partial U^s}{\partial s_k}\frac{\partial\psi_k}{\partial x_l}+\frac{\partial U^s}{\partial t}\frac{\partial\varphi}{\partial x_l}\\&=\sum_{k=1}^{n-1}\sum_{j=1}^{n}P^s{}_j\frac{\partial X^s{}_j}{\partial s_k}\frac{\partial\psi_k}{\partial x_l}+\sum_{j=1}^{n}P^s{}_j\frac{\partial X^s{}_j}{\partial t}\frac{\partial\varphi}{\partial x_l}=\sum_{j=1}^{n}p_j\delta_{jl}=p_l(x)\end{aligned}$$

となり，解となることが分かった．一意性は，定理 2.82 で解が特性帯を含むことが言えていることから明らか． □

注意 2.84（1 階偏微分方程式としての Hamilton-Jacobi 方程式） 未知函数 W を陽に含まない 1 階単独偏微分方程式

$$H\left(q_1, \ldots, q_n, \frac{\partial W}{\partial q_1}, \ldots, \frac{\partial W}{\partial q_n}\right) = 0 \tag{2.248}$$

は a.で見た Hamilton と Jacobi の方程式と思うことができる．このとき，特性微分方程式は $p_k = \partial W/\partial q_k$ と置くと

$$\frac{dq_l}{dt} = \frac{\partial H}{\partial p_l}, \quad \frac{dp_l}{dt} = -\frac{\partial H}{\partial q_l}, \quad l = 1, \ldots, n, \tag{2.249}$$

$$\frac{dW}{dt} = \sum_{k=1} \frac{\partial H}{\partial p_k} p_k \tag{2.250}$$

となるが，方程式系 (2.249) は正準方程式系であり，特に変数 W を含まない q, p のみで閉じた方程式系となる．

ここで考えた 1 階偏微分方程式は未知函数を陽に含まないという意味で一般的なものではなかったが，一般の方程式 $F(x, u, p) = 0$ に対して，独立変数をひとつ増やして $x_{n+1} = u$ と置き，$\phi(x, u) = 0$ を満たす ϕ を未知函数とすれば，Hamilon-Jacobi 方程式の形に帰着できる．

実際，ϕ を x_l で偏微分すると

$$\frac{\partial \phi}{\partial x_l} + \frac{\partial \phi}{\partial u} p_l = 0$$

となり，これから p_l が求まり，ϕ に関する 1 階偏微分方程式が

$$F\left(x_1, \ldots, x_n, x_{n+1}, -\frac{\partial \phi/\partial x_1}{\partial \phi/\partial x_{n+1}}, \ldots, -\frac{\partial \phi/\partial x_n}{\partial \phi/\partial x_{n+1}}\right) = 0$$

となるが，これは未知函数の導函数は含むが，未知函数 ϕ 自身は陽に含まない形で，Hamilton と Jacobi の方程式と見なせる．つまり，単独の 1 階偏微分方程式を扱うのには，Hamilton-Jacobi 方程式を扱うだけで十分一般的であり，これは正準方程式系の理論と同等である． □

⑤ 完全解

最後に，完全解についても言及しておこう．一般に，n 個の任意定数を含む 1 階単独偏微分方程式 (2.238) の解 $u = \Psi(x_1, \ldots, x_n, C_1, \ldots, C_n)$ を**完全解** (complete solution) と呼ぶ．

未知函数 u について解けていなくても構わないとして，完全解を $\Phi(u, x, C_1, \ldots, C_n) = 0$ と表す．これを x_k について微分すると

$$\frac{\partial \Phi}{\partial x_k} + \frac{\partial \Phi}{\partial u}\frac{\partial u}{\partial x_k} = 0, \quad k = 1, \ldots, n$$

という式が得られる．$\Phi = 0$ という式と合わせて $n+1$ の関係式があるので，これから $C_1, \ldots, C_n$ を消去すると，元の偏微分方程式 $F = 0$ が得られるはずである．任意定数の数が n より多いと，得られた式に任意定数が残ってしまう．よって，任意定数の数が n より多いことはない．

完全解から，一般解および特異解と呼ばれる解を導出する手順を，$n = 2$ の場合に，詳しく見てみよう．

偏微分方程式の初期値問題では，条件が任意函数で与えられていた．このように，任意函数を含む形で与えられる解を**一般解**と呼ぶ．完全解から一般解を構成してみよう．これは，任意函数 ϕ をとり，$\phi(C_1) = C_2$ を仮定することで得られる．これを完全解に代入すると $\Phi(u, x, C_1, \phi(C_1)) = 0$ となるが，C_1 で微分すると関係式

$$\frac{\partial \Phi}{\partial C_1} + \frac{\partial \Phi}{\partial C_2}\frac{d\phi}{dC_1} = 0 \tag{2.251}$$

が得られる．これと元の $\Phi = 0$ から C_1 を消去すれば，任意函数を含んだ一般解が得られる．このとき，ϕ として，定数 $\widetilde{C}_1, \widetilde{C}_2$ に依る函数 $\phi(C_1; \widetilde{C}_1, \widetilde{C}_2)$ をとると，同様の操作で定数 $\widetilde{C}_1, \widetilde{C}_2$ を持つ解，つまり別の完全解が得られる．完全解は，一意的に決まるものではない．

ところで，関係式 (2.251) は

$$\frac{\partial \Phi}{\partial C_1} = 0, \quad \frac{\partial \Phi}{\partial C_2} = 0$$

としても成り立っている．このふたつの式と $\Phi(u, x, C_1, C_2) = 0$ から C_1, C_2 を消去しても解は得られる．これを**特異解**と呼ぶ．

特性常微分方程式の保存量から，完全解を構成する方法を見ておこう．F

は特性常微分方程式の保存量となっていたが，それ以外に $n-1$ 個の保存量 $\Phi_k(x,u,p)$, $k=1,\ldots,n-1$ があったとする．陰函数定理で $F(x,u,p)=0$, $\Phi_k(x,u,p)=C_k$, $k=1,\ldots,n-1$ が $p_1,\ldots,p_n$ について解けると仮定し，これを函数 Ψ_l を使って

$$p_l = \Psi_l(x,u,C_1,\ldots,C_{n-1}), \quad l=1,\ldots,n$$

と書こう．x と u の函数 $\Phi(x,u,C_1,\ldots,C_{n-1})$ が存在して

$$\left(\frac{\partial\Phi}{\partial x_l}\right) \Big/ \left(\frac{\partial\Phi}{\partial u}\right) = \Psi_l(x,u,C)$$

を満たすようにできる[91]．このとき，$\Phi(x,u,C_1,\ldots,C_{n-1})=C_n$ を u について解いたものは，n 個の任意定数を含む解，つまり完全解となる．

計算例 2.20　次の 1 階単独偏微分方程式の完全解を求めよう：

$$\left(\frac{\partial u}{\partial x_1}\right)^2 + \left(\frac{\partial u}{\partial x_2}\right)^2 + {x_1}^2 + {x_2}^2 - 1 = 0. \tag{2.252}$$

偏導函数を $p_k = \partial u/\partial x_k$, $k=1,2$ と置き，(2.252) を x_1, x_2 で偏微分し

$$2p_1\frac{\partial p_1}{\partial x_1} + 2p_2\frac{\partial p_2}{\partial x_1} + 2x_1 = 0, \quad 2p_1\frac{\partial p_1}{\partial x_2} + 2p_2\frac{\partial p_2}{\partial x_2} + 2x_2 = 0$$

を得る．さらに $\partial p_1/\partial x_2 = \partial p_2/\partial x_1$ を使って

$$p_1\frac{\partial p_1}{\partial x_1} + p_2\frac{\partial p_1}{\partial x_2} + x_1 = 0, \quad p_1\frac{\partial p_2}{\partial x_1} + p_2\frac{\partial p_2}{\partial x_2} + x_2 = 0$$

とすると，これは主要部が等しい連立準線型方程式になる．

ここから特性常微分方程式を求めると，次のようになる：

$$\frac{dp_1}{dt} = -x_1, \quad \frac{dp_2}{dt} = -x_2, \quad \frac{dx_1}{dt} = p_1, \quad \frac{dx_2}{dt} = p_2.$$

これは自由度 2 の調和振動の方程式である (実は，元の方程式が未知函数 u を陽に含んでいないので，正準方程式系になることは分かっていた)．保存量は ${p_1}^2 + {p_2}^2 + {x_1}^2 + {x_2}^2 = 1$ の他に ${p_1}^2 + {x_1}^2 = C_1$ がとれる．

p_1, p_2 について解くと，$p_1 = \sqrt{C_1 - {x_1}^2}$, $p_2 = \sqrt{1 - C_1 - {x_2}^2}$ となり，$\partial u/\partial x_1 = p_1$, $\partial u/\partial x_2 = p_2$ を積分すると

91)　Φ は 1 形式 $du - \sum \Psi_l dx_l$ に適当な積分因子 $(\partial\Phi/\partial u)$ を掛けたものの積分．

$$
\begin{aligned}
u =& \frac{C_1}{2} \arcsin\left(\frac{x_1}{\sqrt{C_1}}\right) + \frac{x_1\sqrt{C_1 - {x_1}^2}}{2} \\
&+ \frac{1 - C_1}{2} \arcsin\left(\frac{x_2}{\sqrt{1 - C_1}}\right) + \frac{x_2\sqrt{1 - C_1 - {x_2}^2}}{2} + C_2
\end{aligned}
$$

が得られ，これが完全解である．

2.8 可積分系

解法のレシピを眺めてきたので，実際に Liouville 可積分となる例をいくつか見てみたい．最初に見るのは古典的な可積分系で，変数分離の方法で解けるものである．後半では，比較的新しいものを見てみる．

2.8.1 自由度 2 の自然 Hamilton 系

自由度 2 ということは，相空間は 4 次元である．4 次元自然 Hamilton 系を U を任意の 2 変数函数として，Hamiltonian が

$$
H(q_1, q_2, p_2, p_2) = \frac{1}{2}\left({p_1}^2 + {p_2}^2\right) + U(q_1, q_2) \tag{2.253}
$$

の形に書ける系であるとしよう．つまり，運動量の 2 乗和で与えられる運動エネルギーと，位置座標のみに依る位置エネルギーの和で，Hamiltonian が与えられる場合である．

a. 変数分離座標

この自由度 2 の自然 Hamilton 系は，力学の問題として頻繁に現れるものだが，特に U がうまい対称性を持つ場合には，適した座標をとることで解が計算できることも多い．いくつか例を見てみよう．

① 直交座標

まず，座標変換をせずに，そのまま Hamilton-Jacobi 方程式を考えると変数分離系になっていて解けてしまう場合である．ポテンシャル項が

$$
U = U_1(q_1) + U_2(q_2) \tag{2.254}
$$

のように書けていたなら，変数分離になっている．逆に，変数変換せずに既

に変数が分離されているとすれば，この形になっていなくてはならない．

自由度2の調和振動はこの場合の例になっていた．

Hamiltonian と独立な保存量は，いくらでも表現の方法があるが，例えば

$$\Phi = \frac{{p_1}^2}{2} + U_1(q_1) \tag{2.255}$$

がとれる．

② 極座標

極座標は $q_1 = r\cos\theta, q_2 = r\sin\theta$ と表されるが，このときの運動量座標は $p_r = (\cos\theta)p_1 + (\sin\theta)p_2, p_\theta = -r(\sin\theta)p_1 + r(\cos\theta)p_2$ で，Hamiltonian は

$$H = \frac{1}{2}({p_1}^2 + {p_2}^2) + U = \frac{1}{2}\left({p_r}^2 + \frac{{p_\theta}^2}{r^2}\right) + U$$

と書けるので，$U(q_1, q_2) = U_1(r) + \frac{1}{r^2}U_2(\theta)$ のとき変数は分離され，また逆に変数分離系ならばポテンシャルはこのような形になる．

Hamiltonian と独立な保存量は，例えば次がとれる：

$$\Phi = \frac{1}{2}{p_\theta}^2 + U_2(\theta) = \frac{1}{2}(q_1p_2 - q_2p_1) + U_2\left(\arctan\left(\frac{q_2}{q_1}\right)\right). \tag{2.256}$$

具体例を見ると，$U = -K/r$ のときが例4（9ページ）で扱った2体問題であった．より一般に $U = U_1(r)$, つまり $U_2 = 0$ のときが中心力の場合で，中心力ポテンシャルの場合は Liouville 可積分である．

また，$U_1 = 0$ の場合には，$U_2(\arctan(q_2/q_1)) = \widetilde{U_2}(q_2/q_1)$ と置くと，$U = \widetilde{U_2}(q_2/q_1)/({q_1}^2 + {q_2}^2)$ となり，これは -2 次の同次ポテンシャルである．

③ 放物線座標

放物線座標は

$$Q_1 = \frac{\sqrt{{q_1}^2 + {q_2}^2} + q_1}{2}, \quad Q_2 = \frac{\sqrt{{q_1}^2 + {q_2}^2} - q_1}{2} \tag{2.257}$$

で定義される．これは逆に $q_1 = Q_1 - Q_2, q_2 = 2\sqrt{Q_1Q_2}$ と表せる．

このときの運動量座標は

$$p_1 = \frac{Q_1P_1 - Q_2P_2}{Q_1 + Q_2}, \quad p_2 = \frac{(P_1 + P_2)\sqrt{Q_1Q_2}}{Q_1 + Q_2}$$

と書け，Hamiltonian は

$$H=\frac{1}{2}({p_1}^2+{p_2}^2)+U=\frac{1}{2}\frac{Q_1{P_1}^2+Q_2{P_2}^2}{Q_1+Q_2}+U$$

となる．これが変数分離されているのは，ポテンシャル項が

$$U=\frac{U_1(Q_1)+U_2(Q_2)}{Q_1+Q_2}=\frac{U_1\left(\frac{\sqrt{{q_1}^2+{q_2}^2}+q_1}{2}\right)+U_2\left(\frac{\sqrt{{q_1}^2+{q_2}^2}-q_1}{2}\right)}{\sqrt{{q_1}^2+{q_2}^2}}$$

の形に書けるときである．

④ 楕円座標

楕円座標は，適当な α に対し，点 $(\alpha,0)$ および $(-\alpha,0)$ からの距離を

$$r_1=\sqrt{(q_1-\alpha)^2+{q_2}^2},\quad r_2=\sqrt{(q_1+\alpha)^2+{q_2}^2}$$

と置き，それを使って $Q_1=\frac{r_1+r_2}{2}$, $Q_2=\frac{r_2-r_1}{2}$ と定義される．運動量は

$$\begin{pmatrix}p_1\\p_2\end{pmatrix}=\frac{1}{2}\begin{pmatrix}\frac{q_1+\alpha}{r_2}+\frac{q_1-\alpha}{r_1} & \frac{q_1+\alpha}{r_2}-\frac{q_1-\alpha}{r_1}\\ \left(\frac{1}{r_2}+\frac{1}{r_1}\right)q_2 & \left(\frac{1}{r_2}-\frac{1}{r_1}\right)q_2\end{pmatrix}\begin{pmatrix}P_1\\P_2\end{pmatrix}$$

とすればよく，Hamiltonian は

$$H=\frac{1}{2}({p_1}^2+{p_2}^2)+U=\frac{1}{2}\frac{({Q_1}^2-\alpha^2){P_1}^2+(\alpha^2-{Q_2}^2){P_2}^2}{{Q_1}^2-{Q_2}^2}+U$$

となる．これが変数分離されているのは，ポテンシャル項が

$$U=\frac{U_1(Q_1)+U_2(Q_2)}{{Q_1}^2-{Q_2}^2}=\frac{1}{r_1r_2}\left\{U_1\left(\frac{r_1+r_2}{2}\right)+U_2\left(\frac{r_2-r_1}{2}\right)\right\}$$

の形に書けるときである．

b. 点変換と，運動量に関して 2 次の保存量

上で見た変換は，すべて点変換であった．自由度 2 の自然 Hamilton 系がいつ Liouville 可積分になるのかという問題は，非常に興味深いが難しい．ここでは，少し問題を限定して，点変換で変数分離系に変換できる系であるための条件を考えよう．

一般の正準変換をゆるせば，Liouville 可積分であればいつでも，変数分離された形に変換できる．ここで，変換を点変換に限定するわけだが，運動量座標に関しては変換が 1 次であるということが，点変換の著しい特徴である．

よって，運動量座標に関する次数は点変換によって不変であり，自然 Hamilton 系の Hamiltonian は運動量座標に関して常に 2 次式となる．

点変換で移した後の変数分離されたときの正準変数を Q_1, Q_2, P_1, P_2 としよう．変数分離されているということは，Hamilton-Jacobi 方程式が $f(g(Q_1, \partial W/\partial Q_1), Q_2, \partial W/\partial Q_2) = 0$ の形に書けているということである (必要があれば，添字の 1, 2 を取り替える)[92]．このとき，$g(Q_1, P_1)$ は保存量になっている．

さらに，適当な $\alpha_1, \alpha_2 \in \mathbb{R}$ をとれば，$\Phi = f(g(Q_1, P_1), \alpha_1, \alpha_2)$ は保存量であり，P_1 に関して 2 次式であるようにできる[93]．元の変数 q_1, q_2, p_1, p_2 で表すと，Φ は p_1, p_2 に関する 2 次式で，Hamiltonian と独立な，運動量座標に関する 2 次の保存量が存在することが分かる．

逆に，このような保存量が存在すると仮定すると，実は，変数分離で解けることが分かるのである．より詳しく，次が言える．

定理 2.85 (Bertrand-Darboux)　自由度 2 の自然 Hamilton 系が $H = \frac{1}{2}({p_1}^2 + {p_2}^2) + U(q_1, q_2)$ で定義されているとき，次の 4 条件は同値である．

(1) 変数分離系に，点変換で移る．

(2) Hamiltonian と独立な，運動量に関して 2 次の保存量がある．

(3) ポテンシャル U は，すべてが 0 ではない定数 a, b, c, d, e に対して

$$\begin{aligned} 0 =& (2aq_1q_2 + bq_1 + dq_2 + e)\left(\frac{\partial^2 U}{\partial {q_1}^2} - \frac{\partial^2 U}{\partial {q_2}^2}\right) \\ & - 2(a({q_1}^2 - {q_2}^2) + dq_1 - bq_2 + c)\frac{\partial^2 U}{\partial q_1 \partial q_2} \\ & + 3(2aq_2 + b)\frac{\partial U}{\partial q_1} - 3(2aq_1 + d)\frac{\partial U}{\partial q_2} \end{aligned}$$

を満たす．この偏微分方程式を，Darboux の方程式と呼ぶ．

(4) 直交座標，極座標，放物線座標，楕円座標のいずれかで変数分離される．

証明．　(4) から (1) は自明に成り立ち，また，(1) から (2) は既に上で述べた

92)　ここで，f は $H - K$ と一致していないときもある．分母を払うなどして，Q, P の適当な函数を掛けてもよい．例えば，放物線座標や楕円座標で変数分離する例では，$Q_1 + Q_2$ や ${Q_1}^2 - {Q_2}^2$ を全体に掛ける必要があった．ただし，今の場合，$H - K$ が運動量に関する 2 次式であるから，f も P_1, P_2 に関して 2 次式にとれる．

93)　1 次式である場合には，2 乗して 2 次式の保存量を Φ とする．

ので，運動量座標に関して 2 次の保存量が存在する条件から (3) のポテンシャルに関する条件を導き，さらに (3) の条件を満たすときに，既に見た，変数分離で解ける系に帰着できることを見ればよい．

<u>(2) ⇒ (3)</u>．Hamltonian と独立で，運動量座標に関して 2 次の保存量を

$$\Phi = A(q){p_1}^2 + B(q)p_1p_2 + C(q){p_2}^2 + D(q)p_1 + E(q)p_2 + F(q)$$

と置く．これが保存量であるという条件から

$$\begin{aligned} 0 =& \{\Phi, H\} = \frac{1}{2}\{\Phi, {p_1}^2 + {p_2}^2\} + \{\Phi, U\} \\ =& p_1\frac{\partial\Phi}{\partial q_1} + p_2\frac{\partial\Phi}{\partial q_2} - (2Ap_1 + Bp_2 + D)\frac{\partial U}{\partial q_1} - (Bp_1 + 2Cp_2 + E)\frac{\partial U}{\partial q_2} \end{aligned}$$

が得られる．この右辺は p_1, p_2 に関して 3 次式になっているが，恒等的に 0 であるので，各係数が 0 になる．これを書き下すと，3 次の係数から

$$\frac{\partial A}{\partial q_1} = 0, \quad \frac{\partial C}{\partial q_2} = 0, \quad \frac{\partial B}{\partial q_1} + \frac{\partial A}{\partial q_2} = 0, \quad \frac{\partial C}{\partial q_1} + \frac{\partial B}{\partial q_2} = 0 \tag{2.258}$$

が得られ，さらに 1 次の係数から

$$\frac{\partial F}{\partial q_1} - 2A\frac{\partial U}{\partial q_1} - B\frac{\partial U}{\partial q_2} = 0, \quad \frac{\partial F}{\partial q_2} - B\frac{\partial U}{\partial q_1} - 2C\frac{\partial U}{\partial q_2} = 0 \tag{2.259}$$

が得られる．残りの式は，ここでは使わないが，書き下しておくと

$$0 = D\frac{\partial U}{\partial q_1} + E\frac{\partial U}{\partial q_2} = \frac{\partial D}{\partial q_1} = \frac{\partial E}{\partial q_2} = \frac{\partial E}{\partial q_1} + \frac{\partial D}{\partial q_2} \tag{2.260}$$

となる．まず，方程式 (2.258) から函数 A, B, C が求まる．実際 $A = A(q_2)$, $C = C(q_1)$ であり

$$\frac{\partial^2 B}{\partial q_1 \partial q_2} = -\frac{d^2 A}{d{q_2}^2} = -\frac{d^2 C}{d{q_1}^2} = -2a$$

は q_1, q_2 に依らない定数である．A, C はそれぞれ q_2, q_1 の 2 次式で，結局

$$A = a{q_2}^2 + bq_2 + c_1, \quad C = a{q_1}^2 + dq_1 + c_2, \quad B = -2aq_1q_2 - bq_1 - dq_2 - e$$

と書ける．次に，方程式 (2.259) から両立条件

$$\begin{aligned} \frac{\partial^2 F}{\partial q_1 \partial q_2} =& 2A\frac{\partial^2 U}{\partial q_1 \partial q_2} + 2\frac{\partial A}{\partial q_2}\frac{\partial U}{\partial q_1} + B\frac{\partial^2 U}{\partial {q_2}^2} + \frac{\partial B}{\partial q_2}\frac{\partial U}{\partial q_2} \\ =& 2C\frac{\partial^2 U}{\partial q_1 \partial q_2} + 2\frac{\partial C}{\partial q_1}\frac{\partial U}{\partial q_2} + B\frac{\partial^2 U}{\partial {q_1}^2} + \frac{\partial B}{\partial q_1}\frac{\partial U}{\partial q_1} \end{aligned}$$

を計算すると Darboux の方程式が得られた．ただし $c = c_2 - c_1$ とした．条件 (2.260) を考察していないが，Darboux の方程式を満たすポテンシャルに対し運動量に関する2次の保存量が存在することは，次の項から分かる．

(3) ⇒ (4)．(3) を満たすポテンシャル U を4種に分類し，それぞれを解く．

まず，$a \neq 0$ の場合を考えると，Darboux の方程式の全体を定数倍することで $a = 1$ にできる．さらに平行移動をして $q_1 + (d/2)$, $q_2 + (b/2)$ を新たに q_1, q_2 と置くと，Darboux の方程式は，c, e を適当にとり直して

$$0 = \left(q_1 q_2 + \frac{e}{2}\right)\left(\frac{\partial^2 U}{\partial {q_1}^2} - \frac{\partial^2 U}{\partial {q_2}^2}\right) - ({q_1}^2 - {q_2}^2 + c)\frac{\partial^2 U}{\partial q_1 \partial q_2} + 3q_2 \frac{\partial U}{\partial q_1} - 3q_1 \frac{\partial U}{\partial q_2} \tag{2.261}$$

と書き直せる．座標を回転させて $(\cos\theta)q_1 + (\sin\theta)q_2$, $-(\sin\theta)q_1 + (\cos\theta)q_2$ を新たに q_1, q_2 と置くと，方程式は

$$\begin{aligned} 0 = &\left(q_1 q_2 + \frac{\sin 2\theta}{2}c - \frac{\cos 2\theta}{2}e\right)\left(\frac{\partial^2 U}{\partial {q_1}^2} - \frac{\partial^2 U}{\partial {q_2}^2}\right) \\ &- ({q_1}^2 - {q_2}^2 + (\cos 2\theta)c - (\sin 2\theta)e)\frac{\partial^2 U}{\partial q_1 \partial q_2} + 3q_2 \frac{\partial U}{\partial q_1} - 3q_1 \frac{\partial U}{\partial q_2} \end{aligned}$$

となる．θ をうまくとり，c を適当にとり直すと，方程式を (2.261) で $e = 0$ としたものに帰着できる[94)]．ここで，c が0かそうでないかの2通りを考える．

① $c \neq 0$ のとき．まず，c が正のときには $\theta = \pi/2$ の回転を施すことで e を0にしたまま c を $-c$ にとり替えることができるので，$c < 0$ であるとしておいてよい．楕円座標を $\alpha = \sqrt{-c}$ に対して

$$q_1 = \frac{Q_1 Q_2}{\alpha}, \quad q_2 = \frac{1}{\alpha}\sqrt{({Q_1}^2 - \alpha^2)(\alpha^2 - {Q_2}^2)}$$

で定めると

$$\begin{aligned} \frac{\partial}{\partial q_1} &= \frac{1}{\alpha({Q_1}^2 - {Q_2}^2)}\left(({Q_1}^2 - \alpha^2)Q_2 \frac{\partial}{\partial Q_1} - ({Q_2}^2 - \alpha^2)Q_1 \frac{\partial}{\partial Q_2}\right), \\ \frac{\partial}{\partial q_2} &= \frac{\sqrt{({Q_1}^2 - \alpha^2)(\alpha^2 - {Q_2}^2)}}{\alpha({Q_1}^2 - {Q_2}^2)}\left(Q_1 \frac{\partial}{\partial Q_1} - Q_2 \frac{\partial}{\partial Q_2}\right) \end{aligned}$$

と書け，Darboux の方程式は次のように書き換えられる：

94) 今は実変数で考えているので，いつでも $e = 0$ にできるが，複素数まで拡張して考えると，$e = \pm c\sqrt{-1}$ のときなど，$e = 0$ に帰着できない場合が現れる．詳しくはレヴュー論文 J. Hietarinta, *Phys.Rep.*147, no.2 (1987) 87–154 などを見てほしい．

$$
\begin{aligned}
0 &= \sqrt{({Q_1}^2-\alpha^2)(\alpha^2-{Q_2}^2)}\left\{\frac{\partial^2 U}{\partial Q_1 \partial Q_2} - \frac{2}{{Q_1}^2-{Q_2}^2}\left(Q_2\frac{\partial U}{\partial Q_1} - Q_1\frac{\partial U}{\partial Q_2}\right)\right\} \\
&= \frac{\sqrt{({Q_1}^2-\alpha^2)(\alpha^2-{Q_2}^2)}}{{Q_1}^2-{Q_2}^2}\frac{\partial^2}{\partial Q_1 \partial Q_2}\left\{({Q_1}^2-{Q_2}^2)U\right\}.
\end{aligned} \tag{2.262}
$$

このとき，ポテンシャルは $U = (U_1(Q_1) + U_2(Q_2))/({Q_1}^2 - {Q_2}^2)$ と書ける．

② $c = 0$ のとき．この場合は，上の場合の退化と考えられ，極座標で解くことができる．実際 Darboux の方程式は

$$
-\left(r\frac{\partial}{\partial r} + 2\right)\frac{\partial}{\partial \theta}U = -\frac{1}{r}\frac{\partial^2}{\partial r \partial \theta}(r^2 U) = 0 \tag{2.263}
$$

と変数変換され，任意函数 U_1, U_2 を使い $U = U_1(r) + \frac{1}{r^2}U_2(\theta)$ と解ける．

次に $a = 0$ の場合を見よう．やはり座標を回転させて $(\cos\theta)q_1 + (\sin\theta)q_2$, $-(\sin\theta)q_1 + (\cos\theta)q_2$ を新たに q_1, q_2 と置くと，Darboux 方程式は

$$
\begin{aligned}
0 =& ((b\cos\theta + d\sin\theta)q_1 + (-b\sin\theta + d\cos\theta)q_2 + c\sin 2\theta - e\cos 2\theta)\left(\frac{\partial^2 U}{\partial {q_1}^2} - \frac{\partial^2 U}{\partial {q_2}^2}\right) \\
&- 2((-b\sin\theta + d\cos\theta)q_1 - (b\cos\theta + d\sin\theta)q_2 + c\cos 2\theta - e\sin 2\theta)\frac{\partial^2 U}{\partial q_1 \partial q_2} \\
&+ 3(b\cos\theta + d\sin\theta)\frac{\partial U}{\partial q_1} - 3(-b\sin\theta + d\cos\theta)\frac{\partial U}{\partial q_2}
\end{aligned} \tag{2.264}
$$

となる．このとき，次のふたつの場合に帰着される．

③ $b \neq 0$ あるいは $d \neq 0$ のとき．このとき，θ を適当にとると，(2.264) は $b = 0$, $d = 1$ の場合に帰着できる．さらに，平行移動で

$$
q_2\left(\frac{\partial^2 U}{\partial {q_1}^2} - \frac{\partial^2 U}{\partial {q_2}^2}\right) - 2q_1\frac{\partial^2 U}{\partial q_1 \partial q_2} - 3\frac{\partial U}{\partial q_2} = 0
$$

に変数変換される．放物線座標で方程式を書き換えてみよう．これは

$$
q_1 = Q_1 - Q_2, \quad q_2 = 2\sqrt{Q_1 Q_2},
$$

$$
\frac{\partial}{\partial q_1} = \frac{1}{Q_1 + Q_2}\left(Q_1\frac{\partial}{\partial Q_1} - Q_2\frac{\partial}{\partial Q_2}\right), \quad \frac{\partial}{\partial q_2} = \frac{\sqrt{Q_1 Q_2}}{Q_1 + Q_2}\left(\frac{\partial}{\partial Q_1} + \frac{\partial}{\partial Q_2}\right)
$$

を使うと，次のように書ける：

$$
\begin{aligned}
0 &= -2\sqrt{Q_1 Q_2}\left\{\frac{\partial^2 U}{\partial Q_1 \partial Q_2} + \frac{1}{Q_1 + Q_2}\left(\frac{\partial U}{\partial Q_1} + \frac{\partial U}{\partial Q_2}\right)\right\} \\
&= -\frac{2\sqrt{Q_1 Q_2}}{Q_1 + Q_2}\frac{\partial^2}{\partial Q_1 \partial Q_2}\left\{(Q_1 + Q_2)U\right\}.
\end{aligned} \tag{2.265}
$$

よって，ポテンシャルは $U=(U_1(Q_1)+U_2(Q_2))/(Q_1+Q_2)$ と書ける．

④ $b=d=0$ のとき．この場合，Darboux の方程式は，(2.264) で θ を適当にとると，$\frac{\partial^2 U}{\partial q_1 \partial q_2}=0$ に帰着される．これは直交座標の場合で，Darboux 方程式の解は $U=U_1(q_1)+U_2(q_2)$ と書ける． □

2.8.2　線型方程式の両立条件で書かれる系

点変換のみでは変数分離形に移せないような可積分系はないだろうか？　このような系の研究は，19 世紀までの古典的な研究からしばらく経って現れ，20 世紀の後半には，活発に研究されるようになる．

a. Lax 形式

次の Hamiltonian を持つ $2n$ 次元の自然 Hamilton 系を**戸田格子** (Toda lattice) と呼ぶ：

$$H=\frac{1}{2}\sum_{k=1}^{n}{p_k}^2+e^{q_1-q_2}+\cdots+e^{q_{n-1}-q_n}+e^{q_n-q_1}. \tag{2.266}$$

この系において，Hamiltonian 以外に総運動量 $p_1+\cdots+p_n$ が保存量になることはすぐに分かる[95]．

戸田格子方程式系は Liouville の意味の可積分系である．n 個の包合系をなす保存量を求めることができる．これらの保存量は，戸田格子方程式系を線型方程式の両立条件に書き直すことで，系統的に構成できる．やや天下り式だが見てみよう．

変数 $a_k=\exp(\frac{q_k-q_{k+1}}{2})$ を導入すると，戸田格子方程式系は

$$\frac{da_k}{dt}=\frac{1}{2}a_k(p_k-p_{k+1}),\quad \frac{dp_k}{dt}={a_{k-1}}^2-{a_k}^2,\quad k\in\mathbb{Z}/n\mathbb{Z} \tag{2.267}$$

と書ける．さらに，この系は

$$\frac{d}{dt}L=[B,L] \tag{2.268}$$

のように書き換えられる[96]．ただし，行列 L, B を次のように置いた：

---

95)　$\{\sum_k p_k, H\}=-\sum_{k\in\mathbb{Z}/n\mathbb{Z}}\left(e^{q_k-q_{k+1}}-e^{q_{k-1}-q_k}\right)=0$.

96)　括弧の記号の意味は，$[F,G]=FG-GF$ である．

$$L = \begin{pmatrix} p_1 & a_1 & & & a_n \\ a_1 & p_2 & a_2 & & \\ & \ddots & \ddots & \ddots & \\ & & a_{n-2} & p_{n-1} & a_{n-1} \\ a_n & & & a_{n-1} & p_n \end{pmatrix}, \tag{2.269}$$

$$B = \frac{1}{2} \begin{pmatrix} 0 & -a_1 & & & a_n \\ a_1 & 0 & -a_2 & & \\ & \ddots & \ddots & \ddots & \\ & & a_{n-2} & 0 & -a_{n-1} \\ -a_n & & & a_{n-1} & 0 \end{pmatrix}. \tag{2.270}$$

このように書き直す利点は絶大なのだが，まずは，$\mathrm{tr}(L^k)$, $k = 1, \ldots, n$ が保存量であることを見ておこう．

$\because \quad \dfrac{d}{dt}(L^k) = \displaystyle\sum_{l=0}^{k-1} L^{k-l-1} \left(\frac{dL}{dt}\right) L^l = \sum_{l=0}^{k-1} L^{k-l-1}[B, L]L^l = [B, L^k]$ となるから $\frac{d}{dt}\mathrm{tr}(L^k) = \mathrm{tr}[B, L^k] = \mathrm{tr}(BL^k) - \mathrm{tr}(L^k B) = 0.$ □

注意 2.86 $\mathrm{tr}L = p_1 + \cdots + p_n$, $\mathrm{tr}(L^2) = H$ が分かる． □

また，L の固有値を $\theta_1, \ldots, \theta_n$ と置くと $\mathrm{tr}(L^k) = {\theta_1}^k + \cdots + {\theta_n}^k$ で，これらが保存量であることと θ_k, $k = 1, \ldots, n$ が保存量であることは同値である．

注意 2.87 $n = 3$ の場合をもう少し詳しく見てみよう．まず

$$q = RQ, \quad p = RP, \quad R = \begin{pmatrix} 2/\sqrt{6} & 0 & 1/\sqrt{3} \\ -1/\sqrt{6} & 1/\sqrt{2} & 1/\sqrt{3} \\ -1/\sqrt{6} & -1/\sqrt{2} & 1/\sqrt{3} \end{pmatrix}$$

と変数変換すると，$P_3 = (p_1 + p_2 + p_3)/\sqrt{3}$ は保存量である．これを 0 と置くと，Hamiltonian は

$$H = \frac{1}{2}({P_1}^2 + {P_2}^2) + \exp\left(\frac{\sqrt{3}Q_1 - Q_2}{\sqrt{2}}\right) + \exp\left(\sqrt{2}Q_2\right) + \exp\left(\frac{-\sqrt{3}Q_1 - Q_2}{\sqrt{2}}\right) \tag{2.271}$$

と書ける．この4次元自然 Hamilton 系は，定理 2.85（240 ページ）により，Hamilton-Jacobi 方程式が変数分離で解ける系に，点変換では移せないことが分かる．また，H と独立に，運動量について3次の保存量 Φ を持っている：

$$
\begin{aligned}
\Phi =& \mathrm{tr}(L^3) - 6 \\
=& {p_1}^3 + {p_3}^3 + {p_3}^3 + ({p_1}^2 + {p_2}^2)e^{q_1 - q_2} \\
&+ ({p_2}^2 + {p_3}^2)e^{q_2 - q_3} + ({p_3}^2 + {p_1}^2)e^{q_3 - q_1} \\
=& \frac{\sqrt{6}}{16}\left(\frac{{P_1}^3}{3} - P_1{P_2}^2\right) + \left(\frac{5}{6}{P_1}^2 + \frac{1}{2}{P_2}^2 - \frac{P_1P_2}{\sqrt{3}}\right)e^{\frac{\sqrt{3}Q_1 - Q_2}{\sqrt{2}}} \\
&+ \left(\frac{{P_1}^2}{3} + {P_2}^2\right)e^{\sqrt{2}Q_2} + \left(\frac{5}{6}{P_1}^2 + \frac{1}{2}{P_2}^2 + \frac{P_1P_2}{\sqrt{3}}\right)e^{\frac{-\sqrt{3}Q_1 - Q_2}{\sqrt{2}}}.
\end{aligned}
$$
□

さて，行列 L の固有値問題

$$L\varphi = \theta\varphi \tag{2.272}$$

を考え，それを時間 t で動かしたとき，固有ヴェクトル φ が

$$\frac{d}{dt}\varphi = B\varphi \tag{2.273}$$

を満たすとする．固有値 θ が t に依らないとすると，行列 L の時間発展は方程式 (2.268) で与えられる．

∵ $\frac{d}{dt}(L\varphi) = \frac{dL}{dt}\varphi + L\frac{d\varphi}{dt} = \left(\frac{dL}{dt} + LB\right)\varphi$ であるが，一方で，これは $\theta\varphi$ を微分したものだから，θ が時間に依らないならば，$\theta B\varphi = B(\theta\varphi) = BL\varphi$ となる．これらは，すべての固有ヴェクトル φ について等しいので $\frac{dL}{dt} = [B, L]$ となる．L は対称行列なので，1次独立な固有ヴェクトルが n 個あることに注意しよう． □

注意 2.88 戸田格子方程式は，非線型常微分方程式だが，線型方程式の両立条件と見ることで，方程式やその解の性質が線型方程式を通じて見えてくることがある．このような手法は，非線型偏微分方程式である KdV 方程式[97]

$$\frac{\partial u}{\partial t} - 6u\frac{\partial u}{\partial x} + \frac{\partial^3 u}{\partial x^3} = 0 \tag{2.274}$$

97) Korteweg と de Vries によって研究された浅水波の方程式．

の解析のために Lax によって導入された．この方程式も $L_t = [B, L]$ の形の表現を持つ．ただし，L, B は

$$L = -\frac{\partial^2}{\partial x^2} + u, \quad B = -4\frac{\partial^3}{\partial x^3} + 6u\frac{\partial}{\partial x} + 3\frac{\partial u}{\partial x} \tag{2.275}$$

で表される線型作用素で，$L_t = \partial u/\partial t$ である[98]．これも Schrödinger 方程式

$$L\varphi = \lambda\varphi \tag{2.276}$$

の固有値 λ を保存する変形と思える．このように，非線型方程式をふたつの線型方程式の両立条件で表す表示法を **Lax 形式**と呼び，またこれらの線型方程式の組を **Lax 対** (Lax pair) と呼ぶ．

方程式 (2.268) は戸田格子方程式の Lax 形式を与えている．Lax 形式による時間発展は，**等固有値変形** (isospectral deformation) とも呼ばれる． □

では，もうひとつだけ，Lax 形式に書かれる可積分系を見ておこう．今

$$H = \frac{1}{2}\sum_{k=1}^{n} {p_k}^2 + \frac{1}{2}\sum_{k=1}^{n}\sum_{i\neq k} U(q_k - q_i) \tag{2.277}$$

で定義される自然 Hamilton 系を考える．ただし，函数 U は

$$U(x) = \frac{1}{x^2}, \quad \frac{1}{\sin^2 x}, \quad \frac{1}{\sinh^2 x}, \quad \frac{1}{\mathrm{sn}^2 x} \tag{2.278}$$

とする．これらの正準方程式系を **Calogero-Moser-Sutherland 系**と呼ぶ．

Lax 形式を求めよう．まず，函数 V をうまくとって，函数等式

$$V(x)V'(y) - V'(x)V(y) = V(x+y)\left(U(x) - U(y)\right), \tag{2.279}$$

$$V(x)V'(-x) - V'(x)V(-x) = U'(x) \tag{2.280}$$

を満たすようにする．これは，それぞれ

$$V(x) = \frac{1}{x}, \quad \frac{1}{\sin x}, \quad \frac{1}{\sinh x}, \quad \frac{1}{\mathrm{sn}\, x}$$

とすればよい[99]．行列 L, B の (i, j) 成分を

98) $L_t\varphi = \frac{\partial}{\partial t}(L\varphi) - L\frac{\partial}{\partial t}\varphi$ となるように $L_t = \partial u/\partial t$ と定義した．
99) 加法公式 $\mathrm{sn}(x+y) = (\mathrm{sn}\, x\, \mathrm{cn}\, y\, \mathrm{dn}\, y - \mathrm{sn}\, y\, \mathrm{cn}\, x\, \mathrm{dn}\, x)/(1 - k^2\mathrm{sn}^2 x\, \mathrm{sn}^2 y)$ が使える．

$$(L)_{ii} = -p_i, \quad (L)_{ij} = -V(q_i - q_j), \quad i \neq j,$$
$$(B)_{ii} = -\sum_{k \neq i} U(q_i - q_k), \quad (B)_{ij} = -V'(q_i - q_j), \quad i \neq j$$

と置くと，正準方程式系は $\frac{d}{dt}L = [B, L]$ の形に書ける．実際

$$\begin{aligned}
-\frac{dp_i}{dt} =& \sum_{k=1}^{n} ((B)_{ik}(L)_{ki} - (L)_{ik}(B)_{ki}) \\
=& \sum_{k \neq i} \big(V'(q_i - q_k)V(q_k - q_i) - V(q_i - q_k)V'(q_k - q_i)\big) = -\sum_{k \neq i} U'(q_i - q_k),
\end{aligned}$$

$$\begin{aligned}
-V'(q_i - q_j)\left(\frac{dq_i}{dt} - \frac{dq_j}{dt}\right) =& \sum_{k=1}^{n} \big((B)_{ik}(L)_{kj} - (L)_{ik}(B)_{kj}\big) \\
=& \sum_{k \neq i,j} \big(V'(q_i - q_k)V(q_k - q_j) - V(q_i - q_k)V'(q_k - q_j)\big) \\
&+ \sum_{l \neq i} U(q_i - q_l)V(q_i - q_j) - p_i V'(q_i - q_j) \\
&+ V'(q_i - q_j)p_j - V(q_i - q_j)\sum_{l \neq j} U(q_j - q_l) \\
=& V'(q_i - q_j)\,(p_j - p_i)
\end{aligned}$$

と計算される．ただし $U(x)$ が偶函数であることを使った．

b. 戸田方程式のソリトン解

戸田格子が Liouville 可積分であることは分かったのであるが，解の具体的な表示は得られないだろうか？[100)] まず，周期的な条件 $q_{n+1} = q_1, p_{n+1} = p_1$ を課しているために，問題が難しくなってしまっているので，$n \to \infty$ として，$q_k, p_k, k \in \mathbb{Z}$ の方程式として考え直そう．この場合には，簡単な表示の特殊解が知られている．

まず，未知函数を変えて方程式を書き換えよう．$r_k = q_{k+1} - q_k, k \in \mathbb{Z}$ とすると，戸田格子の正準方程式系は

$$\frac{d^2 r_k}{dt^2} = -e^{-r_{k-1}} + 2e^{-r_k} - e^{-r_{k+1}}, \quad k \in \mathbb{Z}$$

と書き直される．さらに，$\frac{d^2}{dt^2} s_k = e^{-r_k} - 1$ と置くと

100) ここでは，可積分性の問題から，可解性の問題に戻ってきている．

$$-\frac{d^2}{dt^2}\log\left(1+\frac{d^2 s_k}{dt^2}\right)=\frac{d^2}{dt^2}(-s_{k-1}+2s_k-s_{k+1}),\quad k\in\mathbb{Z}$$

となるが，s_k は

$$\log\left(1+\frac{d^2 s_k}{dt^2}\right)=s_{k-1}-2s_k+s_{k+1},\quad k\in\mathbb{Z} \tag{2.281}$$

の解であるとすればよい．もう 1 度変数変換して $s_k=\log\tau_k$ と置くと

$$\tau_k\frac{d^2\tau_k}{dt^2}-\left(\frac{d\tau_k}{dt}\right)^2=\tau_{k-1}\tau_{k+1}-{\tau_k}^2,\quad k\in\mathbb{Z} \tag{2.282}$$

と書ける．ここで注意しておきたいのは，τ_k の不定性である．まず，s_k に t および k の 1 次式を加えても r_k, q_k に変化はない．これは τ_k に $\exp(c_1k-c_2t+c_3)$, $c_1, c_2, c_3\in\mathbb{R}$ を掛けることに対応する．

では，方程式 (2.282) の解 τ_k を求めてみよう．簡単な解として

$$\tau_k=\cosh(\alpha k-\beta t+\gamma) \tag{2.283}$$

と書ける解が知られている．ただし，代入してみると分かる通り，$\beta=\pm\sinh\alpha$ を満たしていなくてはならない．α, γ は任意定数である．τ_k の不定性から

$$\tau_k=1+e^{2(\alpha k-\beta t+\gamma)},\quad あるいは\quad \tau_k=1+e^{-2(\alpha k-\beta t+\gamma)}$$

としてもよい．このとき

$$q_k=\log\frac{1+e^{2(\alpha(k-1)-\beta t)}}{1+e^{2(\alpha k-\beta t)}}+定数 \tag{2.284}$$

と書ける．これは**孤立波解**あるいは**ソリトン** (soliton) と呼ばれる．

面白いのは，ふたつ以上の解を合わせて新しい解が作れることである[101]．方程式が線型であれば，解は単に足し合わせればよく，これを重ね合わせの原理というのであった．今の場合，非線型であるから，そんなに簡単にはいかない．ふたつの波が混在する解は

$$\tau_k=1+A_1e^{-2(\alpha_1k-\beta_1t)}+A_2e^{-2(\alpha_2k-\beta_2t)}+A_3e^{-2(\alpha_1+\alpha_2)k+2(\beta_1+\beta_2)t} \tag{2.285}$$

と書ける．ただし，α_1, α_2, A_1, A_2 は任意定数であるが

101) ここで見てとれる粒子性と孤立波 (solitary wave) を合わせソリトンの名称となった．

$$\beta_i = \pm\sinh\alpha_i \quad (i=1,2), \qquad \frac{A_3}{A_1A_2} = \frac{\sinh^2(\alpha_1-\alpha_2)-(\beta_1-\beta_2)^2}{(\beta_1+\beta_2)^2-\sinh^2(\alpha_1+\alpha_2)}$$

が必要である．これを2ソリトン解と呼ぶ．

さらに，N 個の波が合わさった解は，$N \times N$ 行列の行列式を使って

$$\tau_k = \det B(k), \quad (B(k))_{i,j} = \delta_{ij} + \frac{c_ic_je^{-(\alpha_i+\alpha_j)k+(\beta_i+\beta_j)t}}{1-e^{-\alpha_i-\alpha_j}} \quad (i,j=1,\ldots,N) \tag{2.286}$$

と書かれ，N ソリトンと呼ばれる．ただし，$\beta_i = \sinh\alpha_i$ とした．これが解になることを確認するのは，ここでは省略させてもらう．

注意 2.89 戸田方程式は様々な拡張を持ち，また，KdV 方程式などの非線型偏微分方程式とも共通の性質を持つ．これらの非線型方程式はソリトン方程式と呼ばれ，その解析のために様々な手法が導入されている．ここでは触りのみだったが，他にも，広田の双線型形式，逆散乱法，楕円函数解，周期格子の場合の解など，重要な理論が多く研究されている．興味を持たれた方には，戸田盛和著，波動と非線形問題30講，朝倉書店 (1995) をお勧めする． □

計算

2.13（Euler-Lagrange の微分方程式） 次の汎函数に関する Euler-Lagrange の微分方程式を求め，それを解け．

(1) $\mathcal{F}(\varphi) = \displaystyle\int_a^b \sqrt{1+\left(\frac{d\varphi}{dt}(t)\right)^2}\,dt$, (2) $\mathcal{F}(\varphi) = \displaystyle\int_a^b \varphi(t)\sqrt{1+\left(\frac{d\varphi}{dt}(t)\right)^2}\,dt$.

2.14（正準変換） (a) 点変換が以下で与えられたとき，変換 $(q,p) \mapsto (Q,P)$ が正準変換になるように，P の (q,p) の函数としての表示をひとつ与えよ．

(1) $Q_1 = q_1q_2$, $Q_2 = q_1+q_2$, (2) $Q_1 = q_1\cos q_2$, $Q_2 = q_1\sin q_2$.

(b) 次の生成函数に対応する正準変換を求めよ．

(3) $W(q,P) = e^{-P}\sin q$, (4) $W(q,P) = P_1(P_2-q_2)+(P_2-q_2)^2\tan q_1$.

(c) 次の正準変換 $(q,p) \mapsto (Q,P)$ の生成函数を求めよ．

(5) $\begin{pmatrix} Q \\ P \end{pmatrix} = \begin{pmatrix} \cos\alpha & -\sin\alpha \\ \sin\alpha & \cos\alpha \end{pmatrix} \begin{pmatrix} q \\ p \end{pmatrix}$,

(6) $\begin{pmatrix} Q_1 \\ Q_2 \end{pmatrix} = \dfrac{1}{2} \begin{pmatrix} \sqrt{{q_1}^2 + {q_2}^2} + q_1 \\ \sqrt{{q_1}^2 + {q_2}^2} - q_1 \end{pmatrix}$, $p = {}^t\!\left(\dfrac{\partial Q}{\partial q}\right) P$ （放物線座標）.

2.15（Hamilton-Jacobi の方法） 次の Hamiltonian で与えられる正準方程式系において，H と独立な保存量を求めよ．

(1) $H = {p_1}^2 + {p_2}^2 + q_1 + {q_2}^3$, (2) $H = (p_1 + p_2)^2 + {p_2}^2 + q_1 - (q_1 - q_2)^3$,

(3) $H = \dfrac{q_1{p_1}^2 + q_2{p_2}^2 - q_1 + q_2}{q_1 + q_2}$, (4) $H = {p_1}^2 + {p_2}^2 - \dfrac{q_1}{\sqrt{{q_1}^2 + {q_2}^2}}$.

2.16（1 階単独偏微分方程式の完全解） 次の方程式の完全解を求めよ．

(1) $u = x_1 \dfrac{\partial u}{\partial x_1} + x_2 \dfrac{\partial u}{\partial x_2} + \sin\left(\dfrac{\partial u}{\partial x_1} + \dfrac{\partial u}{\partial x_2}\right)$,

(2) $x_1 \left(\dfrac{\partial u}{\partial x_1}\right)^2 + x_2 \left(\dfrac{\partial u}{\partial x_2}\right)^2 - x_1 - x_2 = 0$, (3) $x_1 \dfrac{\partial u}{\partial x_1} + x_2 \dfrac{\partial u}{\partial x_2} = 3u$.

演習

問 2.1（Painlevé-Gambier のリスト） 以下の 50 の方程式[102)]から 6 つの方程式を選び，残りの方程式を，求積法，線型方程式の解，楕円函数，あるいはこの 6 つの方程式の解に帰着させて解け．

ただし，$' = d/dt$ とし，f, g は与えられた t の任意の解析函数，$\alpha, \ldots, \varepsilon$ は定数，m は適当な整数とした．

さらに，r_1, r_2, r_3 は適当な解析函数 f, g とその微分の有理函数とする．
また，q は各方程式について異なる，次の方程式の解とする：

- (10), (26), (28), (36), (48) においては，(2) $q'' = 6q^2$, (3) $q'' = 6q^2 + \frac{1}{2}$, (4) $q'' = 6q^2 + t$ のいずれかの解，
- (35), (45) においては，(7), (8) または (9), $q'' = 2q^3 + Sq + T$, $(S, T) = (0, 0), (\alpha, \beta), (t, \beta - \frac{1}{2})$ の解，
  (46) においては (8) の，(47) においては (9) の解，
- (42) においては (29), (30) または (31) $q'' = \frac{(q')^2}{2q} + \frac{3}{2}q^3 + 4Rq^2 + 2Sq - \frac{T}{2q}$, $(R, S, T) = (0, 0, 0), (\alpha, \beta, \gamma^2), (t, t^2 - \beta, \gamma^2)$ の解とする．

102) これは Painlevé と Gambier の分類として知られているもので，正規形 2 階代数的方程式のうち，動く特異点が高々極のみとなるもののリストである．また，知られている方程式の解法に帰着できない 6 つの方程式は Painlevé 方程式と呼ばれている．

さらに, $q, q_1, q_2, q_3, q_i \neq q_j$ $(i \neq j)$ を上の方程式の適当な解として, $v_1 = (q_2' - q_1')/(q_2 - q_1)$, $v_2 = (q_2 - q_1)/2$ とし, v, u, w は同様に次の通り：

- (35), (46), (47) においては, $v = 2(q' + q^2) + S$,
- (36) においては, $v = \frac{72}{5}q_1 + \frac{36}{5}q_2 - \frac{9}{5}{v_1}^2$,
- (42) においては, $3v = \frac{q'+T}{q} - q - 2R$, $3u = \frac{q'+T}{q} + q + 2R$,
- (45) においては, $v - u = -\frac{3}{2}(q_1 + q_2)$, $v + u = -\frac{3}{2}v_1$,
- (48) においては, $2v = v_1 + \frac{q_3' - q_1'}{q_3 - q_1}$, $2u = v_1 - \frac{q_3' - q_1'}{q_3 - q_1}$, $w = -u'/u$.

$$(1)\quad x'' = 0, \quad (2)\quad x'' = 6x^2, \quad (3)\quad x'' = 6x^2 + \frac{1}{2}, \quad (4)\quad x'' = 6x^2 + t,$$

$$(5)\quad x'' = (-2x + f(t))x' + f'(t)x, \quad (6)\quad x'' = (-3x + f(t))x' - (x - f(t))x^2,$$

$$(7)\quad x'' = 2x^3, \quad (8)\quad x'' = 2x^3 + \alpha x + \beta, \quad (9)\quad x'' = 2x^3 + tx + \beta - \frac{1}{2},$$

$$(10)\quad x'' = -xx' + x^3 - 12q(t)x + 12q'(t)x, \quad (11)\quad x'' = \frac{(x')^2}{x},$$

$$(12)\quad x'' = \frac{(x')^2}{x} + \alpha x^3 + \beta x^2 + \gamma + \frac{\delta}{x}, \quad (13)\quad x'' = \frac{(x')^2}{x} - \frac{1}{t}(x' - \alpha x - \beta) + \gamma x^3 + \frac{\delta}{x},$$

$$(14)\quad x'' = \frac{(x')^2}{x} + f(t)x + \frac{g(t)}{x} + f'(t)x^2 - g'(t),$$

$$(15)\quad x'' = \frac{(x')^2}{x} + \frac{x'}{x} + f(t)x^2 - \left(\frac{1}{g(t)}\right)'' x,$$

$$(16)\quad x'' = \frac{(x')^2}{x} - f'(t)\frac{x'}{x} + x^3 - f(t)x^2 + f''(t), \quad (17)\quad x'' = \frac{m-1}{mx}(x')^2,$$

$$(18)\quad x'' = \frac{(x')^2}{2x} + 4x^2, \quad (19)\quad x'' = \frac{(x')^2}{2x} + 4x^2 + 2x, \quad (20)\quad x'' = \frac{(x')^2}{2x} + 4x^2 + 2tx,$$

$$(21)\quad x'' = \frac{3(x')^2}{4x} + 3x^2, \quad (22)\quad x'' = \frac{3(x')^2}{4x} - 1, \quad (23)\quad x'' = \frac{3(x')^2}{4x} + 3x^2 + \alpha x + \beta,$$

$$(24)\quad x'' = \frac{m-1}{mx}(x')^2 + f(t)xx' - \frac{mf(t)^2}{(m+2)^2}x^3 + \frac{mf'(t)}{m+2}x^2,$$

$$(25)\quad x'' = \frac{3(x')^2}{4x} - \frac{3}{2}xx' - \frac{x^3}{4} + \frac{f'(t)}{2f(t)}(x^2 + x') + g(t)x + f(t),$$

$$(26)\quad x'' = \frac{3(x')^2}{4x} + \frac{6q'(t)}{x}x' + 3x^2 + 12q(t)x - 12q''(t) - \frac{36(q'(t))^2}{x},$$

$$(27)\quad x'' = \frac{m-1}{mx}(x')^2 + \left(r_1 x + r_2 - \frac{m-2}{mx}\right)x' - \frac{m{r_1}^2}{(m+2)^2}x^3 + \frac{m(r_1 - r_1 r_2)}{m+2}x^2 + r_3 x - r_2 - \frac{1}{mx},$$

$$(28)\quad x'' = \frac{(x')^2}{2x} - (x - v_1(t))x' + \frac{x^3}{2} - 2v_1(t)x^2 + 3\left(v_1'(t) + \frac{v_1(t)^2}{2}\right)x - \frac{72v_2(t)^2}{x},$$

(29) $x'' = \dfrac{(x')^2}{2x} + \dfrac{3}{2}x^3$, (30) $x'' = \dfrac{(x')^2}{2x} + \dfrac{3}{2}x^3 + 4\alpha x^2 + 2\beta x - \dfrac{\gamma^2}{2x}$,

(31) $x'' = \dfrac{(x')^2}{2x} + \dfrac{3}{2}x^3 + 4tx^2 + 2(t^2 - \beta)x - \dfrac{\gamma^2}{2x}$, (32) $x'' = \dfrac{(x')^2}{2x} - \dfrac{1}{2x}$,

(33) $x'' = \dfrac{(x')^2}{2x} + 4x^2 + \alpha x - \dfrac{1}{2x}$, (34) $x'' = \dfrac{(x')^2}{2x} + 4\alpha x^2 - tx - \dfrac{1}{2x}$,

(35)
$$x'' = \frac{2(x')^2}{3x} - \frac{1}{3}\left(2x - 2q(t) + \frac{v(t)}{x}\right)x' + \frac{2}{3}x^3 - \frac{10}{3}q(t)x^2 + \left(4q'(t) - \frac{v(t)}{3} + \frac{8}{3}q(t)^2\right)x - \frac{2}{3}q(t)v(t) + v'(t) - \frac{v(t)^2}{3x},$$

(36)
$$x'' = \frac{4(x')^2}{5x} - \left(\frac{2}{5}x + \frac{4}{5}v_1(t) - \frac{v(t)}{x}\right)x' + \frac{4}{5}x^3 + \frac{14}{5}v_1(t)x^2 + \left(-3v_1'(t) + v(t) + \frac{6}{5}q(t)^2\right)x - \frac{1}{3}v_1(t)v(t) - \frac{5}{3}v'(t) - \frac{5v(t)^2}{9x},$$

(37)
$$x'' = \left(\frac{1}{2x} + \frac{1}{x-1}\right)(x')^2,$$

(38)
$$x'' = \left(\frac{1}{2x} + \frac{1}{x-1}\right)(x')^2 + x(x-1)\left\{\alpha(x-1) + \beta\frac{x-1}{x^2} + \frac{\gamma}{x-1} + \frac{\delta}{(x-1)^2}\right\},$$

(39)
$$x'' = \left(\frac{1}{2x} + \frac{1}{x-1}\right)(x')^2 - \frac{x'}{t} + \frac{(x-1)^2}{t^2}\left(\alpha x + \frac{\beta}{x}\right) + \frac{\gamma x}{t} + \frac{\delta x(x+1)}{x-1},$$

(40)
$$x'' = \left(\frac{1}{2x} + \frac{1}{x-1}\right)(x')^2 + 2\frac{f(t)x + g(t)}{x-1}x' + \frac{1}{2}(x-1)^2\left(\alpha e^{4\int f dt}x - \frac{\beta e^{-4\int g dt}}{x}\right) + 2\bigl(f(t)^2 - g(t)^2 - f'(t) - g'(t)\bigr)x,$$

(41)
$$x'' = \frac{2}{3}\left(\frac{1}{x} + \frac{1}{x-1}\right)(x')^2,$$

(42)
$$\begin{aligned} x'' = {}& \frac{2}{3}\left(\frac{1}{x} + \frac{1}{x-1}\right)(x')^2 \\ &+ \left\{v(t)x + \frac{u(t)}{x} - \frac{2q(t)}{3(x-1)} - \frac{v(t) + u(t) + \frac{2}{3}q(t)}{2}\right\}x' \\ &+ x(x-1)\left\{3v(t)^2x + 3v'(t) + \frac{v(t)\left(u(t) + \frac{2}{3}q(t) - v(t)\right)}{2}\right. \\ &\quad + \frac{3u(t)^2}{x^2} + \frac{3u'(t) - \frac{3}{2}u(t)\left(u(t) + \frac{2}{3}q(t) - v(t)\right)}{x} \\ &\quad \left. - \frac{4q(t)^2}{3(x-1)^2} + \frac{2q'(t) - q(t)\left(v(t) + u(t) + \frac{2}{3}q(t)\right)}{x-1}\right\}, \end{aligned}$$

(43) $$x'' = \frac{3}{4}\left(\frac{1}{x} + \frac{1}{x-1}\right)(x')^2,$$

(44) $$x'' = \frac{3}{4}\left(\frac{1}{x} + \frac{1}{x-1}\right)(x')^2 + x(x-1)\left\{\frac{\alpha}{x} + \frac{\beta}{x-1} + 2\gamma(x-1)\right\},$$

(45) $$x'' = \frac{3}{4}\left(\frac{1}{x} + \frac{1}{x-1}\right)(x')^2 + \left(v_1(t) + \frac{v(t)}{x} - \frac{u(t)}{x-1}\right)x'$$
$$+ x(x-1)\left\{4v_2(t)^2(2x-1) + \frac{v(t)^2}{x^2} + \frac{2v'(t) + v_1(t)v(t)}{x}\right.$$
$$\left. - \frac{u(t)^2}{(x-1)^2} + \frac{2u(t)^2 + v_1(t)u(t)}{x-1}\right\},$$

(46) $$x'' = \frac{3}{4}\left(\frac{1}{x} + \frac{1}{x-1}\right)(x')^2 - \frac{v'(t)}{v(t)}\left\{1 + \frac{3}{2(x-1)}\right\}x'$$
$$+ x(x-1)\left\{\frac{4\beta^2}{v(t)^2}(2x-1) + \frac{v(t)}{x} - \left(\frac{3v'(t)}{2v(t)}\right)^2\frac{1}{(x-1)^2}\right.$$
$$\left. + \left(\frac{3v''(t)}{v(t)} - \frac{9(v'(t))^2}{2v(t)^2}\right)\frac{1}{x-1}\right\},$$

(47) $$x'' = \frac{3}{4}\left(\frac{1}{x} + \frac{1}{x-1}\right)(x')^2 - \frac{v'(t)}{v(t)}\left\{1 + \frac{3}{2(x-1)}\right\}x'$$
$$+ x(x-1)\left\{\frac{4\beta^2}{v(t)^2}(2x-1) + \frac{v(t)}{x} - \left(\frac{3v'(t)}{2v(t)}\right)^2\frac{1}{(x-1)^2}\right.$$
$$\left. + \left(\frac{3v''(t)}{v(t)} - \frac{9(v'(t))^2}{2v(t)^2}\right)\frac{1}{x-1}\right\},$$

(48) $$x'' = \left\{\frac{2}{3x} + \frac{1}{2(x-1)}\right\}(x')^2$$
$$- \left\{\frac{10}{9}(v(t) + w(t))x - \frac{2v(t) + 5w(t)}{9} - \frac{4(2v(t) - w(t))}{9x}\right\}x'$$
$$+ x(x-1)\left\{\frac{25(v(t) + w(t))^2}{54}x - \frac{9u(t)^2}{2(x-1)^2} - \frac{3u(t)^2}{2(x-1)}\right.$$
$$+ \frac{16(2v(t) - w(t))^2}{27x^2} + \frac{4}{9}\frac{6v'(t) - 3w'(t) - 4v(t)^2 + w(t)^2}{x}$$
$$\left. - \frac{5}{3}(v'(t) + w'(t)) - \frac{5}{9}v(t)(v(t) + w(t))\right\},$$

(49) $$x'' = \frac{1}{2}\left(\frac{1}{x} + \frac{1}{x-1} + \frac{1}{x-\alpha}\right)(x')^2$$
$$+ x(x-1)(x-\alpha)\left\{\beta + \frac{\gamma}{x^2} + \frac{\delta}{(x-1)^2} + \frac{\varepsilon}{(x-\alpha)^2}\right\},$$

(50) $$x'' = \frac{1}{2}\left(\frac{1}{x} + \frac{1}{x-1} + \frac{1}{x-t}\right)(x')^2 - \left(\frac{1}{t} + \frac{1}{t-1} + \frac{1}{x-t}\right)x'$$

$$+\frac{x(x-1)(x-t)}{2t^2(t-1)^2}\left\{\alpha-\frac{\beta t}{x^2}+\frac{\gamma(t-1)}{(x-1)^2}-\frac{(\delta-1)t(t-1)}{(x-t)^2}\right\}.$$

問 2.2（合流型超幾何方程式） 超幾何微分方程式の退化から得られた 4 つの方程式は，特異点の情報から分類され，従属変数の簡単な変換や独立変数の $\mathbb{C}\cup\{\infty\}$ の上での 1 対 1 の変換（1 次分数変換）では，互いに移り合うことはなかった．しかし，独立変数のより複雑な変換，例えば $s=t^2$ として s を独立変数と見なすような 1 対 1 でないような変換を許すと，${}_0F_1$ の方程式，Hermite-Weber の方程式，Airy の方程式は，Kummer の合流型超幾何微分方程式の特殊な場合に帰着できる．これを確認せよ．

問 2.3（Pochhammer の積分路） ベータ函数

$$B(p,q)=\int_0^1 s^{p-1}(1-s)^{q-1}ds$$

を考えよう．この広義積分が収束するには $\mathrm{Re}\,p,\mathrm{Re}\,q>0$ が必要である．一般の複素数で定義するために，次のような 2 重結びの積分路 γ を考える．

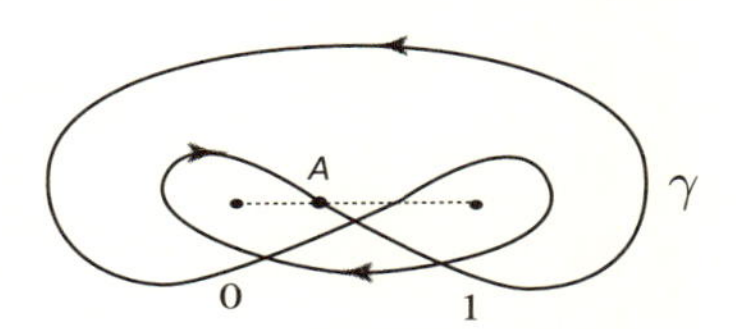

図 2.2 2 重結びの積分路

ただし，被積分函数が多価函数なので，偏角を定める必要があるが，積分路が線分 $(0,1)$ と交わる交点である点 A において，s および $1-s$ の偏角が 0 であるように定める．

(1) この積分路 γ は，Riemann 面上の閉曲線であり，積分路を一巡すれば，

$$I(p,q)=\int_\gamma s^{p-1}(1-s)^{q-1}ds$$

の被積分函数は偏角を含めて元の値に戻ることを確認せよ．

(2) $I(p,q)$ は $p,q\in\mathbb{C}$ において，有理型函数を定めることを示せ．

(3) $\mathrm{Re}\,p,\mathrm{Re}\,q>0$ において，$B(p,q)=C_{p,q}I(p,q)$ と書いたときの $C_{p,q}$ を求めよ．

問 2.4（Euler-Poinsot の方程式）　重力の作用下での剛体の固定点の周りでの運動を記述する方程式として，Euler-Poinsot の方程式

$$
\begin{aligned}
A\frac{dx_1}{dt} =&(B-C)x_2x_3+\zeta y_2-\eta y_3, \quad & \frac{dy_1}{dt} &= x_3y_2-x_2y_3,\\
B\frac{dx_2}{dt} =&(C-A)x_3x_1+\xi y_3-\zeta y_1, \quad & \frac{dy_2}{dt} &= x_1y_3-x_3y_1,\\
C\frac{dx_3}{dt} =&(A-B)x_1x_2+\eta y_1-\xi y_2, \quad & \frac{dy_3}{dt} &= x_2y_1-x_1y_2,
\end{aligned}
$$

が知られている．ただし，$A, B, C, \xi, \eta, \zeta$ は定数である．

(1)　この方程式系を，正準方程式系として書き表せ．

(2)　次の場合に，正準方程式系の独立な保存量を 3 つ求めよ．

　(a)　$\xi=\eta=\zeta=0$ のとき（Euler の場合），

　(b)　$A=B, \xi=\eta=0$ のとき（Lagrange の場合），

　(c)　$A=B=2C, \eta=\zeta=0$ のとき（Kowalevski の場合）．

(3)　解函数を，(a), (b) のとき楕円函数を用いて，(c) のとき 2 変数テータ函数を用いて記述せよ．

第3章 定性理論 〜運動の先を見つめて

常微分方程式の多くは，(2 章で見た意味で) 可解でも可積分でもない．天体力学において，2 体問題はうまく解けたが (例 4)，そうなると 3 体以上の天体が万有引力のもと運動するときの時間発展を知りたくなる．18 世紀，19 世紀と研究が続けられたが，これが 2 体問題のようには解けない．解法理論の限界に際して，19 世紀の終わりに**定性的理論** (qualitative theory) が提唱された．定量的理論 (quantitative theory) に対する定性的理論である．

3 体問題を例にとってみよう．次のようなことは分からないだろうか？天体のひとつがある有界な天空内の領域に常にとどまっているだろうか，無限に遠ざかってしまうだろうか？　ふたつの天体の間の距離は限りなく増大したり，減少したりするだろうか，いつもある距離の間にとどまっているだろうか？　このような，3 つの軌道を定性的に理解することができれば完全に解けてしまうような問題は，まだたくさん提出できるのではないだろうか？[1)]

このような問いには，うまい解の記述がありさえすれば，簡単に答えられるのかもしれない．問題は，解の記述がないときにも，答えられるのかということである．微分方程式を直接解くことなく答える．これが，Poincaré の始めた物語である．

Poincaré の後，定性理論は Birkhoff や Lyapunov らに引き継がれ，20 世紀に大きく発展した．

この章では，目新しい概念が数多く現れる．本の最初に，用語・記号がまとめてある．特に，4. ヴェクトル場，5. 軌道，6. 安定性と漸近安定性，7. 極

1)　H. Poincaré, Mémoire sur les courbes définies par une équation différentielle, Journal de Mathématiques (1881) より．Poincaré 全集，Tome 1 に収録．

限集合，8. 安定集合と不安定集合，のあたりはもう一度確認してほしい．

なおこの章では，簡単のため，微分方程式として自励的なもののみを扱い，非自励なものは扱わない．

永遠の後で

世界の始まりや終わりについて想像を巡らせることは，人類の性であろうか？　力学の世界観に従えば，地球は太陽の周りを回り続けるだろう．だが，本当にそうだろうか？　われわれが解いたのは 2 体問題で，太陽と地球以外の天体は考慮に入っていない．明日は大丈夫だとしても，長い間誤差が積もったりしておかしなことは起きないだろうか？

すぐには，この状態が変わったりしないだろうというのは，方程式の助変数や初期値に関する解の連続性定理（定理 1.20，62 ページ）の帰結である．だから，問題は十分に時間の経った後ということになる．ここで扱う定性的理論というのは，時間大域的理論なのだということを，強調しておきたい．

太陽系が未来永劫，安定であるのかという問いについては，すでに 18 世紀には Laplace や Lagrange が考察を始めている．ここには，自然科学が神学を動機として発展した側面が見える．だが，答えが安定だったとしても不安定だったとしても，それが実際にはどのような意味で述べられているのかを理解するのは難しそうだ．言葉の意味を，明確にしておかなくてはならない．

まずは，定性理論における，次のような 3 つの相を区別してみよう．

phase1.　解の動き，軌道を追跡する，

phase2.　方程式は固定し，初期値を動かして，解の挙動の変化を見る，

phase3.　方程式を動かして，方程式の定める流れの変化を見る．

はじめのものは，素朴に解を追跡していく解析で，他の時間発展と比べるわけではない．後のふたつはそれぞれ，別の初期値，別の方程式の解と比べるわけである．特に，時間が十分経った後，あるいは永遠の時間の後の極限で，結果に違いが現れるのかそうでないのかを考察する．

普通このような微分方程式論において，安定性というのは，**phase2** における性質として定義される（定義は xv ページ）．だが，太陽系は安定であるのかという問いには，太陽と 8 つの惑星，あるいはより多くの天体の影響を

受けた多体問題を，2 体問題の解で近似してよいのかという問いとして捉えられていて，**phase3** の問題となる[2)].

もう少し詳しく区別を見てみよう．**phase2** では，微分方程式は所与のものとして扱われる．与えられた方程式系について，振る舞いのよく分かっている解 A があったとして，ある時刻で B がその解のすぐ近くにいたとしたら，十分時間が経った後でも B は A の挙動とさほど違いのない動きをしているだろうか？　永遠の時間の後の極限では，違いは消えてしまうのだろうか？　このような問題を安定性の問題と呼ぶ.

だが，微分方程式で現象を記述するときには様々な理想化，単純化がなされることも多く，その場合，方程式自身も近似的にしか成り立たないことになる．そこで，**phase3** では，方程式の微小な変形に対して解の挙動がどのように変わるのかという問いを考える．そこでは，構造安定性，分岐といった概念を見ることになる.

標語的に言えば，**phase2** では初期値の観測誤差を疑い，**phase3** では想定している法則自体を疑っていると言える.

この第 3 章では，まず 3.1 節で一般的な力学系の定義などについて見た後，3.2 節で **phase2** の問題，3.3 節で **phase3** の問題を扱う.

3.1 節では，**phase2**, **phase3** に関係する典型的な手法とは異なる雑多な問題も扱う．例えば，何らかの意味で現象に再現性はあるだろうか？　もちろん周期的な解であるなら同じ現象が繰り返し起こることが分かる（6 ページの例 3 など）．だが，そうでなかったときにも，最初にいた場所の近傍に無限回戻って来るのか，あるいは他に行ったまま戻って来ないのかなどということが知りたい．このような問いに関連して，有名な Poincaré の再帰定理を見る．また，カオスと呼ばれる初期値鋭敏性を持つ力学系についても，少し触れる.

3.2 節では，定値解（不動点）と周期解というふたつの特別な解に対して，それぞれ安定性を判定する方法を探る．そこでは，線型化方程式が重要な役割を果たす．また，相空間が 2 次元のとき，周期解の存在に関する理論も見る.

3.3 節では，方程式の解の性質を，より簡単な方程式の解の性質に帰着させるといった発想から出発する．方程式に助変数を導入して，考察したい方

---

2)　**phase3** には構造安定性（291 ページ参照）という概念があって，これについては 3.3 節で見るが，Laplace らの考察はこれとも違い，**phase3** でも，より定量的なものである.

程式を，簡単な方程式から助変数の値が少しずれたものとして捉える．これを摂動法という．助変数を動かしたとき，解の挙動は，よく分かる方程式のものから，大幅に変わってしまうのか，ほとんど変わらないのか？

また，3章の最後には，“相図を描く” と称して，プログラムを使ったヴェクトル場や解軌道の描画についても，簡単に見ることにする．

3.1 力学系

まず，言葉を用意しよう．次の用語は2章で定義した1助変数変換群と同じ概念だが (222 ページ)，ここでは，微分方程式の解を相空間における流れとしてとらえるためにこの用語を使っている．

定義 3.1 $\mathbb{R} \times M$ から M への連続写像 T で次のふたつの性質を持つものを，M 上の**力学系** (dynamical system) と呼ぶ．

(1) 任意の $\xi \in M$, $t, s \in \mathbb{R}$ に対し，$T(s, T(t, \xi)) = T(t+s, \xi)$,

(2) 任意の $\xi \in M$ に対して，$T(0, \xi) = \xi$.

自励的微分方程式系 $dx/dt = f(x)$, $x \in \mathbb{R}^n$ の初期条件 $x(t_0) = \xi$ を満たす解を $x = \varphi(t; t_0, \xi)$ とし，任意の初期値に対する解の大域的存在と一意性を仮定する．$M = \mathbb{R}^m$, $T(t, \xi) = \varphi(t; 0, \xi)$ と置くと，これは力学系を定義する．この力学系を，微分方程式の定める**流れ** (flow) と呼ぶこともある．

力学系の定義されている空間 M を**相空間** (phase space) と呼ぶ．微分方程式の研究では M は $\mathbb{R}^m$ などを考えているのであるが，M を一般の位相空間として，位相的性質のみから分かる理論を考える**位相力学系**，あるいは M を測度空間とする**測度論的力学系**など，いろいろな抽象化が行われている．ここでいう抽象とは，たくさん考えられる構造のうち，仮定する性質を限定して，限定されたものの中で議論をすることで，物事を決定している要因を見極める作業と思ってもらえればよい．

相空間 M が $\mathbb{R}^m$ のとき，各 $\xi \in \mathbb{R}^m$ に対して $T(t, \xi)$ が t で微分可能なときは，この力学系は，ある自励的微分方程式から定まる流れに一致する．

$\because$ ヴェクトル場を $f(x) = \left.\frac{\partial}{\partial t}\right|_{t=0} T(t, x)$ で定義する．このとき力学系の条件 (1) から

$$\frac{\partial}{\partial t}T(t,x) = \left.\frac{\partial}{\partial s}\right|_{s=0} T(t+s,x) = \left.\frac{\partial}{\partial s}\right|_{s=0} T(s,T(t,x)) = f(T(t,x))$$

となり，この力学系は微分方程式 $dx/dt = f(x)$ から定まる流れと一致する（このことは，1 助変数変換群のところ（222 ページ）で既に見た）． □

写像 $T(t,\xi)$ が，ξ を固定したとき，t の関数として C^1 級ならば，**C^1 級の流れ**と呼ぼう．

ところで，今は時間 t を実数で考えているが，このような連続的な力学系に対して，時間を整数の値をとるものと考えた**離散力学系** (discrete dynamical system) を考えることもできる．つまり，$\mathbb{Z} \times M \ni (n,\xi) \mapsto T(n,\xi) \in M$ である．この場合，$T(\xi) = T(1,\xi)$ と書くことにすれば，これは M から M への写像を定義し，$T(n,\cdot)$ は T の n 回の合成である．

微分方程式の定める流れの研究に関しても，離散力学系を有効に使えることがある．例えば，連続的な力学系 $T(t,\xi)$ があったときに，時間幅 δ を固定して，$T(\xi) = T(\delta,\xi)$ とすると，離散力学系を定義したことになる．また，これとは違う例として，後で Poincaré 写像を見る（263 ページ）．

a. Poincaré の再帰定理

まず最初に，測度の定義されている相空間での力学系において，現象の再現性が簡単に示せる場合があるので，それを見てみよう．測度が定義された空間というのは，体積が定義された空間と思えばよい．

定義 3.2 微分方程式の定める力学系 T に対して，点 $\xi \in M$ が**再帰的** (recurrent) であるとは，ξ の任意の近傍 U に対し $\lim_{j\to\infty} t_j = \infty$ となる点列 t_j がとれて，任意の j について $U \cap T(-t_j, U) \neq \emptyset$ とできることをいう．

定理 3.3（Poincaré の再帰定理） D を $\mathbb{R}^m$ の体積有限な集合とする．D 上の微分方程式の定める流れが体積を保つならば，D 内の任意の点は再帰的．

証明． 点 ξ が再帰的でないとする．ある $s > 0$ がとれて，$t \geq s$ ならある ξ の近傍 U に対して $U \cap T(-t,U) = \emptyset$ とできる．ここで $T(js,U)$, $j = 1,2,\ldots$ を考える．$j > i$ であれば，$T(js,U) \cap T(is,U) = \emptyset$ である．こ

れは，$T(js,U)\cap T(is,U)=T(js,T(-(j-i)s,U)\cap U)$ から分かる．

微分方程式の定める流れは体積を保つので $T(js,U)$ は U と同じ体積である．これは正の値を持つから，合わせると無限大になり，D が体積有限なことに矛盾する．□

微分方程式の定める流れが体積を保つというのが重要な条件である．体積を保つ流れを**保測的** (volume preserving) と呼ぶ．体積を保つことに関して，次が成り立つ．

定理 3.4　微分方程式 $dx/dt=f(x)$ において，$\operatorname{div} f=\sum_{k=1}^{m}\partial f_k/\partial x_k=0$ が満たされるならば，方程式の定める流れ T は体積を保存する．

証明.　相空間における変換 $x=T(t,\xi)$ を考える．行列 $X=\partial T(t,\xi)/\partial\xi$ はこの変換の Jacobi 行列になるが，これは変分方程式 $\frac{d}{dt}X=(\partial f/\partial x)X$ の解になっている（変分方程式については 65 ページを参照）．

よって $\det X$ は方程式 $\frac{d}{dt}\det X=\operatorname{tr}(\partial f/\partial x)\det X$ を満たす．仮定から $\operatorname{tr}(\partial f/\partial x)=\operatorname{div} f=0$ で $\det X$ は定数．$\xi=T(0,\xi)$ より $\det X=1$ となる．

時間 t を固定したとき，積分の変数変換公式から，$\Omega\subset\mathbb{R}^n$ に対して

$$\int_{T(t,\Omega)} dx_1\cdots dx_m=\int_{\Omega}|\det X|\,d\xi_1\cdots d\xi_m=\int_{\Omega} d\xi_1\cdots d\xi_m$$

となり，体積は不変に保たれる．□

これを使うと，例えば，Hamilton 系は体積を保存することが分かる．これは **Liouville の定理**と呼ばれる．

$\because$　$(x_k)_{k=1}^{2n}=(q_1,\ldots,q_n,p_1,\ldots,p_n)$ と置くと，$dx/dt=f(x)$ は，$f=(\partial H/\partial p_1,\ldots,\partial H/\partial p_n,-\partial H/\partial q_1,\ldots,-\partial H/\partial q_n)$ となる．よって $\operatorname{div} f=\sum_{k=1}^{n}\left(\partial^2 H/\partial q_k\partial p_k-\partial^2 H/\partial q_k\partial p_k\right)=0$ で成り立つ．□

ただし，Poincaré の再帰定理を適用するためには，体積有限な領域への流れの閉じ込めが成り立たなくてはいけない．

逆に，$\operatorname{div} f\neq 0$ のとき，このような系を**散逸系** (dissipative system) と呼ぶ．例えば，減衰振動（例 1，3 ページ）などで，摩擦などの抵抗が働くと相空間における体積は単調に減少する．

b. Poincaré 写像と離散力学系

微分方程式 $dx/dt = f(x)$ の定める $\mathbb{R}^m$ 上の力学系 T を考える．$\mathbb{R}^m$ 内の超曲面 Σ の各点でヴェクトル場 $f(x)$ が Σ に接する超平面に含まれていないとき，f は Σ に横断的に交わるといい，Σ をヴェクトル場 f の**切断面** (cross section) と呼ぶ．座標をうまくとり，$\Sigma = \{x = (x_1, \ldots, x_m)\ ;\ x_1 = 0\}$ と書けたとすると，これは $f_1(\xi) \neq 0, \xi \in \Sigma$ を意味している．

ヴェクトル場の切断面 Σ とその点 $\xi \in \Sigma$ に対して，$\tau > 0$ でまた $T(\tau, \xi)$ が Σ 上に戻ってくるとき，そのような最小の $\tau = \tau(\xi) > 0$ を ξ の帰還時間といい，写像 $\Sigma \ni \xi \mapsto T(\tau(\xi), \xi) \in \Sigma$ を **Poincaré 写像**（あるいは帰還写像 (return map)）と呼ぶ．

Σ の任意の点に関して Poincaré 写像が定義されているとき，この写像は Σ 上の離散力学系を定義している．

例 18（**Poincaré 写像**）

2 次元の方程式系

$$\frac{d}{dt}x = \begin{pmatrix} \alpha & -1 \\ 1 & \alpha \end{pmatrix} x - \|x\|^2 x \tag{3.1}$$

の定める流れを考えよう[3]．まず，極座標を使って，方程式を書き直すと

$$\frac{dr}{dt} = \frac{x_1}{r}\frac{dx_1}{dt} + \frac{x_2}{r}\frac{dx_2}{dt}, \qquad \frac{d\theta}{dt} = -\frac{x_2}{r^2}\frac{dx_1}{dt} + \frac{x_1}{r^2}\frac{dx_2}{dt}$$

であるから

$$\frac{dr}{dt} = r(\alpha - r^2), \qquad \frac{d\theta}{dt} = 1 \tag{3.2}$$

と表される．さらに，この方程式は求積可能で，解は初期値 r_0, θ_0 を用いて

$$r = \left\{\frac{1}{\alpha} + \left(\frac{1}{{r_0}^2} - \frac{1}{\alpha}\right) e^{-2\alpha t}\right\}^{-1/2}, \qquad \theta = t + \theta_0$$

と，初等函数で表せる．

それでは，$\Sigma = \{(r, \theta) \in \mathbb{R}_{\geq 0} \times S^1\ ;\ \theta = \theta_0\}$ と置いて，Poincaré 写像を考えよう．Σ 上の点を出発した軌道は，時間が 2π 経つごとに Σ に戻ってくる．

3) この方程式は，294 ページの Hopf 分岐のところで再び扱う．

つまり Poincaré 写像は Σ の元を r で表すとすると

$$P(r) = \left\{ \frac{1}{\alpha} + \left(\frac{1}{r^2} - \frac{1}{\alpha} \right) e^{-4\alpha\pi} \right\}^{-1/2}$$

と書ける．グラフを書いてみると，$P(r) = r$ は対角線に対応し，グラフと対角線の交点が不動点になる．

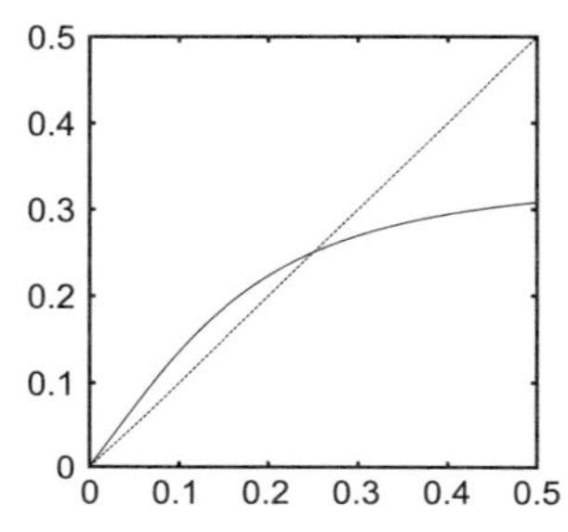

図 **3.1**　Poincaré 写像 ($\alpha = 0.0625$)

今の場合は $r = 0$ と $r = \sqrt{\alpha}$ を不動点に持っている．$r = 0$ は方程式系の不動点，$r = \sqrt{\alpha}$ は周期解に対応している．

ここでは系は求積可能で，Poincaré 写像も初等函数で書けてしまったが，一般には，Poincaré 写像は簡単な表示を持たないことが多い．また，例 3 の Lotka-Volterra 方程式（6 ページ）のように，すべての解が周期解である場合には，恒等写像になってしまって意味がない．

Poincaré 写像を考えることで，連続力学系の問題を，より簡単な離散力学系の問題に帰着できる場合がある．

この本では，Poincaré-Bendixson の定理（定理 3.12，276 ページ）の証明のところでも，Poincaré 写像の考え方が使われる．

c. カオス

微分方程式は解けないという認識の背景には，カオスと呼ばれる性質を持つ力学系の存在がある．Poincaré 写像を考えるなどして，次のような性質を持つ離散力学系が現れることがあるのだ．

離散力学系 $T\colon\ M \to M$ がカオス的であるというのは，T が

(1) 初期値鋭敏性 (sensitive dependence on initial conditions) を持つ，

(2) 推移的 (transitive) である，

(3) 周期点が稠密に存在する

という 3 つの性質を持つことをいう．ここで，T が**初期値鋭敏性**を持つとは，ある正の定数 β があり，任意の $\xi \in M$ とその近傍 U に対して，ある $\eta \in U$

と自然数 n がとれて，$\|T^n(\xi)-T^n(\eta)\|>\beta$ とできることと定義する．また，**推移的**であるとは，M のふたつの任意の開集合 U_1, U_2 に対して，$T^n(\xi)\in U_2$ となるような $\xi\in U_1$ と自然数 n が存在することとする．

実は，“カオス”の定義には，(3) の条件がなかったり，エントロピーを用いた条件が付け加えられたり，いろいろな流儀があり，確定的なものがあるわけではない．ここで挙げたのは Devaney によるものである[4)5)]．

例 19（テント写像）

カオス的な力学系の例として，テント写像を見てみよう．これは

$$T(\xi)=\begin{cases} 2\xi & (0\le\xi<1/2) \\ 2-2\xi & (1/2\le\xi\le 1) \end{cases} \tag{3.3}$$

で定まる $M=[0,1]$ 上の単純な離散力学系である．

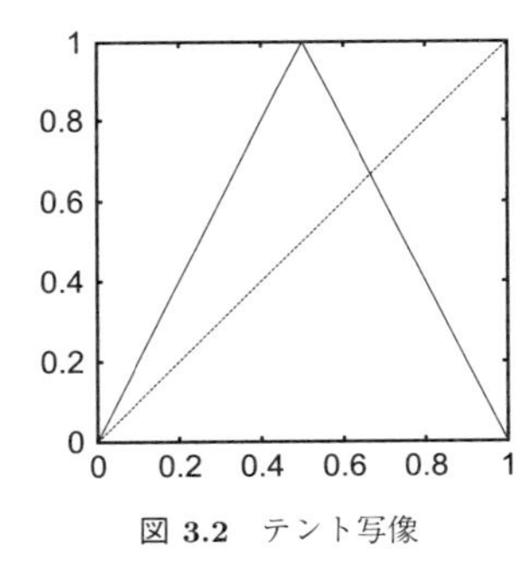

図 3.2 テント写像

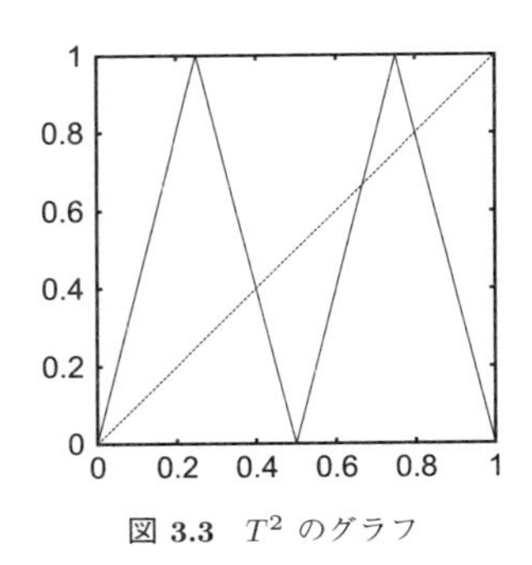

図 3.3 T^2 のグラフ

この系が，カオス的であることを示したい．まず，T^n は $k=1,\ldots,2^n$ に対して区間 $[(k-1)/2^n, k/2^n]$ をそれぞれ $[0,1]$ 全体に移し，各区間で T^n のグラフは対角線との交点を持つ．これらは周期点であり，任意の開集合に周期点が存在することが分かる．

次に推移性であるが，任意の開集合 U_1 に対して，n を十分大きくとれば U_1 に含まれる区間 $[(k-1)/2^n, k/2^n]$ が存在する．この区間は T^n で $[0,1]$ 全体に移るから，U_2 の元に移る元も存在する．

4) ハーシュ・スメール・デヴァニー，力学系入門，共立出版 (2007) などを参照．
5) 実は，Devaney がこの定義を与えたあとに，性質 (1) は (2) と (3) から導かれることが示されている．

最後に，初期値鋭敏性であるが，β を $1/2$ より小さくとればよい．これを見るために，$\xi \in [0,1]$ を2進法で表そう[6]．つまり

$$\xi = \frac{a_1}{2} + \frac{a_2}{2^2} + \frac{a_3}{2^3} + \cdots, \qquad a_j \in \{0,1\}$$

と書けたとする．$b_j = 1 - a_j \in \{0,1\}$, $j = 1, 2, \ldots$ と置くと，テント写像は

$$T(\xi) = \begin{cases} \frac{a_2}{2} + \frac{a_3}{2^2} + \frac{a_4}{2^3} + \cdots, & a_1 = 0 \text{ のとき} \\ \frac{b_2}{2} + \frac{b_3}{2^2} + \frac{b_4}{2^3} + \cdots, & a_1 = 1 \text{ のとき} \end{cases}$$

と表される．さて，ξ の近傍 U に対して n を十分大きくとれば

$$\eta = \frac{a_1}{2} + \frac{a_2}{2^2} + \frac{a_3}{2^3} + \cdots + \frac{a_n}{2^n} + \frac{b_{n+1}}{2^{n+1}} + \frac{a_{n+2}}{2^{n+2}} + \cdots$$

が $\eta \in U$ となるようにできる．このとき $|\eta - \xi| = 1/2^{n+1}$ である．

さて $T^n(\xi) = \frac{a_{n+1}}{2} + \frac{a_{n+2}}{2^2} + \frac{a_{n+3}}{2^3} + \cdots$ あるいは $T^n(\xi) = \frac{b_{n+1}}{2} + \frac{b_{n+2}}{2^2} + \frac{b_{n+3}}{2^3} + \cdots$ となるが，このとき $T^n(\eta)$ はそれぞれ $\frac{b_{n+1}}{2} + \frac{a_{n+2}}{2^2} + \frac{a_{n+3}}{2^3} + \cdots$, $\frac{a_{n+1}}{2} + \frac{b_{n+2}}{2^2} + \frac{b_{n+3}}{2^3} + \cdots$ となり，$|T^n(\eta) - T^n(\xi)| = 1/2$ である．

このような簡単な写像からカオスが生み出されてしまうことが，興味深い．

さて，カオス系について重要なのが，系が決定論的な枠組みからはずれていないことである．何も法則がなく，神がサイコロを振るのなら仕方がない．しかし，現象がある法則によって，その時間発展を厳密に決定されているなら，未来を予測することは可能なはずだ．カオス系は，そのような素朴な信念に対する原理的な反例を与えたわけである．

初期値鋭敏性は，出発点の非常に小さな差が大きな結果の違いを生み出すことを表している．これは，将来の出来事の予知は，事実上不可能であることを示唆する．

このことは，定理1.20（62ページ）の初期値に関する連続性に矛盾しない．定理は，ある短い時間は近くに留まると言っているのであって，それを越えた時間について何かを述べているわけではない．

これに対して，安定性という概念は，近くから出発した軌道が永遠に近くにあることを要求する．これが次の3.2節の話題である．

ところで，カオス的な振る舞いをする力学系は，解析の対象になり得ない

6) これは $\{0,1\}$ の無限列の空間上の力学系と思うこともできる．このような力学系を記号力学系と呼ぶ．

のであろうか？　そんなことはない．例えば，エルゴード性[7]という性質を満たす力学系では，逆に，確率論的な手法から，時間発展に関する知見が得られることも多い．だが，ここから先は，本書の射程を超える．

3.2　不動点と周期軌道と安定性

ある初期値 $x(0) = \xi$ を出発点とした微分方程式の流れによる軌道 $O(\xi)$ を考える．軌道は，不動点，周期軌道とそれ以外の 3 種類に分類される．不動点でも周期軌道でもない場合は，数直線 $\mathbb{R}$ の 1 対 1 の像になる．

不動点は，その位置も比較的特定しやすいし，時間発展は自明である．これに対し，周期軌道については，まずその記述がそれほど簡単ではなく，それどころか存在すらも判定が難しい場合もある．ただし，いったん解が周期的であると分かってしまえば，軌道は円周であるし，そこを回り続けるだけで，遠くに行ってしまうようなこともない．

定値解や周期解が見つかったときに，次に知りたいのは，その解の安定性である．不動点や周期軌道上の点に近い点は，十分な時間が経っても，そのそばに留まっているであろうか？　実際の問題，初期値に関しての観測誤差を考えると，不動点なのか不動点に非常に近いが違う点なのか区別できないかもしれない．その場合，不動点ではないが非常に近い点と考えたほうがよいだろうか？　安定性の問題は，時間大域的な性質を見るとき，とても大切な観点なのである．

永遠の時間の後も，惑星は周期運動を続けているだろうか？

3.2.1　不動点

正規形自励的微分方程式系

$$\frac{d}{dt}x = f(x) \tag{3.4}$$

において f は C^1 級とする．$f(\xi) = 0$ とすると，$x = \xi$ は不動点である．

不動点においては，その軌道は 1 点であるので，解の振る舞いはよく分かっている．そこで，次に考えたいのは，不動点の近辺での流れである．不動点近くの点は，時間が経った後も，不動点の近くに留まっているだろうか？

7)　エルゴード性とは，系の時間平均と空間平均が一致するという性質である．

a. Lyapunov 函数

不動点の近傍での解の安定性に関しては，Lyapunov による方法が知られていて，非常に強力である．まずはこれから見てみよう．

定義 3.5　微分方程式 $dx/dt = f(x)$ に対して，函数 $V(x)$ が **Lyapunov 函数**であるとは，方程式の任意の解 $x = \varphi(t)$ に対して，$V(\varphi(t))$ が t について単調非増加となることをいう．

V が C^1 級だとすると，単調非増加というのは $dV(\varphi(t))/dt \leq 0$ と表せる．ここで，$dV(\varphi(t))/dt = \sum_{k=1}^{m}(\partial V/\partial x_k) f_k(x)|_{x=\varphi(t)} = ((\partial V/\partial x) \cdot f)|_{x=\varphi(t)}$ である．$\widetilde{V}(x) = (\partial V/\partial x) \cdot f(x)$ と置こう．

さらに，正定値性に関する用語もまとめておこう．$X = \xi$ の近傍で定義された函数 V が連続で，$V(\xi) = 0, V(x) \geq 0$ を満たすとき，ξ の周りで**半正定値**と呼ぶ．また，V が ξ の周りで半正定値で，$V(x) \neq 0\ (x \neq \xi)$ であるとき，ξ の周りで**正定値**であるという．

定理 3.6（Lyapunov）　不動点 $x = \xi$ の周りで，正定値 C^1 級な Lyapunov 函数 V が存在するとき，$x = \xi$ は安定である．さらに，$-\widetilde{V} = -(\partial V/\partial x) \cdot f(x)$ が $x = \xi$ の周りで正定値なら，ξ は漸近安定である．

証明．　安定性．不動点 ξ の適当な近傍 $B_\varepsilon = \{x\ ;\ \|x - \xi\| < \varepsilon\}$ をとる．V は連続で正定値なので，$U_\delta = \{x\ ;\ V(x) < \delta\}$ と置いて $0 < \delta$ を適当にとると，$\xi \in U_\delta \subset B_\varepsilon$ とできる．開集合 U_δ に含まれるような ξ の近傍 $B_{\varepsilon'}$ をとると，初期値を $\eta \in B_{\varepsilon'}$ ととったときの微分方程式の解 $x = \varphi(t; 0, \eta)$ は $dV(\varphi)/dt \leq 0$ より，任意の t について $U_\delta \subset B_\varepsilon$ にとどまっている．よって，$x = \xi$ は安定である．
漸近安定性．条件 $\widetilde{V}(x) = (\partial V/\partial x) \cdot f(x) < 0, x \neq \xi$ を仮定する．このとき，うまく ε がとれて，$\lim_{t\to\infty} \varphi(t; 0, \eta) = \xi, \eta \in B_\varepsilon = \{x\ ;\ \|x - \xi\| < \varepsilon\}$ となることが言いたい．これには，任意の $\delta > 0$ に対して十分大きな T をとると，$t \geq T$ に対して $V(\varphi(t; 0, \eta)) < \delta$ となることが言えればよい[8)]．

8)　$\lim_{t\to\infty} \varphi(t; 0, \eta) = \xi$ は，任意の $\varepsilon' > 0$ に対して，$T > 0$ が存在して，$t \geq T$ ならば $\|\varphi(t; 0, \eta) - \xi\| < \varepsilon'$ ということであるが，$\delta > 0$ として，$U_\delta \subset B_{\varepsilon'}$ となるものをとればよい．

$\delta > 0$ が小さいときに示せればよいから，十分小さいとして，$U_\delta = \{x\,;\, V(x) < \delta\} \subset B_\varepsilon \subset U_c$ としよう．$F = \overline{U_c} \setminus U_\delta$ と置くと，F は有界閉集合なので，$\widetilde{V}$ は F 上最大値を持つ．これを $-L < 0$ と置く．

一度 $\varphi(t; 0, \eta)$ が U_δ に入れば，再び外に出てくることはないので，$\varphi(t; 0, \eta)$ が F にとどまっていると仮定して矛盾を導けばよい．F においては $dV(\varphi(t; 0, \eta))/dt \leq -L$ であるから，積分すると $V(\varphi(t; 0, \eta)) \leq V(\eta) - Lt$ が言える．$V(\eta) < c$ であるから，$t > (c - \delta)/L$ とすると $V(\varphi(t; 0, \eta)) < \delta$ となって矛盾． □

Lyapunov 函数はうまく見つかれば非常に強力だが，与えられた方程式に対してどのように構成したらよいのだろうか？　そこで次に，1 次式による近似で分かることを見てみよう．

b. 線型化方程式による漸近挙動の判定

与えられた方程式を線型方程式で近似することを考えよう．右辺 f の $x = \xi$ における 1 次近似を考え，Jacobi 行列 $\frac{\partial f}{\partial x}(\xi) = A \in M_m(\mathbb{R})$ に対して，微分方程式 (3.4) の不動点 $x = \xi$ における**線型化方程式** (linearized equation) を次で定義する：

$$\frac{d}{dt}X = AX, \quad X \in \mathbb{R}^m. \tag{3.5}$$

今，方程式系 (3.5) は定数係数線型系だから，求積法で解くことができ，不動点 $X = 0$ における挙動も詳しく調べることができる．

線型化方程式の係数 $A = \frac{\partial f}{\partial x}(\xi)$ の固有値によって，不動点の漸近挙動が判定できるときがある．これを見ておこう．

定理 3.7　線型化方程式の係数 $A = \frac{\partial f}{\partial x}(\xi)$ の固有値の実部がすべて負であるとき，元の方程式の対応する不動点は漸近安定である．ひとつでも実部が正の固有値を持つならば，安定ではない．

注意 3.8　同様に，固有値の実部がすべて正の場合には負に漸近安定であり，ひとつでも実部が負の固有値を持つなら負に不安定であることが言える．また，実部が零，つまり純虚固有値の場合は，2 次以上の項によって安定になる場合も不安定になる場合もあって，線型化方程式からは判定できない． □

定理 3.7 の証明に関しては，いろいろなものが知られているが，ここでは Lyapunov 函数を構成する方法を見よう．

線型化方程式の係数 A に対して，行列 B を

$$B = \int_0^\infty e^{{}^tAs} e^{As} ds \tag{3.6}$$

と置く．行列 B は広義積分であるが，固有値の実部がすべて負であれば収束している．この B を A に対する **Lyapunov 行列**と呼ぶ．2 次形式 $V(x) = {}^t(x-\xi)B(x-\xi)$ を Lyapunov 函数とすることができる．

$\because$　$f = A(x-\xi) + g$ のとき $\widetilde{V} = (\partial V/\partial x) \cdot f(x)$ を計算すると

$$\begin{aligned}\widetilde{V}(x) &= {}^t(x-\xi)(B + {}^tB)(A(x-\xi) + g(x)) \\ &= {}^t(x-\xi)(BA + {}^tAB)(x-\xi) + {}^t(x-\xi)(B + {}^tB)g(x)\end{aligned}$$

となるが

$${}^tAB + BA = \int_0^\infty \frac{d}{ds}(e^{{}^tAs} e^{As}) ds = [e^{{}^tAs} e^{As}]_0^\infty = -1_n$$

であるから，$\widetilde{V} = -\|x-\xi\|^2 + {}^t(x-\xi)(B + {}^tB)g(x)$ となる．$g(x) = o(\|x-\xi\|)$ だったので，$\widetilde{V} = -\|x-\xi\|^2(1 + o(1))$ となり[9]，V が Lyapunov 函数，特に $-\widetilde{V}$ が正定値であることが言える．　□

問題 3.1　函数 V が $x = \xi$ の周りで正定値であることを示せ．

証明（定理 3.7）． 漸近安定性．固有値の実部がすべて負のとき，Lyapunov の定理から漸近安定性が言える．

不安定性．行列 $A = \frac{\partial f}{\partial x}(\xi)$ を実 Jordan 標準形（xviii ページ参照）に実可逆行列 P を用いて相似変換し，固有値の実部が正のブロックを J_+，それ以外を J_- と表す．零固有値や純虚固有値のブロックは J_- に入る[10]：

9)　$g(x) = o(\|x-\xi\|)$ は，任意の $\varepsilon > 0$ に対してある $\delta > 0$ がとれて，$\|x-\xi\| < \delta$ ならば $\|g(x)\| < \varepsilon\|x-\xi\|$ となること．$o(1)$ も同様．

10)　実部が 0 の固有値がない場合には，$A_+ = P^{-1}(J_+ \oplus O)P$, $A_- = P^{-1}(O \oplus J_-)P$ と置き，$-A_+ + A_-$ の Lyapunov 行列 B から $V = -{}^t(x-\xi)B(x-\xi)$ を作ると，$\widetilde{V}$ が正定値になってすぐに定理の主張が示せるが，実部が 0 の固有値がある場合には指数函数の広義積分の収束が示せない．

$$A = P^{-1}\begin{pmatrix} J_+ & O \\ O & J_- \end{pmatrix} P.$$

ここで，$J_\pm$ は $J_{r_1}(\alpha_1) \oplus \cdots \oplus J_{r_l}(\alpha_l) \oplus K_{s_1}(\beta_1, \gamma_1) \oplus \cdots \oplus K_{s_k}(\beta_k, \gamma_k)$ の形で $J_r(\alpha) = \alpha 1_r + N_r$, $K_s(\beta, \gamma) = K^{\oplus s} + {N_{2s}}^2$ と書けた．対角行列 $D_\pm$ をうまくとることで，$J_\pm$ の代わりに $\widetilde{J}_\pm = {D_\pm}^{-1} J_\pm D_\pm$ を考えると，冪零部分をそれぞれ μN_r, $\mu {N_{2s}}^2$ にすることができる．例えば，$D = \mathrm{diag}\,(1, \mu, \mu^2, \ldots, \mu^{r-1})$ と置くと，$D^{-1} J_r(\alpha) D = \alpha 1_r + \mu N_r$ で，$D = \mathrm{diag}\,(1, 1, \mu, \mu, \ldots, \mu^{s-1}, \mu^{s-1})$ と置くと，$D^{-1} K_s(\beta, \gamma) D = K^{\oplus s} + \mu {N_{2s}}^2$ となる．

$y = ({D_+}^{-1} \oplus {D_-}^{-1}) P\,(x - \xi)$ と置こう．方程式を y に関する方程式に書き直し，ふたつに分けたものを

$$\frac{dy_+}{dt} = \widetilde{J}_+ y_+ + g_+(y), \quad \frac{dy_-}{dt} = \widetilde{J}_- y_- + g_-(y)$$

と書くことにする．$g = {}^t(g_+, g_-)$ とする．

ここで $V(y) = \|y_+\| - \|y_-\|$ とし，解 $y(t)$ の軌道に沿った時間微分を考える．$d\|y_\pm\|^2/dt = {}^t y_\pm(\widetilde{J}_\pm + {}^t\widetilde{J}_\pm) y_\pm + 2{}^t y_\pm g_\pm$ となるが，一方で $d\|y_\pm\|^2/dt = 2\|y_\pm\|(d\|y_\pm\|/dt)$ なので，dV/dt が計算できる．

$y = 0$ が安定であるとして矛盾を導きたい．安定であるとすると，任意の $\eta > 0$ に対して $\delta > 0$ がとれて，$\|y(0)\| < \delta$ ならば $\|y(t)\| < \eta$ とすることができる．また，任意の $\varepsilon > 0$ に対して $\|y\| < \eta$ ならば $\|g(y)\| < \varepsilon \|y\|$ となるよう $\eta > 0$ がとれる．

J_+ の固有値の実部の最小値を $\sigma > 0$ とする．$\|y(0)\| < \delta$ とすると

$$\begin{aligned} \frac{d\|y_+\|^2}{dt} &\geq 2\sigma\|y_+\|^2 - 2\mu\|y_+\|^2 - 2\varepsilon\,(\|y_+\| + \|y_-\|)\,\|y_+\|, \\ \frac{d\|y_-\|^2}{dt} &\leq 2\mu\|y_-\| + 2\varepsilon\,(\|y_+\| + \|y_-\|)\,\|y_-\| \end{aligned}$$

が言え，$dV/dt \geq (\sigma - \mu - 2\varepsilon)\|y_+\| - (\mu + 2\varepsilon)\|y_-\|$ となる．$\mu = \sigma/4, \varepsilon = \sigma/8$ ととると，結局

$$\frac{d}{dt} V(y(t)) \geq \frac{\sigma}{2} V(y(t))$$

が言え，これから $V(y(t)) \geq V(y(0)) \exp(\sigma t/2)$ が言える．

初期値を $V(y(0)) = \|y_+(0)\| - \|y_-(0)\| > 0$ となるようにとれば，$\|y_+\| \geq V(t) \to \infty$ となり，安定性に矛盾する． □

c. 2 次元系の場合の線型化方程式

線型化方程式を使った解析を，相空間が 2 次元の場合に適用してみよう．線型化方程式の係数 A を相似変換で同一視して，それにより，不動点の近傍での振る舞いを分類することができる．

実 2 次正方行列は次のいずれかに相似である：

$$（ア）\quad \begin{pmatrix} \lambda & 0 \\ 0 & \mu \end{pmatrix}, \quad（イ）\quad \begin{pmatrix} \lambda & 1 \\ 0 & \lambda \end{pmatrix}, \quad（ウ）\quad \begin{pmatrix} \alpha & -\beta \\ \beta & \alpha \end{pmatrix}. \tag{3.7}$$

ただし，$\lambda, \mu, \alpha, \beta \in \mathbb{R}$, $\beta \neq 0$.（ウ）は $\begin{pmatrix} \alpha+\sqrt{-1}\beta & 0 \\ 0 & \alpha-\sqrt{-1}\beta \end{pmatrix}$ に相似である．

ここで，漸近挙動を特定しようと思うと，固有値の実数部分が正か負かで分類しなければならない．

線型化方程式から分かる不動点付近での漸近挙動は次の 4 つに分かれる．

(1) 不動点が沈点になる場合：

（ア），（イ）の場合は（安定）結節点 (node)，（ウ）の場合は（安定）渦状点 (focal point) と呼ばれる．ただし，これらは位相的には同じものと思えることを後で見る（例 23，291 ページ）．

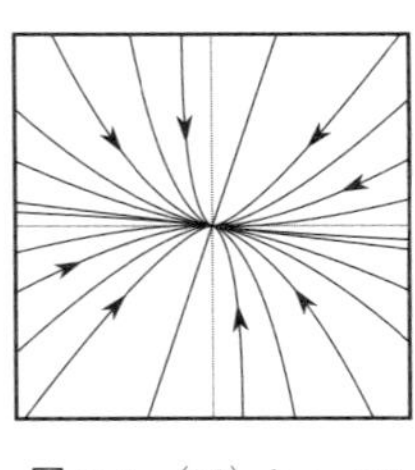
図 3.4　（ア）$\lambda, \mu < 0$

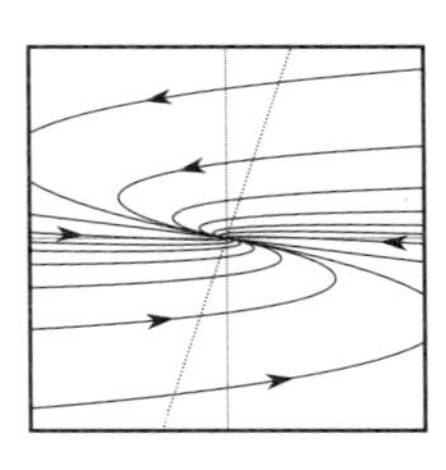
図 3.5　（イ）$\lambda < 0$

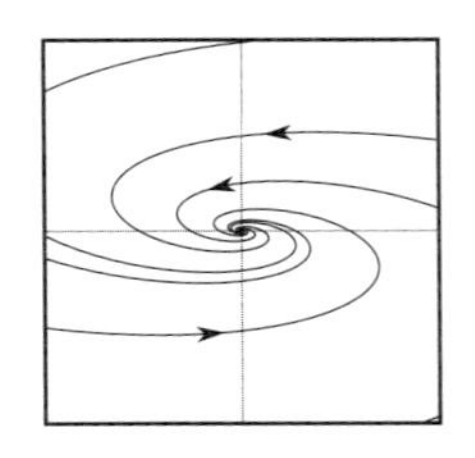
図 3.6　（ウ）$\alpha < 0$

(2) 不動点が源点になる場合：

$$（ア）\quad \lambda, \mu > 0, \quad（イ）\quad \lambda > 0, \quad（ウ）\quad \alpha > 0.$$

解の挙動の様子は，(1) の矢印が逆になるだけである．これらもやはり（不安定）結節点，（不安定）渦状点と呼ばれる．

(3) 不動点が沈点にも源点にもならない場合（鞍点，saddle）：

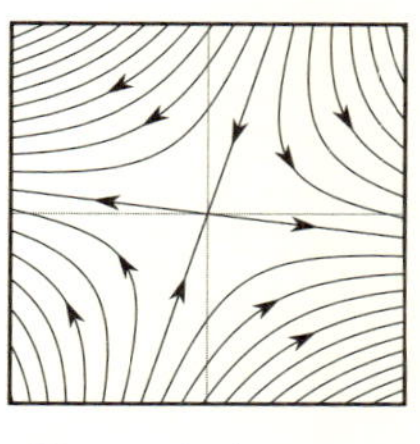

図 3.7 （ア）$\lambda\mu < 0$

(4) 不動点付近での漸近挙動が線型化方程式（1 次近似）のみからは判定できない場合：

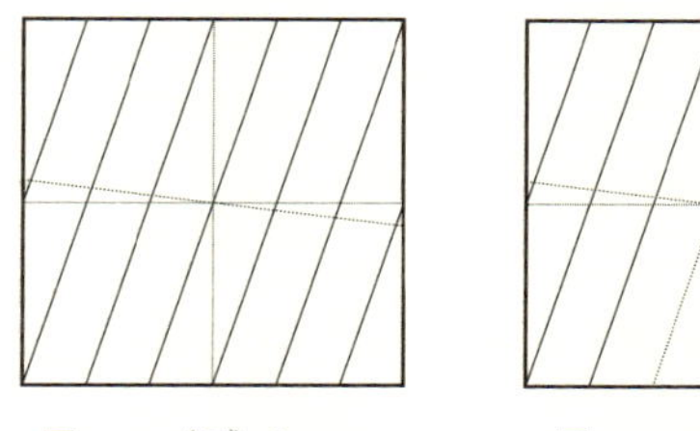

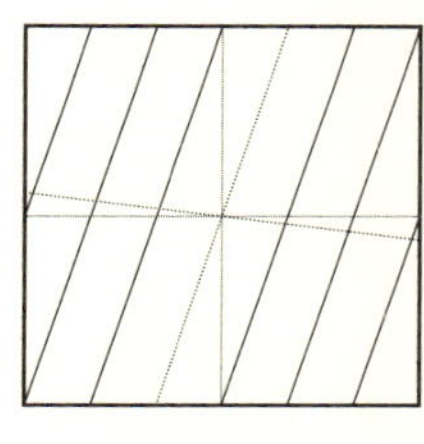

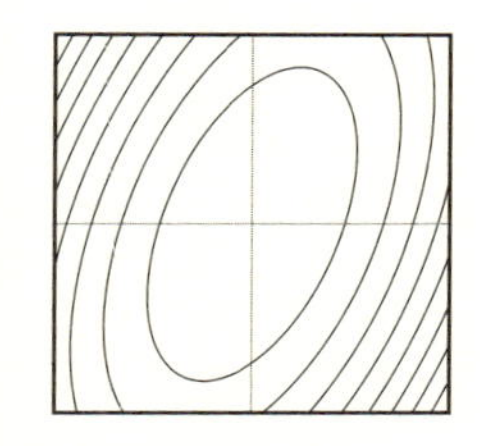

図 3.8 （ア）$\lambda\mu = 0$　図 3.9 （イ）$\lambda = 0$　図 3.10 （ウ）$\alpha = 0$

図は定数係数同次線型方程式の場合で，非線型項があるときは挙動が図とは大きく異なる可能性がある．定数係数同次線型方程式で（ア），（イ）の場合は，0 固有値に対応する固有空間はすべて不動点になってしまい，不動点は孤立点ではない．

線型化方程式から分かる安定性の議論は以上のようであるが，最後の場合に含まれる例で，渦心点と呼ばれる場合があるので，それを述べておこう．

定義 3.9　不動点 ξ の任意の近傍の中に，ξ の周りを回るような周期軌道が存在するとき，ξ を**渦心点** (center) と呼ぶ．

渦心点は安定であるが，漸近安定ではない．また，これは線型化方程式からは判別できない．例えば，次のような例が作れる．

例 20（渦心点と，渦心点でない不動点）

方程式 $dx/dt = f(x)$ において，$f_1 = -x_2$, $f_2 = x_1$ と置くと，これは $x = 0$

を渦心点に持つ．

$f_1 = -x_2 - x_1({x_1}^2 + {x_2}^2)$, $f_2 = x_1 - x_2({x_1}^2 + {x_2}^2)$ と置くと，これは前と同じ線型化方程式を持つが，原点は渦心点ではない．

∵ $V = {x_1}^2 + {x_2}^2$ と置くと，$dV(x_1(t), x_2(t))/dt = -2V^2$ となり，$V(x_1(t), x_2(t)) = 1/(2t + C)$ と書け，$t \to \infty$ で $V \to 0$ であるから，原点は漸近安定である[11]．□

計算例 3.1　微分方程式の不動点を求め，各不動点が沈点か源点かいずれでもないかを求めよという問題をよく見かける．この問題を方程式

$$\frac{d}{dt}\begin{pmatrix} x_1 \\ x_2 \end{pmatrix} = \begin{pmatrix} f_1(x_1, x_2) \\ f_2(x_1, x_2) \end{pmatrix}, \quad f_1 = (1 - x_1 - 2x_2)x_1, \quad f_2 = (1 - 2x_1 - x_2)x_2$$

について考えてみよう．

まず，不動点は f_1, f_2 がともに 0 になる点であるが，これは，$(0, 0)$, $(1, 0)$, $(0, 1)$, $(1/3, 1/3)$ の 4 点のみであることがすぐに分かる．

次に，各点における線型化方程式の係数を求めたいが

$$\frac{\partial f}{\partial x} = \begin{pmatrix} 1 - 2x_1 - 2x_2 & -2x_2 \\ -2x_1 & 1 - 2x_1 - 2x_2 \end{pmatrix}$$

となるので，それぞれの点で $\begin{pmatrix} 1 & 0 \\ 0 & 1 \end{pmatrix}$, $\begin{pmatrix} -1 & 0 \\ -2 & -1 \end{pmatrix}$, $\begin{pmatrix} -1 & -2 \\ 0 & -1 \end{pmatrix}$, $\begin{pmatrix} -1/3 & -2/3 \\ -2/3 & -1/3 \end{pmatrix}$ となる．これから $(0, 0)$ が源点，$(1, 0)$, $(0, 1)$ が沈点であることはすぐに分かる．最後の $(1/3, 1/3)$ であるが，線型化方程式の係数の固有値は $(\lambda + \frac{1}{3})^2 - \frac{4}{9} = 0$ の解，$\lambda = -1, 1/3$ で，固有値が正負ひとつずつであるから鞍点であることが分かり，これは源点でも沈点でもない．

11)　ここでは $V(x_1(t), x_2(t))$ を具体的に解いてしまったが，Lyapunov の定理（定理 3.6, 268 ページ）を使っても示せる．

3.2.2 周期軌道

不動点に関しては，方程式の形を見て，導函数が零になるような点を探せばよいので，比較的探すのが楽だった．それに対して，周期軌道を見つけるのは難しいことが多い．

a. Poincaré-Bendixson の定理

空間が $\mathbb{R}^2$ のときには，ω 極限集合（定義は xvi ページを見よ）を追っていくことによって，周期軌道が見つかることがある．

極限集合の性質について少し見ておこう．自励系 $dx/dt = f(x),\ x \in \mathbb{R}^n$ を考え，その初期条件 $x(t_0) = \xi$ を満たす解を $x = \varphi(t; t_0, \xi)$ と書くことにする．

命題に不変集合という言葉が出てくるが，集合 S が**不変集合**というのは任意の元 $\xi \in S$ に対して ξ を通る軌道 $O(\xi)$ が S に含まれることをいう．

命題 3.10　$\omega(\xi)$ は（ア）不変集合であり，（イ）閉集合で，（ウ）正の半軌道 $O^+(\xi)$ が有界ならば，$\omega(\xi)$ は連結である．

証明.（ア）$\eta \in \omega(\xi)$ とする．定義から $t_k \to \infty$ なる点列が存在して，$\lim_{k\to\infty} \varphi(t_k; 0, \xi) = \eta$ となる．$x \in O(\eta)$ とすると，$\varphi(t; 0, \eta) = x$ なる t がとれる．このとき $\lim_{k\to\infty} \varphi(t + t_k; 0, \xi) = x$ で，$x \in \omega(\xi)$ となるから $O(\eta) \subset \omega(\xi)$.

（イ）$\omega(\xi)$ 上の点列 $\{\eta_j\}_{j=1}^{\infty}$ が $\eta_j \to \eta$ を満たすとき，$\eta \in \omega(\xi)$ が言えればよい．部分列でとり直して，$\|\eta_j - \eta\| < 1/j$ を満たすようにしよう．

η_j は極限集合の元だから，数列 $\{t_k^{(j)}\}_{k=1}^{\infty}$ があって，$\lim_{k\to\infty} \varphi\bigl(t_k^{(j)}; 0, \xi\bigr) = \eta_j$ となる．$\left\|\varphi\bigl(t_{k_j}^{(j)}; 0, \xi\bigr) - \eta_j\right\| < 1/j$ となるように k_j をとる．このとき

$$\left\|\varphi\bigl(t_{k_j}^{(j)}; 0, \xi\bigr) - \eta\right\| \le \left\|\varphi\bigl(t_{k_j}^{(j)}; 0, \xi\bigr) - \eta_j\right\| + \|\eta_j - \eta\| < 2/j$$

となり，$\lim_{j\to\infty} \varphi\bigl(t_{k_j}^{(j)}; 0, \xi\bigr) = \eta$ で，$\eta \in \omega(\xi)$ が言える．

（ウ）まず，$t \to \infty$ のとき $\operatorname{dist}(\varphi(t; 0, \xi), \omega(\xi)) \to 0$ となることを見ておこう．ただし，$\operatorname{dist}(x, U) = \inf\{\|y - x\|\ ;\ y \in U\}$ と定義した．0 に収束しないとすると，ある $\varepsilon > 0$ と点列 $\{t_j\}_{j=1}^{\infty}$, $t_j \to \infty$ がとれて，$\operatorname{dist}(\varphi(t_j; 0, \xi), \omega(\xi)) > \varepsilon$, $j = 1, 2, \ldots$ とできる．$\varphi(t_j; 0, \xi)$ は有界だから，Bolzano と Weierstrass の定

理[12]から収束する部分列を持つが，収束先は $\omega(\xi)$ の元になるから矛盾．

さて，$\omega(\xi)$ が連結でないと仮定すると，$\omega(\xi)$ は共通部分を持たない空でない有界閉集合 ω_1, ω_2 の和集合として表される．また，共通部分を持たない開集合 U_1, U_2 があって，$\omega_1 \subset U_1, \omega_2 \subset U_2$ とできる．$O_\tau^+ = \{\varphi(t;0,\xi)\ ;\ t \geq \tau\}$ と置くと $\mathrm{dist}(\varphi(t;0,\xi),\omega(\xi)) \to 0$ から，τ を十分大きくとれば，$O_\tau^+ \subset U_1 \cup U_2$ とできる．O_τ^+ は連結であるから，$O_\tau^+ \cap U_1 = \emptyset$ または $O_\tau^+ \cap U_2 = \emptyset$ となり，これは $\omega(\xi)$ の定義に反する．よって $\omega(\xi)$ は連結．□

注意 3.11　（ア）$t \to \infty$ で $\varphi(t;0,\xi) \to \eta$ であるとき，$\omega(\xi) = \{\eta\}$，
（イ）$O(\xi)$ が周期軌道であるとき，$\omega(\xi) = O(\xi)$．□

平面上の微分方程式の定める流れについては次の便利な定理が成り立つ．

定理 3.12（Poincaré-Bendixson）　平面上の微分方程式の定める C^1 級の流れに対して，ある点 ξ の正の半軌道 $O^+(\xi)$ が有界で[13]，$\omega(\xi)$ が不動点を含まなければ，$\omega(\xi)$ は周期軌道である．

周期軌道が，軌道上にない点の ω 極限集合であるということは，$t \to \infty$ の極限で，解の軌道が，その周期軌道に巻き付いているということになる．

定義 3.13　力学系の周期軌道が，その上にない点の ω 極限集合，または α 極限集合になるとき，その周期軌道を**極限周期軌道** (limit cycle) と呼ぶ．

Poincaré-Bendixson の定理を，使いやすいように書き換えると，次の定理が得られる．上の定理からこれを導くのは難しくないだろう．

定理 3.14　平面上の微分方程式の定める C^1 級の流れに対して，不動点を含まない有界閉不変集合が存在するとき，この閉集合内に周期軌道が存在する．

定理を証明するために次の補題を見ておこう．

---

12)　Bolzano-Weierstrass の定理：有界閉集合上の無限点列は収束する部分列を持つ．
13)　このとき，ω 極限集合 $\omega(\xi)$ は空ではない．

補題 3.15 $\xi \in \mathbb{R}^2$ を不動点でないとすると，ξ の近傍 U と ξ を通る直線 l があって，$U \cap l = \Sigma$ は不動点を含まず，また各点で解軌道に接しないようにできる（i.e.，Σ は切断線）．このとき，U に含まれる ξ の近傍 V があって，任意の点 $\eta \in V$ についてある $t_\eta \in \mathbb{R}$ がとれて，$\varphi(t_\eta; 0, \eta) \in \Sigma$ とできる．

証明. 直線 l の法線ヴェクトルを n としよう．$\varphi(t; 0, \eta) \in l$ という条件は $n \cdot (\varphi(t; 0, \eta) - \xi) = 0$ と書き換えられる．これを t について解きたい．

陰函数定理の条件を考えると，$\eta = \xi$, $t = 0$ でこの式は成り立ち，また $n \cdot \dfrac{\partial \varphi}{\partial t}(0; 0, \xi) = n \cdot f(\xi) \neq 0$ であるから，ξ の近傍で連続函数 $t_\eta = t(\eta)$ が存在して $n \cdot (\varphi(t_\eta; 0, \eta) - \xi) = 0$ を満たす．これは連続だから，$\varphi(t_\eta; 0, \eta)(\in l)$ も η に関して連続であり，V を十分小さな近傍にとれば，任意の $\eta \in V$ に対し $\varphi(t_\eta; 0, \eta) \in \Sigma$ となる． □

ところで，Poincaré と Bendixson の定理は空間の次元が 3 以上の場合には成立しない．2 次元において成り立つのは，2 次元においては，単純閉曲線が領域を内側と外側のふたつに分けるからである．3 次元においては，閉曲線は空間の分割を引き起こさない．

定理 3.16（Jordan の閉曲線定理） 自己交差点を持たない連続な閉曲線は，平面を内側と外側のふたつの領域に分ける．

自己交差点を持たない曲線を **Jordan 曲線**，あるいは**単純曲線**と呼ぶ．この定理は一見当たり前に見えるが，証明は大変である[14]．

まず，Jordan の閉曲線定理を用いて，次の補題を示そう．

補題 3.17 不動点でない $\eta \in \omega(\xi)$ に対し η の近傍 U と η を通る直線 l をとり，$U \cap l = \Sigma$ が不動点を含まず，また，各点で解軌道に接しないようにする．このとき Σ と $\omega(\xi)$ の交点は η のみである．

証明. $O(\xi)$ が Σ と交点を 3 つ持つとし，これを $\zeta_k = \varphi(t_k; 0, \xi)$, $k = 1, 2, 3$,

14) Jordan の閉曲線定理については，一樂重雄，位相幾何学，朝倉書店 (1993) などを参照してほしい．

$t_1 < t_2 < t_3$ と置く．このとき，$\zeta_1, \zeta_2, \zeta_3$ は Σ 上にこの順に並ぶこと，つまり，ζ_2 は線分 $\zeta_1\zeta_3$ 上にあることを，まず示そう．

点 ζ_1 と ζ_2 を結ぶ軌道 $\{\varphi(t;0,\xi)\ ;\ t_1 \le t \le t_2\}$ を γ とし，γ と線分 $\zeta_1\zeta_2$ を合わせてできる閉曲線を Γ とする．Jordan の閉曲線定理 3.16 により，Γ は $\mathbb{R}^2$ を内側と外側に分ける．γ を横切る解は存在しないし，また，線分 $\zeta_1\zeta_2$ 上では，すべての解が外側から内側に入り込むか，内側から外側に入り込むかのどちらかである．これは，線分 $\zeta_1\zeta_2$ 上に不動点はなく，解が接することもないので，線分 $\zeta_1\zeta_2$ の途中で解の向きが変わることがないからである．

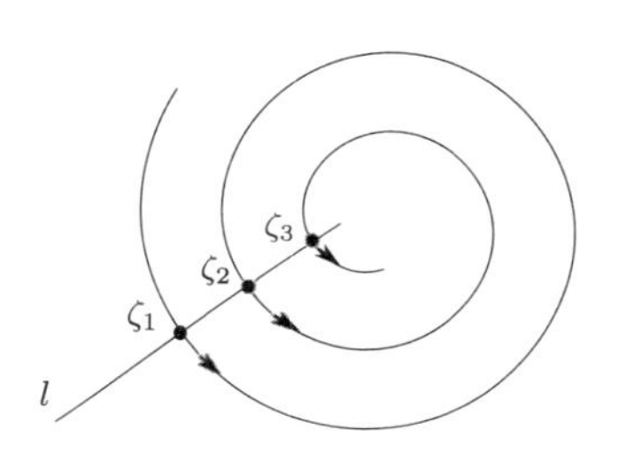

以下，どちらでも同様に議論できるので，解は外側から内側へ流れるとしよう．このとき ζ_3 は内側にある．ところで，Σ の Γ に関する内側の部分は，ζ_2 から見て ζ_1 と反対側の部分である．よって ζ_2 は線分 $\zeta_1\zeta_3$ の上にあることが分かった．

さて，$\eta_1, \eta_2 \in \Sigma \cap \omega(\xi), \eta_1 \ne \eta_2$ であるとしよう．η_k は極限集合の元であるから，$\lim_{j\to\infty} \varphi(s_j^{(k)};0,\xi) = \eta_k$ となる数列 $\{s_j^{(k)}\}_{j=1}^{\infty}, k = 1,2$ がとれる．補題 3.15 から，$\sigma_j^{(k)}$ がとれて，$\upsilon_j^{(k)} = \varphi(s_j^{(k)} + \sigma_j^{(k)};0,\xi)$ を Σ 上にあるようにすることができる．$s_j^{(k)} + \sigma_j^{(k)} \to \infty, k = 1,2$ であるから，適当に項を省くことで，$s_j^{(1)} + \sigma_j^{(1)} < s_j^{(2)} + \sigma_j^{(2)} < s_{j+1}^{(1)} + \sigma_{j+1}^{(1)}$ が成り立つようにとり直すことができる．こうすると，最初に示したことから，$\upsilon_j^{(1)}$ と $\upsilon_j^{(2)}$ は Σ 上交互に並ぶことになる．$\upsilon_j^{(k)} \to \eta_k$ で，$\eta_1 \ne \eta_2$ から，これは不可能である．　□

証明 (Poincaré-Bendixson)．まず，① 任意の $\eta \in \omega(\xi)$ に対し，$\omega(\xi) = \omega(\eta)$ であることを示す．

① の証明．$\omega(\xi) \setminus \omega(\eta) \ne \emptyset$ とする．$\omega(\xi) = (\omega(\xi) \setminus \omega(\eta)) \cup \omega(\eta)$ で，命題 3.10 により $\omega(\xi)$ は連結で，$\omega(\eta)$ は閉だから，$\omega(\xi) \setminus \omega(\eta)$ の閉包は $\omega(\eta)$ と共通点を持たなければならない．これを $\zeta \in \omega(\eta) \cap \overline{(\omega(\xi) \setminus \omega(\eta))}$ としよう．

ζ は不動点でないので，軌道 $O(\zeta)$ とは接しない ζ を通る直線 l を引くことができる．ζ の近傍 V と U $(V \subset U)$ を，補題 3.15 が成り立つようにとる．

ところが ζ は $\omega(\xi) \setminus \omega(\eta)$ の閉包の点だから，V は $\omega(\xi) \setminus \omega(\eta)$ の点を含む．この点を $\upsilon \in \omega(\xi)$ とすると $O(\upsilon)$ $(\subset \omega(\xi))$ は $l \cap U$ の点を通過するが，

$v \notin \omega(\eta)$ から，この通過点は ζ とは一致せず，補題 3.17 に矛盾する．

次に ② $\eta \in \omega(\xi)$ に対して $O(\eta)$ が周期軌道であることを示したい．これが示されると，$O(\eta) = \omega(\eta) = \omega(\xi)$ であるから，証明が終了する．

② の証明．$\eta \in \omega(\xi)$ とする．η は不動点でないから，やはり l, V, U を補題 3.15 が成り立つようにとれる．

さて，$\eta \in \omega(\eta)$ であるから，$t_k \to \infty$ となる点列がとれて，$\lim_{k\to\infty} \varphi(t_k; 0, \eta) = \eta$ とできる．$\zeta_k = \varphi(t_k; 0, \eta)$ とする．k を大きくとれば $\zeta_k \in V$ とでき，補題 3.15 により，ある $\tau_k \in \mathbb{R}$ がとれて $\varphi(\tau_k; 0, \zeta_k) \in l \cap U$ となる．

ところが，$\varphi(\tau_k; 0, \zeta_k) = \varphi(t_k + \tau_k; 0, \eta)$ であるから，この点は $O(\eta) \subset \omega(\eta) \subset \omega(\xi)$ で，極限集合に含まれる．補題 3.17 から，$\varphi(\tau_k; 0, \zeta_k)$ は η に一致しなければならない．これは $t_k + \tau_k$ が周期であることを表している．□

例 21（**van der Pol の方程式**）

3 極真空管を使った電気振動の発振回路から，van der Pol は微分方程式

$$\frac{d^2x}{dt^2} - \varepsilon(1 - x^2)\frac{dx}{dt} + x = 0 \tag{3.8}$$

を導いた．これを **van der Pol の微分方程式**と呼ぶ．

第 2 項がなければ単振動の方程式になる．振幅 x が小さいとき，$\varepsilon < 0$ ならば第 2 項は減衰項となるが，$\varepsilon > 0$ のときは負抵抗を与え，小さな振動は次第に成長する．ε が大きいときには，特徴的な弛緩振動が見られる．

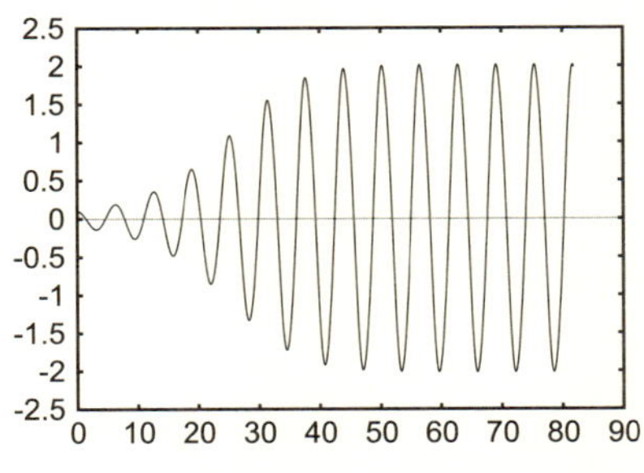

図 3.11　$\varepsilon = 0.2$．小さな揺れが成長して安定した振動になる

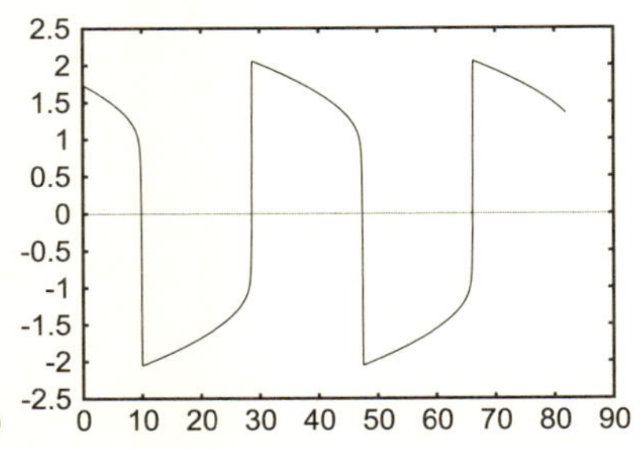

図 3.12　$\varepsilon = 20$．ゆっくりとした動きのあと急激に動く（弛緩振動）

Poincaré と Bendixson の定理を使うと，$\varepsilon > 0$ のとき，安定的に発振を繰り返すことを示すことができる．これを見ておこう．この方程式は 1 階連立

方程式に書き直すと

$$\frac{d}{dt}\begin{pmatrix} x \\ y \end{pmatrix} = \begin{pmatrix} y \\ -x + \varepsilon(1-x^2)y \end{pmatrix} \tag{3.9}$$

となる．不動点は原点のみである．原点での線型化方程式を考えると

$$\frac{d}{dt}\begin{pmatrix} X \\ Y \end{pmatrix} = \begin{pmatrix} Y \\ -X + \varepsilon Y \end{pmatrix} = \begin{pmatrix} 0 & 1 \\ -1 & \varepsilon \end{pmatrix}\begin{pmatrix} X \\ Y \end{pmatrix} \tag{3.10}$$

と計算できる．この係数の固有値は $\left(\varepsilon \pm \sqrt{\varepsilon^2 - 4}\right)/2$ であるから，$\varepsilon > 0$ のとき，源点になる．よってこれは ω 極限集合にはならない．

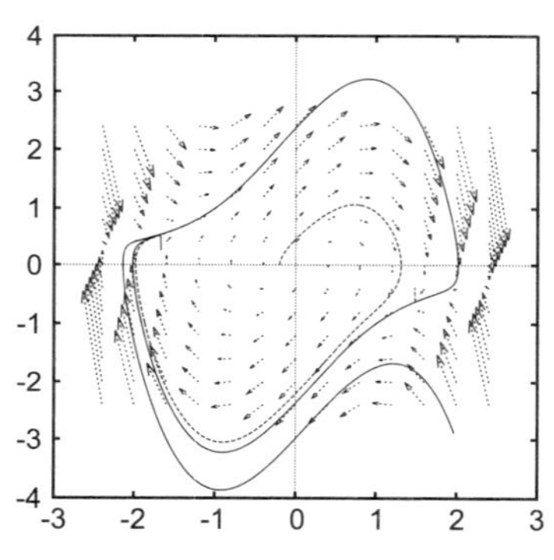

図 3.13 ヴェクトル場と軌道 ($\varepsilon = 1.5$)

Poincaré-Bendixson の定理により，原点以外の点から出発した解軌道は，無限遠方に行ってしまうか[15]，あるいは極限周期軌道に近づいていくかのどちらかしかない．しかし，今の場合は前者にはならないことが示せる．これについては，“相図を描く” のヌルクライン(316 ページ) のところで見る．

結局，原点以外の点から出発した解軌道は極限周期軌道に漸近していくことが分かり，これは回路が規則正しい発振を繰り返すことに対応している．

Poincaré と Bendixson の定理は，極限周期軌道の存在を示す定理だったが，逆に，周期軌道の非存在を示す定理もある．

定理 3.18 (Bendixson) 単連結領域 $D \subset \mathbb{R}^2$ において，$\operatorname{div} f = \frac{\partial f_1}{\partial x_1} + \frac{\partial f_2}{\partial x_2} > 0$ であるなら，微分方程式 $dx/dt = f(x)$ は D 内に周期軌道を持たない．

証明. 領域 D 内に周期軌道があったとして，それを γ とする．γ に囲まれ

15) ξ を出発した解が無限遠方に行ってしまうときは，$\omega(\xi) = \emptyset$ である．

た領域を Ω とすると，Green の定理から

$$\int_\Omega \left(\frac{\partial f_1}{\partial x_1} + \frac{\partial f_2}{\partial x_2}\right) dx_1 dx_2 = \int_\gamma (f_1 dx_2 - f_2 dx_1)$$

で，右辺はさらに $\int_\gamma \left(f_1 \frac{dx_2}{dt} - f_2 \frac{dx_1}{dt}\right) dt = \int_\gamma (f_1 f_2 - f_2 f_1) dt = 0$ と計算できるが，これは $\operatorname{div} f > 0$ に矛盾する． □

b. 周期函数係数の線型方程式

不動点の安定性を議論するにあたって，不動点における線型化方程式というものを考えたが，これは，一般の解に対しても定義できる．

初期値問題 $dx/dt = f(x)$, $x(t_0) = \xi$ の解を $x = \varphi(t; t_0, \xi)$ とする．Jacobi 行列を使って

$$A(t) = \frac{\partial f}{\partial x}(\varphi(t; t_0, \xi)) \in M_m(\mathbb{R})$$

と定義して，これを係数に持つ線型方程式

$$\frac{d}{dt} X = A(t) X, \quad X \in \mathbb{R}^m \tag{3.11}$$

を考える．この (3.11) を，解 $\varphi(t; t_0, \xi)$ に沿った**線型化方程式**（あるいは**変分方程式**，variational equation）と呼ぶ．これは，不動点の場合と違って，変数係数の線型微分方程式になる．

線型化方程式を使って，周期軌道の安定性について議論したい．$\varphi(t; t_0, \xi)$ が周期解の場合は，係数 $A(t)$ も周期函数であるから，周期函数係数の線型微分方程式を扱うことになる．

周期函数係数線型微分方程式

$$\frac{dx}{dt} = A(t) x \tag{3.12}$$

を考える．$A(t+T) = A(t)$ とする．$\Phi(t)$ を解の基本系行列とすると，$\Phi(t+T)$ もまた方程式 (3.12) の解の基本系行列になる．よって，ある可逆行列 C があって，$\Phi(t+T) = \Phi(t) C$ と書ける．この $C \in GL_m(\mathbb{R})$ を **Floquet 行列**と呼ぶ．別の基本系行列をとった場合には，Floquet 行列は相似な行列に移ることが分かる．特に，固有値に関しては基本系行列のとり方に依らない．$\det C \neq 0$ より $\exp(2\Lambda T) = C^2$ を満たす定数行列 $\Lambda \in M_m(\mathbb{R})$ が存在する[16]．

16) C が負の実固有値を持たなければ，$\exp(\Lambda T) = C$, $\Lambda \in M_m(\mathbb{R})$ とできる．

問題 3.2　行列 $C \in GL_m(\mathbb{R})$ に対して $\Lambda \in M_m(\mathbb{R})$ の計算方法を説明せよ．

さて，$P(t) = \Phi(t)\exp(-\Lambda t)$ と置くと，$P(t+2T) = \Phi(t+2T)\exp(-\Lambda(t+2T)) = \Phi(t)C^2C^{-2}\exp(-\Lambda t) = P(t)$ となり，P は周期 $2T$ の周期函数となる．

定理 3.19（Floquet）　$\mathbb{R}$ で連続な周期 T の周期函数行列 A に対し，線型方程式 $dx/dt = A(t)x$ の解の基本系行列は

$$\Phi(t) = P(t)\exp(\Lambda t) \tag{3.13}$$

と書かれる．ただし，P は周期 $2T$ の周期函数行列である．

特に，$dP/dt = (A - \Lambda)P$ となるので，係数を $A(t)$ から $A(t) - \Lambda$ に代えて，解の基本系として周期函数を持つ方程式が得られる．

例 22（Mathieu の方程式）

周期函数係数の線型方程式として，次の **Mathieu の方程式**が有名である[17]：

$$\frac{d^2}{dt^2}x + (\omega^2 - 2\varepsilon\cos t)x = 0. \tag{3.14}$$

これは，$\varepsilon = 0$ のとき，単振動の式である．

まず，独立変数を $s = \cos t$ に変換してみよう．このとき

$$(1-s^2)\frac{d^2}{ds^2}x - s\frac{d}{ds}x + (\omega^2 - 2\varepsilon s)x = 0 \tag{3.15}$$

と書き換えられる．これは $s = \pm 1$ を確定特異点，$s = \infty$ を不確定特異点とする微分方程式になる．2B 章の方法で扱えるが，剛的な方程式の範疇に入らないので，超幾何のような簡単な表示は持たない．

元の式に戻って，実数の範囲で考えよう．Floquet 行列 C の固有値を調べたい．固有値を θ とすると，解 $x = m(t)$ で $m(t+2\pi) = \theta m(t)$ を満たすものが存在する．これを Floquet の解（Bloch の解ということもある）と呼ぶ．

初期値 $x^{[0]}(0) = 1$, $\frac{dx^{[0]}}{dt}(0) = 0$, $x^{[1]}(0) = 0$, $\frac{dx^{[1]}}{dt}(0) = 1$ で定義される解を

17)　より一般に，係数 $p(t)$ を周期函数とする $d^2x/dt^2 = p(t)x$ の形の方程式を Hill の方程式と呼ぶ．

考える．このとき $x^{[0]}$ は偶函数，$x^{[1]}$ は奇関数であることが分かる．ここで

$$\begin{pmatrix} x^{[0]}(2\pi) & x^{[1]}(2\pi) \\ \frac{dx^{[0]}}{dt}(2\pi) & \frac{dx^{[1]}}{dt}(2\pi) \end{pmatrix} = \begin{pmatrix} x^{[0]}(0) & x^{[1]}(0) \\ \frac{dx^{[0]}}{dt}(0) & \frac{dx^{[1]}}{dt}(0) \end{pmatrix} C = C$$

となる．また Wronskian を考えると，これは定数で（115 ページ参照），初期値から $W(x^{[0]}, x^{[1]}) = 1$ となり，$\det C = 1$ が分かる．さらに

$$C^{-1} = \begin{pmatrix} x^{[0]}(-2\pi) & x^{[1]}(-2\pi) \\ \frac{dx^{[0]}}{dt}(-2\pi) & \frac{dx^{[1]}}{dt}(-2\pi) \end{pmatrix} = \begin{pmatrix} x^{[0]}(2\pi) & -x^{[1]}(2\pi) \\ -\frac{dx^{[0]}}{dt}(2\pi) & \frac{dx^{[1]}}{dt}(2\pi) \end{pmatrix}$$

から，$x^{[0]}(2\pi) = \frac{dx^{[1]}}{dt}(2\pi)$ となり $\operatorname{tr} C = 2x^{[0]}(2\pi)$ で，固有値 θ は

$$\theta^2 - 2x^{[0]}(2\pi)\,\theta + 1 = 0$$

を満たすことが分かった．$|x^{[0]}(2\pi)| < 1$ のとき楕円型，$|x^{[0]}(2\pi)| > 1$ のとき双曲型，$|x^{[0]}(2\pi)| = 1$ のとき放物型と呼ばれ，楕円型のときはすべての解が有界であることが分かる．一方 $\varepsilon = 0$ のときは解が求まり，$|x^{[0]}(2\pi)| = |\cos(2\pi\omega)| \leq 1$ となる．

さて，周期解における線型化方程式として現れる周期函数係数の線型方程式の話に戻ろう．函数 $x = \varphi(t)$ を，方程式 $dx/dt = f(x)$ の周期解であるとする．このとき $X = d\varphi/dt$ は線型化方程式

$$\frac{d}{dt}X = \left(\frac{\partial f}{\partial x}(\varphi(t))\right) X = A(t)X \tag{3.16}$$

の解になり，また，X は周期函数の微分で，自身も周期函数となっている．よって，線型化方程式は Floquet 行列の固有値として，少なくともひとつは 1 を持つことが分かる．

この固有値 1 が問題を難しくする．すべての固有値の絶対値が 1 より小さければ，不動点の場合と同様，ある種の安定性が言えそうであるが[18]，今の場合，この固有値に対応する 1 次元分の空間の挙動を見なくてはいけない．

また，周期解は漸近安定にはなり得ないこともすぐに分かる．なぜなら，

18) 非自励な系の場合，Floquet 行列の固有値の絶対値がすべて 1 より小さいことはあり得て，そのときは漸近安定となる．

周期解 $x = \varphi(t)$ に対して $\tilde{\varphi}(t) = \varphi(t+\delta)$ と置くと，これも解になっていて，δ を小さくとれば $t = 0$ における φ と $\tilde{\varphi}$ の値はいくらでも近くできる．一方で，$t \to \infty$ としても $\|\varphi(t+\delta) - \varphi(t)\|$ は 0 に収束せず，漸近安定ではない．

しかし，解の位置を比べるのではなく，周期軌道からの距離を考えると，周期軌道の近傍から出発する解はこの周期軌道に巻き付いていくことを示せる場合がある．今の場合は，より詳しく，以下の定理が言える．

定理 3.20　m 連立微分方程式系 $dx/dt = f(x)$ に周期解 $x = \varphi(t)$ が存在して，この周期解における線型化方程式の Floquet 行列が $m-1$ 個の絶対値が 1 より小さい固有値を持つとする．このとき，正数 ε が存在して，ある t_0, t_1 について $\|\psi(t_1) - \varphi(t_0)\| < \varepsilon$ を満たすような解 $x = \psi$ に対して，定数 c を適当にとると，$\lim_{t\to\infty} \|\psi(t+c) - \varphi(t)\| = 0$ とできる．

証明.　$z = x - \varphi$ と置いて，方程式を $A(t) = \left(\frac{\partial f}{\partial x}(\varphi(t))\right)$ を使って

$$\frac{dz}{dt} = A(t)z + g(t,z), \quad g = o(\|z\|) \tag{3.17}$$

に書き換える．座標をうまくとって $\varphi(0)$ が原点，$\frac{d\varphi}{dt}(0)$ は第 1 成分以外すべて 0 となるようにしておこう．また，線型化方程式の解の基本系行列を

$$\Phi(t) = P(t)\exp(\Lambda t), \quad \Lambda = 0 \oplus \Lambda_1 \tag{3.18}$$

という形になるようにとる．ただし P は周期函数行列，Λ_1 は固有値の実部がすべて負の，サイズ $m-1$ の正方行列である．

z に関する微分方程式を，積分方程式に書き換えて解析したい．まず

$$U_1(t,s) = P(t)\left(0 \oplus e^{\Lambda_1(t-s)}\right)P(s)^{-1}, \quad U_2(t,s) = P(t)(1 \oplus O_{m-1})P(s)^{-1}$$

と置こう．$U_1 + U_2 = \Phi(t)\Phi(s)^{-1}$ で，また，$\frac{\partial}{\partial t}U_i = A(t)U_i,\ i = 1,2$ となる．

ここで $t \geq 0$ として，$z = \phi(t,\zeta)$ を次の積分方程式

$$\phi(t,\zeta) = \Phi(t)\zeta + \int_0^t U_1(t,s)g(s,\phi(s,\zeta))ds - \int_t^\infty U_2(t,s)g(s,\phi(s,\zeta))ds \tag{3.19}$$

の解とすると $z = \phi(t,\zeta)$ は微分方程式 (3.17) の解である．

積分方程式の解を逐次近似法によって構成するが，この解の $t \to \infty$ での挙動を見たい．以下を示そう．① ヴェクトル ζ の第 1 成分 ζ_1 が 0 で $\|\zeta\|$ が十分小さいとき，解 $\phi(t,\zeta)$ は $t \to \infty$ で ζ について一様に 0 に収束する，② ある t_0, t_1 について $\|\psi(t_1) - \varphi(t_0)\| < \varepsilon$ を満たすような解 $x = \psi$ に対し，適当な c をとると，$\psi(t+c) - \varphi(t)$ は $\zeta_1 = 0$ とした $\phi(t,\zeta)$ と一致する．

このふたつが示されると定理は証明されたこととなる．

① の証明．まず，$\sigma > 0$ として，Λ_1 の固有値の実部は，すべて $-\sigma$ より小さいとしよう．$\zeta_1 = 0$ であるとすると，適当な定数 K がとれて，

$$\|U_1(t,s)\| \le Ke^{-\sigma(t-s)} \ (t \ge s), \quad \|U_2(t,s)\| \le K, \quad \|\Phi(t)\zeta\| \le K\|\zeta\|e^{-\sigma t}$$

とできる．また，$g = o(\|z\|)$ だから，適当に $\delta > 0$ をとると $\|z\|, \|\tilde{z}\| < \delta$ の条件のもと $\|g(t,z) - g(t,\tilde{z})\| \le \frac{\sigma}{8K}\|z - \tilde{z}\|$ を満たすようにできる．

$t \ge 0$ で，逐次近似函数を，$\phi^{[0]}(t) = 0$ とし，$k = 0, 1, \ldots$ に対し

$$\phi^{[k+1]}(t) = \Phi(t)\zeta + \int_0^t U_1(t,s)g\left(s, \phi^{[k]}(s)\right)ds - \int_t^\infty U_2(t,s)g\left(s, \phi^{[k]}(s)\right)ds$$

で定める．$\zeta_1 = 0$ で，かつ $\|\zeta\| < \delta/2K$ としよう．このとき

$$\left\|\phi^{[k+1]}(t) - \phi^{[k]}(t)\right\| \le \frac{K}{2^k}\|\zeta\|e^{-\sigma t/2} \tag{3.20}$$

となることを帰納法で示す．まず，$t \ge 0$ のとき $\|\phi^{[1]}(t) - \phi^{[0]}(t)\| = \|\phi^{[1]}(t)\| \le K\|\zeta\|e^{-\sigma t} \le K\|\zeta\|e^{-\sigma t/2}$ が成り立つ．次に k が l より小さいときに (3.20) が成り立つとして，l でも成り立つことを示そう．このとき，$\|\phi^{[l]}(t)\| \le \sum_{j=0}^{l-1} \|\phi^{[j+1]}(t) - \phi^{[j]}(t)\| \le 2K\|\zeta\|e^{-\sigma t/2} \le 2K\|\zeta\| < \delta$ はすぐ分かる．よって，近似函数の定義式における広義積分は収束し，また

$$\begin{aligned}
&\left\|\phi^{[l+1]}(t) - \phi^{[l]}(t)\right\| \\
\le& K\int_0^t e^{-\sigma(t-s)}\frac{\sigma}{8K}\left\|\phi^{[l]}(t) - \phi^{[l-1]}(t)\right\|ds + K\int_t^\infty \frac{\sigma}{8K}\left\|\phi^{[l]}(t) - \phi^{[l-1]}(t)\right\|ds \\
\le& \frac{K}{2^{l-1}}\|\zeta\|\frac{\sigma}{8}\left\{e^{-\sigma t}\int_0^t e^{\sigma s/2}ds + \int_t^\infty e^{-\sigma s/2}ds\right\} \le \frac{K}{2^l}\|\zeta\|e^{-\sigma t/2}
\end{aligned}$$

となり，(3.20) が任意の k について言えた．これから，逐次近似法による函数列は積分方程式 (3.19) の解に一様収束することが分かる．また

$$\|\phi(t,\zeta)\| \le \sum_{k=0}^{\infty} \frac{K}{2^k}\|\zeta\|e^{-\sigma t/2} = 2K\|\zeta\|e^{-\sigma t/2}$$

から，この解は $t \to \infty$ で ζ に一様に 0 に収束する．

②の証明． $\phi(t,\zeta)$ の $t=0$ における初期値を $\eta = \phi(0,\zeta)$ としたとき，$\zeta_1 = 0$ となる条件を η を使って書こう．まず，$\Phi(t)$ の第 1 列を見ると，これは周期函数解となるから，$d\varphi/dt$ の定数倍となる．最初の座標のとり方から，$\Phi(0)$ の第 1 列は，第 1 成分以外すべて 0 となる．$\Phi(0) = \begin{pmatrix} \lambda & b_2, b_3, \ldots, b_m \\ 0 & \Phi_1 \end{pmatrix}$ と書こう．積分方程式 (3.19) で $t=0$ とすると

$$\eta = \phi(0,\zeta) = \Phi(0)\zeta - \lambda(1 \oplus O_{m-1})\int_0^{\infty} P(s)^{-1}g(s,\phi(s,\zeta))ds$$

となる．積分の項は第 2 成分以下には効いてこないので，${}^t(\eta_2,\ldots,\eta_m) = \Phi_1{}^t(\zeta_2,\ldots,\zeta_m)$ であり，第 1 成分から $\zeta_1 = 0$ という式は

$$\eta_1 = (b_2,\ldots,b_m){\Phi_1}^{-1}\,{}^t(\eta_2,\ldots,\eta_m) - \lambda F(\eta_2,\ldots,\eta_m)$$

の形に書ける．ただし，F は積分の項の第 1 成分からくる項で，$\zeta_2,\ldots,\zeta_m$ は η を使って書き換えた．$g = o(\|z\|)$ と $\|\phi\| \le 2K\|\zeta\|e^{-\sigma t}$ から，$F = o\left(\|(\eta_2,\ldots,\eta_m)\|\right)$ となる．

$z = x - \varphi(t)$ を見てきたが，x の言葉に直して考えよう．$t=0$ における x の初期値を ξ で書くと，$\varphi(0)=0$ としていたから，$\zeta_1 = 0$ の条件はやはり

$$\xi_1 - (b_2,\ldots,b_m){\Phi_1}^{-1}\,{}^t(\xi_2,\ldots,\xi_m) + \lambda F(\xi_2,\ldots,\xi_m) = 0 \tag{3.21}$$

と書ける．この式は超曲面を定義していて，周期函数解 $x=\varphi(t)$ はこの超曲面を $t=0$ で通過する．$\xi=0$ における接超平面は，この式から λF の項を除いたもので定義されるが，これは ξ_1 の係数が 0 でなく，また $\frac{d\varphi}{dt}(0)$ を x_1 軸に平行になるようにとったから，$\varphi(t)$ は超曲面に接することはない．

解 $x=\psi(t)$ が，適当な t_0, t_1 に対して $\|\psi(t_1)-\varphi(t_0)\| < \varepsilon$ を満たすとする．$\tilde{\psi}(t) = \psi(t-t_0+t_1)$ と置くと，$\|\tilde{\psi}(t_0)-\varphi(t_0)\| < \varepsilon$ となり，ε を十分小さくとっておけば，$|t-t_0| < 2T$ なる範囲でも $\|\tilde{\psi}(t)-\varphi(t)\|$ は小さくとれる．よって $\tilde{\psi}$ は，ある時刻 $t=\tau$ で $\zeta_1=0$ を定義する超曲面 (3.21) を通過する．$c = \tau - t_0 + t_1$ と置くと，$\zeta_1 = 0$ とした $\phi(t,\zeta)$ を使って $\psi(t+c) = \varphi(t)+\phi(t,\zeta)$ と書ける．□

3.3 摂動

この節では，微分方程式自身も動かして，方程式の定める流れの変化を見てみよう．**phase3** の問題である．

本来，このような問題を考えるときには，与えられた方程式を含んでいるような適切な方程式の空間をいかに設定するのかということが重要であると考えられるが，ここでは，あらかじめ人工的に方程式の族が与えられている場合を考え，方程式の空間をいかに設定するべきかというような問題に踏み込むことはしない．

摂動法 (perturbation method) というのは，ある助変数によって径数付けられる方程式の族を考えて，この助変数を適当に止めたときの方程式の解の解析を，助変数が特殊な場合の簡単な方程式の解法と，助変数による展開に帰着させる方法である．よって，これは元々，定性的理論よりも定量的理論，解法理論を目指すものである．

しかし，助変数の変化によって，微分方程式の定める流れに劇的な変化を引き起こすことなどもあり，定性理論の観点からも面白い現象が多く存在する．ここでは，定性理論の考察に進む前に，まずは，定量的理論における摂動の典型的な例を見ておこう．

a. 解析的な摂動

微小な助変数 $\varepsilon > 0$ を含む常微分方程式の初期値問題

$$\frac{d}{dt}x = f(t, x; \varepsilon), \quad x(0) = \xi(\varepsilon) \tag{3.22}$$

を考える．函数 f および ξ は ε に関して冪級数

$$f(t, x; \varepsilon) = f^{[0]}(t, x) + \varepsilon f^{[1]}(t, x) + \varepsilon^2 f^{[2]}(t, x) + \cdots, \tag{3.23}$$

$$x(t; \varepsilon) = x^{[0]}(t) + \varepsilon x^{[1]}(t) + \varepsilon^2 x^{[2]}(t) + \cdots, \tag{3.24}$$

$$\xi(\varepsilon) = \xi^{(0)} + \varepsilon \xi^{(1)} + \varepsilon^2 \xi^{(2)} + \cdots \tag{3.25}$$

に展開できるとしよう．ε に関する項を等値して

$$\frac{d}{dt}x^{[0]} = f^{[0]}\left(t, x^{[0]}\right), \quad x^{[0]}(0) = \xi^{(0)},$$

$$\begin{aligned}\frac{d}{dt}x^{[1]} =& \frac{\partial f^{[0]}}{\partial x}\left(t, x^{[0]}\right)x^{[1]}(t) + f^{[1]}\left(t, x^{[0]}\right), \quad x^{[1]}(0) = \xi^{(1)},\\ \frac{d}{dt}x^{[2]} =& \frac{\partial f^{[0]}}{\partial x}\left(t, x^{[0]}\right)x^{[2]}(t) + \frac{1}{2}\frac{\partial^2 f^{[0]}}{\partial x^2}\left(t, x^{[0]}\right)\left(x^{[1]}\right)^2\\ &+ \frac{\partial f^{[1]}}{\partial x}\left(t, x^{[0]}\right)x^{[1]} + f^{[2]}\left(t, x^{[0]}\right), \quad x^{[2]}(0) = \xi^{(2)},\end{aligned}$$

などの式を得るので，これを順に解けば，解 x の摂動展開 (perturbation expansion) が決まる．

ここで，$\varepsilon = 0$ に対応する最初の方程式は一般に非線型になるにしても，1次以上の項の計算は，順に行っていけば，（非同次変数係数）線型方程式の解法に帰着されることに注意しよう．

b. 特異摂動

上に見たような通常の摂動に対して，微分方程式の最高階の項に微小な助変数が掛かっていて $\varepsilon = 0$ のときと $\varepsilon \neq 0$ のときとで方程式の階数が変わってしまうような摂動は**特異摂動** (singular perturbation) と呼ばれる．

特異摂動と呼ばれるような摂動の，ふたつの例を見ておこう．

① WKB 法

WKB 法は1次元 Schrödinger 方程式

$$\left(-\varepsilon^2\frac{d^2}{dt^2} + q(t)\right)x(t) = 0 \tag{3.26}$$

を ε が小さい値[19]をとるとして解析する手法のひとつである．この手法を量子力学に有効に用いた Wentzel, Kramers, Brillouin に因む命名だが，もとは古典的な波動の問題に Jeffreys によって用いられたもので，Jeffreys の方法，WKBJ 法などとも呼ばれる．

いきなり ε を0と置いたのでは，微分方程式ではなくなってしまい，$x = 0$ が結論されるだけだ．一方で q が定数であったならと考えると，これは求積可能で，解は $x = C_1 \exp(\sqrt{q}t/\varepsilon) + C_2 \exp(-\sqrt{q}t/\varepsilon)$ となっている．

WKB 法は，形式的に解の形を

$$x = \exp\left(\int_{t_0}^{t} S(s, \varepsilon)ds\right), \tag{3.27}$$

19) 量子力学においてはこの ε は Planck 定数 $\hbar$ である．

$$S(t,\varepsilon) = S_{-1}(t)\varepsilon^{-1} + S_0(t) + S_1(t)\varepsilon + S_2(t)\varepsilon^2 + \cdots \tag{3.28}$$

と仮定して S_k, $k = 1,0,1,\ldots$ を求める方法である．このように置くと，$S(t,\varepsilon) = \frac{d}{dt}\log x$ は Riccati 方程式

$$-\varepsilon^2\left(S^2 + \frac{dS}{dt}\right) + q(t) = 0 \tag{3.29}$$

を満たす．この方程式に ε による展開を代入して，各項の係数を見ると

$$S_{-1}{}^2 = q, \tag{3.30}$$

$$2S_{-1}S_j = -\sum_{\substack{k+l=j-1\\ k,l\geq 0}} S_k S_l - \frac{dS_{j-1}}{dt}, \quad j = 0,1,2,\ldots \tag{3.31}$$

という式が得られ，$S_{-1} = \pm\sqrt{q(t)}$ の符号を決めると，各 S_j はこの漸化式から一意的に決まる．

ここで，S_j はその決め方から，q の零点と特異点以外で解析的な函数となる．q の零点を方程式の**変わり点**（あるいは転移点）(turning point) と呼ぶ．

ただし，一般には ε の級数としては $S(t,\varepsilon)$ は発散級数になるので，2.5.2 項で見た Borel 総和法（194 ページ）などの議論が必要になる．

注意 3.21 級数 $S(t,\varepsilon)$ を奇数次，偶数次の項の和に，$S = S_{\mathrm{odd}} + S_{\mathrm{even}}$ のように分けると，

$$(S_{\mathrm{odd}} + S_{\mathrm{even}})^2 + \frac{d}{dt}(S_{\mathrm{odd}} + S_{\mathrm{even}}) = \frac{q(t)}{\varepsilon^2}$$

となり，このうち奇数次項のみを足してみると，$2S_{\mathrm{odd}}S_{\mathrm{even}} + \frac{d}{dt}S_{\mathrm{odd}} = 0$ で，

$$S_{\mathrm{even}} = -\frac{1}{2}\frac{d}{dt}\log S_{\mathrm{odd}}$$

と書け，結局 WKB 解は次のように S_{odd} のみで表される：

$$x = \frac{1}{\sqrt{S_{\mathrm{odd}}(t,\varepsilon)}}\exp\left(\int_{t_0}^{t} S_{\mathrm{odd}}(s,\varepsilon)ds\right).$$

□

② 永年項と多重尺度法

例 21 で非線型振動の例を見たが，別の非線型振動である Duffing の方程式

$$\frac{d^2}{dt^2}x = -x + \varepsilon x^3, \quad x(0) = \xi, \quad \frac{dx}{dt}(0) = 0 \tag{3.32}$$

を a. で見た解析的な摂動 (regular perturbation) で解いてみよう．

まず，$\varepsilon = 0$ での解だが，これは通常の単振動であるから $x^{[0]} = \xi \cos t$ と求まる．次に，1 次の項は

$$\frac{d^2}{dt^2}x^{[1]} = -x^{[1]} + \xi^3 \cos^3 t, \quad x^{[1]}(0) = 0, \quad \frac{dx}{dt}(0) = 0$$

から計算でき，$x^{[1]} = -\frac{3}{8}\xi^3 t \sin t + \frac{\xi^3}{32}(\cos 3t - \cos t)$ となる．

この操作を続けていくことで摂動解を求めていくことができるのだが，摂動の計算は有限項までの計算で近似解を構成することが目的であることが多い．その場合，この 1 次近似までの計算は少し具合の悪い場合がある．問題と思われるのは，$t \sin t$ の項で，これがあるために，1 次近似函数は $t \to \infty$ の無限遠で真の解 x が発散することを表しているように見えるかもしれないが，実際にはそのようなことは起きないのである[20)]．

このように，本来ないはずの共鳴現象を示唆する $t \sin t$ のような項を**永年項** (secular term) と呼ぶ．

そこで，ここでは通常の摂動よりも条件を厳しくして，永年項の現れないような展開を求める工夫を見てみよう．ここで見るのは，288 ページで述べたような，ε の値で方程式の階数が変わるような摂動ではないのだが，特異摂動の仲間に入れることが多い．その場合，階数が変わってしまうような特異摂動を特に構造的特異摂動と呼ぶことがある．

一般に，方程式 $dx/dt = f(x, \varepsilon)$ において，未知函数の展開

$$x(t;\varepsilon) = x^{[0]}(t) + \varepsilon x^{[1]}(t) + \varepsilon^2 x^{[2]}(t) + \cdots \tag{3.33}$$

を仮定するのみでなく，独立変数のほうも

$$t = (1 + \varepsilon\omega_1 + \varepsilon^2\omega_2 + \cdots)\tau \tag{3.34}$$

の形の展開を仮定する摂動の方法を**多重尺度法** (method of multiple scales) と呼ぶ．独立変数に，多くの異なる尺度 (scale) を導入したのであるが，結果的には未知函数決定の自由度を増やしたことになっている．この拡張された自

20) Duffing 方程式を実際に解くことで，このことは確かめられる．積分因子 dx/dt を掛けることで方程式は完全微分の形になって積分できる：$2(dx/dt)^2 = \varepsilon x^4 - 2x^2 + C$. この解は楕円函数で記述できる．

由度は，永年項が出ないという条件を満たすためなどに使われる．

Duffing の方程式に多重尺度法を使ってみよう．0 次の項は先程と同じように，$x^{[0]} = \xi \cos \tau$ と求まる．1 次の項の計算は

$$\frac{d^2}{d\tau^2} x^{[1]} = -x^{[1]} + \xi^3 \cos^3 t - 2\xi\omega_1 \cos\tau, \quad x^{[1]}(0) = 0, \quad \frac{dx}{d\tau}(0) = 0$$

からできるが，永年項をなくすためには $\omega_1 = -3\xi^2/8$ とする必要がある．こうすると，$x^{[1]}(\tau) = \xi^3(\cos 3\tau - \cos\tau)/32$ と求まり，永年項は現れない．

第 1 近似までで考えると，$t \sim \left(1 - \frac{3}{8}\xi^2\varepsilon\right)\tau$ だから，次の近似函数が求まる：

$$x \sim \xi \cos\left(\left(1+\frac{3}{8}\xi^2\varepsilon\right)t\right) + \varepsilon\frac{\xi^3}{32}\left\{\cos\left(3\left(1+\frac{3}{8}\xi^2\varepsilon\right)t\right) - \cos\left(\left(1+\frac{3}{8}\xi^2\varepsilon\right)t\right)\right\}.$$

3.3.1 分岐

安定性というと普通は **phase2** の問題に関することだが，**phase3** における似たような概念で，構造安定性と呼ばれるものがある．

相空間 X 上の 2 つの微分方程式から定まる流れ $\{\varphi(t;0,\xi)\}$, $\{\psi(t;0,\xi)\}$ があったとき，ある同相写像 $h\colon X \to X$ があって[21)]，h が一方の軌道を他方の軌道に，時間の向きを保ちつつ移すとき，$\{\varphi(t;0,\xi)\}$, $\{\psi(t;0,\xi)\}$ は（位相的に）**共軛** (conjugate) であるという．

微分方程式に対して，その摂動を考える．導入された助変数の値の微小変化に対して，方程式の定める流れが共軛な流れに移るとき，方程式の定める力学系はその摂動において，**構造安定** (structurally stable) であるという．

逆に，摂動によって，共軛でない力学系に移ってしまうような現象を力学系の**分岐** (bifurcation) と呼ぶ[22)]．分岐の例としては，例えば，不動点の数が変化したり，存在しなかった極限周期軌道が出現したりすることがある．

例 23（**共軛な力学系**）

線型方程式 $dx/dt = Ax$ と $dy/dt = By$ が共軛であるような例を考えよう．

同相写像 h が原点で C^1 級だとすると，$B = (\partial h/\partial x)A(\partial h/\partial x)^{-1}$ となっ

21) h が全単射で，h および h^{-1} がともに連続なとき，h を同相写像であるという．

22) 分岐という日本語は，ramification の訳としても使われる．別の概念である bifurcation の訳には別の言葉が望ましいのかもしれないが，ここでは慣例通りとした．

て，A と B は相似となり，特に固有値が一致してしまう．

実は，共軛という関係は，固有値が違うものを結びつけるところが面白いのであって，そのためには必然的に微分可能でない部分が出てくる．

結節点と呼んだ $A = \begin{pmatrix} \lambda & 0 \\ 0 & \mu \end{pmatrix}$, $\lambda, \mu > 0$ の場合を考えると，これらは λ, μ の値にかかわらず，すべて共軛になることが分かる．実際，解は $x_1 = c_1 e^{\lambda t}$, $x_2 = c_2 e^{\mu t}$ と書けるので

$$\begin{pmatrix} y_1 \\ y_2 \end{pmatrix} = \begin{pmatrix} h_1(x) \\ h_2(x) \end{pmatrix} = \begin{pmatrix} \frac{x_1}{|x_1|}|x_1|^{1/\lambda} \\ \frac{x_2}{|x_2|}|x_2|^{1/\mu} \end{pmatrix}$$

と置けば，$\lambda = \mu = 1$ の場合の方程式による流れに共軛になることが分かる．

渦状点，$A = \begin{pmatrix} \alpha & -\beta \\ \beta & \alpha \end{pmatrix}$, $\alpha > 0$ の場合も，上の流れと共軛になることが分かる．解は $x_1 = e^{\alpha t}(c_1 \cos \beta t - c_2 \sin \beta t)$, $x_2 = e^{\alpha t}(c_1 \sin \beta t + c_2 \cos \beta t)$ と書けるので，$r = \sqrt{{x_1}^2 + {x_2}^2} \,(= e^{\alpha t}\sqrt{{c_1}^2 + {c_2}^2})$ として

$$\begin{pmatrix} y_1 \\ y_2 \end{pmatrix} = r^{1/\alpha} \begin{pmatrix} \cos\left(\frac{\beta}{\alpha}\log r\right) & \sin\left(\frac{\beta}{\alpha}\log r\right) \\ -\sin\left(\frac{\beta}{\alpha}\log r\right) & \cos\left(\frac{\beta}{\alpha}\log r\right) \end{pmatrix} \begin{pmatrix} x_1/r \\ x_2/r \end{pmatrix}$$

と置けば，$\alpha = 1, \beta = 0$ の場合に共軛となるからである．

もちろん沈点と源点は共軛にはならない．共軛という関係で流れを分類しようとすると，不動点に置ける線型化方程式の係数の固有値の実部の正負が大事である．固有値の中に，実部が零であるものが含まれるときには，いろいろな可能性が出てくる．

a. 不動点が生成消滅する分岐

不動点の数が違ったなら力学系は共軛ではないので，不動点の数に増減が生まれるような摂動は，分岐を引き起こす．

不動点の数の増減による分岐を見てみよう．方程式 $dx/dt = f(x, \alpha)$ の不動点は $f(x, \alpha) = 0$ の解となる．$f(\xi, \alpha_0) = 0$ とする．方程式の右辺を

$$f(x, \alpha) = \frac{\partial f}{\partial x}(\xi, \alpha_0)(x - \xi) + \frac{\partial f}{\partial \alpha}(\xi, \alpha_0)(\alpha - \alpha_0) + g(x, \alpha) \tag{3.35}$$

と書こう．$\alpha = \alpha_1$ における不動点を $x = \eta$ とすると，行列 $A = \frac{\partial f}{\partial x}(\xi, \alpha_0)$ が

可逆であれば陰函数定理により，$|\alpha_1-\alpha_0|$ が十分小さければ

$$\eta=\xi-A^{-1}\frac{\partial f}{\partial \alpha}(\xi,\alpha_0)(\alpha_1-\alpha_0)+h(\alpha_1),\quad h(\alpha)=o(|\alpha-\alpha_0|)$$

と α_1 の一価函数で書ける．よって，$f(x,\alpha)=0$ は $(\xi,\alpha_0)\in\mathbb{R}^{m+1}$ の近傍でひとつの曲線になっていて，分岐を引き起こさない．

つまり，$\alpha=\alpha_0, x=\xi$ において不動点の増減による分岐が起こるためには

$$\det A=\det\left(\frac{\partial f}{\partial x}(\xi,\alpha_0)\right)=0 \tag{3.36}$$

が必要であることが分かる．

具体的に分岐の例を構成してみよう．摂動の助変数 α に対して，$\alpha<\alpha_0$ ではふたつの不動点が存在し，$\alpha=\alpha_0$ で不動点がひとつに合流し，$\alpha_0<\alpha$ では不動点が存在しないような分岐を**鞍点・結節点分岐** (saddle-node bifurcation) と呼ぶ[23)]．

方程式 $dx/dt=f(x,\alpha)=x^2+\alpha$ で定義される 1 次元の力学系は，この鞍点・結節点分岐の例になっている．$\alpha>0$ のときは，すべての $x\in\mathbb{R}$ に対して $f\neq 0$ であるから，不動点は存在しない．一方，$\alpha<0$ のときは，$x=\pm\sqrt{|\alpha|}$ において $f=0$ となり，不動点はふたつ存在する．

相空間を縦軸に，助変数 α を横軸にとって，不動点の位置をグラフに描く．相空間が 2 次元以上の場合にも，模式的に 1 次元で表し，平面の図で表すことがある．このような図を**分岐図** (bifurcation diagram) と呼ぶ．図における s は安定な不動点，u は不安定な不動点を表している．

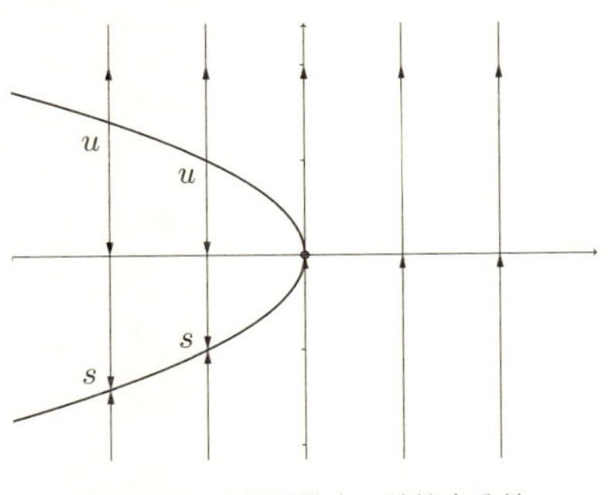

図 3.14 分岐図鞍点・結節点分岐

問題 3.3 1 次元の力学系の摂動 $dx/dt=f(x,\alpha)$ において，

$$f(\xi,\alpha_0)=0,\quad \frac{\partial f}{\partial x}(\xi,\alpha_0)=0,\quad \frac{\partial^2 f}{\partial x^2}(\xi,\alpha_0)\neq 0,\quad \frac{\partial f}{\partial \alpha}(\xi,\alpha_0)\neq 0$$

のとき，この力学系は $\alpha=\alpha_0$ に鞍点・結節点分岐を持つことを示せ．

23) 転回点分岐，折り返し分岐などと呼ばれることもある．

2次元の系でも，鞍点・結節点分岐が起こる例を見たい．微分方程式

$$\frac{d}{dt}\begin{pmatrix} x_1 \\ x_2 \end{pmatrix} = \begin{pmatrix} {x_1}^2 + \alpha \\ -x_2 \end{pmatrix} \tag{3.37}$$

で定義される力学系を考えよう．この系は，$\alpha > 0$ では不動点を持たず，$\alpha \leq 0$ のとき $(x_1, x_2) = \left(\pm\sqrt{|\alpha|}, 0\right)$ に不動点を持つ．線型化方程式は

$$\frac{d}{dt}X = \begin{pmatrix} 2x_1 & 0 \\ 0 & -1 \end{pmatrix} X$$

であるから，$\alpha < 0$ において $\left(-\sqrt{|\alpha|}, 0\right)$ は沈点，$\left(\sqrt{|\alpha|}, 0\right)$ は鞍点になる．

他のタイプの分岐も見ておこう．力学系の摂動において，摂動の助変数 α に対して $\alpha < \alpha_0$ では不動点が3つ存在し，$\alpha_0 \leq \alpha$ で不動点がひとつに合流するような分岐を**熊手分岐** (pitchfork bifurcation) と呼ぶ．

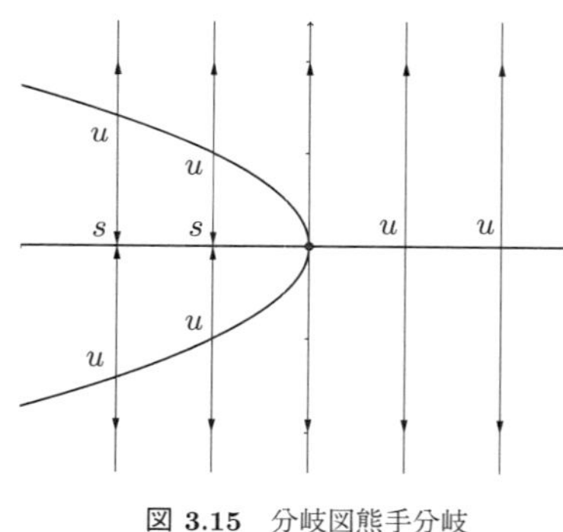

図 3.15　分岐図熊手分岐

方程式 $dx/dt = x^3 + \alpha x$ で定まる力学系を考えよう．この系は，$\alpha \geq 0$ においては $x = 0$ のみを不動点に持ち，$\alpha < 0$ では $x = 0, \pm\sqrt{|\alpha|}$ の3点を不動点に持っている．分岐図は図3.15のようになる．

問題 3.4　方程式 $dx/dt = x^2 + \alpha x$ の定める力学系を考えると，$\alpha = 0$ で分岐が起こっていることが分かる．これは遷移臨界分岐 (transcritical bifurcation) と呼ばれる分岐の例となっている．分岐図を描き，どのような分岐になっているか説明せよ．

b. Hopf 分岐

では，線型化方程式の係数 $\partial f/\partial x$ が零固有値を持たないようなところで，分岐が起こることがあるだろうか？　実は，対となる複素固有値の実部が摂動の助変数と一致していて，固有値が虚軸を横切るときに変わった分岐が起

こることがある．これを見ておこう．

2 次元の方程式系

$$\frac{d}{dt}x = \begin{pmatrix} \alpha & -1 \\ 1 & \alpha \end{pmatrix} x - \|x\|^2 x \tag{3.38}$$

の定める流れを考えよう[24]．$x = 0$ は不動点だが，線型化方程式の係数の固有値は $\alpha \pm \sqrt{-1}$ となり，$\alpha < 0$ では沈点で $\alpha > 0$ で源点であるので，$\alpha = 0$ で分岐が起こっていることが分かる．

この分岐が重要なのは，不動点の様子が変わるということだけではなくて，極限周期軌道が生成されることにある．これは，今の場合，$V(x) = \|x\|^2$ の時間発展を調べることによって分かる．つまり

$$\frac{d}{dt}V(x(t)) = 2x_1\frac{dx_1}{dt} + 2x_2\frac{dx_2}{dt} = 2V(\alpha - V)$$

となるので，$\alpha \leq 0$ ならば $V(x(t)) \to 0, t \to \infty$ ですべての点が沈点 0 に吸い込まれ, 周期軌道は存在しない．一方で，$\alpha > 0$ ならば $t \to \infty$ で $V(x(t)) \to \alpha$ となり，${x_1}^2 + {x_2}^2 = \alpha$ は極限周期軌道になることが分かる．

このように，不動点が不安定化するとともに吸引的な周期軌道が現れる分岐を **Hopf 分岐** (Hopf bifurcation) と呼ぶ．

c. 大域的軌道の分岐

解軌道の大域的なつながり方が，摂動の助変数に依って変わってしまうような分岐もあるが，これは少し複雑な現象となる．

まず，摂動については忘れて，相空間の中での軌道のつながり方について，もう少し詳しく見てみよう．簡単のために，2 次元の力学系で考える．

不動点のうち，線型化方程式の鞍点になる場合を考えよう．鞍点の近傍には，この不動点に近づいていく点と，逆に時間を $t \to -\infty$ にさかのぼったときに不動点にぶつかる点の両方が存在している．これらは安定集合 W^s, 不安定集合 W^u の言葉で記述される（定義は xvi ページ）．

安定集合，不安定集合は，不動点の近傍では，ほぼ対応する固有ヴェクトルの方向にのびる直線だが，不動点から離れたところでは非線型項の影響でこの直線からは離れていくかもしれない．安定集合，不安定集合のなす曲線

---

24) この方程式系は，263 ページの例 18 でも見た．

のつながり方が，力学系の共軛類を区別する手がかりになることがある．

ひとつの不動点から出発した不安定集合の曲線が，別の不動点に安定集合のなす曲線として流れ込んでいたとしよう．つまり $(W^u(\xi) \cap W^s(\eta)) \setminus \{\xi, \eta\}$ にある軌道が含まれるということである．このような軌道を**ヘテロクリニック軌道** (heteroclinic orbit) あるいは鞍状連結などと呼ぶ．特に $\xi = \eta$ であるとき，**ホモクリニック軌道** (homoclinic orbit) と呼ぶ．

例 24（**単振り子**）

支点に結びつけた糸の先におもりをつけて，糸を弛ませずに持ち上げてから離すと，おもりの振幅運動が観察できる．糸が鉛直方向となす角度を x とすると，運動は方程式

$$\frac{d^2}{dt^2}x = -\omega^2 \sin x \tag{3.39}$$

を満たすことが分かる[25)]．これは**単振り子** (simple pendulum) と呼ばれる．

この方程式は $H = (p^2/2) - \omega^2 \cos q$ を Hamilton 函数とする正準方程式系に書き換えられる $(x = q)$．よって，ある任意の値 E に対して，$E = (p^2/2) - \omega^2 \cos q$ とすると，この式の定める曲線が軌道になる．

これを相図として描くと次のようになる．

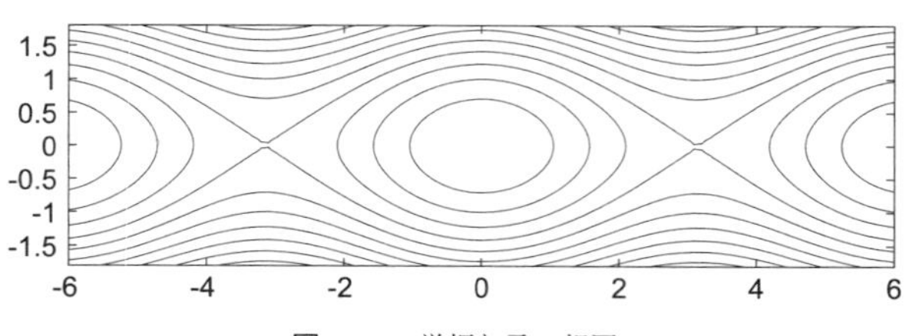

図 3.16　単振り子の相図

$-\omega^2 < E < \omega^2$ のとき解は周期的な振動を表し，$E > \omega^2$ のときは支点を中心とした円運動をすることになる．$E = \omega^2$ のとき，軌道はヘテロクリニック軌道で，無限の時間をかけて $x = -\pi$ から $x = \pi$ まで運動する．$(q, p) = (\pm\pi, 0)$ は鞍点である．

ここで，このヘテロクリニック軌道は往復運動と回転運動の境界にあり，両者を分離している．よって**分離曲線** (separatrix) と呼ばれる．

25)　$|x|$ が小さいところでは単振動の方程式 $(d^2x/dt^2) = -\omega^2 x$ で近似されることがある．

問題 3.5 単振り子の方程式の解は，楕円函数を用いて記述できる．実際に解いてみよう．

それでは，大域的な解軌道のつながり方が変化するような分岐の例を見てみることにする．次の方程式系が定める力学系を考えよう：

$$\frac{d}{dt}\begin{pmatrix} x_1 \\ x_2 \end{pmatrix} = \begin{pmatrix} {x_1}^2 - 1 \\ -x_1 x_2 + \alpha({x_1}^2 - 1) \end{pmatrix}. \tag{3.40}$$

この系の不動点は α の値に依らずに，$(\pm 1, 0)$ となる．これらの不動点における線型化方程式の係数は $\pm\begin{pmatrix} 2 & 0 \\ 2\alpha & -1 \end{pmatrix}$ で，ともに鞍点となる．また，$x_1 = \pm 1$ においては $dx/dt = 0$ となるので，$x_1 = 1$ と $x_1 = -1$ は不変集合．

$\alpha = 0$ のときにおいてのみ，$x_2 = 0$ も不変集合になることが分かる．またこのとき，$(1, 0)$ と $(-1, 0)$ を結ぶ開線分がヘテロクリニック軌道になっている．$\alpha = 0$ と $\alpha \neq 0$ における相図を見ると，大域的な解軌道のつながり方に分岐が起こっていることが分かるだろう．前述のふたつの例と違って，不動点は鞍点のままであることに注意しよう．

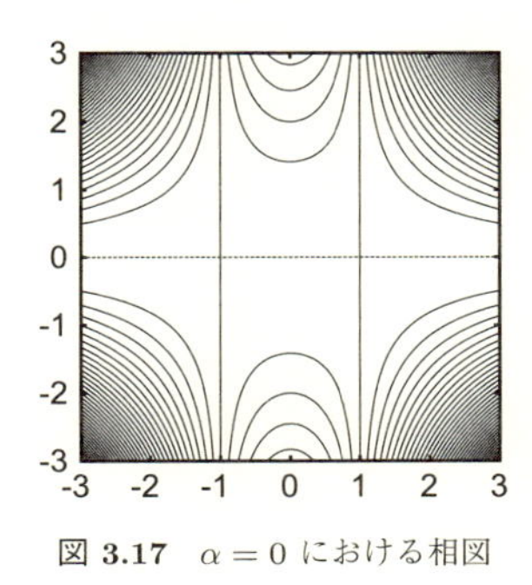

図 **3.17** $\alpha = 0$ における相図

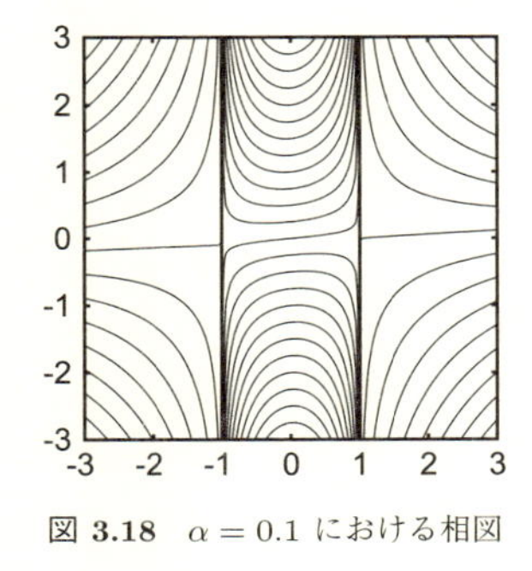

図 **3.18** $\alpha = 0.1$ における相図

このような分岐を**ヘテロクリニック分岐**と呼ぶ．

3.3.2 可積分系の摂動

正準方程式系が，相空間の次元の半分だけの包合系をなす保存量を持ち，それらが函数として独立であるとき，方程式系は Liouville の意味で可積分であるというのであった（定義 2.78，218 ページ参照）.

われわれは 2C 章で，保存量を見つけることによって，Liouville の解法に帰着させる方法を見てきた．ここではまず，そのようにして解ける場合，軌道がどのように記述できるかということを見ていきたい.

例 3 や例 4 で見た方程式の解軌道は，相空間の次元よりひとつだけ少ない独立な保存量が存在することによって，1 次元の空間，つまり曲線に制限できてしまった．このような系は Liouville 可積分に対して，超可積分系 (super integrable system) と呼ばれることもある．特に，軌道がコンパクトであれば[26]，それは円周 S^1 となり，解はすべて周期解になる.

一般の Liouville の意味の可積分系は，保存量が相空間の次元の半分あればよく，軌道が 1 次元の空間に制限できるとは限らない．しかし，等位集合がコンパクトなときは，不変トーラスと呼ばれる簡単な空間の中の運動としてとらえられる．3.2 節で不動点と周期軌道を見たが，このふたつを除くと，最も解析しやすい仲間のひとつである.

a. 可積分系をトーラス上の力学系に帰着する

一般に Liouville 可積分なら，コンパクトな等位集合はトーラスになる．2 次元の場合，トーラスはよく，ドーナツの表面のように描かれる.

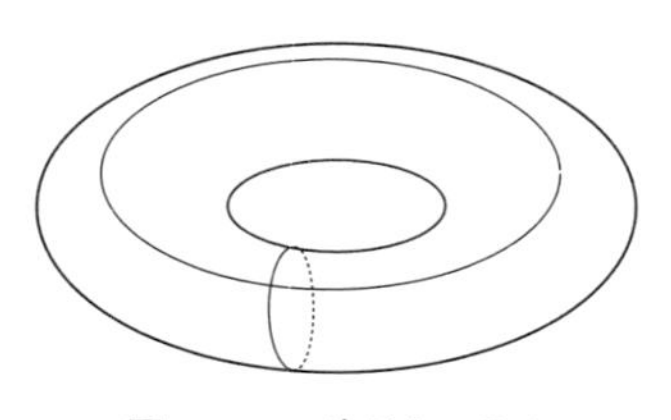

図 3.19　2 次元トーラス

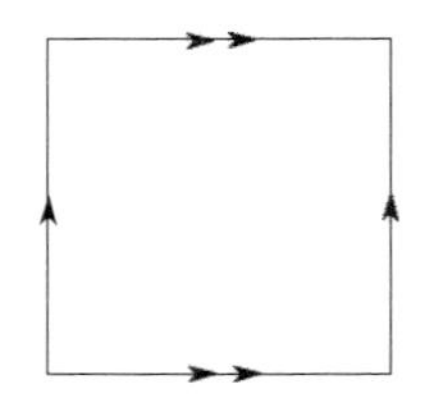

図 3.20　$\mathbb{R}^2/\mathbb{Z}^2$

だがこれは，4 角形の向い合う辺を同一視したものとも思える．そう思ったときに，4 角形の中をまっすぐに進む軌跡を考えよう．ただし，辺にぶつかったときには，対辺の対応する点に移り，また同様の運動を続けるとする.

このような軌跡はふた通りに分類される．4 角形を正方形と思ったときに，

26)　位相空間 X の部分集合 S がコンパクトであるとは，X の任意の開集合の族 $\{U_\alpha\}_{\alpha\in A}$ に対し，$S \subset \cup_{\alpha\in A}U_\alpha$ ならば，A の有限集合 $\{\alpha_1,\ldots,\alpha_l\}$ がとれて $S \subset \cup_{i=1}^{l}U_{\alpha_i}$ とできることをいう．これは，X が Euclid 空間のときは，S が有界閉集合ということと同値である.

傾きが有理数の場合と，無理数の場合で，前者はいつか元の点に戻って閉じた線を描くが，後者はいつまでも元の点には戻らず，線の軌跡は正方形の稠密な部分集合となる．後者のような軌道を**準周期的** (quasi-periodic) という．

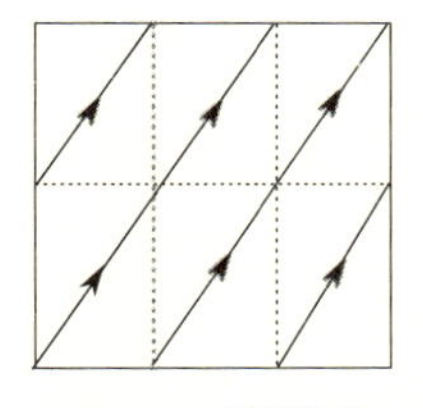

図 3.21 周期軌道

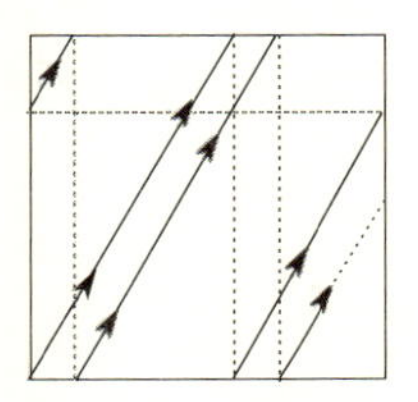

図 3.22 準周期軌道

$2n$ 次元の相空間を持つ可積分系について，次が成り立つことが分かる．

定理 3.22（**Arnold-Liouville**） 相空間が $2n$ 次元の，Hamiltonian H により定義される正準方程式系が，包合系をなす保存量 $I_1, \ldots, I_{n-1}, I_n(=H)$ を持ち，等位集合

$$E_c = \{(q,p) \in \mathbb{R}^{2n} \ ; \ I_k(q,p) = C_k, k = 1, \ldots, n\} \tag{3.41}$$

は連結で E_c 上で ∇I_k は 1 次独立とする．このとき E_c がコンパクトならば，E_c は T^n に同相になる．

ここで，$T^n = S^1 \times \cdots \times S^1 = (S^1)^n$ であり，これを n **次元トーラス**と呼ぶ．$S^1 = \mathbb{R}/\mathbb{Z}$ と表されることに注意する[27]．E_c は不変トーラスと呼ばれる．

定理の証明の前に，証明に使う事実を命題として挙げておこう．

Noether の定理（定理 2.80，223 ページ）のところで，保存量 Φ に対応して，Φ の Hamilton ヴェクトル場に関する 1 助変数変換群 φ^s を考えた．

命題 3.23 保存量 Φ, Ψ の Hamilton ヴェクトル場に対応する 1 助変数変換群を，それぞれ φ^u_Φ, φ^v_Ψ とする．このとき $\{\Phi, \Psi\} = 0$ であれば，$\varphi^u_\Phi \circ \varphi^v_\Psi(q,p) = \varphi^v_\Psi \circ \varphi^u_\Phi(q,p)$ となる．

27) 商写像を $\pi : X \to X/\sim$ と置く．商空間 $X/\sim$ 上の開集合 $U \subset X/\sim$ を，$\pi^{-1}(U)$ が X 上の開集合になるという条件で定める．

証明.　Φ, Ψ の Hamilton ヴェクトル場を f, g としよう.

$x = \varphi_\Phi^u \circ \varphi_\Psi^v(q,p)$ と置くと，これは初期条件 $x = \varphi_\Psi^v(q,p)$ $(u=0)$ を満たす $dx/du = f(x)$ の解として特徴付けられる．よって $y = \varphi_\Psi^v \circ \varphi_\Phi^u(q,p)$ も同じ初期値問題を満たすことを示せばよい．初期条件は成り立っている．

変数 z を導入して $y = \varphi_\Psi^v(z)$ とすると

$$\frac{dy}{du} = (D\varphi_\Psi^v)\frac{dz}{du} = (D\varphi_\Psi^v)f(z) = (D\varphi_\Psi^v)f(\varphi_\Psi^{-v}(y))$$

が成り立つ．$D\varphi^s$ は Jacobi 行列である．$v=0$ を代入すると右辺は $f(y)$ になるので，右辺が v に依らないことを示せばよい．右辺を v で微分すると

$$\begin{aligned}\frac{\partial}{\partial v}\left((D\varphi_\Psi^v)f(\varphi_\Psi^{-v}(y))\right) &= \left.\frac{\partial}{\partial \varepsilon}\right|_{\varepsilon=0}(D\varphi_\Psi^{v+\varepsilon})f(\varphi_\Psi^{-v-\varepsilon}(y)) \\ &= (D\varphi_\Psi^v)\left\{Dg(\varphi_\Psi^{-v}(y))f(\varphi_\Psi^{-v}(y)) - (Df(\varphi_\Psi^{-v}(y)))g(\varphi_\Psi^{-v}(y))\right\} \end{aligned} \quad (3.42)$$

となる[28]．右辺が 0 になることを示せばよいが

$$\begin{aligned}(Dg)f - (Df)g =& (DJ\nabla\Psi)J\nabla\Phi - (DJ\nabla\Phi)J\nabla\Psi \\ =& J\nabla\left(\nabla\Phi \cdot J\nabla\Psi\right) = J\nabla\{\Phi, \Psi\}\end{aligned} \quad (3.43)$$

という計算が成り立ち[29]，最右辺は仮定から 0 になり，主張が示された.　□

証明（定理 3.22）.　各 I_k に対応する 1 助変数変換群を $\varphi_{I_k}^s$ とし，写像

$$\psi(s) = \varphi_{I_1}^{s_1} \circ \cdots \circ \varphi_{I_n}^{s_n}(q^*, p^*), \quad s = (s_1, \ldots, s_n) \in \mathbb{R}^n \quad (3.44)$$

を考えよう．命題 3.23 により，$\psi(s)$ は $\varphi_{I_k}^{s_k}$ の合成の順序に依らない．ただし，$(q^*, p^*) \in E_c$ を適当にとって固定した.

まずは，① ψ は全射 $\mathbb{R}^n \to E_c$ を定めることを示そう.

<u>$\psi(s)$ が E_c 内に属すること</u>．これは，定理 2.80 の証明と同様にして，$I_k \circ \varphi_{I_i}^{s_i} = I_k$, $i = 1, \ldots, n$ が $\{I_i, I_k\} = 0$ から言えるので，$I_k(\psi(s)) = I_k(q^*, p^*) = C_k$, $k = 1, \ldots, n$ で，$\psi(s) \in E_c$ が分かる.

<u>ψ が $\mathbb{R}^n$ 全体で定義されること</u>．ψ は微分方程式の解 $\varphi_{I_k}^{s_k}$ を使って定義され

28)　Lie 微分という“ヴェクトル場の微分” $L_g f = -[f, g]$ を計算することに相当する.

29)　この計算は，h を $\{\Phi, \Psi\}$ に対応する Hamilton ヴェクトル場としたとき，$[f, g] = h$ を示している.

た．定義域が $\mathbb{R}^n$ 全体に延びないというのは，$\varphi_{I_k}^{s_k}$ が動く特異点を持つことを示しているが，定理 1.19 と E_c がコンパクトなことから，これは起こらない．
rank $(\partial\psi/\partial s) = n$．$s^* \in \mathbb{R}^n$ をとったとき $\frac{\partial\psi}{\partial s_k}(s^*) = (J\nabla I_k)(\psi(s^*))$ となるが，仮定から ∇I_k, $k = 1, \ldots, n$ は $\psi(s^*) \in E_c$ で 1 次独立であるから，これらも 1 次独立で，主張は言える．よって陰函数定理により，ψ は局所同相であることが言える．つまり，任意の $s^* \in \mathbb{R}^n$ に対して，近傍 $s^* \in U$ と E_c の開集合 V がとれて，$\psi|_U$ が U と V の同相写像を与える．
ψ が全射なこと．ψ は開写像である．これを示すには，任意の開集合 U に対し $\psi(U)$ が開集合になることを示せばよい．$\psi(U) \ni (q, p)$ としたとき，$\psi(s) = (q, p)$ と置くと，$s \in W \subset U$ となる開集合 W と開集合 $V \subset E_c$ がとれて，$\psi|_W$ は W と V の同相を与える．特に $V \subset \psi(U)$ は開集合で，$\psi(U)$ は開集合となる．これにより，$\psi(\mathbb{R}^n)$ も E_c 内の開集合である．

次に $E_c \setminus \psi(\mathbb{R}^n) \neq \emptyset$ とする．$E_c \setminus \psi(\mathbb{R}^n) \ni (q^\alpha, p^\alpha)$ と置いて，ψ と同様に $\psi^\alpha(s) = \varphi_{I_1}^{s_1} \circ \cdots \circ \varphi_{I_n}^{s_n}(q^\alpha, p^\alpha)$ と定義すると，$\psi^\alpha(\mathbb{R}^n) \subset E_c$ もまた開集合となり，$E_c \setminus \psi(\mathbb{R}^n) = \displaystyle\bigcup_{(q^\alpha, p^\alpha) \in E_c \setminus \psi(\mathbb{R}^n)} \psi^\alpha(\mathbb{R}^n)$ も E_c 内で開集合になる．よって，$\phi(\mathbb{R}^n)$ は閉集合でもあるが，E_c は連結だったから $\psi(\mathbb{R}^n) = E_c$ となる．

これで ① が示された．しかし，M_c はコンパクトで，$\mathbb{R}^n$ はそうではないから，ψ は単射ではない．

そこで次に，② $\Gamma = \{s \in \mathbb{R}^n \,;\, \psi(s) = (q^*, p^*)\}$ と置くと，1 次独立なヴェクトル $\omega_1, \ldots, \omega_n$ がとれて，$\Gamma = \displaystyle\bigoplus_{k=1}^{n} \mathbb{Z}\omega_k$ と書けることを示そう．
Γ が加法群 $\mathbb{R}^n$ の部分群であること．これには Γ の元の和および逆元が Γ に属することを示せばよいが，それは Γ の定義から簡単に言える．
Γ が集積点を持たないこと[30]．集積点を持つとすると，原点も集積点であることが分かる．何故なら $s^{[j]} \to s$ $(j \to \infty)$, $s^{[j]} \in \Gamma$ とすると，$\hat{s}^{[j]} = s^{[j+1]} - s^{[j]} \in \Gamma$ と置いたとき $\hat{s}^{[j]} \to 0$ となるからである．しかし，ψ は局所同相で，特に原点の近傍でも 1 対 1 なので，このようなことは起こらない．
Γ が n 個の 1 次独立なヴェクトルを含むこと．結論が満たされないとすると，Γ は高々 $n-1$ 次元の部分ヴェクトル空間に含まれることになる．このヴェクトル空間からの距離が無限大に発散するように，ヴェクトル列 $\{s^{[j]}\} \subset \mathbb{R}^n$

30) 位相空間 X の部分集合 S が $p \in X$ を集積点に持つとは，p の任意の近傍 U に対し，$(U \setminus \{p\}) \cap S \neq \emptyset$ となることをいう．$p \in S$ でなくともよい．

をとる．E_c がコンパクトであったから，$\psi(s^{[j]})$ は収束部分列を持つ．よって元々 $\psi(s^{[j]})$ が収束するヴェクトル列をとっていたとしてよい．

さて，ψ は全射であるから，$\lim_{j\to\infty}\psi(s^{[j]})=\psi(s)$ となる s がとれる．また，ψ が局所同相であるから s の近傍 U がとれて U は $\psi(U)$ と同相になる．よって，十分大きい j について $\hat{s}^{[j]}\in U$ がとれて $\psi(\hat{s}^{[j]})=\psi(s^{[j]})$ とできる．ここで，$\hat{s}^{[j]}-s^{[j]}\in\Gamma$ であるから，$\hat{s}^{[j]}$ から Γ への距離は $s^{[j]}$ から Γ への距離に等しい．また，s から Γ への距離はある有限の値で，$\lim_{j\to\infty}\hat{s}^{[j]}=s$ であるから，元々 $s^{[j]}$ から Γ への距離は無限大に発散しないことになり矛盾する．

$\Gamma=\bigoplus_{k=1}^{n}\mathbb{Z}\omega_k$ と書けること[31)]．Γ は集積点を持たないので，ある数より大きさが小さい Γ の元は有限個である．よって0以外の元で大きさ最小のものが存在する．このうちのひとつを ω_1 とする．このとき $\mathbb{Z}\omega_1=\mathbb{R}\omega_1\cap\Gamma$ となる．

次に，$\Gamma\setminus\mathbb{Z}\omega_1$ の元のうち，直線 $\mathbb{R}\omega_1$ からの距離が最も小さいものが存在する．これを説明しよう．$\mathbb{R}\omega_1$ との距離がある数 δ より小さい領域 $D_\delta=\{s\in\mathbb{R}^n\,;\,\mathrm{dist}(s,\mathbb{R}\omega_1)<\delta\}$ を考えると，これは有界ではないので，そこに含まれる $\Gamma\setminus\mathbb{Z}\omega_1$ の元は無限個になってしまうかもしれない．しかし，ここに含まれる元は，$\mathbb{Z}\omega_1$ の適当な元を引いてやることで，$\mathbb{R}\omega_1$ からの距離を変えずに $\mathbb{R}\omega_1$ への直交射影が $r\omega_1$, $r\in[0,1)$ となるものに移せる．D_δ 内で，この直交射影の条件を満たす領域は有界なので，そこに含まれる $\Gamma\setminus\mathbb{Z}\omega_1$ の元は有限個である．よって，直線 $\mathbb{R}\omega_1$ からの距離が最も小さいものが存在することが分かった．このうちのひとつを ω_2 とする．

このとき，$L_2=\mathbb{R}\omega_1\oplus\mathbb{R}\omega_2$ で平面 L_2 を定義すると，$L_2\cap\Gamma=\mathbb{Z}\omega_1\oplus\mathbb{Z}\omega_2$ である．なぜなら，$\omega\in L_2\cap\Gamma$ とすると，$0\le\mathrm{dist}(\omega-l\omega_2,\mathbb{R}\omega_1)<\mathrm{dist}(\omega_2,\mathbb{R}\omega_1)$ を満たす整数 l が存在するが，ω_2 の最小性から，これは0でなくてはならない．よってこのとき $\omega-l\omega_2\in\mathbb{R}\omega_1\cap\Gamma=\mathbb{Z}\omega_1$ で $\omega\in\mathbb{Z}\omega_1\oplus\mathbb{Z}\omega_2$ が言えた．

同様に $\Gamma\setminus(\mathbb{Z}\omega_1\oplus\mathbb{Z}\omega_1)$ のうち L_2 からの距離が最小のものを ω_3 とする．この操作を続けて，L_{n-1} からの距離が最小な ω_n を選ぶと $L_n=\bigoplus_{k=1}^{n}\mathbb{R}\omega_k=\mathbb{R}^n$

31）単に1次独立なヴェクトルを n 個とり，その方向の最小のヴェクトルをとったのでは，それらは生成元にならないかもしれない．例えば，階数2の格子で $\Gamma=\mathbb{Z}\omega_1\oplus\mathbb{Z}\omega_2$, $\omega_1=(1,0)$, $\omega_2=(1/2,1/2)$ に対して，$\omega_3=-\omega_1+2\omega_2=(0,1)$ と置くと ω_1,ω_3 は1次独立なヴェクトルだが，Γ の生成元にはならない．

で $\Gamma = L_n \cap \Gamma = \bigoplus_{k=1}^{n} \mathbb{Z}\omega_k$ が言えて，主張が示される．

さて，これで ② も示された．今，$\psi(s) = \psi(\hat{s})$ は $s - \hat{s} \in \Gamma$ と同値であるから，写像 $\psi : \mathbb{R}^n \to E_c$ は全単射 $\bar{\psi} : T^n \simeq \mathbb{R}^n/\Gamma \to E_c$ を引き起こす．

後は $\bar{\psi}$ が同相写像であることを示したい．写像 $\pi : \mathbb{R}^n \to \mathbb{R}^n/\Gamma$ を考える．まず $\bar{\psi}$ の連続性を示す．$V \subset E_c$ を開集合としよう．$\bar{\psi}^{-1}(V)$ が開集合になることは，$\pi^{-1} \circ \bar{\psi}^{-1}(V)$ が開集合であることと同値だが，これは $\psi^{-1}(V)$ と一致するので，ψ の連続性から示せた．

次に $\bar{\psi}$ が開写像であることを示せばよい．$U \subset \mathbb{R}^n/\Gamma$ を開集合とすると，これは $\pi^{-1}(U) \subset \mathbb{R}^n$ が開集合ということである．ψ が開写像であるから $\bar{\psi}(U) = \psi(\pi^{-1}(U))$ は開集合である．これで，定理は示された． □

さて，うまい正準座標をとって，このトーラス上の運動を見やすくすることはできないだろうか？　このようにして考えられたのが，**作用変数** (action variable) と**角変数** (angle variable) である．

まず $I_k(q,p) = I_k$ を p について解いたものを $p(q,I)$ と書き，$\lambda = \sum_{k=1}^{n} p_k(q,I)dq_k$ とする．保存量 I_k の値を決めると，運動は n 次元トーラスに制限されるが，トーラス上には連続変形によって 0 にならない n 個の閉曲線 γ_k が存在する．これらは，Arnold-Liouville の定理の証明で見た Γ の生成元 ω_k に対応している．これらを使って作用変数を

$$P_k = \frac{1}{2\pi} \oint_{\gamma_k} \lambda \tag{3.45}$$

と定義しよう．これは γ_k の微小変形で不変である．また，P_k の値は I_k, $k = 1, \ldots, n$ の値を決めると確定する．逆に I_k は P のみの函数になる．

次に，これと共軛な変数を求めたい．生成函数を

$$W(q,P) = \int_{q_0}^{q} \sum_{k=1}^{n} p_k(q, I(P))dq_k \tag{3.46}$$

で定義しよう．これにより，角変数 Q_k は $Q_k = \partial W/\partial P_k$, $k = 1, \ldots, n$ と定義される．ただし $p_k = \partial W/\partial q_k$ は自明に成り立っていることに注意しよう．

ここで，W や Q は一価函数ではない．始点 q_0 と終点 q を決めるだけでは，積分の値が決まらないからだ．積分路が閉曲線 γ_k をまわるごとに W に

は $2\pi P_k$ の値が加わる．これから，γ_k を 1 周まわるごとに Q_k の値が 2π 増えることになる．

作用変数と角変数で見た正準方程式系は

$$\frac{dQ_k}{dt} = \frac{\partial H}{\partial P_k} = \nu(P), \quad \frac{dP_k}{dt} = -\frac{\partial H}{\partial Q_k} = 0, \quad k = 1, \ldots, n \tag{3.47}$$

となり，解 $Q_k = \nu_k(P)t + Q_k(0)$, P_k : 定数，は n 次元トーラス上の直線運動である．

b. 積分不可能性に関する Poincaré の定理

2C 章の解法理論で目標にしたのは Liouville の方法だったが，Liouville の意味で可積分でない系は，いくらでも存在する．しかし，与えられた系が可積分系でないことを言うのは意外と難しい．

ここでは，歴史的にも重要な Poincaré の出発点，3 体問題に戻ってみよう．

3 体問題を一般に考察するのは非常に難しいので，問題を単純化して，より解きやすいものを考えたい．そのようにして考えられたのが次の**制限 3 体問題** (restricted three-body problem) である．これは，3 体のうち 1 体の質量がほかと比べて非常に小さい場合の考察で，2 体の運動は 2 体問題の解軌道を運行するとしたときの，3 つ目の天体の運動を求める問題である．特に，より単純化して，3 体が同一平面上運動をし，解けている 2 体問題の解が円運動の場合を考える．この場合の制限 3 体問題を特に，平面円周制限 3 体問題 (plane-circular restricted three-body problem) と呼ぶ．

例 25（平面円周制限 3 体問題）

平面円周制限 3 体問題は，次の Hamilton 函数で記述される正準方程式系に帰着される：

$$H = \frac{1}{2}\left({p_1}^2 + {p_2}^2\right) + p_1 q_2 - p_2 q_1 - U(q_1, q_2), \tag{3.48}$$

$$U = \frac{1-\alpha}{\sqrt{(q_1-\alpha)^2 + {q_2}^2}} + \frac{\alpha}{\sqrt{(q_1+1-\alpha)^2 + {q_2}^2}}. \tag{3.49}$$

まずは，これを見ておこう．

ふたつの天体の質量比を $1-\alpha : \alpha$ とし，適当な尺度変換をして，円運動を

$$\xi_1 = -\alpha \cos t, \quad \eta_1 = -\alpha \sin t, \quad \xi_2 = (1-\alpha)\cos t, \quad \eta_2 = (1-\alpha)\sin t$$

とする．このとき 3 番目の天体の座標 (x, y) は，次のような，Hamilton 函数が時間に依っている正準方程式系で表せる：

$$\begin{aligned}\widetilde{H} =& \frac{1}{2}({p_x}^2 + {p_y}^2) - \frac{1-\alpha}{\sqrt{(-\alpha\cos t - x)^2 + (-\alpha\sin t - y)^2}} \\ &- \frac{\alpha}{\sqrt{((1-\alpha)\cos t - x)^2 + ((1-\alpha)\sin t - y)^2}}.\end{aligned}$$

この方程式系を時間に依存しない Hamiltonian で書くため，注意 2.68（203 ページ）にあるように[32]，$z = t$, $\widehat{H} = \widetilde{H} + p_z$ とし，相空間の次元が 6 の，時間に依らない Hamilton 函数 $\widehat{H}$ に関する正準方程式系を得る．

さらに，回転座標

$$q_1 = x\cos t + y\sin t, \quad q_2 = -x\sin t + y\cos t, \quad q_3 = z\,(= t) \tag{3.50}$$

を導入しよう．これは点変換なので，対応する運動量座標には

$$\begin{aligned}\begin{pmatrix} p_x \\ p_y \\ p_z \end{pmatrix} &= \begin{pmatrix} \partial q_1/\partial x & \partial q_2/\partial x & \partial q_3/\partial x \\ \partial q_1/\partial y & \partial q_2/\partial y & \partial q_3/\partial y \\ \partial q_1/\partial z & \partial q_2/\partial z & \partial q_3/\partial z \end{pmatrix} \begin{pmatrix} p_1 \\ p_2 \\ p_3 \end{pmatrix} \\ &= \begin{pmatrix} \cos q_3 & -\sin q_3 & 0 \\ \sin q_3 & \cos q_3 & 0 \\ q_2 & -q_1 & 1 \end{pmatrix} \begin{pmatrix} p_1 \\ p_2 \\ p_3 \end{pmatrix}\end{aligned} \tag{3.51}$$

を使えばよい．これらの座標を使って $\widehat{H}$ を書くと，(3.48)–(3.49) の H を使って $\widehat{H} = H + p_3$ となる．$\widehat{H}$ は q_3 を陽に含まないので，q_3 は循環座標で p_3 は保存量である．結局，(3.48)–(3.49) の H に関する，相空間が 4 次元の正準方程式系に帰着されることが分かった．

ここで $\widetilde{H}$ は保存量でなかったが，$H = \widetilde{H} + p_1q_2 - p_2q_1$ は保存量で，**Jacobi の積分**と呼ばれる．

19 世紀末になっても，3 体問題は重要な未解決問題として残っていた．1889 年の 1 月 21 日は，スウェーデンとノルウェーの国王 Oscar 2 世の 60 歳の誕生日で，これを記念して，重要と思われるいくつかの問題が懸賞論文のため

32) 計算の都合上，注意 2.68 にあるのとは位置座標と運動量座標を逆にとった．

に設定されたが，3体問題はそのうちのひとつであった．賞は，n体問題に関係する力学の基本的問題への顕著な寄与に対し，Poincaréに授けられた．

一般に“3体問題は解けない”と言われる．しかし，解けないという意味は簡単ではない．Poincaréよりも前にBrunsの結果が知られている．Brunsの結果というのは，代数函数の範囲では，3体問題の保存量は古典的に知られている，エネルギー，運動量，角運動量，重心と独立には存在しないというものである．しかし，代数函数という条件は少し厳しすぎる．

Poincaréが示した積分不可能性定理とは，制限3体問題においても，助変数αに関して解析的な保存量がHamiltonianの函数以外に存在しないということである．助変数αを固定したときの保存量の存在を否定した定理ではないことに注意しよう．

それでは，Poincaréの積分不可能性定理へと歩を進めることにする．

定理 3.24（**Poincaré**）　相空間の次元が4の正準方程式系の摂動

$$\frac{d}{dt}q_k = \frac{\partial H}{\partial p_k}, \quad \frac{d}{dt}p_k = -\frac{\partial H}{\partial q_k}, \quad k = 1, 2, \tag{3.52}$$

$$H(q, p, \alpha) = H_0(p) + \alpha H_1(q, p) + \alpha^2 H_2(q, p) + \cdots \tag{3.53}$$

で，Hがq_kに関して周期2πを持つとする．非摂動項H_0が非退化条件

$$\det \begin{pmatrix} \frac{\partial^2 H_0}{\partial {p_1}^2} & \frac{\partial^2 H_0}{\partial p_1 \partial p_2} \\ \frac{\partial^2 H_0}{\partial p_1 \partial p_2} & \frac{\partial^2 H_0}{\partial {p_2}^2} \end{pmatrix} \neq 0 \tag{3.54}$$

を満たし，H_1のFourier級数展開$H_1 = \sum_j C_{j_1, j_2}(p) e^{\sqrt{-1}(j,q)}$において[33)]

(C)　任意の$j \in \mathbb{Z}^2 \backslash \{0\}$に対し，$p = p^*$で$j_1 \dfrac{\partial H_0}{\partial p_1}(p^*) + j_2 \dfrac{\partial H_0}{\partial p_2}(p^*) = 0$なら，

ある$j' \in \mathbb{Q} \cdot j \cap \mathbb{Z}^2 \setminus \{0\}$が存在して，$C_{j'}(p^*) \neq 0$となる　(3.55)

とする．このとき，Hと函数的に独立で，α, q, pに関して解析的，q_1, q_2に関して2πを周期とする保存量は存在しない．

証明．　αについて解析的な保存量$\Phi = \Phi_0 + \Phi_1 \alpha + \Phi_2 \alpha^2 + \cdots$が存在した

33)　記号の意味は$(j, q) = j_1 q_1 + j_2 q_2$で，内積を表す．

としよう．$\Phi_j(q_1+2\pi m_1, q_2+2\pi m_2, p_1, p_2) = \Phi_j(q_1, q_2, p_1, p_2)$ とする．これは保存量だから，$0 = \{\Phi, H\}$ が言え，α で展開した各係数から

$$\{\Phi_0, H_0\} = 0, \quad \{\Phi_0, H_1\} + \{\Phi_1, H_0\} = 0, \ldots \tag{3.56}$$

という関係式が求まる．これらを使って，順に，① Φ_0 は q に依存しない，② Φ_0 は H_0 の函数である，③ Φ は H の函数であるということを示そう．

① Φ_0 は p の函数．Φ_0 の Fourier 展開 $\Phi_0 = \sum_{j\in\mathbb{Z}^2} A_j(p) e^{\sqrt{-1}(j,q)}$ を考える．

$$0 = \{\Phi_0, H_0\} = \sum_{k=1,2} \frac{\partial \Phi_0}{\partial q_k}\frac{\partial H_0}{\partial p_k} = \sqrt{-1}\sum_{j\in\mathbb{Z}^2} A_j \left(j_1 \frac{\partial H_0}{\partial p_1} + j_2 \frac{\partial H_0}{\partial p_2}\right) e^{\sqrt{-1}(j,q)}$$

と計算でき，任意の $j \in \mathbb{Z}^2$ について $A_j = 0$ か $j_1 \frac{\partial H_0}{\partial p_1} + j_2 \frac{\partial H_0}{\partial p_2} = 0$ が成り立つ．$j \neq 0$ に対して後者が成り立つとすると，p_1, p_2 で偏微分して

$$\begin{pmatrix} \frac{\partial^2 H_0}{\partial {p_1}^2} & \frac{\partial^2 H_0}{\partial p_1 \partial p_2} \\ \frac{\partial^2 H_0}{\partial p_1 \partial p_2} & \frac{\partial^2 H_0}{\partial {p_2}^2} \end{pmatrix} \begin{pmatrix} j_1 \\ j_2 \end{pmatrix} = 0$$

となるが，これは H_0 の非退化条件に矛盾する．よって，$j \neq 0$ に対し $A_j = 0$ であり，Φ_0 は q に依らない．

② Φ_0 は H_0 の函数．Fourier 展開 $\Phi_1 = \sum_j B_j e^{\sqrt{-1}(j,q)}$, $H_1 = \sum_j C_j e^{\sqrt{-1}(j,q)}$ を考える．関係式 $\{\Phi_0, H_1\} + \{\Phi_1, H_0\} = 0$ の $e^{\sqrt{-1}(j,q)}$ の各係数を見ると

$$C_j(p)\left(j_1 \frac{\partial \Phi_0}{\partial p_1} + j_2 \frac{\partial \Phi_0}{\partial p_2}\right) = B_j(p)\left(j_1 \frac{\partial H_0}{\partial p_1} + j_2 \frac{\partial H_0}{\partial p_2}\right) \tag{3.57}$$

が得られる．

ここで $p = p^*$ において $\frac{\partial H_0}{\partial p_1}(p^*)$, $\frac{\partial H_0}{\partial p_2}(p^*)$ の比が有理数であるとしよう．これを $j \in \mathbb{Z}^2 \setminus \{0\}$ を用いて $j_1 \frac{\partial H_0}{\partial p_1}(p^*) + j_2 \frac{\partial H_0}{\partial p_2}(p^*) = 0$ と書くと，条件 (C) により，ある有理数 r が存在して $C_{rj}(p^*) \neq 0$ となっている．

関係式 (3.57) から，$rj_1 \frac{\partial \Phi_0}{\partial p_1}(p^*) + rj_2 \frac{\partial \Phi_0}{\partial p_2}(p^*) = 0$ が言えるが，これは，ヴェクトル $\left(\frac{\partial H_0}{\partial p_1}(p^*), \frac{\partial H_0}{\partial p_2}(p^*)\right)$ および $\left(\frac{\partial \Phi_0}{\partial p_1}(p^*), \frac{\partial \Phi_0}{\partial p_2}(p^*)\right)$ がともに j に垂直であることを意味しており，これらは 1 次従属である．

結局 $\det \frac{\partial(H_0, \Phi_0)}{\partial(p_1, p_2)}(p^*) = 0$ が分かったが，p^* は $\frac{\partial H_0}{\partial p_1}(p^*)$, $\frac{\partial H_0}{\partial p_2}(p^*)$ の比が有理数である点ならよかったから，このような点は稠密に存在していて，この Jacobian は任意の p で恒等的に 0 となる．つまり Φ_0 は H_0 にのみ依存した

函数 ϕ を使って $\Phi_0 = \phi(H_0)$ と書ける．

③ Φ は H の函数．上の ϕ を使って $\Phi - \phi(H)$ を考えると，これも保存量である．α による展開を考えると 0 次の項は消えているので，$m_1 \geq 1$ として $\Phi - \phi(H) = \alpha^{m_1}\Phi^{[1]}$ と書ける．

ところが，Φ の代わりに $\Phi^{[1]}$ を考えても同様の議論は成り立つので

$$\begin{aligned}\Phi =& \phi(H) + \alpha^{m_1}\Phi^{(1)} = \phi(H) + \alpha^{m_1}(\phi^{[1]}(H) + \alpha^{m_2}\Phi^{[2]}) \\ =& \cdots = \phi(H) + \alpha^{m_1}\phi^{[1]}(H) + \cdots + \alpha^{m_1+\cdots+m_{l-1}}\phi^{[l-1]}(H) + \alpha^{m_1+\cdots+m_l}\Phi^{[l]}\end{aligned}$$

が成り立つ．最後の式を $\Phi = \psi^{[l]}(H,\alpha) + \alpha^{m_1+\cdots+m_l}\Phi^{[l]}$ と書こう．

保存量 Φ と H が函数的独立だとして矛盾を導く．独立であるから，行列

$$\begin{pmatrix} \partial\Phi/\partial q_1 & \partial\Phi/\partial q_2 & \partial\Phi/\partial p_1 & \partial\Phi/\partial p_2 \\ \partial H/\partial q_1 & \partial H/\partial q_2 & \partial H/\partial p_1 & \partial H/\partial p_2 \end{pmatrix}$$

の階数は 2 である．1 次独立なヴェクトルがふたつとれるが，後の議論はどの場合も同様にできるので，第 1 列と第 2 列のヴェクトルが独立であるとしよう．$\det\frac{\partial(H,\Phi)}{\partial(q_1,q_2)} \neq 0$ である．これは $\alpha = 0$ においては 0 になってしまうので，ある k がとれて $\det\frac{\partial(H,\Phi)}{\partial(q_1,q_2)} = \alpha^k J(q,p,\alpha)$, $J(q,p,0) \neq 0$ と書ける．

ところが，$\Phi = \psi^{[l]}(H,\alpha) + \alpha^{m_1+\cdots+m_l}\Phi^{[l]}$ を代入すると $\det\frac{\partial(H,\Phi)}{\partial(q_1,q_2)} = \alpha^{m_1+\cdots+m_l}\det\frac{\partial(\Phi^{[l]},\Phi)}{\partial(q_1,q_2)}$ となり，$m_1+\cdots+m_l$ はいくらでも大きくとれるので $J(q,p,0) \neq 0$ と矛盾する．□

問題 3.6　2 変数 C^1 級関数 f, g が $(x,y) = (a,b)$ の近傍で $\det\frac{\partial(f,g)}{\partial(x,y)} \equiv 0$ を満たし，$\frac{\partial g}{\partial y} \neq 0$ であるとする．このとき，値 $c = g(a,b)$ の近傍で C^1 級の 1 変数関数 φ が存在して，$(x,y) = (a,b)$ の近傍で $f(x,y) = \varphi(g(x,y))$ と書けることを示せ．

制限 3 体問題の積分不可能性を，この Poincaré の定理に帰着させよう．

まず，制限 3 体問題 (3.48)–(3.49) は，$\alpha = 0$ において，2 体問題になっていることを見ておく．極座標を用いて $q_1 = r\cos\theta$, $q_2 = r\sin\theta$ とすると，対応する共軛正準変数は $p_1 = (\cos\theta)p_r - \left(\frac{\sin\theta}{r}\right)p_\theta$, $p_2 = (\sin\theta)p_r + \left(\frac{\cos\theta}{r}\right)p_\theta$ となる．$\alpha = 0$ のときは 2 体問題の Hamiltonian に $-p_\theta = p_1q_2 - p_2q_1$ の項が付け加わっているだけなので，例 4（9 ページ）で見たものと同様に計算して

$$H_0 = H|_{\alpha=0} = \frac{1}{2}\left({p_r}^2 + \frac{{p_\theta}^2}{r^2}\right) - p_\theta - \frac{1}{r} \tag{3.58}$$

と書ける．ところが，この表示では θ は循環座標で p_θ は保存量であるから，2 体問題の解がそのまま解になることがすぐに分かる．

さて，H_0 がふたつの循環座標を持つように書き直したいが，Liouville の方法で $H_0 = P_2$ のようにしてしまうと，非退化条件を満たさなくなるので，Hamilton と Jacobi の方法を使うことにしよう．

変数分離形 $W = W^{[1]}(r, P) + W^{[2]}(\theta, P)$ を仮定すると，方程式は

$$\frac{1}{2}\left(\left(\frac{dW^{[1]}}{dr}\right)^2 + \frac{1}{r^2}\left(\frac{dW^{[2]}}{d\theta}\right)^2\right) - \frac{dW^{[2]}}{d\theta} - \frac{1}{r} = K(P)$$

と書ける．ここで $p_\theta = dW^{[2]}/d\theta = P_1$, $K(P) = -\frac{1}{2{P_2}^2} - P_1$ とすると

$$\frac{dW^{[1]}}{dr} = \sqrt{-\frac{1}{{P_2}^2} + \frac{2}{r} - \frac{{P_1}^2}{r^2}} \qquad (= p_r)$$

を満たすものをとれば Hamilton-Jacobi 方程式の解となる．Hamiltonian は $H_0 = K = -\frac{1}{2{P_2}^2} - P_1$ となり，これも非退化条件を満たさないのだが，このまま少し計算を続けよう．

正準変換を計算する．生成函数は

$$W = W^{[1]} + W^{[2]} = \theta P_1 + \int \sqrt{-\frac{1}{{P_2}^2} + \frac{2}{r} - \frac{{P_1}^2}{r^2}}\, dr$$

と書ける．ここで $Q_k = \partial W/\partial P_k$, $k = 1, 2$ であるから

$$Q_1 = \theta - \int \frac{P_1 dr}{r\sqrt{-(r/P_2)^2 + 2r - {P_1}^2}}, \quad Q_2 = \int \frac{r dr}{{P_2}^3\sqrt{-(r/P_2)^2 + 2r - {P_1}^2}}$$

となる．さらに積分を計算すると

$$\begin{aligned} Q_1 &= \theta - \arcsin\left(\frac{r - {P_1}^2}{r\sqrt{1 - (P_1/P_2)^2}}\right), \\ Q_2 &= \arcsin\left(\frac{r - {P_2}^2}{{P_2}^2\sqrt{1 - (P_1/P_2)^2}}\right) - \frac{1}{{P_2}^2}\sqrt{-r^2 + 2{P_2}^2 r - {P_1}^2{P_2}^2} \end{aligned}$$

となる．P_1, P_2 も $P_1 = p_\theta$, $P_2 = 1/\sqrt{-\frac{{p_\theta}^2}{r^2} + \frac{2}{r} - {p_r}^2}$ のように書けるから，

変換が記述できた．

ところで H_0 に関する正準方程式系の変数変換を見てきたのだが，この正準変換を，元の H に関する正準方程式系に適用する．この変換 $(Q, P) \mapsto (q, p)$ を見ると，$(Q_1+2\pi m_1, Q_2+2\pi m_2, P_1, P_2), m_1, m_2 \in \mathbb{Z}$ はすべて同じ (q_1, q_2, p_1, p_2) に対応していることが分かる．これは

$$r = {P_1}^2 \left\{ 1 - \sqrt{1 - \left(\frac{P_1}{P_2}\right)^2} \sin(\theta - Q_1) \right\}^{-1}$$

などと書き直してみると納得できるであろうか？　つまり Q_1, Q_2 は $\mathbb{R}/2\pi\mathbb{Z} \simeq S^1$ 上の変数である（θ もそうであった）．

ここで H_0 が非退化条件を満たしていないことが問題である[34]．等位集合 $H = E$ の上でだけ考えることにして，正準方程式を $\check{H} = H^2/2E$ に関する正準方程式系と思おう．このときは $\check{H}_0 = \frac{1}{2E}\left(\frac{1}{4{P_2}^4} + \frac{P_1}{{P_2}^2} + {P_1}^2\right)$ であり，非退化条件を満たしている．

後は，条件 (C) を満たせば，Poincaré の定理 3.24 の条件は満たされることが分かった．条件 (C) に関する考察は省略させてもらう．

c. 可積分系の摂動

最後に，可積分系の摂動を考えたとき，トーラス上の解はどうなるのかを見てみよう．

Poincaré の積分不可能性定理で見たのと同じように，可積分系の摂動

$$\frac{d}{dt}q_k = \frac{\partial H}{\partial p_k}, \quad \frac{d}{dt}p_k = -\frac{\partial H}{\partial q_k}, \quad k = 1, 2, \ldots, n, \tag{3.59}$$

$$H(q, p, \varepsilon) = H_0(p) + \varepsilon H_1(q, p) + \varepsilon^2 H_2(q, p) + \cdots \tag{3.60}$$

が与えられているとする．今，$\varepsilon = 0$ とすると，q は循環座標なので，p は保存量になる．また，q は角変数であるとする．つまり，H は q_k に関して周期 2π を持つとする．

この系を，正準変換 $(q, p) \mapsto (Q, P)$ で，Q を循環座標に持つ系に移したい．正準変換の生成函数 $W = W(q, P, \varepsilon)$ ($p_k = \partial W/\partial P_k$, $Q_k = \partial W/\partial q_k$) を

34) $\det\begin{pmatrix} \partial^2 H_0/\partial {P_1}^2 & \partial^2 H_0/(\partial P_1 \partial P_2) \\ \partial^2 H_0/(\partial P_1 \partial P_2) & \partial^2 H_0/\partial {P_2}^2 \end{pmatrix} = \det\begin{pmatrix} -3/{P_2}^4 & 0 \\ 0 & 0 \end{pmatrix} = 0$ となる．

$$W(q, P, \varepsilon) = W_0(q, P) + \varepsilon W_1(q, P) + \varepsilon^2 W_2(q, P) + \cdots \tag{3.61}$$

としよう．ただし，$W_0 = \sum_{k=1}^{n} q_k P_k$ として，$\varepsilon = 0$ で恒等変換になるようにする．Hamilton-Jacobi の方程式は

$$H\left(q, \frac{\partial W}{\partial q_1}, \ldots, \frac{\partial W}{\partial q_n}, \varepsilon\right) = K(P, \varepsilon) = K_0(P) + \varepsilon K_1(P) + \varepsilon^2 K_2(P) + \cdots$$

と書ける．ε で展開した係数を見て，0 次の項で $H_0(P) = K_0(P)$, 1 次の項は

$$H_1(q, P) + \sum_{k=1}^{n} \frac{\partial H_0}{\partial p_k} \frac{\partial W_1}{\partial q_k} = K_1(P) \tag{3.62}$$

となる．また，2 次の項は次のようになる：

$$H_2(q, P) + \sum_{k=1}^{n} \frac{\partial H_1}{\partial p_k} \frac{\partial W_1}{\partial q_k} + \frac{1}{2} \sum_{k,i=1}^{n} \frac{\partial^2 H_0}{\partial p_k \partial p_i} \frac{\partial W_1}{\partial q_k} \frac{\partial W_1}{\partial q_i} + \sum_{k=1}^{n} \frac{\partial H_0}{\partial p_k} \frac{\partial W_2}{\partial q_k} = K_2(P).$$

これらの関係式を満たすように W を決めたい．まず H_1, W_1 を q に関して Fourier 展開し $H_1(q, p) = \sum_{j \in \mathbb{Z}^n} C_j(p) e^{\sqrt{-1}(j,q)}$, $W_1(q, P) = \sum_{j \in \mathbb{Z}^n} w_j(P) e^{\sqrt{-1}(j,q)}$ と置こう．ただし，$(j, q) = \sum_{k=1}^{n} j_k q_k$ である．このとき，関係式 (3.62) は

$$\sum_{j \in \mathbb{Z}^n} \left\{ C_j(P) + \sqrt{-1} \left(\sum_{k=1}^{n} j_k \frac{\partial H_0}{\partial p_k}(P) \right) w_j(P) \right\} e^{\sqrt{-1}(j,q)} = K_1(P)$$

と書ける．ここで，$\nu = (\nu_1, \ldots, \nu_n)$, $\nu_k = \partial H_0 / \partial p_k$ と置くと，任意の $j \in \mathbb{Z}^n \setminus \{0\}$ に対して $(j, \nu(P)) \neq 0$ であれば

$$w_j(P) = \sqrt{-1} \frac{C_j(P)}{(j, \nu(P))}, \quad j \in \mathbb{Z}^n \setminus \{0\} \tag{3.63}$$

と，$K_1(P) = C_0(P)$ で関係式は満たされる．また，Poincaré の定理の証明で見たように，非退化条件 $\det \left(\frac{\partial^2 H_0}{\partial p_k \partial p_i} \right) \neq 0$ を仮定すれば，任意の $j \in \mathbb{Z}^n \setminus \{0\}$ に対して $(j, \nu(P)) \neq 0$ も言える．

同様にして 2 次以降の項も形式的に計算されるが，このような計算で解が構成できるだろうか？　問題は級数の収束である．特に，分母に現れる $(j, \nu(P))$ という値は 0 にならないとしても，非常に小さくなり得る．これは，小さな

分母の問題 (small denominators problem) と呼ばれ，摂動理論における困難とされてきた.

この問題については，Kolmogorov により重要なアイディアが提出され，その後 Arnold と Moser によって独立な方法で示された結果により，理解が進んだ．これは今日，**KAM 理論**と呼ばれている．ここでは証明を追うことはあきらめ[35)]，結果のみを述べ，その意味するところを少しだけ見ておこう.

定理 3.25（Kolmogorov-Arnold-Moser）　可積分系の摂動が Hamiltonian

$$H(q,p,\varepsilon)=H_0(p)+H_1(q,p,\varepsilon),\quad H_1(q,p,0)=0 \tag{3.64}$$

で与えられているとしよう．ただし，H は $q_1,\dots,q_n$ に対して周期 2π を持つ実解析的函数で，H_0 は非退化条件 $\det\left(\frac{\partial^2 H_0}{\partial p_k \partial p_i}\right)\neq 0$ を満たすとする.

さらに，ある $p=p^*$ で $\nu(p)=(\partial H_0/\partial p_k)_{k=1}^n$ が Diophantus 条件

(D)　定数 $c,\mu>0$ が存在して

任意の $j\in\mathbb{Z}^n\setminus\{0\}$ に対して，$|(j,\nu(p^*))|>c\|j\|^{-\mu}$ となる

を満たしているとする.

このとき，任意の $K>0$ に対し，$\varepsilon_0>0$ がとれて，$\xi\in\mathbb{R}^n, \varepsilon<\varepsilon_0$ で定義された，ξ の各成分に関して周期 2π を持つ実解析的な函数 $f(\xi,\varepsilon), g(\xi,\varepsilon)$ が存在して，$f(\xi,0)=g(\xi,0)=0, \sup|f(\xi,\varepsilon)|<K, \sup|g(\xi,\varepsilon)|<K$ を満たし

$$q=q^*(t)+f(q^*(t),\varepsilon),\quad p=p^*+g(q^*(t),\varepsilon) \tag{3.65}$$

がこの Hamilton 系の解となるようにできる．ただし，q^* は $\frac{dq_k^*}{dt}=\frac{\partial H_0}{\partial p_k}(p^*)$ の解，つまり $q^*(t)=\nu(p^*)t+q^*(0)$ である.

さらに $\{(\xi+f(\xi,\varepsilon),p^*+g(\xi,\varepsilon))\in(\mathbb{R}^n/(2\pi\mathbb{Z})^n)\times\mathbb{R}^n\ ;\ \xi\in\mathbb{R}^n\}$ は $\mathbb{R}^n/(2\pi\mathbb{Z})^n\simeq T^n$ と同相になる.

この定理に現れるような可積分系から少しだけずれた非可積分系を**近可積分系** (nearly integrable system) と呼ぶ．KAM 理論は近可積分系の理論である.

定理 3.25 で分かることは，しかるべき条件のもと，可積分系の等位集合と

35)　アーノルド・アベズ，古典力学のエルゴード問題，吉岡書店 (1972) など参照されたい.

なるトーラスは，わずかな変形を受けながら不変トーラスのまま残るということである．

ここで仮定されたDiophantus条件 (Diophantine condition) であるが，$n = 2$ のときにこれを満たさない $\nu = (\nu_1, \nu_2)$ を考えよう．このとき，ν_1, ν_2 の比は任意の $c, \mu > 0$ に対し

$$\left|\frac{\nu_1}{\nu_2} + \frac{j_2}{j_1}\right| = \left|\frac{j_1\nu_1 + j_2\nu_2}{j_1\nu_2}\right| < \frac{c}{|j_1\nu_2|\sqrt{{j_1}^2 + {j_2}^2}^{\mu}} < \frac{c}{|\nu_2 {j_1}^{\mu+1}|}$$

を満たす j_1, j_2 を持ち，ν_1/ν_2 はLiouville数となる．Liouville数とは，任意の正整数 n に対して $\left|\nu - \frac{p}{q}\right| < \frac{1}{|q|^n}$ を満たす有理数 p/q が存在するような無理数 ν として定義される．Liouville数は超越数になることが知られていて，超越性を示すときによくこの性質が使われる．Liouville数全体は，Lebesgue測度0である．一般の n 次元のときにも，ほとんどすべての $\nu \in \mathbb{R}^n$ についてDiophantus条件が満たされることが分かる．

不変トーラスの多くは摂動後も小さい ε ではそのまま残るのだが，そこから外れた解はどうなるだろうか？ $n = 2$, つまり相空間が4次元の場合は，軌道は $H = C_2$ という条件を満たす3次元の空間の中で，近くのふたつの不変2次元トーラスに挟まれて，ここから出られない．これはドーナツの皮のようなものだ．しかし，$n > 3$ の場合はエネルギー超曲面は $2n - 1$ 次元で，この中で不変トーラスは n 次元であるから，このような有限部分に閉じ込められてはおらず，解が染み出してしまう可能性が考えられる．このような現象を **Arnold 拡散** (Arnold diffusion) と呼ぶ．

相図を描く

正規形2連立自励方程式

$$\frac{dx}{dt} = f(x), \quad x = \begin{pmatrix} x_1 \\ x_2 \end{pmatrix}, \quad f = \begin{pmatrix} f_1 \\ f_2 \end{pmatrix}$$

を考えよう．この微分方程式の定める流れを図示したい．微分方程式の定める流れに対して，解の軌跡の様子を記したものを**相図** (phase portrait) と呼ぶ．解の軌道そのものの絵に行く前に，比較的簡単に描けるヴェクトル場の絵を描くことを考えてみよう．

ヴェクトル場を描く

ヴェクトル場のデータを書き出すと思うと，適当に x_1, x_2 の値を与えて，x_1, x_2, $f_1(x_1, x_2)$, $f(x_1, x_2)$ という4つの値を並べたものを集めればよい．具体例として，例3 (Lotka-Volterra 方程式) を見てみる．手計算は大変なので，プログラムを考えよう．c 言語のプログラムでは次のように書ける．

```
#include <stdio.h>
#include <math.h>
#define leftend    -0.6 // 描画範囲の左端
#define rightend    2.6 // 描画範囲の右端
#define lowerend   -0.6 // 描画範囲の下端
#define upperend    2.6 // 描画範囲の上端
#define step        0.4 // 標本点の間隔
#define scale       0.2 // ヴェクトルの倍率
double fx(double x, double y){
    return (1-y)*x; // 右辺の函数
}
double fy(double x, double y){
    return -(1-x)*y; // 右辺の函数
}
int main(){
    double x, y;
    for(x=leftend; x<=rightend; x=x+step){
        for(y=lowerend; y<=upperend; y=y+step){
            printf("%lf %lf %lf %lf\n",
            x, y, fx(x,y)*scale, fy(x,y)*scale);
        }
    }
    return 0;
}
```

ここで右辺の函数と言っているのは，微分方程式 $dx/dt = (1-y)x$, $dy/dt = -(1-x)y$ の右辺である．

このようなプログラムを走らせると，先ほどの 4 つの値を並べたデータを作ってくれる．ただし，各点におけるヴェクトルの長さを 0.2 倍して見やすくした[36]．この出力に vectorField という名前を付けて保存した．

gnuplot[37] などの描画ソフトを使うと，このデータを絵にしてくれる．gnuplot でのコマンドを

```
set size square
set xzeroaxis
set yzeroaxis
plot "vectorField" with vectors notitle
```

のように入力すると，次の図が得られた[38][39]：

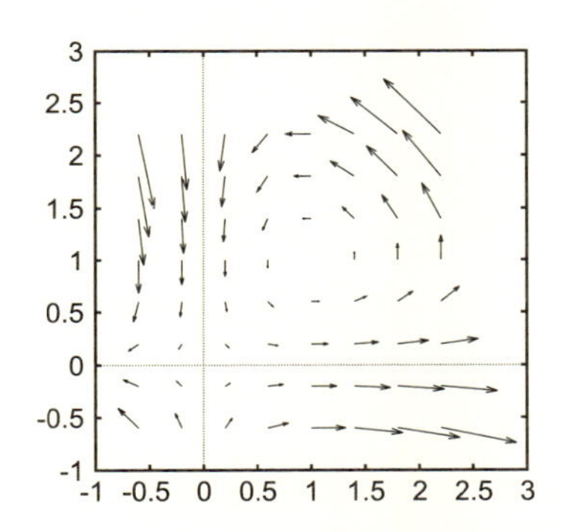

図 3.23　Lotka-Volterra 方程式のヴェクトル場

もちろん，プログラムでデータを作ったりする手間をとらなくても，おおよその流れを絵に描くことはできる．

このような描画ソフトなどのコマンドは，数学とは違って，仕様が変わっ

36)　プログラム中では，`scale` という変数の値を `0.2` として使っている．

37)　Linux, Windows, Mac などで動くフリーソフト．インストール方法，使用方法などはインターネットなどで検索するなりして調べてほしい．

38)　`set terminal postscript eps` と `set output "vectorField.eps"`の 2 行を打ち込んでから描画させると，eps ファイルで出力される．

39)　この本では，見やすさを考慮して，多くの場所で，出力そのものではなく，図を書き直して載せている．

たりすることもあるので，使ってみようという方は，インターネット上を検索するなどして新しい情報を入手してほしい．

さて，どんなことがヴェクトル場の図から読み取れるだろうか？ まず，$(x, y) = (1, 1)$ と $(0, 0)$ が不動点であることはすぐに分かる．それから，この例では，例3のところでも見たように，第1象限への閉じ込めが分かるが，これは x 軸，y 軸が解軌道になっているからで，普通はこのようなことは解を求めてみないとわからない．また，すべての解が周期的な解であるということなども，この図から説明できるものではない．

方程式を替えて，例21（van der Pol の方程式）でもヴェクトル場を見てみよう．方程式は $dx/dt = y, dy/dt = -x + \varepsilon(1 - x^2)y$ である．

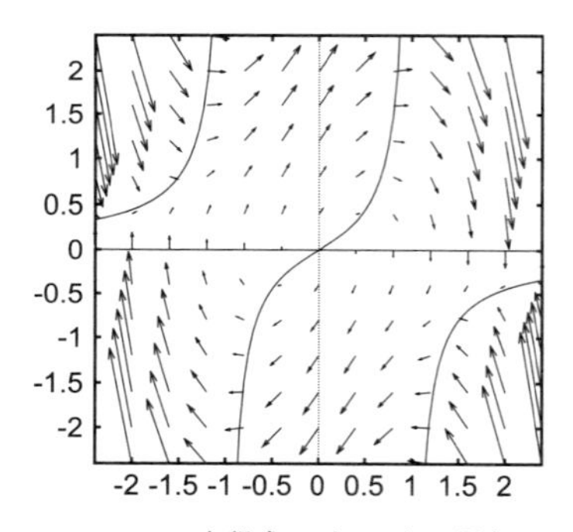

図 **3.24** van der Pol 方程式のヴェクトル場とヌルクライン

ここでは，前のプログラムの右辺の関数を，`(1-y)*x` を `y` に，`-(1-x)*y` を `-x+1.5*(1-x*x)*y` に書き換える（$\varepsilon = 1.5$ とした）．また，助変数を少し変えて，表示範囲を`-2.4` から `2.4`，`scale` は `0.1` にした．

ヌルクラインを描く

ヴェクトル場に沿った流れによって，解はどのように動いていくのか？ その理解の手助けになる概念として，ヌルクラインというものがある．

座標 x_k に関する**ヌルクライン** (nullcline) とは，導函数 dx_k/dt が零になる点の集合である．これは，つまり，条件 $f_k(x) = 0$ によって定まる集合である．ヌルクラインは，ヴェクトル場の絵を描いたときと同様に方程式の情報だけあれば描け，解の情報を必要としない．

ヌルクラインは，$\mathbb{R}^n$ をいくつかの領域に分けるが，それらの領域においては，各 dx_j/dt が正か負かに類別されている．今は特に，2 次元で考えているので，各領域においてヴェクトル場は，北東，北西，南東，南西の 4 通りのいずれかに決まっている．

先程見た van der Pol 方程式のヴェクトル場の図には，既にヌルクラインが描いてある．van der Pol 方程式の場合，ヌルクラインは $y=0$, $y=x/(\varepsilon(1-x^2))$ という式で表される．

例 21（279 ページ）では，Poincaré と Bendixson の定理を使って，$\varepsilon>0$ のとき極限周期軌道が存在することを見たのだが，ある領域を出発した解がその領域に閉じ込められていて，無限遠に去ってしまうことがないことを認めて議論をした．ヴェクトル場とヌルクラインの図を使って，これを確認しておこう．

全平面はヌルクラインによって 6 分割される．6 つの領域に名前を付けよう．$y>0$ に関して，左から順に領域 A, B, C として，$y<0$ についても同様に左から D, E, F とする．

A　B　C
D　E　F

このうち，A と F から出発した解は，その境界で B, E にそれぞれ流れ込み，逆の方向の流れはないから，出発点をその他の領域にすれば A, F を考慮する必要はない．

さて，x 軸の負の部分から出発した解はすぐに領域 B に入るが，この解は途中で止まってしまうことはないので，C に流れていくか，あるいは B に属したまま $y\to\infty$ に発散するかであるが，後者はあり得ないことが示せる．

$\because$　B 内の点 $\xi=(\xi_1,\xi_2)$ を出発したとしよう．B 内にいる間はヴェクトル場の向きから，$\xi_1\le x<1$, $0<\xi_2\le y$ の範囲を動くことが分かる．

$y\to\infty$ を仮定して矛盾を示したい．まず，有限時間内には y は爆発しないことを見よう．ここで $y(t)-\xi_2=\int_{t_0}^t(dy/dt)dt$ であるが，$dy/dt=-x+\varepsilon(1-x^2)y\le-\xi_1+\varepsilon y$ で Gronwall の補題（定理 1.22，63 ページ）から $y(t)\le C-\xi_1 t+\varepsilon\int_{t_0}^t(C-\xi_1 s)e^{\varepsilon(t-s)}ds$ が言える．よって，t が有限の値のときは $y(t)$ も有限で，y が発散するのは，$t\to\infty$ のときしか可能性がない．

ところが $x(t) - \xi_1 = \int_{t_0}^{t} y(s)ds$ で，$t \to \infty$ のとき $y \to \infty$ であると，$x \to \infty$ となってしまい，B にとどまっていることと矛盾する．　□

同様にして，C を出発した解は E に，E を出発した解は D に，D を出発した解は B に，無限遠に発散することなく流れ込むことを示せる．

ただこれだけでは $B \to C \to E \to D \to B$ というサイクルが続くことは言えても，このサイクルの無限回の極限で無限遠に発散する可能性は排除できない．発散が起こらないことを示すために，解の閉じ込めを確認しておこう．

x 軸の負の部分にある点 $\xi = (\xi_1, 0)$ から出発して，B, C, E, D と一周して戻ってきたときの点を $T(\xi) = (T_1(\xi_1), 0)$ とする．

今，ξ_1 が十分小さいとき，$\xi_1 < T_1(\xi_1)$ とできることを示したい．この不等式が成り立つと，ξ から $T(\xi)$ までの解曲線と x 軸上の区間 $[\xi_1, T_1(\xi_1)]$ で囲まれた領域を考えると，解の閉じ込めが成り立っている．実際，解軌道が別の解軌道を横切ることはないし，残った区間 $[\xi_1, T_1(\xi_1)]$ では解曲線はこの領域に流れ込むだけで，外に出て行くことはない．

$\because$ （ξ_1 が十分小さいとき，$\xi_1 < T_1(\xi_1) < 0$ とできること）．まず $V(x,y) = (x^2 + y^2)/2$ と置くと

$$\delta = V(T(\xi)) - V(\xi) = \frac{1}{2}(T_1(\xi_1)^2 - \xi_1{}^2) = \int_{t_0}^{t_1} \left\{ \frac{d}{dt} V(\varphi(t; 0, \xi)) \right\} dt$$

と書けるので，δ が負になるよう $\xi_1 < 0$ がとれることを示せばよい．特に，$dV(x(t), y(t))/dt = xdx/dt + ydy/dt = \varepsilon(1 - x^2)y^2$ となっている．

ここで，被積分函数の正負は $x < -1$, $-1 < x < 1$, $1 < x$ で分かれていて，負，正，負になっている（$\varepsilon > 0$ としていた）．この領域で解軌道を分割し，ξ に近いほうから順に $\gamma_1, \gamma_2, \ldots, \gamma_5$ としよう．$\delta_k = \int_{\gamma_k} dV$ とすると，$\delta_2, \delta_4 > 0$, $\delta_1, \delta_3, \delta_5 < 0$ となる．

まず δ_2 について見ると，ξ_1 をどのように動かしても上に有界な範囲に収まっていることが言える．これは領域 A を出発した解と比べると分かる．A から出発した解を固定し φ^* としよう．これは，B, C を通り，x 軸の正の部分を横切る．$(\xi_1, 0)$ を出発した解はこの解軌道の下側を通り，V は相空間での原点からの距離を表しているから，δ_2 は $V(\varphi^*)/2$ の最大値を超えることはない．また δ_4 についても値は有界である．

次に δ_1 だが，$(\xi_1, 0)$ を出発した解は，途中 $x = -2$ の点を通過するが $(\xi_1 < -2$ とした)，このとき，領域 B にいるはずだから y 座標は $2/(3\varepsilon)$ 未満である．よって $\delta_1 < (V(-2, 2/(3\varepsilon)) - V(\xi))/2 = 2 + 2/(9\varepsilon^2) - {\xi_1}^2/2$ となり，これはいくらでも小さくできる．

結局 $\delta = \delta_1 + \cdots + \delta_5$ は ξ_1 を十分小さくとれば，負にできる．　□

解の軌道を描く

ヴェクトル場やヌルクラインのようなものは方程式の情報だけから容易に描像を得ることができるが，極限周期軌道，安定集合，不安定集合，分離曲線や特定の解の軌道などは，方程式を解くことなしには描くことも難しい．

Lotka と Volterra の方程式 の場合は，保存量が存在して，その意味で解けてしまうので，解の軌道を描くことは簡単だ．

図 3.25 は，保存量 $\Phi(x, y) = xye^{-x}e^{-y}$ の等高線を描いている．しかし，一般的には，このような保存量などは期待できない．

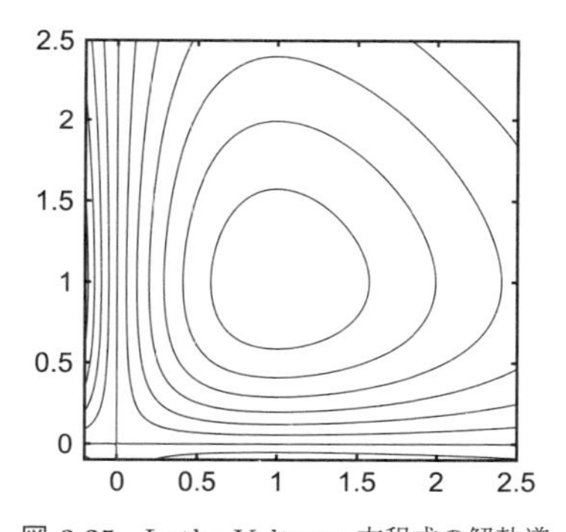

図 3.25　Lotka-Volterra 方程式の解軌道

そこで，以下では数値解によって解を近似してみよう．ここでは van der Pol の方程式 の解を，注意 1.11 で見た Runge と Kutta の方法で計算する（42 ページ）．c 言語のプログラムでは次のように書ける．

```
#include <stdio.h>
#include <math.h>
#define xinitval      2 // 初期条件
#define yinitval     -3 // 初期条件
#define step       0.01 // 進み幅
#define max        1024 // ステップ数
double fx(double x, double y){
    return y; // 右辺の函数
}
double fy(double x, double y){
    return -x+1.5*(1-x*x)*y; // 右辺の函数
}
```

```
int main(){
    int j;
    double K1, K2, K3, K4, L1, L2, L3, L4;
    double x[max], y[max];
    x[0]=xinitval, y[0]=yinitval;
    for(j=0; j<max; j++){
        K1=fx(x[j], y[j])*step;
        L1=fy(x[j], y[j])*step;
        K2=fx(x[j]+(K1/2), y[j]+(L1/2))*step;
        L2=fy(x[j]+(K1/2), y[j]+(L1/2))*step;
        K3=fx(x[j]+(K2/2), y[j]+(L2/2))*step;
        L3=fy(x[j]+(K2/2), y[j]+(L2/2))*step;
        K4=fx(x[j]+(K3/2), y[j]+(L3/2))*step;
        L4=fy(x[j]+(K3/2), y[j]+(L3/2))*step;
        x[j+1]=x[j]+(K1+2*K2+2*K3+K4)/6;
        y[j+1]=y[j]+(L1+2*L2+2*L3+L4)/6;
    }
    for(j=1; j<=max; j++){
        printf("%lf %lf\n", x[j], y[j]);
    }
    return 0;
}
```

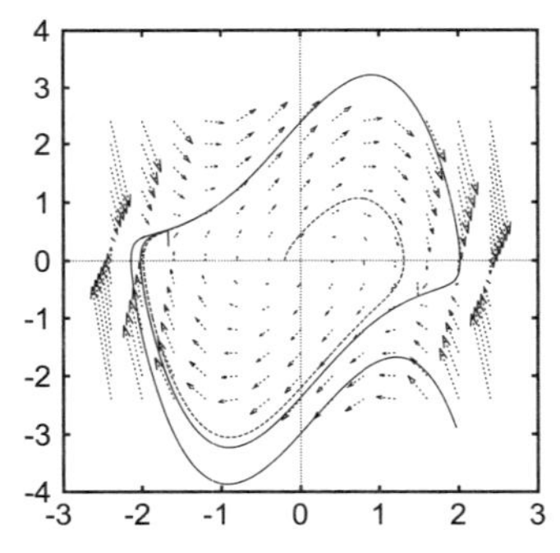

図 3.26　van der Pol の方程式の解軌道

この図は，プログラムで得た初期値 $(x,y) = (2,-3)$ を通る解の軌道と，少し書き変えて，$(x,y) = (-0.2,0)$ という初期値を通る解を計算した結果を gnuplot で描画し，ヴェクトル場の図と重ねたものである．

gnuplot では 3 次元系でも描像を得ることができる．少し複雑な例だが，Lorenz の方程式 を見てみよう：

$$\frac{dx}{dt} =\sigma(y-x), \tag{3.66}$$

$$\frac{dy}{dt} =rx-y-xz, \tag{3.67}$$

$$\frac{dz}{dt} =-bz+xy. \tag{3.68}$$

Lorenz の方程式系は，1963 年に気象学の文脈から，単純化された大気対流のモデルとして，E. N. Lorenz により定式化された系である．

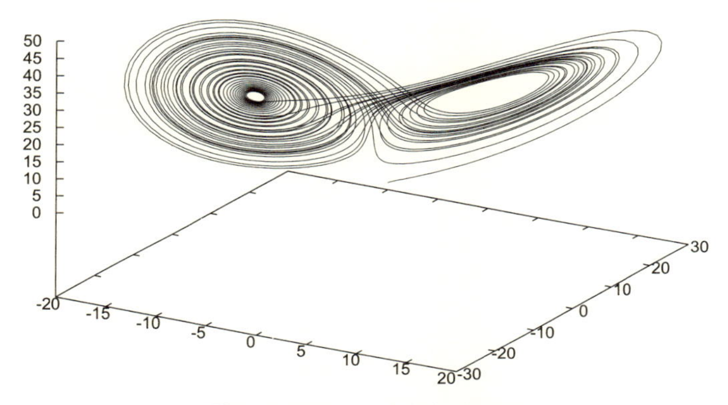

図 3.27 Lorenz の方程式の解軌道

この図では，Lorenz の実際の径数付けに合わせて $\sigma = 10,\ r = 28,\ b = 8/3$ と置いた．また，初期値は $(x, y, z) = (1, 1, 1)$ としたが，初期値を多少変えても，絵としては似たようなものが現れる．

渦がふたつあるように見える．軌道はどちらかの周りを周回するようだが，しばらくするともうひとつの周りに移ったりして複雑だ．

問題 3.7　Lorenz 系の解を Runge-Kutta の数値計算で近似した数値解を打ち出すプログラムを書け．

計算

3.1（線型方程式の不動点）　次の線型方程式系において，原点が，次のどれにあたるか判定せよ：安定結節点，安定渦状点，不安定結節点，不安定渦状点，鞍点，渦心点，このいずれでもない．

$$(1)\ \frac{dx}{dt} = \begin{pmatrix} 33 & 13 \\ -89 & -35 \end{pmatrix} x, \quad (2)\ \frac{dx}{dt} = \begin{pmatrix} -26 & 49 \\ -16 & 30 \end{pmatrix} x,$$

$$(3)\ \frac{dx}{dt} = \begin{pmatrix} 69 & -154 \\ 30 & -67 \end{pmatrix} x.$$

3.2（不動点）　次の $\mathbb{R}^2$ 上の方程式系の不動点をすべて求めよ．また，各不動点での線型化方程式を求め，各不動点が，沈点，源点，沈点・源点ではない，の 3 つのうちのどれか，線型化方程式から判定できる場合には，判定せよ．

$$(1)\ \frac{dx}{dt} = x^2 - 1,\ \ \frac{dy}{dt} = y^2 - 1, \qquad (2)\ \frac{dx}{dt} = (x^2 - 1)y,\ \ \frac{dy}{dt} = (y^2 - 1)x,$$

$$(3)\ \frac{dx}{dt} = (3x - 5y + 4)(3x - 5y - 4),\ \ \frac{dy}{dt} = (5x - 3y + 4)(5x - 3y - 4),$$

$$(4)\ \frac{dx}{dt} = y(2 - y)(x - 2y + 2),\ \ \frac{dy}{dt} = x(2 - x)(y - 2x + 2),$$

$$(5)\ \frac{dx}{dt} = \sin(\pi x),\ \ \frac{dy}{dt} = \sin(\pi y).$$

3.3（周期軌道）　方程式系

$$\frac{d}{dt}x = \begin{pmatrix} \alpha & -1 \\ 1 & \alpha \end{pmatrix} x - \|x\|^2 x$$

を考える．$\alpha > 0$ のとき，$\|x\|^2 = \alpha$ は周期軌道である．

(1) 周期解を求めよ．(2) この周期解における線型化方程式を求め，線型化方程式の解を求積法で求めよ．(3) Floquet 行列とその固有値を計算せよ．

3.4（摂動）　次の初期値問題の解を，ε に関する摂動で，ε^2 の項まで求めよ．

$$(1)\ \frac{dx}{dt} = -x + \varepsilon x^3,\ x(0) = \xi, \quad (2)\ \frac{d^2x}{dt^2} = -x + \varepsilon x^2,\ x(0) = \xi,\ \frac{dx}{dt}(0) = 0.$$

演習

問 3.1（制限 3 体問題の不動点）　平面円周制限 3 体問題は Hamilton 函数 (3.48)–(3.49) に関する正準方程式系であった．$v_1 = dq_1/dt$, $v_2 = dq_2/dt$ と置いて，この系を (q_1, q_2, v_1, v_2) に関する 4 次元系と見なそう．

(1)　この方程式系の不動点は $(q_1, q_2, v_1, v_2) = (a, 0, 0, 0)$, $(b, 0, 0, 0)$, $(c, 0, 0, 0)$, $\left(\alpha - \frac{1}{2}, \sqrt{3}/2, 0, 0\right)$, $\left(\alpha - \frac{1}{2}, -\sqrt{3}/2, 0, 0\right)$ で表される 5 点であることを示せ．ただし a, b, c は $a < -1 + \alpha < b < \alpha < c$ を満たす実数である．

最初の 3 つを Euler の直線解，後のふたつを Lagrange の正 3 角形解と呼ぶ．

(2)　直線解が不安定なことを示せ．

(3)　$\alpha(1-\alpha) < 1/27$ のとき，ほとんどすべての α について，正 3 角形解が安定なことを示せ．

実際に，2 体の天体を太陽と木星とすると，それと正 3 角形をなす位置の近くに，トロヤ群 (Trojan asteroid) と呼ばれる小惑星群が存在することが知られている．

問 3.2（制限 3 体問題の周期解）　平面円周制限 3 体問題において，α が十分小さいとき，無限個の周期解が存在することを示せ．

問 3.3（Jacobi の定理）　$\omega \in \mathbb{R}^n$ とし，$T^n = \mathbb{R}^n/\mathbb{Z}^n$ 上の離散力学系 $\varphi:\ T^n \ni \xi \mapsto \xi + \omega \in T^n$ を考える．φ の軌道が稠密となるためには，$k\cdot\omega \in \mathbb{Z}$ $(k \in \mathbb{Z}^n)$ ならば $k = 0$ が成り立つことが必要十分であることを示せ．

計算の結果

第1章

1.1 $x = C_1 \sum_{j=0}^{\infty} \left(\frac{\alpha}{2}\right)_j \frac{(2t^2)^j}{(2j)!} + C_2 t \sum_{j=0}^{\infty} \left(\frac{\alpha+1}{2}\right)_j \frac{(2t^2)^j}{(2j+1)!}$. ただし，$(\gamma)_k = \gamma(\gamma+1)\cdots(\gamma+k-1)$ の記号を使った．収束半径は ∞.

1.2 $x = C + (C-2)(t-1) - 2\sum_{j=2}^{\infty}(1-t)^j/(j(j-1))$. 収束半径は 1.

1.3 $x^{[1]} = t^2+t+1$, $x^{[2]} = \frac{t^5}{5} + \frac{t^4}{2} + t^3 + 2t^2 + t + 1$, $x^{[3]} = \frac{t^{11}}{275} + \frac{t^{10}}{50} + \frac{13}{180}t^9 + \frac{9}{40}t^8 + \frac{17}{35}t^7 + \frac{9}{10}t^6 + \frac{7}{5}t^5 + \frac{3}{2}t^4 + \frac{5}{3}t^3 + 2t^2 + t + 1$.

1.4 $\xi^{(1)} = 1.1$, $\xi^{(2)} = 1.22$, $\xi^{(3)} = 1.365$, $\xi^{(4)} = 1.542$.

1.5 $\xi^{(1)} = 1.111$.

1.6 $\xi = x-1$ と置くと $t=0$ は ξ に関する方程式の Briot-Bouquet の特異点となる．また，冪級数解は $x = 1 + t + t^2 + t^3 + \cdots$ で $\theta = 1/2$.

1.7 $x^{[n]} = C\sin(n\pi t/l)$.

1.8 $\lambda < 0$ のとき，$x = -\frac{1}{\lambda} + \frac{2\sinh(\sqrt{-\lambda}/2)}{\lambda\sinh\sqrt{-\lambda}}\cosh\left(\sqrt{-\lambda}\left(t-\frac{1}{2}\right)\right)$. $\lambda = 0$ のとき，$x = \frac{t(t-1)}{2}$. $\lambda > 0$ のとき，$x = -\frac{1-\cos(\sqrt{\lambda}t)}{\lambda} + C\sin(\sqrt{\lambda}t)$ で $\lambda = n^2\pi^2, n \in \mathbb{Z}$ のときは C は任意，それ以外のときは $C = \frac{1-\cos\sqrt{\lambda}}{\lambda\sin\sqrt{\lambda}}$.

1.9 $G(t,s) = -\log\left(1 + \frac{s+t-|s-t|}{2}\right)$.

第2章

2.1 (1) $x = C$, $C_2 e^{C_1(t-x)} = \frac{C_1 x + 1}{C_1 x - 1}$, (2) $x = C$, $C_2 e^{C_1 t} x = (x-1)^{\frac{C_1}{1+C_1}}(x+C_1)^{\frac{1}{1+C_1}}$.

2.2 (1) $x = Ce^t$, $x = Ce^{t^2/2}$, $x = Ce^{t^3/3}$, (2) $x = C$, $t^{C_1} = C_2 e^x \frac{C_1 x - 1}{C_1 x + 1}$, (3) $x = t\log\frac{t}{C_2 - C_1 t}$, (4) $x(x^5 + t^2) = Ct^{17/5}$, (5) $(x+t-1)^2 = C(x-t-3)^5$, (6) $(9(x-2)^2 + 2(t+1)(x-2) + 9(t+1)^2)^2 = C(x-t-3)^5$.

2.3 (1) $(C_1 - 1)t + C_2 = x - \log\left(e^{t+x} + C_1\right)$, (2) $\left(\frac{x}{e}\right)^x = C_2 t^{C_1} e^t$, (3) $(tx^2+1)te^{-t^2/2} = C$, (4) $x\exp\left(-\frac{1}{3}t^3x^3\right) = C$.

2.4 (1) $x = C_1 t(t-1)e^t + C_2 t$, (2) $x = e^t\left(\int\left(\frac{t}{2} + \frac{C_1}{t}\right)e^{-4t}dt + C_2\right)$, (3) $x = \frac{1}{1-t} + \frac{3}{2}\frac{C\sqrt{t}}{1+C\sqrt{t}}$.

2.5 (1) $x = t(t-1)(C - e^t)$, (2) $x = (C + t^2/2)e^{\sin t}$, (3) $x^2 = t^{-1}(t-1)^{-1}(C-e^t)^{-1}$, (4) $x = \sin t + \log(C + t^2/2)$.

2.6 (1) $x = Ct - \log C$, $x = 1 + \log t$, (2) $t(x-C)^3 + (7t^2+1)(x-C)^2 + \left(\frac{191t^2}{15} + \frac{1604}{225}\right)t(x-C) + \frac{27t^6}{125} + \frac{527t^4}{135} + \frac{4111t^2}{225} = \frac{196}{225}$.

2.7 (1) $x = C_1e^t + C_2e^{2t} + C_3e^{4t}$, (2) $x = C_1e^t + C_2te^t + C_3e^{4t}$, (3) $x = C_1e^{2t} + C_2e^t\cos\sqrt{3}t + C_3e^t\sin\sqrt{3}t$, (4) $x = C_1e^t + C_2te^t + C_3e^{4t} + \left(\frac{t^2}{18} - \frac{2t}{27}\right)e^{4t}$,

$$(5) \quad x = \begin{pmatrix} e^{3t} & -e^{2t}+e^{3t} & 0 \\ 0 & -e^{2t} & 0 \\ e^{2t}-e^{3t} & e^{2t}-te^{2t}-e^{3t} & e^{2t} \end{pmatrix}\begin{pmatrix} C_1 \\ C_2 \\ C_3 \end{pmatrix},$$

$$(6) \quad x = \begin{pmatrix} (1-8t)e^{2t} & -4te^{2t} & -10te^{2t} \\ -4te^{2t} & (1-2t)e^{2t} & -5te^{2t} \\ 8te^{2t} & 4te^{2t} & (10t+1)e^{2t} \end{pmatrix}\begin{pmatrix} C_1 \\ C_2 \\ C_3 \end{pmatrix},$$

(7) $x = X(t)\begin{pmatrix} C_1 \\ C_2 \\ C_3 \end{pmatrix} + Y(t)\begin{pmatrix} e_1 \\ e_2 \\ e_3 \end{pmatrix}$. ただし $P = \left(\frac{b_ib_j}{\|b\|^2}\right)_{i,j=1}^3$,

$B = \begin{pmatrix} 0 & b_3 & -b_2 \\ -b_3 & 0 & b_1 \\ b_2 & -b_1 & 0 \end{pmatrix}$ として, $X(t) = (\cos\|b\|t)(1_3 - P) + P + \frac{\sin\|b\|t}{\|b\|}B$,

$$Y(t) = \frac{\sin\|b\|t}{\|b\|}(1_3 - P) + tP + \frac{1-\cos\|b\|t}{\|b\|^2}B.$$

2.8 (1) $x = \frac{C_1}{1+t} + \frac{C_2}{(1+t)^2} + \frac{1}{2}(\log(1+t))^2 - \frac{3}{2}\log(1+t) + \frac{7}{4}$, (2) $x = \left(\frac{t^4}{8} + C_1t^2 + C_2\right)e^{\sin t}$, (3) $x = C_1\left(\frac{6}{t^4} - \frac{1}{t^2}\right) + C_2e^{-t}\left(\frac{6}{t^4} + \frac{6}{t^3} + \frac{2}{t^2}\right) + C_3e^t\left(\frac{6}{t^4} - \frac{6}{t^3} + \frac{2}{t^2}\right)$.

2.9 (1) $x = \pm\sqrt{2({C_1}^2 - 1)}\,\mathrm{sn}\left(C_1t + C_3; \pm\frac{\sqrt{1-{C_1}^2}}{C_1}\right)$, ただし sn 函数の第 2 変数には, 母数 k を書いた. (2) $x = 2\arcsin(C_1\mathrm{sn}(\alpha t + C_2; C_1))$, (3) $x = C_1\mathrm{sn}(C_2t + C_3; C_1\alpha/C_2)$, $y = C_1\mathrm{cn}(C_2t + C_3; C_1\alpha/C_2)$, $z = C_2\mathrm{dn}(C_2t + C_3; C_1\alpha/C_2)$.

2.10 (1) $x = C_1\,{}_2F_1\left({1/2, 1/3 \atop 1/5}; t\right) + C_2t^{4/5}{}_2F_1\left({13/10, 17/15 \atop 9/5}; t\right)$,
(2) $x = C_1\,{}_2F_1\left({1/2, 1/3 \atop 1/5}; \frac{1-t}{2}\right) + C_2\left(\frac{1-t}{2}\right)^{4/5}{}_2F_1\left({13/10, 17/15 \atop 9/5}; \frac{1-t}{2}\right)$, (3) $x = C_1(t-1)^{1/12}(t+1)^{11/12}{}_2F_1\left({1/2, 1/2 \atop 1/6}; \frac{1-t}{2}\right) + C_2(t^2-1)^{11/12}{}_2F_1\left({4/3, 4/3 \atop 11/6}; \frac{1-t}{2}\right)$,
(4) $x = y^{-1}dy/dt$, $y = (t-1)^{1/12}(t+1)^{11/12}{}_2F_1\left({1/2, 1/2 \atop 1/6}; \frac{1-t}{2}\right) + C(t^2-1)^{11/12}{}_2F_1\left({4/3, 4/3 \atop 11/6}; \frac{1-t}{2}\right)$.

2.11 (1) $\left\{\begin{matrix} t=0 & t=1 & t=\infty \\ 0 & -1/2 & 0 \\ 1/2 & -1 & 2 \end{matrix}\right\}$, (2) $\left\{\begin{matrix} t=0 & t=-1 & t=1 & t=\infty \\ 0 & 0 & 0 & -1/2 \\ 1 & 1 & 1 & -3/2 \\ 3/2 & 3 & 3 & -5/2 \end{matrix}\right\}$.

2.12 (1) $\mathrm{asp}(f) = \sum_{j=0}^{\infty}(-1)^j(n)_j/t^{j+1}$, (2) $\mathrm{asp}(f) = \sum_{j=0}^{\infty}(-1)^j(7j)!/t^{7j+1}$,
(3) $\mathrm{asp}(f) = \sqrt{2\pi}\sum_{j=0}^{\infty}(-1)^j\frac{(1/2)_j(1/2)_j}{j!(2t)^j}$.

2.13 $q = \varphi(t)$, $\chi = d\varphi/dt$ と書くことにする. (1) Euler-Lagrange の方程式は $\frac{d}{dt}\left(\chi/\sqrt{1+\chi^2}\right) = 0$, 解は $\varphi(t) = C_1t + C_2$, (2) $\frac{d}{dt}\left(q\chi/\sqrt{1+\chi^2}\right) - \sqrt{1+\chi^2} = 0$, $\varphi(t) = C_1\cosh\frac{t-C_2}{C_1}$.

2.14 (1) $P_1 = -\frac{p_1-p_2}{q_1-q_2}$, $P_2 = \frac{q_1p_1-q_2p_2}{q_1-q_2}$, (2) $P_1 = p_1\cos q_2 - \frac{p_2}{q_1}\sin q_2$, $P_2 = p_1\sin q_2 + \frac{p_2}{q_1}\cos q_2$, (3) $Q = -p\tan q$, $P = \log((\cos q)/p)$, (4) $Q_1 = \sqrt{p_1}\cos q_1$, $Q_2 = -p_2$, $P_1 = -p_2 - 2\sqrt{p_1}\sin q_1$, $P_2 = q_2 + \sqrt{p_1}\cos q_1$, (5) $\widetilde{W}(q,Q) = \frac{\cos\alpha}{2\sin\alpha}(q^2+Q^2) - \frac{1}{\sin\alpha}qQ$, (6) $W(q,P) = \frac{\sqrt{{q_1}^2+{q_2}^2}+q_1}{2}P_1 + \frac{\sqrt{{q_1}^2+{q_2}^2}-q_1}{2}P_2$.
2.15 (1) ${p_1}^2 + q_1$, (2) $(p_1+p_2)^2 + q_1$, (3) $q_1q_2({p_1}^2 - {p_2}^2 - 2)/(q_1+q_2)$, (4) $2(q_2p_1 - q_1p_2)p_2 - {q_2}^2/r$.
2.16 (1) $u = C_1x_1 + C_2x_2 + \sin(C_1+C_2)$, (2) $u = x_1\sqrt{1+\frac{C_1}{x_1}} + \frac{C_1}{2}\log\frac{\sqrt{1+\frac{C_1}{x_1}}+1}{\sqrt{1+\frac{C_1}{x_1}}-1} + x_2\sqrt{1-\frac{C_1}{x_2}} - \frac{C_1}{2}\log\frac{\sqrt{1-\frac{C_1}{x_2}}+1}{\sqrt{1-\frac{C_1}{x_2}}-1} + C_2$, (3) $u = C_2(C_1x_1+x_2)^3$.

第 3 章

3.1 (1) 安定渦状点, (2) 不安定結節点, (3) 鞍点.
3.2 (1) 不動点は, $(x,y) = (1,1), (-1,-1), (1,-1), (-1,1)$ の 4 点で, $(1,1)$ は源点, $(-1,-1)$ は沈点, 後のふたつは沈点でも源点でもない. (2) 不動点は $(1,1), (-1,-1), (1,-1), (-1,1), (0,0)$ の 5 点. 順に源点, 源点, 沈点, 沈点, どちらでもない. (3) $(2,2), (-2,-2), (1/2,-1/2), (-1/2,1/2)$ の 4 点で, 前のふたつは沈点でも源点でもない. 後のふたつは線型化方程式からは判定できない. (4) $(0,0), (2,0), (0,2), (1,0), (0,1), (2,2)$ の 6 点で, 前の 3 つはどちらでもない. 残りは順に, 源点, 源点, 線型化方程式からは判定不能. (5) 不動点は xy 平面の格子点すべて. x, y がともに偶数のとき源点, ともに奇数のとき沈点, 偶奇が一致しないときはどちらでもない.
3.3 (1) 周期解は $x = \sqrt{\alpha}\,{}^t(\cos(t-t_0), \sin(t-t_0))$, (2) 線型化方程式は $\frac{d}{dt}X = A(t)X$, $A = \begin{pmatrix} -2\alpha\cos^2(t-t_0) & -1-2\alpha\cos(t-t_0)\sin(t-t_0) \\ 1-2\alpha\cos(t-t_0)\sin(t-t_0) & -2\alpha\sin^2(t-t_0) \end{pmatrix}$, 基本解は $X = \begin{pmatrix} -\sin(t-t_0) & e^{-2\alpha t}\cos(t-t_0) \\ \cos(t-t_0) & e^{-2\alpha t}\sin(t-t_0) \end{pmatrix}$ となる. (3) Floquet 行列は $\begin{pmatrix} e^{-4\alpha\pi} & 0 \\ 0 & 1 \end{pmatrix}$, 固有値は 1 と $e^{-4\alpha\pi}$.
3.4 $x = x^{[0]} + \varepsilon x^{[1]} + \varepsilon^2 x^{[2]} + \cdots$ と置いて, (1) $x^{[0]} = \xi e^{-t}$, $x^{[1]} = \xi^3(e^{-t} - e^{-3t})/2$, $x^{[2]} = 3\xi^5(e^{-t} - 2e^{-3t} + e^{-5t})/8$, (2) $x^{[0]} = \xi\cos t$, $x^{[1]} = \frac{\xi^2}{6}(3 - \cos 2t - 2\cos t)$, $x^{[2]} = \frac{\xi^3}{144}(3\cos 3t + 16\cos 2t + 60t\sin t + 29\cos t - 48)$.

演習の補足

第 1 章

1.1 スミルノフ著，高等数学教程 III 巻 2 部，共立出版 (1959) などに詳しい．ここで見た函数 L は Lappo-Danilevsky によって詳しく調べられ，多重対数函数 (polylogarithm) などと呼ばれる．特に $\mathrm{Li}_2(t) = -L(0,1,0;t) = -\int_0^t \frac{\log(1-s)}{s} ds = \sum_{j=1}^{\infty} \frac{t^j}{j^2}$ は 2 重対数函数 (dilogarithm) などと呼ばれ，特殊函数として興味深い性質も知られている．

1.2 初期条件を $(x,t) = (0,0)$ として，そこで Lipschitz 連続でない例を考えてみよう．例えば，方程式を $dx/dt = |x|^{-3/4}x + t\sin(\pi/t)$ とする．自然数 n を固定したとき，区分点を $t_k = k\delta$ にとり，Euler 法による数値解を考え，それを折れ線で結んだ Cauchy の折れ線近似函数を $\varphi_n(t)$, $0 \le t < 1/2000$ とする．ただし，$\delta = \frac{1}{n+\frac{1}{2}}$．このとき，$n \to \infty$ で分割点は細かくなるが，φ_n は収束しないことが示せる．これは，コディントン・レヴィンソン著，常微分方程式論，吉岡書店 (1968) に載っていた例だが，別の例も考えてみよう．

第 2 章

2.1 Painlevé の 6 つの方程式は (4), (9), (13), (31), (39), (50) である．個々の解法については，ここでは述べないが，簡単な解説が E. L. Ince, Ordinary Differential Equations, Dover (1965) にある．

2.4 (1) Hamilton 函数を

$$\begin{aligned} H =& \frac{1}{2A}\left(p_1 \sin q_2 - \frac{\cos q_2}{\sin q_1}(p_3 - p_2 \cos q_1)\right)^2 \\ &+ \frac{1}{2B}\left(p_1 \cos q_2 + \frac{\sin q_2}{\sin q_1}(p_3 - p_2 \cos q_1)\right)^2 \\ &+ \frac{{p_2}^2}{2C} - \xi \sin q_1 \cos q_2 + \eta \sin q_1 \sin q_2 + \zeta \cos q_1 \end{aligned}$$

とする正準方程式などに書き換えられる．(2), (3) については，戸田盛和著，波動と非線形問題 30 講，朝倉書店 (1995) などに詳しい計算が載っている．

第 3 章

3.1 (1), (2) については，この本に扱われている範囲の考察で容易に分かるだろう．

(3) は $\alpha(1-\alpha) < 1/27$ という条件が，不動点における線型化方程式の係数の固有値が純虚数である条件と一致することはすぐ分かるが，安定性は示すのが難しい．これは，正準変換で次の Arnold の定理に帰着させて示すことができる．

定理（Arnold） $\rho_k = \sqrt{{q_k}^2 + {p_k}^2}$ と置く．Hamiltonian が

$$H = \frac{\alpha_1 {\rho_1}^2 + \alpha_2 {\rho_2}^2}{2} + \sum_{k,l=1}^{2} \frac{\beta_{kl}}{4} {\rho_k}^2 {\rho_l}^2 + O_5$$

の形に書けたとする．ただし，O_5 は p_k，q_k に関して 5 次以上の項．このとき，
$\det\begin{pmatrix} \beta_{11} & \beta_{12} & \alpha_1 \\ \beta_{21} & \beta_{22} & \alpha_2 \\ \alpha_1 & \alpha_2 & 0 \end{pmatrix} \neq 0$ であれば，原点は安定な不動点である．

詳しくは，丹羽敏雄著，力学系，紀伊國屋書店 (1981) などを参照してほしい．

3.2 これを示すのも難しい．Poincaré の最後の定理と呼ばれる次の定理を用いて示せる．

定理（Birkhoff） 環状領域 $D = \{(x,y) \in \mathbb{R}^2 \ ; \ a \leq \sqrt{x^2+y^2} \leq b\}$ 上の連続全単射 T が次を満たすとする：(1) $T(a\cos\theta, a\sin\theta) = (a\cos\bar{\theta}, a\sin\bar{\theta})$ とするとき，$\bar{\theta} < \theta$, (2) $T(b\cos\theta, b\sin\theta) = (b\cos\bar{\theta}, b\sin\bar{\theta})$ とするとき，$\bar{\theta} > \theta$, (3) ある正値測度 $\rho(x,y)dxdy$ に関して T は体積を保存する（ρ は D の境界では 0 になってもよいとする）．

このとき，T は D 内に少なくともふたつの不動点を持つ．

Poincaré は証明を得ることができず，予想として残されたが，Birkhoff によって証明された．詳しくは，斎藤利弥著，解析力学入門，至文堂 (1964) などを参照してほしい．

参考書

この本は初等的な教科書なので，書かれたことについて詳しく原典を参照することは省略した．また，参考書は日本語で読めるもののみの紹介にとどめる．以下に挙げる本は，本書の執筆にも参考にさせていただいた．

常微分方程式の教科書はたくさん出版されている．まず，標準的なものをいくつか挙げておこう．

[1] 木村俊房，常微分方程式の解法，培風館 (1958)
[2] 齋藤利弥，常微分方程式論，朝倉書店 (1967)
[3] 笠原晧司，微分方程式の基礎，朝倉書店 (1982)
[4] 高橋陽一郎，微分方程式入門，東京大学出版会 (1988)
[5] 高野恭一，常微分方程式，朝倉書店 (1994)
[6] 俣野博，常微分方程式入門，岩波書店 (2003)
[7] 高橋陽一郎，力学と微分方程式，岩波書店 (2004)

この本では，微分方程式が社会にどのように役に立つかについては，ほとんど触れられなかった．微分方程式の応用に関する初等的で興味深い本を挙げておく．

[8] M. ブラウン（一樂重雄・河原正治・河原雅子・一樂祥子訳），微分方程式——その数学と応用，シュプリンガー・フェアラーク東京 (2001)

微分積分と線型代数の知識を仮定した．多くの本が出ているが，1 冊ずつ挙げておく．

[9] 斎藤毅，微積分，東京大学出版会 (2013)
[10] 足助太郎，線型代数学，東京大学出版会 (2012)

常微分方程式については，函数論，多様体論，位相，函数解析などの知識があると，より理解が深まるであろう．たくさんの本が出版されているが，1 冊ずつ挙げておく．

[11] 神保道夫，複素関数入門，岩波書店 (2003)
[12] 坪井俊，幾何学 I　多様体入門，東京大学出版会 (2005)
[13] 斎藤毅，集合と位相，東京大学出版会 (2009)
[14] 黒田成俊，関数解析，共立出版 (1980)

続いて，微分方程式に関するさらに進んだ内容を学ぶのに薦めたい本を，各内容ごとに少しずつ挙げておこう．

微分方程式の全般的な内容，また，基礎的な内容に関してさらに学習するときに

[15] 福原満洲雄，常微分方程式，岩波書店（初版 1950，第 2 版 1980）
[16] E.A. コディントン・N. レヴィンソン（吉田節三訳），常微分方程式論，吉岡書店 (1968)

を挙げておく．[15] については，初版と第 2 版で内容がかなり違うので，注意が必要である．初版は非線型方程式に詳しく，第 2 版は線型に詳しい．

求積法については，上に挙げた[1] が詳しいが，他に次の 2 冊を推薦したい．

[17] 西岡久美子，微分体の理論，共立出版 (2010)
[18] 久賀道郎，ガロアの夢——群論と微分方程式，日本評論社 (1968)

[17] は求積できるということを現代的に見直したときに，どのように定式化できるかということを扱っており，特に非線型の方程式に関しても述べられているのがうれしい．[18] は線型方程式のガロア理論を読み物風に書いている名著．

複素領域の微分方程式や特殊函数に関しては，上に挙げた[5, 15] が詳しい．他に次のような本がある．

[19] 犬井鉄郎，特殊函数，岩波書店 (1962)
[20] 岡本和夫，パンルヴェ方程式，岩波書店 (2009)
[21] 河合隆裕・竹井義次，特異摂動の代数解析学，岩波書店 (2008)
[22] 原岡喜重，超幾何関数，朝倉書店 (2002)

本書で詳しく扱うことのできなかった楕円函数については，他にも多くの本があるが，以下の 2 冊を挙げておく．

[23] A. フルヴィッツ・R. クーラント（足立恒雄・小松啓一訳），楕円関数論，シュプリンガー・フェアラーク東京 (1991)
[24] 竹内端三，楕圓函數論，岩波書店 (1936)

解析力学を数学的に扱った本には，次のようなものがある．

[25] 大貫義郎・吉田春夫，力学，岩波書店 (1994)
[26] 深谷賢治，解析力学と微分形式，岩波書店 (2004)
[27] 伊藤秀一，常微分方程式と解析力学，共立出版 (1998)
[28] 齋藤利弥，解析力学講義，日本評論社 (1991)

本書は，多様体論の知識を前提としない初学者向けの記述を意図した．しかし，本来は多様体上の微分方程式として定式化するべき部分があり，そのような取り扱いを知りたい場合には[26, 27] などを参照してほしい．[25] は物理学の本であるが，数学的にもたくさんの動機を教えてくれる示唆に富んだ著作である．

力学系，常微分方程式の定性的理論を扱った本には，次のようなものがある．

[29] M. W. ハーシュ・S. スメール・R. L. デヴァニー（桐木紳・三波篤郎・谷川清隆・辻井正人訳），力学系入門，共立出版 (2007)

[30] V. I. アーノルド・A. アベズ（吉田耕作訳），古典力学のエルゴード問題，吉岡書店 (1972)

[31] 齋藤利弥，位相力学——常微分方程式の定性的理論，共立出版 (1971)

[32] 丹羽敏雄，力学系，紀伊國屋書店 (1981)

最後に，偏微分方程式論を見ておこう．独立変数の数を複数にして偏微分方程式を考えると，内容が格段に変わってくる．これについても，たくさんの本が出版されているので，自分で比較してみると勉強になると思う．ここではひとつだけ挙げておこう．

[33] 熊ノ郷準，偏微分方程式，共立出版 (1978)

索引

ア 行

Arnold 拡散　313
Arnold-Liouville の定理　299
Ascoli-Arzelà の定理　39
安定　xv
安定集合　xvi
鞍点　272
鞍点・結節点分岐　293
1 助変数変換群　222
一様有界　39
1 階偏微分方程式　228
一般解　xiii
一般超幾何級数　174
陰函数定理　xix
Weber の方程式　71, 187
ヴェクトル場　xiv
Volterra の積分方程式　81
動かない特異点　42
動く特異点　6, 42, 53
運動量座標　204
運動量写像　223
Airy の微分方程式　186
永年項　290
n 次元トーラス　299
Hermite-Weber 方程式　66, 185, 198
円柱座標　70
Euler 角　23
Euler 型微分方程式　131
Euler 変換　179
Euler 法　38
Euler-Lagrange の微分方程式　207
大久保形の方程式　181

カ 行

階数　xi
階数低下法　105
解析接続　xxi
解析的　xx
回転放物面座標　73
カオス　264
可解　93
確定特異点　161
角変数　303
重ね合わせの原理　114
渦状点　272
渦心点　273
可積分　93, 96
——Liouville の意味で　218
Gâteaux 微分　209
KAM 理論　312
Calogero-Moser-Sutherland 系　247
変わり点　289
完全解　235
完全微分方程式　102
簡約　96
軌道　xiv
基本群　59
基本系行列　126
求積可能　95
球面調和函数　18
境界値問題　xiii, 68
強制振動　4
共軛　291
極限周期軌道　276
極限集合　xvi
局所 1 助変数変換群　222
近可積分系　312
熊手分岐　294

Green 函数 79
Clairaut の微分方程式 111
Gronwall の補題 63
Kummer の合流型超幾何微分方程式 18, 185
結節点 272
決定多項式 163
Kepler の方程式 13
減衰振動 3
源点 xv
広義漸近展開 192
剛性指数 179
構造安定 291
剛的 177
合流型超幾何 ${}_0F_1$ の微分方程式 186
Cauchy の折れ線 38
Cauchy の積分公式 xx
Cauchy の積分定理 xx
Cauchy の定理 28
古典函数 141
固有ヴェクトル xviii
固有角領域 200
固有函数 15, 69
固有値 xviii, 15, 69
固有値型 176
固有値問題 15
孤立波解 249

サ 行

再帰的 261
作用変数 303
散逸系 262
次数 xi
——の重み xi
実 Jordan 標準形 xviii
Schwarz の不等式 37
Gevrey 級数 196
周期 142
周期軌道 xv
周期平行四辺形 142
Schlesinger 形 170
Schrödinger 方程式 15
循環座標 217
準周期的 299
衝突解 61
初期値鋭敏性 264
初期値問題 xiii, 27
Jordan 曲線 277
Jordan 標準形 xviii
自励的 xii, 99
シンプレクティック行列 212
推移的 265
随伴作用素 74
数値解 37
Sturm-Liouville の境界値問題 68
Stokes 係数 201
Stokes 現象 199
正規形 xii
制限 3 体問題 304
正準変換 212
正準方程式系 202
生成函数 215
成帯条件 232
正定値 268
積分因子 102
積分表示 132
接続行列 158
接続係数 158
切断面 263
摂動法 287
漸近安定 xv
漸近級数 192
漸近展開 191
線型 xii
線型化方程式 269, 281
剪断変換 190
相空間 203, 260
装飾助変数 178
相図 314
ソリトン 249
存在域 53

タ 行

大域解 53
第 1 種特異点 162
対称作用素 74
代数的微分方程式 xi
第 2 種特異点 162

楕円函数　142
——の位数　142
楕円曲線　145
楕円柱座標　72
多重指数　xx
多重尺度法　290
畳み込み　127
Duffing の方程式　289
WKB 法　288
d'Alembert の微分方程式　109
単振動　1
単振り子　296
小さな分母の問題　311
中間畳み込み　181
超幾何函数　148
——の Euler の積分表示　150
超幾何級数　148
超幾何微分方程式　17, 149
沈点　xv
通径　13
定数変化法　106
Dirichlet 境界条件　68
停留点　209
Decartes の正葉線　26
テータ函数　141
転置行列　xvii
テント写像　265
点変換　213
等位集合　96
等固有値変形　247
同次方程式　xi, 99
同等連続　39
特異解　xiv
特異摂動　288
特異点　42
特異方向　200
特殊解　xiii
特殊函数　140
特性曲線　230
特成帯　231
特性多項式　117
特性微分方程式　230
特性冪数　152, 163
戸田格子　244

ナ 行

2 体問題　9
ヌルクライン　316
Neumann 境界条件　68
ノルム　xvii

ハ 行

Parceval の等式　86
Hamiltonian　203
Hamilton ヴェクトル場　224
Hamiton-Jacobi 方程式　225
汎函数　207
半正定値　268
Painlevé 予想　61
Picard の逐次近似法　33
Hilbert-Schmidt の展開定理　85
不安定集合　xvi
van der Pol の方程式　279, 316
不確定特異点　161
Fuchs 型方程式　162
Fuchs 関係式　153
不動点　xv
不分岐特異点　191
不変集合　8, 275
Briot-Bouquet の特異点　43
Fréchet 微分　208
Fredholm の積分方程式　81
Floquet 行列　281
Frobenius の方法　167
分岐　291
分岐図　293
分岐特異点　191
分離曲線　296
分離座標　226
Peano の定理　38
冪級数　xix
冪級数解　27
Bessel 函数　14, 186
Bessel の微分方程式　71, 186
Bessel の不等式　85
ヘテロクリニック軌道　296
ヘテロクリニック分岐　297

Bernoulli の微分方程式　107
変数分離系　226
変数分離法　97
変分原理　207
変分方程式　65, 281
Poisson 括弧　212
Poincaré 階数　190
Poincaré 写像　263
Poincaré 条件　50
Poincaré の再帰定理　261
Poincaré の積分不可能性定理　306
Poincaré-Bendixson の定理　276
包合系　219
放物柱座標　71
保測的　262
保存量　96
Hopf 分岐　295
ホモクリニック軌道　296
ホモトープ　56
Bolzano-Weierstrass の定理　39
Borel 変換　194
Borel 和　194

マ 行

Mathieu の方程式　71, 282
見かけの特異点　174
モノドロミー表現　59, 160

ヤ 行

Jacobian　xix
Jacobi 行列　xix
Jacobi の積分　305
優級数　30
有理曲線　112

ラ 行

Lagrangian　204
Lagrange の運動方程式　204
Lagrange の陪函数　17
Lax 形式　247
Laplacian の極座標表示　20
Laplace 形線型方程式　132
Laplace 積分　133
Laplace 変換　133
Laplace-Runge-Lenz ヴェクトル　9
Riemann 図式　152
Riemann-Liouville 積分　179
Liouville の定理　262
力学系　260
離散力学系　261
離心率　13
リゾルヴェント　78
Riccati の微分方程式　107
Lipschitz 定数　34
Lipschitz 連続　34
Lyapunov 函数　268
Lyapunov 行列　270
Lyapunov の定理　268
Legendre の微分方程式　32
Legendre 変換　216
Runge-Kutta 法　42
ロジスティック方程式　5
Lotka-Volterra 方程式　6, 314
Lorenz の方程式　320
Wronskian　116

人名表

ケプラー	Kepler, Johannes (1571–1630)
ニュートン	Newton, Isaac (1642–1727)
ライプニッツ	Leibniz, Gottfried Wilhelm (1646–1716)
ベルヌーイ	Bernoulli, Jakob (1654–1705)
ベルヌーイ	Bernoulli, Johann (1667–1748)
リッカティ	Riccati, Jacopo Francesco (1676–1754)
スターリング	Stirling, James (1692–1770)
ベルヌーイ	Bernoulli, Daniel (1700–1782)
オイラー	Euler, Leonhard (1707–1783)
クレロー	Clairaut, Alexis Claude (1713–1765)
シャルピ	Charpit, Paul (????–1774)
ダランベール	d'Alembert, Jean le Rond (1717–1783)
ラグランジュ	Lagrange, Joseph Louis (1736–1813)
ラプラス	Laplace, Pierre-Simon (1749–1827)
ルジャンドル	Legendre, Adrien Marie (1752–1833)
フーリエ	Fourier, Jean-Baptiste-Joseph (1768–1830)
ロンスキ	Wronski, Höené Joseph Maria (1776–1853)
ガウス	Gauss, Carl Friedrich (1777–1855)
ポアソン	Poisson, Siméon Denis (1781–1840)
ベッセル	Bessel, Friedrich Wilhelm (1784–1846)
コーシー	Cauchy, Augustin Louis (1789–1857)
グリーン	Green, George (1793–1841)
エアリー	Airy, George Biddell (1801–1892)
アーベル	Abel, Niels Henrick (1802–1829)
ステュルム	Sturm, Jacques Charles François (1803–1855)
ヤコビ	Jacobi, Carl Gustav Jacob (1804–1851)
ハミルトン	Hamilton, William Rowan (1805–1865)
リウヴィル	Liouville, Joseph (1809–1882)
クンマー	Kummer, Ernst Eduard (1810–1893)
ワイエルシュトラス	Weierstrass, Karl Theodor Wilhelm (1815–1897)
ブリオ	Briot, Charles Auguste Albert (1817–1882)
ブーケ	Bouquet, Jean-Claude (1819–1885)
ストークス	Stokes, George Gabriel (1819–1903)

ピュイズー	Puiseux, Victor Alexandre (1820–1883)
エルミート	Hermite, Charles (1822–1901)
リーマン	Riemann, Georg Friedrich Bernhard (1826–1866)
リプシッツ	Lipschitz, Rudolf Otto Sigismund (1832–1903)
フックス	Fuchs, Immanuel Lazarus (1833–1902)
マチウ	Mathieu, Émille Léonard (1835–1890)
ジョルダン	Jordan, Camille (1838–1922)
ポッホハンマー	Pochhammer, Leo (1841–1920)
ウェーバー	Weber, Heinrich (1842–1913)
ダルブー	Darboux, Jean Gaston (1842–1917)
アスコリ	Ascoli, Giulio (1843–1896)
アルツェラ	Arzelà, Cesare (1847–1912)
フロケ	Floquet, Achille Marie Gaston (1847–1920)
フロベニウス	Frobenius, Ferdinand (1849–1917)
ポアンカレ	Poincaré, Jules Henri (1854–1912)
ピカール	Picard, Charles Émile (1856–1941)
リャプノフ	Lyapunov, Aleksandr Mikhaĭlovich (1857–1918)
ペアノ	Peano, Giuseppe (1858–1932)
ヴォルテラ	Volterra, Vito (1860–1940)
ベンディクソン	Bendixson, Ivar Otto (1861–1936)
ヒルベルト	Hilbert, David (1862–1943)
パンルヴェ	Painlevé, Paul (1863–1933)
シュレージンガー	Schlesinger, Ludwig (1864–1933)
フレドホルム	Fredholm, Erik Ivar (1866–1927)
リンデレーフ	Lindelöf, Ernst Leonhard (1870–1946)
ボレル	Borel, Émile (1871–1956)
シュミット	Schmidt, Erhard (1876–1959)
ネーター	Noether, Amalie Emmy (1882–1935)
バーコフ	Birkhoff, George David (1884–1944)
ワトソン	Watson, George Neville (1886–1965)
シュレーディンガー	Schrödinger, Erwin (1887–1961)
ファン・デル・ポル	van der Pol, Balthasar (1889–1959)
コルモゴロフ	Kolmogorov, Andreĭ Nikolaevich (1903–1987)
ミクシンスキ	Mikusiński, Jan Geniusz (1913–1987)
ローレンツ	Lorenz, Edward Norton (1917–2008)
トダ	戸田盛和 (1917–2010)
ラックス	Lax, Peter David (1926–)
モーザー	Moser, Jürgen Kurt (1928–1999)
オオクボ	大久保謙二郎 (1934–2014)

アーノルド	Arnold, Vladimir Igorevich (1937–2010)
ウメムラ	梅村浩 (1944–)

著者略歴

坂井秀隆（さかい・ひでたか）
1970 年　生まれる．
1999 年　京都大学大学院理学研究科博士後期課程修了．
現　在　東京大学大学院数理科学研究科准教授．
博士（理学）．

常微分方程式　大学数学の入門⑩

2015 年 8 月 24 日 初 版

[検印廃止]

著　者　坂井秀隆
発行所　一般財団法人 東京大学出版会
代表者 古田元夫
153-0041 東京都目黒区駒場 4–5–29
電話 03–6407–1069　Fax 03–6407–1991
振替 00160–6–59964
印刷所　三美印刷株式会社
製本所　牧製本印刷株式会社

ISBN 978–4–13–062960–7 Printed in Japan